郭本禹 主编

外国心理学流派大系

FOREIGN PSYCHOLOGY SCHOOL SERIES

经验的完形

——格式塔心理学

王鹏　潘光花　高峰强　著

山东教育出版社
·济南·

图书在版编目（CIP）数据

经验的完形：格式塔心理学 / 王鹏，潘光花，高峰强著. -- 2版. -- 济南：山东教育出版社，2025. 1.
（外国心理学流派大系 / 郭本禹主编）. -- ISBN 978-7-5701-3447-2

Ⅰ. B84-064

中国国家版本馆 CIP 数据核字第 20249R7W18 号

WAIGUO XINLIXUE LIUPAI DAXI

JINGYAN DE WANXING——GESHI TA XINLIXUE

外国心理学流派大系　　郭本禹　主编

经验的完形——格式塔心理学　　王　鹏　潘光花　高峰强　著

主管单位：山东出版传媒股份有限公司

出版发行：山东教育出版社

地址：济南市市中区二环南路 2066 号 4 区 1 号　　邮编：250003

电话：（0531）82092660　　网址：www.sjs.com.cn

印　　刷：山东华立印务有限公司

版　　次：2025 年 1 月第 2 版

印　　次：2025 年 1 月第 1 次印刷

开　　本：710 毫米 ×1000 毫米　1/16

印　　张：21.25

字　　数：330 千

定　　价：86.00 元

（如印装质量有问题，请与印刷厂联系调换）印厂电话：0531-76216033

主　编　郭本禹

副主编　高峰强　杨韶刚　高申春

编　委　（以姓氏笔画为序）

丁　芳　方双虎　王国芳　李广军　杨韶刚　修巧艳

贾林祥　郭本禹　高申春　高峰强　崔光辉　熊哲宏

目录

Contents

总　序

著名心理学家艾宾浩斯曾说过:“心理学虽有一长期的过去,但仅有一短期的历史。”心理学的长期过去可以上溯到古希腊、古罗马时期的心理学思想,从大约公元前6世纪到公元19世纪中叶的这一时期被称为前科学心理学时期或哲学心理学时期。1879年,冯特在德国莱比锡大学创建了世界上第一个心理学实验室,标志着科学心理学的诞生。此后的短期历史被称为科学心理学时期。科学心理学是指具有科学形态的心理学,与之相对的是前科学形态的心理学。前科学形态的心理学主要指形而上学的心理学,它以纯粹思辨的方式进行推演研究,试图揭示心理现象的本质。科学形态的心理学即科学心理学,它主要受到近代科学尤其是自然科学的影响,采用经验尤其是实验的方式进行归纳研究,得出心理现象本质的知识。

从理论形态演变上看,科学心理学的发展主要表现为不同心理学流派的产生、发展和更替过程。这一过程大致沿着科学主义心理学和人文主义心理学两条路线不断演进。科学主义心理学是主流的心理学取向,主要包括内容心理学、构造心理学、机能心理学、行为主义心理学、皮亚杰学派心理学和认知心理学等流派。人文主义心理学是非主流的心理学取向,主要包括意动心理学、精神分析心理学、格式塔心理学、现象学心理学、存在心理学和人本主义心理学等流派。现代心理学流派的发展过程大致可以划分为三个阶段:一是哲学心理学时期的思想起源,从大约公元前6世纪到19世纪70年代;二是心理学流派自身的历史演进,从19世纪70年代到20世纪80年代;三是心理学流派的当代效应,从20世纪80年代至今。

一、现代心理学流派的思想起源

在前科学心理学的漫长历史中,心理学曾一度是“灵魂的奴仆”、“神学的婢女”和“哲学的附庸”。现代心理学流派萌芽于古希腊,发端于近代欧洲。古希腊心理学思想表现为存在(being)与形成(becoming)的张力,近代欧洲心理学思想表现为经验主义与理性主义的对立，到科学心理学时期就演变为科学主义心理学和人文主义心理学的纷争。

1. 思想萌芽

古希腊是现代心理学流派的思想源头。在哲学形成之前，古希腊人已经开始了对灵魂(psyche)的探索。当时人们认为灵魂是一种生命气息，它在人死亡时离去。“心理学”(psychology)一词就由此而来。大约在公元前6世纪，古希腊产生了哲学。古希腊哲学致力于探究世界的本原，其中包括回答灵魂是什么。因此，此时的心理学是灵魂的奴仆。

古希腊哲学隐含着存在与形成的张力。这一张力最初体现在巴门尼德和赫拉克利特之间。巴门尼德提出，要通过理性的道路来获得确定无疑的知识。他推崇理性认识的重要性，贬低感觉经验的作用，认为后者只能产生纷乱的意见。赫拉克利特则通过“人不能两次踏入同一条河流”来表述世界变动不居的特征。他重视感觉经验的重要性，甚至认为视觉经验比听觉经验更可靠。存在与形成的张力在柏拉图和亚里士多德那里达到顶峰。柏拉图发展了巴门尼德的观点，认为存在着普遍的理念世界，变化中的现实事物只是对不变的理念的一种模仿。理性是最高级的灵魂，并指导着意气和情欲。亚里士多德是古希腊思想的集大成者，其《论灵魂》一书可以视为西方心理学史上第一本心理学著作。他持有形成的立场，对柏拉图的观点进行了改造。在他看来，世间万物都是有目的的，朝向隐得来希即自身的全面发展迈进，因而处于时刻流转中，灵魂也是如此。他强调感觉经验在灵魂中的重要地位，认为感觉限定着灵魂的认识活动。

在古希腊之后，西方心理学思想的目的虽然发生了变化，但却依然延续着存在与形成的张力。到了中世纪，一切思想均转向认识上帝，此时的心理学成为“神学的婢女”。两位基督教哲学家奥古斯丁和托马斯·阿奎那为心理学思想指出两条不同的道路。奥古斯丁提出通过内心的感受来获得上帝的启示，从而走向形成立场；托马斯·阿奎那提出通过理性和逻辑论证来获得上帝的启示，从而走向存在立场。

总之，从古希腊到中世纪，心理学从作为“灵魂的奴仆”到作为“神学的婢女”，提出了许多朴素的心理学思想，构成了现代心理学流派的思想萌芽，其间一直延续着存在与形成的张力，开启了现代科学主义心理学和人文主义心理学纷争的历史源头。

2. 思想发端

经过漫长的中世纪，西方世界从文艺复兴时期进入近代。近代自然科学的进步使世界图景发生了根本改变，从中世纪以上帝为中心的神秘世界观转变为数学的机械世界观，对哲学以及心理学产生着越来越重要的影响。近代哲学的目的从古希腊探讨世界本原是什么转向如何认识世界。近代心理学由“神学的婢女”变成“哲学的附庸”，不再是对灵魂和上帝的探讨，而是围绕如何认识世界对心理学问题展开系统的理论阐述，表现为经验主义与理性主义两种对立的观点。这两种对立的观点由先前形成与存在的张力衍生而来：经验主义延续了形成的观点，理性主义延续了存在的观点。近代心理学思想在英国和法国表现为经验主义心理学思想，在荷兰和德国表现为理性主义心理学思想。

经验主义心理学思想主张，一切心理现象均是经验（如感觉和观念）的集合或联结。经验主义心理学思想从英国的培根开始。他认为，知识和观念起源于感性世界，感觉经验是一切知识的源泉。在培根之后，经验主义心理学思想有两种形式：英国的联想论心理学思想和法国的感觉论心理学思想。英国的联想论心理学思想以经验为基础，以联想为工具，试图揭示观念的形成和发展的规律。霍布斯是联想论心理学思想的先驱，他坚持知识和观念来源于感觉经验。洛克第一个提出“联想”概念，认为联想是观念的联合，简单观念经过综合、联系和分离形成人的心灵内容。贝克莱和休谟进一步发展了联想论心理学思想，解释了空间知觉和联想规律。哈特莱是联想论心理学思想体系的建立者，试图用生理学概念把经验论和联想论结合起来，用联想去解释一切心理现象。培因是联想论心理学思想的集大成者，对联想的规律、种类和动力等进行了系统化的阐述，在联想论心理学思想向科学心理学的过渡上起到承前启后的作用。

法国的感觉论心理学思想主要受到笛卡儿关于身体是机器的思想和洛克的唯物主义经验论的影响，强调感觉经验在认识中的作用。与联想论心理学思想一样，感觉论心理学思想也认为，一切观念源自经验，所有的心理事件都能用感觉和联想规律来解释，同时，它还重视心理与脑的关系，认为心理是脑的属性，脑是思想的器官，这对科学心理学的产生起到积极的作用。拉·美特利提出了“人是机器”的观点，对后来行为主义心理学有重要的影响。孔狄亚克改造了洛克的经验论心理学思想，形成了感觉论心理学思想体系。此后经过爱尔维修和波纳等人的发展，到卡巴尼斯那里，感觉论心理学思想发展到极致，并推进了生理心理学的发展。

理性主义心理学思想主张，人的心理是一种主动活动的、富于理性的固有观念，即一切心理作用都归结为不同程度的理性。理性主义心理学思想从法国的笛卡儿开始。他认为，人的知识不是来源于感觉经验，而是来源于理性，理性的演绎是唯一正确方法。作为理性表现的知识和能力是先天具有的，因此，他主张天赋观念论。莱布尼茨是理性主义心理学思想的开创者，他提出统觉说，认为心理从无意识的微觉到最有意识的统觉，具有把握对象的不同程度。他把统觉视为对感知自身内在状态的意识，即自我意识。沃尔夫是官能心理学的创始人，他认为人的心灵具有各种官能，心灵利用其不同的官能从事不同的活动。康德提出心理的先天范畴论，并使心理过程的知、情、意三分法流行起来。他认为，统觉是人的一种先验的综合统一的认识能力。赫尔巴特第一次明确宣称心理学是一门科学，但还需要建立在形而上学之上，仍属于哲学的科学。他还将统觉团等思想应用到教育心理学中。陆宰是实验心理学建立前的最后一位哲学心理学家，提出空间知觉的符号部位说，在理性主义心理学思想向科学心理学的过渡上起到承前启后的作用。

总之，近代心理学思想具有丰富的内容，形成了系统的心理学思想体系。它与近代科学一起，直接促成了科学心理学的诞生。经验主义心理学思想提出被动的心灵观，强调主体后天的经验性、心理活动的元素性和被动性，将人的心理视作静态的联想过程。理性主义心理学思想提出主动的心灵观，强调主体先天的主动性、心理活动的整体性和动力性，将人的心理视作发展的过程。经验主义心理学思想演变为现代心理学中的科学主义心理学，理性主义心理学思想演变为现代心理学中的人文主义心理学。正是在这种意义上，近代心理学思想成为现代心理学流派的思想发端。

二、现代心理学流派的历史演进

科学心理学产生于19世纪70年代，一开始就表现为两种理论形态，即科学主义心理学和人文主义心理学。科学主义心理学的第一个学派是冯特创立的内容心理学（主要是实验心理学），人文主义心理学的第一个学派是布伦塔诺创立的意动心理学。内容心理学与意动心理学形成了心理学史上两条路线之间的第一次对立与纷争。自此，科学主义心理学与人文主义心理学各自相对独立发展，两者之间少有相互交流和彼此借鉴。

过去人们主要是从狭义上来理解科学心理学，认为科学心理学完全等同于冯特创立的内容心理学（主要是实验心理学）。现在人们倾向于从大科学观来看待科学，认为科学既包括自然科学也包括人文科学和社会科学。尽管两者的研究对象不同、追求的真理目标和价值不同、探究真理的方式和方法不同，但它们毕竟都是科学，都以探究终极真理为己任。对于以既具自然属性又具社会属性的人为研究对象的科学心理学来说，只有以实验心理学为代表的科学主义心理学是远远不够的，还需要另一种心理学即人文主义心理学。历史发展的事实也是如此，1874年，冯特的《生理心理学原理》(下卷)和布伦塔诺的《经验观点的心理学》同时出版，这两本著作都把新心理学界定为一门经验科学，分别标志着现代科学主义心理学和现代人文主义心理学的开端。因此，科学心理学有两个创始人或者说有两位“父亲”，一个是冯特，另一个是布伦塔诺。过去人们之所以只提冯特是科学心理学之父，是因为波林那本著名的《实验心理学史》教科书造成了我们的误解。波林是铁钦纳的学生，铁钦纳力图把自己标榜为冯特的正统传人，要求波林按照他的实验心理学内容重新解读冯特的心理学体系。① 因此，在《实验心理学史》中大量论述冯特等人的实验心理学内容，而对冯特的对立者布伦塔诺等人的贡献则不予重视，以至于布伦塔诺被历史埋没了近半个世纪，成为学术史上的“隐身人”。这不能不说是一个历史的误会！我们今天需要澄清铁钦纳和波林所造成的误解，还布伦塔诺及其意动心理学的历史本来面目。

在现代心理学流派的演进过程中，有的作为一个心理学派别已经消失，融进了心理学的历史进程，如内容心理学、意动心理学和机能心理学等；有的犹如老树常青，如行为主义心理学和精神分析心理学在今天仍然具有活力。某些较大的心理学流派又包括一些较小的分支派别，如行为主义前后有三代，精神分析更是分支派别繁多。

1. 科学主义心理学流派的历史演进

科学主义心理学亦称自然科学心理学，是指一种以自然科学为价值定向的心理学研究取向，它坚持心理学的自然科学观和实证主义的客观实验范式，力图建构以自然科学为模板的心理学理论模式。科学主义心理学是主流的心理学取向，它从内容心理学开始，依次表现为构造心理学、机能心理学、行为主义心理学、皮亚杰学派心理学和认知心理学等派别。它们之间具有明显的连续性，要么是一种继承关系，如构造心理学对内容心理学的继承；要么具有对立关系，如认知心理学对行为主义心理学的反动。

(1) 内容心理学。

科学主义心理学从冯特的内容心理学(content psychology)开始。在冯特之前，心理学一直附庸于哲学，处于默默无闻的状态。冯特全面总结了哲学心理学、生理学和心理物理学的研究成果，把哲学心理学的理论观点、自然科学的研究方法与心理学的有关研究课题结合起来，将实验法引入心理

① 据说波林每写完《实验心理学史》的一章，都要交给铁钦纳审读。

学研究领域，于1879年在德国莱比锡建立了世界上第一个心理学实验室，使心理学获得了科学的形态，标志着现代科学心理学的确立。莱比锡成为世界新心理学的圣地，各国的学生都前往跟随冯特学习。

冯特创立的实验心理学，开辟了科学心理学的科学主义研究路线。冯特认为，科学心理学应该是一门经验科学，他把心理学的研究对象规定为直接经验，而不同于自然科学所研究的间接经验。他认为，心理学作为研究心理、意识事实的一门经验科学，其任务就在于分析出心理或意识的元素，并确定元素构成复合观念的原理与规律。冯特通过实验内省法分析，发现最基本的心理元素有两个，即感觉元素与感情元素。任何复杂的心理现象都是由心理元素结合而成的，简单的心理元素通过联想、统觉结合成为心理复合体。正是从这个意义上说，冯特的实验心理学被贴上"内容心理学"的标签。冯特的内容心理学与其同时代的布伦塔诺的意动心理学形成直接对立，这也是科学主义心理学与人文主义心理学长期纷争的开始。

与冯特同时代的德国心理学家艾宾浩斯和缪勒等人发展了他的内容心理学。艾宾浩斯创造性地运用实验法研究记忆这种高级的心理过程，开辟了实验研究的新领域。缪勒在哥廷根大学创建了一个设备完善的心理学实验室，其地位仅次于莱比锡心理学实验室，吸引了从欧洲和美国来的许多学生，取得了多方面的研究成果。以冯特的学生铁钦纳为代表的构造心理学(structural psychology)又称构造主义(structuralism)，其思想体系继承和发展了冯特的内容心理学的主要观点，特别是在坚持心理学是一门实验科学的观点上，二者一脉相承，可以看成是冯特的内容心理学的极端形式。

(2) 机能心理学。

机能心理学(functional psychology)产生于19世纪末20世纪初的美国，是美国本土出现的第一个正式的科学心理学思想体系。早在1890年，美国心理学之父詹姆斯在《心理学原理》中就将机体适应环境的心理功效规定为心理学的研究对象，这为19世纪末20世纪初的美国心理学定下了机能心理学的总基调。美国机能心理学与德国实验心理学之间存在着密切的关系。冯特在德国创建了心理学实验室之后，美国有许多年轻人来到冯特的实验室学习新的内容心理学，这些人回国后热心倡导生理心理学和实验心理学，并在各自所在的大学开设新课程，建立实验室。这样，德国实验心理学的科学形式就传入了美国，为美国的心理学家们提供了一种科学的思维方式和研究手段。但是美国年轻一代的心理学家不赞成冯特只以实验的内省方法研究纯粹的意识内容，强调用观察、测验和实验等多种方法研究意识或心理功能。他们认为，心理学可用于解决人们在不同的环境中如何活动、如何适应不同的环境等日常生活问题。

机能心理学有狭义和广义之分，与构造心理学直接对立的是狭义的机能心理学，即以杜威、卡尔、安吉尔为代表的芝加哥学派。代表美国心理学一般特征和总体倾向的是广义的机能心理学，即以卡特尔、桑代克、武德沃斯为代表的哥伦比亚学派。随着构造心理学因1927年铁钦纳逝世而消失，狭义的机能心理学由于失去了对立面逐渐退出历史舞台。而广义的机能心理学由于随后行为主义心理学的产生，也完全融入了美国心理学发展的历史洪流之中。

(3) 行为主义心理学。

行为主义(behaviorism)是20世纪初起源于美国的一个心理学派别，它在20世纪70年代之前是实验心理学中最有影响的运动，被称为心理学的“第一势力”。1913年，华生发表的《行为主义者心目中的心理学》一文标志着行为主义的诞生。华生抨击了传统上研究意识的内省心理学，批判了构造心理学和机能心理学，并声称心理学应该抛弃内省法而采用客观的实证方法研究可观察的外显行为。由此，行为主义作为一种新生的力量登上了心理学的历史舞台，其浩大的声势很快席卷了美国，并几乎遍及全世界，成为心理学史上著名的“行为主义革命”，被称为心理学史上的“第一次革命”。

行为主义的发展经历了三代。从1913年到1930年，是以华生等人为代表的第一代行为主义，又称古典行为主义。与华生同时代的魏斯、霍尔特、亨特、拉施里以及中国的郭任远等人，也对行为主义的推广做出了重要贡献。从20世纪30年代至60年代，赫尔、托尔曼、斯金纳等人对华生的极端简单化的观点和方法不满，都采纳操作主义和逻辑实证主义的哲学观点，开展了一系列研究，形成了各具特色的新体系，共同促生了第二代行为主义的心理学运动，也被称为新行为主义(neobehaviorism)。尽管第二代行为主义的术语名称、理论观点、概念体系等各不相同，但其行为主义的基本立场却是一致的。从20世纪50年代起，随着赫尔、托尔曼的过世，只有斯金纳等少数人仍坚持激进的行为主义观点，更多的批评者则看到了行为主义的实证主义哲学基础、严格的环境决定论以及人兽不分观点的严重缺陷。罗特、班杜拉、米契尔等更新一代的行为主义者，采取了更加温和的态度，大胆引入刚刚兴起的认知心理学的术语来说明人的行为，力图克服行为主义的危机，对行为主义进行认知心理学改造，形成了第三代行为主义，又称新的新行为主义(new-neobehaviorism)。

(4) 皮亚杰学派心理学。

皮亚杰学派(Piagetians)是20世纪20年代由瑞士心理学家皮亚杰创立

的。由于该学派的研究工作主要是在日内瓦大学及日内瓦发生认识论国际研究中心进行的,因此又称日内瓦学派。皮亚杰学派通过研究个体的认识发生,把认识论和心理学紧密结合起来创立了发生认识论,在心理学史上第一次系统而完整地描绘了儿童心理的发生和发展,指明儿童心理发展的实质是个体通过同化和顺化这两种形式来适应环境达到有机体与环境的平衡,并进一步详细探讨了儿童心理发展的结构、影响因素和发展阶段。皮亚杰学派对心理学、哲学和教育学诸多学科领域产生了广泛而深远的影响。

自20世纪50年代中期以来,皮亚杰理论受到了严重的挑战与诘难,出现了新皮亚杰学派(neo-Piagetians)和后皮亚杰学派(post-Piagetians)。新皮亚杰学派采用信息加工观点,对经典的皮亚杰体系作出一定的修正,使之更完善和更具解释力。后皮亚杰学派从地域上是指那些法语世界的学者(主要是法国和瑞士)所形成的一个松散的联盟,他们(也包括少数说英语的学者)在方法论上主张或实际从事以皮亚杰的临床法为标准构建发展量表和运算测验,在理论上主张差异心理学与发展心理学的真正整合。

(5) 认知心理学。

认知心理学(cognitive psychology)有广义和狭义之分,广义的认知心理学指的是所有侧重研究人的认知过程的心理学,狭义的认知心理学专指现代认知心理学。现代认知心理学表现为三种理论形态:信息加工论心理学、联结主义认知心理学和生态论认知心理学。

信息加工论认知心理学产生于20世纪50年代中期,其主要代表人物有纽厄尔、西蒙和奈瑟等人。它以"心理活动像计算机"为隐喻,用信息加工的观点看待人的认知过程,认为人的认知过程是一个接受、加工、贮存和输出信息的过程。由于这种观点以符号操作为基础,通过符号的串行加工方式建立心理模型,故又称符号论认知心理学。信息加工论认知心理学把以往被行为主义排挤到后台的意识重新拉回到心理学研究的前台,实现了心理学研究对象的回归。它还在继承传统科学主义心理学的客观实证方法基础上,综合运用反应时实验和自我观察法,尤其把计算机模拟方法作为重要研究工具,取得了心理学研究方法的突破。20世纪70年代,信息加工认知心理学成为心理学研究的主流,席卷了心理学的大多数分支。它的兴起被称作心理学史上的一场"认知革命",相对于先前的行为主义革命是心理学史上的"第二次革命"。

20世纪80年代以来,联结主义认知心理学开始复兴。在联结主义心理学看来,人脑不能简单地等同于计算机,符号加工与真实的人类心理加工存在很大差距。它提出以大脑隐喻代替计算机隐喻,把大脑视为生物的神经网络，以平行分布加工代替串行加工。联结主义认知心理学试图构建一个更接近于神经活动的认知模型，暂时缓解了认知心理学遇到的困难。

从 20 世纪 90 年代开始，生态论认知心理学受到研究者的重视。它批判认知心理学注重实验室研究、远离日常生活的倾向，强调心理是人与环境互动的结果，主张心理学应当走出实验室、在现实环境中研究人的心理和行为，追求心理学研究的生态学效度，促进了认知心理学与实际生活的联系。

2. 人文主义心理学流派的历史演进

人文主义心理学亦称人文科学心理学，是指一种以人文科学为价值定向的心理学研究取向，它坚持心理学的人文科学观和现象学（存在主义、解释学）的主观经验范式，力图建构以人文科学为模板的心理学理论模式。人文科学心理学是非主流的心理学取向，它的发展有两条线索：一条从意动心理学开始，依次表现为格式塔心理学、现象学心理学、存在心理学、人本主义心理学、超个人心理学等流派，它们之间具有明显的连续性；另一条从古典精神分析心理学开始，依次表现为自我心理学、客体关系学派、自体心理学、社会文化学派、存在分析学、马克思主义精神分析学、后现代精神分析学等，它们之间也具有明显的连续性。当然，这种划分无论是时间上还是在思想渊源上都具有一定的相对性和交叉性。例如，存在心理学与精神分析学具有很大的关联性，存在心理学有时又称存在精神分析学或简称存在分析学。再如，作为存在心理学家的罗洛·梅和布根塔尔等人也可以归入人本主义心理学阵营。

(1) 意动心理学。

人文主义心理学从布伦塔诺的意动心理学（act psychology）[①]开始。意动心理学有狭义、广义之分。狭义的意动心理学主要是指布伦塔诺的意动

---

① 布伦塔诺开创了意动心理学的体系，但并未提出“意动心理学”这个概念。“意动心理学”进入心理学界，首先要归功于铁钦纳，他于 1921 年和 1922 年在《美国心理学杂志》上连续发表《机能心理学与意动心理学：Ⅰ》和《机能心理学与意动心理学：Ⅱ》，区分出两种心理学团体：关注生物学方面的机能心理学和关注意向方面的意动心理学。他明确指出，意动心理学以布伦塔诺、麦农、斯顿夫、立普斯、胡塞尔和屈尔佩为代表，英国的斯托特也受到布伦塔诺的影响。（Titchener，E. B.，Functional psychology and the psychology of act：I. *American Journal of Psychology*，1921，32，pp. 519～542）1921 年，他又在《美国心理学杂志》上发表《布伦塔诺与冯特：经验与实验的心理学》，认为他们开创了不同的心理学取向。他说：“心理学的学生，尽管其得益是双倍的，但依然必须在这一个和另一个之间作出选择。在布伦塔诺和冯特之间，没有中间的道路。”（Titchener，E. B.，Brentano and Wundt：empirical and experimental psychology. *American Journal of Psychology*，1921，32，pp. 108～120）在铁钦纳之后，他的忠实的学生波林继承了老师的观点，将布伦塔诺和冯特视作两种阵营。他说：“19 世纪后期和 20 世纪早期的系统心理学的分歧在于意动和内容，也就是在于布伦塔诺和冯特。”（波林著，高觉敷译：《实验心理学史》，商务印书馆 1981 年版，第 406 页）

心理学，广义的意动心理学除了布伦塔诺的意动心理学，还包括斯顿夫的机能心理学[1]、形质学派、符茨堡学派等。

布伦塔诺不同于冯特，他主张把意动作为心理学的研究对象，强调心理的意向性、活动性和整体性；提倡通过直接体验的方法，如内部知觉方法，来研究心理现象的组织规律和本质。布伦塔诺最先确立了意动心理学体系。在他之后，其学生斯顿夫提出机能心理学，麦农和厄棱费尔等人提出形质心理学，推进了意动心理学的发展。同时，冯特的学生屈尔佩站在意动心理学的立场上，领导符茨堡学派进行无意象思维的研究，并提出二重心理学，尝试调和意动心理学和内容心理学。此外，英国的沃德和斯托特、法国的里博和沙可也受到意动心理学的影响，推动了意动心理学在英国和法国的发展。

布伦塔诺等人的意动心理学与冯特等人的内容心理学相抗衡，开创了心理学中的人文主义路线与科学主义路线对立之先河。在意动心理学之后，弗洛伊德受到布伦塔诺的心理意动观的影响创立了精神分析心理学，惠特海默等人受到斯顿夫的影响，提出格式塔心理学，作为心理学中的“第三势力”的现象学心理学和人本主义心理学也回应了意动心理学。

(2) 格式塔心理学。

格式塔心理学(Gestalt psychology)又译“完形心理学”，包括两个分支，一是格式塔心理学的格拉茨学派，二是格式塔心理学的柏林学派[2]。1890—1900 年间，厄棱费尔和麦农将其老师布伦塔诺的意动心理学具体运用到形、形质问题的研究上，认为形、形质的形成有赖于意动。后来这一思想又通过威塔塞克和贝努西等人的努力继续传播于世。由于他们提出形质学说，故称为形质学派。这一学派是以奥地利的格拉茨大学为中心，又称格拉茨学派。

格式塔心理学的柏林学派由惠特海默、苛勒和考夫卡三位德国心理学家于 1912 年创立。这个学派最初以反对冯特的元素论作为出发点，强调经验和行为的整体性，认为整体不等于且大于部分之和，整体的性质决定部分的性质，部分的性质则有赖于它在整体中的关系、位置和作用。整体观贯穿

---

① 斯顿夫的机能心理学不同于美国心理学的机能主义，对后者也没有直接的影响。斯顿夫的机能强调的是一种逻辑的机能，而美国机能主义强调的是一种生物或适应的机能。

② 史密斯指出，格拉茨学派可以与柏林学派并列，作为格式塔心理学的两个中心。(Smith, B., *Austrian Philosophy*: *The Legacy of Franz Brentano*, Open Court Publishing Company, 1994, pp. 259～272)林登费尔德也指出：“格拉茨学派本来能够轻易地成为战争时期[指第一次世界大战]格式塔心理学主要的中心。”(Lindenfeld D. F., *The Transformation of Positivism Alexius Meinong and European Thoug*, *1880—1920*. University of California Press, 1980, p. 237)

于柏林学派体系之中，在对知觉、心身关系、思维、学习和人格问题的解释上都体现了这一观点。由此出发，柏林学派十分注重心理各成分之间的动力性、交互性和系统性。

柏林学派承认形质学派的地位与作用，在诸多方面与其保持一致：它们都坚持整体论观点，反对元素论观点；都把对形式和图形关系尤其是知觉作为核心主题。不过，格拉茨学派与柏林学派间存在着一定的差异。两个分支的争论反而成了格式塔心理学发展的动力，这反映在后来意大利的格式塔心理学发展上。

格式塔心理学的柏林学派除了三位创始人之外，后来受到柏林学派影响的勒温转向团体动力学，可以视作是对格式塔心理学的一种继承和发展。海德和费斯汀格等继承和发展了团体动力学，各自提出新的理论和学说，并在美国社会心理学界长期占据着统治地位，而格拉茨学派在一定程度上被冷落了。

(3) 现象学心理学。

在 20 世纪五六十年代，美国的现象学心理学、存在心理学和人本主义心理学以相似的人文主义心理学观点共同构成心理学的"第三势力"，它们共同反对心理学的"第一势力"行为主义心理学和"第二势力"精神分析心理学。在严格意义上，"第三势力"心理学都是心理学的一种共同研究取向，而非一个严格意义上的学派。当然，从起源上看，现象学心理学和存在心理学都比人本主义心理学出现得较早。

现象学心理学(phenomenological psychology)是产生于 20 世纪上半叶的一种心理学取向，它上承人文科学心理学最初形态的意动心理学，并受到现象学哲学的直接影响。它从直接呈现的经验出发，坚持意向性观点，对经验加以描述。胡塞尔的现象学心理学和哥廷根的实验现象学构成了现象学心理学的最早思想雏形。从地域上看，现象学心理学可分为欧洲的现象学心理学与美国的现象学心理学。前者主要有以萨特和梅洛—庞蒂为代表的法兰西学派、以伯伊滕蒂克等人为代表的乌特列支学派。后者兴起于 20 世纪 40 年代，到 60 年代逐渐形成了以乔治为代表的迪尤肯阵营。美国的现象学心理学的兴起过程主要是吸收与转化现象学哲学和欧洲现象学心理学的过程，这个过程实际上是现象学心理学在美国的本土化过程。1970 年，乔治创办《现象学心理学杂志》，在现象学心理学发展中具有标志性意义。从理论形态上，现象学心理学可以分为三个维度六种形态：在研究方式上，表现为思辨的与实验的现象学心理学；在研究取向上，表现为经验与解释的现象学心理学；在研究领域上，表现为存在与超个人的现象学心理学。

(4) 存在心理学。

存在心理学(existential psychology)主要受到存在主义哲学和精神分析心理学的影响,以人的存在为核心观点,采用现象学方法,来理解人的爱、本真、自由、焦虑、孤独、死亡等存在状态。存在心理学家在坚持心理学的存在主义观点和现象学方法方面是一致的,但他们在研究主题上又各有侧重。存在心理学在20世纪三四十年代兴起于欧洲,并在五六十年代发展于美国和英国。早期的欧洲存在心理学的主要代表人物是瑞士的宾斯汪格、鲍斯和奥地利的弗兰克尔等人。美国的存在心理学以罗洛·梅为领军人物,此后还有布根塔尔、施奈德和雅洛姆等人。1958年,罗洛·梅等主编的《存在:心理学与精神病学中的一种新维度》是美国的存在心理学发展的一个里程碑。1959年,在美国心理学会的年会上举办了关于存在心理学的研讨会,会议论文由罗洛·梅主编并以《存在心理学》(1961)为题出版。1960年开始,美国陆续创办了几种存在心理学杂志,如《存在精神病学》(1960,后更名为《存在主义杂志》)、《存在心理学与精神病学评论》(1961)、《存在分析者》(1964)、《存在精神病学》(1964)等,这些刊物成为存在心理学最重要的阵地。英国的存在心理学以莱因等人为代表。

(5) 人本主义心理学。

人本主义心理学(humanistic psychology)诞生于20世纪五六十年代,是美国心理学中的一种新思潮和革新运动。它假定每个人的内部都存在着一种成长的机制,这种机制可以促使人们在环境允许的情况下实现他们的潜能,而心理学家的目标和责任就是关注这种内部潜能,并寻求各种方法来帮助人们实现这种潜能。奥尔波特、马斯洛、罗杰斯等人是其主要代表人物,此外,存在心理学家罗洛·梅和布根塔尔等人的思想也具有人本主义心理学倾向。在20世纪60年代末,从美国人本主义心理学中又分化出超个人心理学,它是人本主义心理学创始人马斯洛和萨蒂奇等人在对人本主义心理学进行自我扬弃的基础上提出来的。超个人心理学超越了人本主义以个人的自我实现为目标的狭隘认识,迈向以研究人类心灵与潜能的终极价值和真我完满实现为目标。人本主义心理学理论形态包括以奥尔波特、马斯洛、罗杰斯等人为代表的自我实现理论、以罗洛·梅和布根塔尔等人为代表的自我选择论和以马斯洛和萨蒂奇等人为代表的自我超越论。

(6) 精神分析心理学。

精神分析(psychoanalysis)由奥地利著名医生弗洛伊德于19世纪末创立,它既是一种治疗心理疾病的方法,又是一种潜意识的心理学说。精神分析最初是从神经症治疗实践中产生的,逐渐发展成为现代西方心理学的一个主要流派，被称为西方心理学的“第二势力”。自20世纪20年代以来，精神分析逐渐超越了心理学的范围，扩展到社会科学的诸多领域，开创了一场人类思想文化运动。可以说，精神分析心理学是西方心理学史上绵延最长、影响最大、分支派别最多的一个心理学流派。

自从弗洛伊德创建精神分析理论以来，精神分析运动已经经历了百年的发展历程，其发展循着内部和外部两条路径。内部发展路径指的是精神分析内部的不断分裂与重组、演变与发展。其逻辑线索是，弗洛伊德所倡导的驱力模式，经过荣格、阿德勒等人的过渡之后，进一步演化为自我模式、关系模式和自体模式，分别对应着以安娜、哈特曼和埃里克森等人为代表的自我心理学，以克莱因、费尔贝恩和克恩伯格等人为代表的客体关系学派和以科胡特等人为代表的自体心理学等，它们从学科内部推动着精神分析运动向前发展。外部发展路径指的是弗洛伊德之后的精神分析从外部学科，如医学、社会学、文化学、哲学、语言学等积极汲取养分，一些精神分析学家把传统精神分析学与其他学科相结合，分别出现了以霍妮、沙利文、卡丁纳和弗洛姆等人为代表的社会文化学派，以宾斯万格、鲍斯、罗洛·梅、莱因等人为代表的存在分析学，以赖希、马尔库塞和弗洛姆等人为代表的马克思主义精神分析学，以拉康等人为代表的后现代精神分析学等，它们推动了精神分析运动向外发展。

精神分析百年运动的发展历程是一个不断分裂与整合的过程。其整合过程就是不断地克服片面性、极端性从而逐渐地走向互相吸收、融合的历程，表现在它的不同发展阶段之间、其内部的各种模式之间以及它与外部诸多学科之间的相互吸收与融合。精神分析运动的整合逻辑与其发展逻辑相一致，也循着内部整合与外部整合两条路径。内部整合路径是指精神分析内部的各种模式之间的整合，即对驱力或本能、自我、客体关系与自体模式之间的不断整合，包括雅可布森的自我理论整合、克恩伯格的客体关系理论整合、科胡特的自体理论整合和米契尔的关系理论整合等。外部整合路径是指精神分析与外部邻近学科，如社会学、文化学、哲学、语言学、医学和神经科学之间的整合，包括社会文化学派的文化理论整合、存在精神分析的人本主义理论整合、拉康的语言学理论整合和神经科学的科学化整合等。无论是内部整合还是外部整合都推动了精神分析运动不断向前发展。

三、现代心理学流派的当代效应

20世纪80年代以来，西方心理学进入"后体系时代"（postsystem era）①。尽管一些学派和思潮如行为主义心理学、认知心理学、精神分析心理学、人本主义心理学等依然存在，但是，学派纷争日益淡化，学派界限日趋模糊，大多数心理学家更倾向于具体问题的研究，提出一些微观理论模型，而不大关心学派建设。就宏观理论观点而言，当代心理学也出现了一些新的研究趋势。这些新趋势一方面延续着科学主义心理学与人文主义心理学的分野。例如，联结主义认知心理学、认知神经科学、生态心理学、进化心理学等主要体现了科学主义心理学精神，后现代心理学、女性主义心理学、叙事心理学、文化心理学、积极心理学等主要体现了人文主义心理学精神。同时，这些新趋势在一定程度上也体现了科学主义心理学和人文主义心理学之间相互吸收和融合的新特点。当代出现的这些心理学的新趋势，只能看成是新的心理学研究取向，还不能视为严格意义上的心理学派别，而且，它们各自的代表人物也没有打算创立什么新的学派。

1. 科学主义心理学流派的当代效应

以自然科学为价值定向的科学主义心理学的当代趋势主要有：联结主义认知心理学、认知神经科学、生态心理学和进化心理学等。表面上看来，虽然不断有新的特征纳入到这些趋势中，比如多学科的交叉性以及研究方法的多元化，但是这些趋势在总体上却都反映出了诸如坚持经验证实原则、强调量化研究等科学主义心理学所固有的研究特征。

(1) 联结主义认知心理学。

联结主义认知心理学（connectionist cognitive psychology）是联结主义模型研究于20世纪80年代在认知心理学领域的复兴。它的复兴既逢信息加工论认知心理学遭到怀疑与困难之时，又得益于脑科学和神经科学的飞速发展。1986年，鲁梅尔哈特和麦克里兰编辑出版的联结主义"圣经"《并行分布加工：认知结构的微观探索》一书，标志着联结主义认知心理学进入发展的鼎盛时期。联结主义认知心理学以"心理活动像大脑"为隐喻基础，把认知过程类比为神经网络的整体活动，把认知系统看做是简单而大量的加工单元的联结网络，网络中的每一单元在某一特定时刻总是处在某种激活

---

① Brennan, J. F. (2003). *History and systems of psychology*. New Jersey: Pearson Education, p. 280.

水平上，其实际的激活水平与来自环境和其他与之相连的单元有关。在联结主义看来，知识并不存在于特定的地点，而是存在于单元之间的联结之中，学习就是建立新的激活模式或改变单元之间的联结强度，因此，不同的激活模式能够解释不同的认知过程。相对于信息加工论认知心理学，联结主义认知心理学所研究的人工神经网络与大脑的功能方式更为一致，因为人脑就是由大量神经细胞以复杂方式联结起来的。联结主义认知心理学为处于危机中的认知心理学带来了新的生机，被称作“在认知解释方面的一场哥白尼式的革命”①，但它以对大脑的同构型或同态型模型为研究对象本身就具有一定的局限性。

（2）认知神经科学。

认知神经科学（cognitive neuroscience）是20世纪80年代末出现的一种主要研究趋势。这一趋势重在研究和探讨人类心理及其活动的脑基础，以便揭示出人类心理和大脑之间的关系。认知神经科学融合了多个学科，比如脑科学、认知科学、神经科学等。这一新趋势有两点基本主张：一是认为脑结构与脑功能具有多层次性的特点；二是认为虽然人脑的结构是脑功能的基础，但在结构和功能之间并非简单的对应关系。这一趋势以传统认知心理学的行为实验研究方法为基础，主要采用脑功能成像技术进行研究。这其中主要包括基于脑代谢或脑血流变化的正电子发射断层扫描技术（PET）、功能性核磁共振成像技术（fMRI）和基于脑电或脑磁信号的脑生理功能成像的事件相关电位技术（ERP）、脑磁图技术（MEG）。认知神经科学将认知科学中的精细、严密的实验设计和现代神经科学中的先进技术相结合，丰富了心理学的研究，促进了人们对心理学中的一些重要主题研究的深入。有观点甚至认为认知神经科学正取代认知心理学成为心理学发展的新阶段。② 虽然这一新的趋势目前还正处于进一步发展和完善之中，但相信它会给心理学研究带来更多的借鉴和突破。

（3）进化心理学。

进化心理学（evolutionary psychology）是在20世纪80年代末期出现于心理学研究领域中的一种新的研究趋势，其主要代表人物有巴斯、考斯麦茨、巴库等人。进化心理学主要受到本能心理学、认知科学和精神分析理论的影响，在方法论上主要运用生物学的进化理论来探讨人类心理的起源和

① Andy Clark & Rudi Lutz(1992). *Connectionism in context*. Springer-Verlag, p. 9.

② 索拉索编，朱滢、陈烜之等译：《21世纪的心理科学与脑科学》译者前言，北京大学出版社2002年版，第12页.

本质，并尤其强调自然选择的机制。这一趋势的基本观点主要包括：理解心理机制的关键在于过去；功能分析是理解心理机制的最主要途径；人类在解决问题的过程中逐渐演化出心理机制；心理机制具有模块性；人类的行为和表现是外部环境和心理机制相互作用的结果。进化心理学的研究主要建立在多种方法和数据来源的基础之上，通常采用比较法和实验法对所提出的假设进行检验，数据资料主要来源于观察资料、自我报告、生活史、考古学记录、狩猎采集社会的数据等。进化心理学把心理学的研究融进了生命科学的研究范围之中，拓宽了心理学的研究领域，并对人性等问题做了深入探讨。虽然进化心理学目前尚存在诸多争议，但是它无疑启发并促进了心理学的深入研究和纵深发展。

(4) 生态心理学。

生态心理学(ecological psychology)是在20世纪80年代末最终确立并得以发展的心理学新趋势之一。它受到科学、哲学和心理学等多个学科的影响，但以心理学的影响为主。在心理学领域中，生态心理学既受到机能主义心理学、行为主义心理学、认知心理学等这些主要的科学主义心理学流派的影响，又受到格式塔心理学、精神分析心理学和人本主义心理学等人文主义心理学流派的影响。从这些影响中，我们可以看到生态心理学这一新趋势在总体上反映了科学主义心理学和人文主义心理学的融合迹象。生态心理学的特征主要包括：强调人类心理的整体性；主张心理学的研究应面向生活世界；主要关注生态危机。在研究方法上，生态心理学虽然倡导多元化取向，但在实际研究中往往以注重生态效度的实验法、以行为抽样记录为主的自然观察法、以背景评估为主的测量法以及档案法为主。由于生态心理学的发展处在以科学主义为主导的当代心理学氛围下，不可避免地对经验和实验尤为注重，这也在一定程度上限制了生态心理学的发展空间。

2. 人文主义心理学流派的当代效应

以人文社会科学为价值定向的人文主义心理学的当代趋势主要有：后现代心理学、女性主义心理学、叙事心理学、文化心理学、积极心理学等。它们主要以现象学为哲学基础，以质化描述和个案分析方法研究现实生活中人的整体经验世界，关注人的价值、尊严、情感的理解和体验等主题，重视社会和文化因素对人的心理的影响。

(1) 后现代心理学。

后现代心理学(postmodern psychology)是在20世纪80年代中后期，受到后现代文化思潮的直接影响，在西方主流心理学面临困境与危机的情势下产生的一种心理学新趋势。它直接缘起于在心理学界处于非主流地位的人文科学定向的心理学思想。它以批判和消解科学主义心理学，并从后现代视野重新审视和重构心理学为基本特征。后现代心理学反对把心理学视为一门自然科学，从总体上倾向将心理学划为人文科学阵营；反对只研究可观察的对象，主张扩大心理学的研究对象；反对以实证方法为中心和量化分析，主张质化研究；反对原子论、还原论、客观论、决定论，倡导整体论、建构论、去客观化、或然论；反对追求普适性真理、价值中立和把人视作机器的观点，主张淡化对普适性真理的追求，关注事实与价值的融合，张扬人性；反对将知识视为客观实在，主张把知识放到社会背景中，视其为人际互动和社会建构的结果。后现代心理学作为后现代文化思潮的重要组成部分，体现出人文科学的精神，对人文主义心理学领域具有积极意义。

(2) 女性主义心理学。

女性主义心理学(feminist psychology)产生于20世纪60年代末以来的西方女性主义思潮背景之下。其发展逻辑体现为三种研究取向：20世纪六七十年代出现的经验论女性主义心理学，20世纪80年代出现的立场论女性主义心理学和20世纪90年代出现的后现代女性主义心理学，其中后现代女性主义心理学占据主流地位。女性主义心理学的主流观点是：消除心理学中男性中心的偏见，建立“性别公平”的“好科学”；反对实证霸权，主张采用适于女性的多元方法，如质化方法；反对传统心理学的客观和价值中立的研究模式，提倡在社会文化背景下对女性的主观经验如价值、情感和信念的深度理解；主张从社会性别视角革新咨询关系，尊重女性能力、尊严及价值，强调赋予自我决定的治疗目标，建立平等的咨询关系。女性主义心理学对我们全面认识人类心理和关注女性心理起到独特作用。

(3) 叙事心理学。

叙事心理学(narrative psychology)诞生于20世纪80年代中期，它受到后现代文化思潮的影响，是现代文学中的叙事分析与社会心理学相结合的产物。它是通过分析神话、民间故事、小说等虚构文本来探讨和理解我们精神世界的意义系统和结构的一种人文主义心理学取向。叙事心理学以自我叙事表征心理过程的核心特征，主张用话语分析等质化方法研究人的意义、价值、情感和人格，研究人的生活故事，其目标是理解，而非实证和解释；它强调人的心理的情景性和生成性，既关注日常生活世界中人的发展过程的连续性，又注重对人生链条上每一个故事内容的分析；它认为心理问题产生的原因在于外界事物导致个体生活故事的连续性遭到破坏，心理治疗的目的是帮助个体“修复故事”或重构一个新故事。叙事心理学以其独特的研究方法和视角，启示我们重新审视传统心理学的目标和方法。

（4）文化心理学。

文化心理学(cultural psychology)是20世纪末产生的一种心理学取向，是对主流心理学困境与危机的一种反应和结果。它主要通过人文科学模式研究特定文化中人的心理或行为，重视实际语境，强调生态学研究方法，重视主位研究、同文化研究和本体论解释学研究。它强调文化与心理的创生关系和互动关系，力图改变传统文化与心理学领域研究中的文化决定论模式。文化心理学主要有三种取向：符号理论取向、活动理论取向和个人主义理论取向。它对科学主义心理学进行了全面的批判和建构：反对物性，张扬人性；反对经验—理性理论模式，主张文化研究范式；反对传统心理学的本体论和普遍知识观，坚持文化相对主义与建构主义；反对二分主义和以此为基础的本质主义、基础主义和归因主义，倡导整体主义、非本质主义、非基础主义。文化心理学重视人性，突出心理学的人文科学性，弥补了科学主义心理学的不足。

（5）积极心理学。

积极心理学(positive psychology)是利用心理学目前已比较完善和有效的实验方法与测量手段，来研究人类的力量和美德等积极方面的一种心理学思潮。它产生于20世纪末的美国，是相对于主流心理学中的“消极心理学”而言的。它反对传统心理学以消极、问题、障碍、病态心理为研究重点，反对本能驱力论、环境决定论和悲观人性论，强调对主观幸福感、美德、力量和潜能等积极品质的研究；反对心理学研究只关注对“问题”的修补，主张心理学关注和鼓励人保持积极心理品质。积极心理学的主要研究内容包括：积极情感体验，如主观幸福感、满足和快乐等；积极人格，如自尊、虔诚、宽恕、善良、爱、正直、感恩等；积极的社会组织系统，如工作制度、家庭关系和学校管理等。积极心理学虽然沿用了实证主义的研究方法，但也逐渐尝试借鉴质化研究方法，更重要的是它继承和发展了人文主义心理学的人性观与心理观，其目标在于寻求人类的人文关怀和终极关怀，它在总体上属于人文主义心理学，同时也体现了科学主义心理学与人文主义心理学的融合迹象。

在当前西方心理学中，科学主义心理学与人文主义心理学逐渐开始对话与交流，出现了相互融合的新迹象。例如，上述生态心理学和积极心理学两种研究趋向就表现出这种融合的特点。又如，精神分析心理学通过借鉴认知神经科学的研究方法和成果向科学主义心理学融合。神经精神分析学(neuropsychoanalysis)是一门将传统精神分析学与神经科学的理论和方法相结合的新研究领域。其领军人物马克·索姆斯指出，神经精神分析学“联系心理与大脑，以详细探究因不同大脑结构受损而带来的人格、动机和情绪变化的内部心理结构。如此，我们可以辨别引起这些症状和症候群的多重潜在因素，并将它们与其解剖的'活动场景'联系起来"①。1999年《神经—精神分析学》杂志创刊，2000年国际神经—精神分析学协会创建，标志着神经精神分析学的正式建立。神经精神分析学试图通过结合精神分析学与神经科学的理论与方法，实现精神分析的科学化，被称为21世纪精神分析研究的新范式。再如，认知科学通过借鉴现象学的方法向人文主义心理学融合。1996年，认知科学家瓦雷拉提出神经现象学(neurophenomenology)构想，试图将认知科学与现象学结合起来。② 神经现象学是研究意识体验的神经科学，在理论上寻求对意识的神经生理层面进行具身化(embodied)与大规模(large-scale)的动力学研究；在方法上广泛而严格地使用现象学的第一人称主观经验报告策略，来量化和描述意识的大规模的神经动力活动。神经现象学鲜明地体现了实证方法与现象学方法的结合。

四、现代心理学流派的理论特征

现代心理学流派的发展与演进并非杂乱无章，而是有其内在的理论逻辑。这种理论逻辑从心理学的科学观、对象论、方法学和理论观等方面体现了科学主义心理学与人文主义心理学的分歧与争论。心理学史学家华生③、科恩④、金布尔⑤等人都曾对此进行过研究。我们在这里分别从科学观、对象论、方法学和理论观方面总结科学主义心理学和人文主义心理学的不同理论特征，以进一步深化对现代心理学流派的理解。

1. 科学观

心理学科学观是指心理学家关于心理学的学科性质、定位及其建构方式的理论观点，体现为心理学家对心理学研究对象的理解、对心理学研究方

① Kaplan-Solms, K. & Solms, M. (2000). *Clinical studies in neuropsychoanalysis*. London: Karnac, p. 62.

② Varela, F. J. (1996). Neurophenomenology: A methodological remedy to the hard problem. *Journal of Consciousness Studies*. 3(4), pp. 330～50.

③ Watson, R. I. (1967). Psychology: A prescriptive science. *Americcan Psychologist*. 22(5), pp. 435～443.

④ Coan, R. W. (1979). *Psychologist: Personal and theoretical psthways*. New York: Irvington Publishers, Inc.

⑤ Kimble, G. A. (1984). Psychology's two cultures. *Americcan Psychologist*. 39(8), pp. 833～839.

式的确定以及对其理论本身的表述。心理学家持有什么样的科学观，决定着他们怎样看待心理学，怎样研究心理学，致力于将心理学建构成什么样的科学。科学主义心理学与人文主义心理学在科学观上表现为自然科学观与人文科学观的差异。

科学主义心理学自冯特起，就确立了心理学的自然科学观，以物理学、生理学和生物学等自然科学为模板，反对旧的思辨的形而上学心理学，将心理学打造为自然科学的一个分支。这种科学观遵从 17 世纪以来流行于物理学等学科中的数学和机械观点，将世界视作遵循物理规律的自然物的世界，力图通过客观的实验研究发现自然物的成分及其运动规律。铁钦纳将冯特的内容心理学观点推向极致，认为心理学类似形态学，它通过类似于"活体解剖"的工作发现心理的元素及其结合规律。行为主义者华生曾明确宣称："心理学是自然科学的一个分支，它将人的活动及产物作为主题。"①华生将心理学的研究对象限定在可观察的行为范围内，同时将心理排除在心理学大门之外。认知心理学虽然实现了心理的复归，但仍将可客观操作的信息符号作为研究对象，来发现其中的运转规律。科学主义心理学通过采用自然科学模式，极大地推动了心理学的发展，但同时也存在过于强调自然科学观点、忽视心理的原本面目的不足。心理学史学家科克对此批评说："物理学的语言成了心理学的理想术语。科学的脸面远比真知灼见更具魅力。心理学史成了对自然科学的模仿史。"②

与科学主义心理学不同，人文主义心理学自布伦塔诺起，就确立了心理学的人文科学观，将心理学打造为人文（社会）科学的一个分支。这种科学观重视人的世界的整体性与独特性，将世界视作有意义的世界，力图在忠于心理现象原本面目的前提下，通过描述和理解阐发其中所蕴含的意义与价值。人文主义心理学强调心理的整体性、主观性、动态性和独特性，主张以人文（社会）科学的理论模式来研究心理学，以达到对人的心理生活的理解。狄尔泰通过区分描述心理学（descriptive psychology）与说明心理学（explanatory psychology），明确提出人文科学的心理学观点。格式塔心理学提出"整体大于部分之和"的口号，强调心理现象的整体性。精神分析心理学力图通过理解与解释来考察人类心灵深处的潜意识现象。"第三势力"心理学则明确自己的人文科学立场，通过研究人的存在、潜能、意义、价值等主题，

---

① Watson, J. B. (1919). *Psychology from the standpoint of a behaviorist*. Philadelphia: J. B. Lippincott Company, p. 1.

② Koch, S. (1959). *Psychology: A study of a science* (vol. 3). New York: McGraw-Hill, p. 783.

彰显心理现象的整体性与独特性，揭示其中的意义源泉。人文主义心理学采用人文科学模式，丰富了心理学的主题和领域，推进了心理学的发展，但在方法落实等方面存在着不足。

2. 对象论

心理学的对象论是指心理学家在研究对象上的主张与阐释，它对于心理学的研究主题和领域等具有重要的指导意义。科学主义心理学与人文主义心理学在对象论上表现为人性观和心理观两个具体层面上的分歧。

人性观是指对人的本性的理解。科学主义心理学在人性观上坚持自然科学的立场，表现出自然化倾向。这种人性观把人从各种背景中隔离出来，视其为纯粹物理世界中的自然存在。冯特在创立科学主义心理学时，就将人和物等同，通过考察心理的元素及其结合规律，把人降为自然的化合物。行为主义将人和动物等同，通过考察刺激—反应的联结来推断人的适应行为，把人降为大白鼠。认知心理学将人视作物理符号系统，通过计算机模拟来推导人的内部心理过程，把人降为机器。科学主义心理学的人性观有利于掌握人的心理机制和规律，但忽视了人的自身独特性及其社会性。而人文主义心理学在人性观上坚持人文科学的立场，强调人在世界中的独特地位，提倡从社会、历史、文化和精神的视角去理解人。格式塔心理学重视具体情境中的人，精神分析心理学侧重从人的生活史考察人的内心世界，存在心理学则从人在世界中的存在来展现人的精神面貌。人文主义心理学拓展了心理学对人性的丰富性理解，但对人的自然属性重视不够。

心理观是指对心理学研究对象的看法。科学主义心理学将研究对象视作具有物理特征的自然物，尤其强调研究可观察的对象，如认知、行为等，而那些不能观察或无法实验证实的经验都被排斥在心理学的研究对象之外。冯特的内容心理学和铁钦纳的构造心理学都将各种复杂的心理过程分析为基本的心理元素，结果导致严重脱离实际的“砖块和水泥”的心理学。华生和斯金纳等人的行为主义心理学因为排除了意识和心理而成为“无头脑”的心理学。信息加工论认知心理学从信息的输入与输出来推论人的内在认知加工的规律。而人文主义心理学重视研究心理的主观体验，如情感、潜能、创造、价值等，强调心理学研究对象的主观性、意义性、整体性以及与情境的独特关联。布伦塔诺通过提出心理的意向性本质，强调了心理现象与对象的关联性。精神分析强调过去经验的独特意义，由此来发掘潜意识的奥秘。现象学心理学力求从人所体验到的生活世界出发，来考察心理的本质。人本主义心理学关注人的内在体验，如潜能、需要和自我实现等。

3. **方法学**

从方法学上看，科学主义心理学与人文主义心理学无论在哲学方法论上还是在具体研究方法上都存在较大的分歧。科学主义心理学以实证主义为哲学基础，使用自然科学的研究方法，如实验室研究、量化研究和共同规律研究；人文主义心理学以现象学为哲学基础，使用人文（社会）科学的研究方法，如现场研究、质化研究和特殊规律研究。

(1) 实证主义与现象学。

科学主义心理学与人文主义心理学在哲学方法论上存在分歧。科学主义心理学以实证主义为哲学方法论。实证主义坚持客观立场，强调研究对象的可观察性，提倡通过经验的验证来发现心理现象的机制和规律。实证主义包括孔德的激进实证主义、马赫和阿芬那留斯的经验实证主义以及维也纳学派的逻辑实证主义三代，它们分别为华生的行为主义、铁钦纳的构造主义以及新行为主义提供哲学方法论。在实证主义哲学的影响下，科学主义心理学提倡实验、测量等量化方法，力求得出心理的本质。人文主义心理学以现象学为哲学方法论。现象学从生活世界出发，强调忠于心理现象本身，提倡通过经验的描述和理解，来揭示心理现象的原本面目。现象学包括胡塞尔现象学、存在主义和解释学三代，它们分别为格式塔心理学、人本主义心理学、现象学心理学、存在心理学和精神分析提供哲学方法论。在现象学哲学的影响下，人文主义心理学提倡个案、现场等质化方法，力求理解心理的意义。

(2) 实验室研究与现场研究。

科学主义心理学强调严格控制的实验室研究，而人文主义心理学注重日常生活的现场研究。科学主义心理学深受自然科学观和实证主义哲学的影响，信奉实验方法，主张通过精巧的实验设计、严格的变量控制来研究心理现象。例如，冯特把生理学和心理物理学的实验方法引入心理学，并把传统的内省法改造为实验的内省法，对感知觉、联想等进行了大量实验研究。行为主义更是笃信客观实验法，认为只有运用严格的实验程序与仪器设备，才能进行科学的心理学研究。信息加工论认知心理学也主要是在实验室内进行研究，运用反应时实验、眼动实验和计算机模拟等方法，并在使用中特别强调实验变量及其控制。与之相对，在人文科学观和现象学哲学的影响下，人文主义心理学认为心理学研究应当走出实验室，走进日常生活情境，采用访谈和自然观察等现场研究方法。精神分析心理学在临床背景下探究人的潜意识，对梦、口误、笔误、遗忘和疏忽等现象进行分析。格式塔学派主张采用实验现象学和自然观察法来研究人的直接经验。人本主义心理学采用个案、访谈等方法揭示个体的独特性。

(3) 量化研究与质化研究。

科学主义心理学侧重量化研究，而人文主义心理学突出质化研究。科学主义心理学关注研究的精确性，强调定量分析。铁钦纳说过："在科学中，一切解释对我来说，都是依存变量和独立变量的相关性。"①行为主义心理学通过数量分析来确定刺激与反应或环境与行为之间的关系，这在赫尔的逻辑行为主义和斯金纳的操作行为主义中表现得尤为突出。认知心理学用反应时作为感知觉、记忆、思维和语言等多种心理现象的主要指标，任何复杂的心理活动都可以转化为反应时指标或测验分数。而人文主义心理学并不排斥量化方法，但对科学主义心理学过于追求量化的倾向进行了批评，大力倡导质化研究。布伦塔诺以内部知觉方法研究心理的活动，精神分析心理学运用自由联想和梦的分析揭示潜意识的意义，格式塔心理学通过实验现象学方法揭示心理的本质，人本主义心理学和现象学心理学通过现象学方法发掘经验的意义。

(4) 共同规律研究与特殊规律研究。

科学主义心理学坚信客观的普适性原则，认为通过经验观察和实验就能归纳出适合所有人的共同规律，以此对心理与行为进行统一性解释。例如，行为主义者认为心理学可以发现人类行为的一般规律，并据此对人类的行为进行预测和控制。华生指出，心理学"在某种程度上成为探索人类生活的基础……为所有的人理解他们自己行为的首要原则做准备……应该使所有的人渴望重新安排自己的生活"②。认知心理学通过严格控制的实验室研究，得出人类认知的一般规律。而人文主义心理学主张，普适性的共同规律并没有多少意义，心理学研究不应离开特定的个体和具体的情境，而应重在发现适合个体的特殊规律。精神分析心理学从临床案例观察出发，得出适于某类病症的理论解释。人本主义心理学采取折中融合的方法论原则，马斯洛和奥尔伯特等人坚持在共同规律研究之外，一定要运用特殊规律研究法对个案进行深入研究。

4. 理论观

(1) 客观论与主观论。

科学主义心理学将实证主义哲学的实证性原则贯彻到心理学中，追求客观化，强调以量化方法研究可观察的对象。例如，机能主义心理学把人的

---

① 郭本禹主编：《西方心理学史》，人民卫生出版社 2007 年版，第 350 页。

② 华生著，李维译：《行为主义》，浙江教育出版社 1998 年版，第 304 页。

心理整体视为一种机体有效适应生活条件的活动过程，使心理学的研究重心转移到有机体与客观环境的适应关系中，进行开放、客观的研究。行为主义心理学是客观心理学的典型代表。华生反对把心理封闭在主体之内，主张以客观可观察的行为作为心理学的研究对象，以严格的客观法代替主观内省法。斯金纳把自己的新行为主义体系定性为："从科学的角度看，这个体系是实证主义的。它的任务以描述为限，不企图提出解释，它的一切概念都由直接观察的结果来给以定义，不涉及身体部位或生理的特点。"①信息加工论认知心理学也信奉客观主义，强调在严格控制的实验条件下，使用精密仪器观察自变量与因变量之间的关系。人文主义心理学则受现象学哲学的影响，认为心理学要抓住统摄经验的有意义的结构，以现象学的方法研究主体的意识活动。布伦塔诺以直接体验为方法研究人的内在的意动。格式塔心理学主张采用实验现象学方法与自然观察等方法研究人的直接经验，反对人为的抽象和元素分析。而人本主义心理学则突出了人的主体性和主观性在心理学中的地位，倡导以整体分析法、现象学方法研究人性、价值、创造性和自我实现等高级心理过程。

(2) 方法中心论与问题中心论。

科学主义心理学认为，要想使心理学真正成为一门实证科学，就必须采用曾经使自然科学获得巨大成功的研究方法和研究范式，坚持"以方法为中心"的研究思路。马斯洛指出："方法中心就是认为科学的本质在于它的仪器、技术、程序、设备以及方法，而并非它的疑难、问题、功能或者目的。"②方法中心论根据研究方法确定研究问题。这种观点在行为主义心理学那里表现得最为突出。华生宣称，行为主义的目的在于方法论的革命，并以研究意识和心理缺乏科学的方法为理由而将其赶出了心理学。信息加工论认知心理学尽管不像行为主义那样极端，但也具有方法中心论的倾向，强调以实验法和计算机模拟法研究人的信息加工过程。而人文主义心理学则反对方法中心论的倾向，主张以问题为中心，根据研究问题选择方法，既可采用实验法等定量分析的方法，也可采用个案、自陈、描述等定性的方法。例如，精神分析心理学为了研究潜意识心理，抛弃了实验室研究，而使用自由联想、梦的分析、日常生活分析等方法。人本主义心理学家马斯洛也明确指出，方法和手段是为目的服务的，其意义为问题所规定，心理学应以对个人或社会有意义的问题，如潜能、价值和自我实现为中心，然后才是选择适当的研究方

① 章益辑译:《新行为主义学习论》，山东教育出版社 1983 年版，第 295 页。

② 马斯洛著，许金声等译:《动机与人格》，华夏出版社 1987 年版，第 14 页。

法。

(3) 元素论与整体论。

科学主义心理学继承了联想主义心理学的传统，采用元素论来研究心理现象，认为确定心理现象的构成元素及其结合规律是心理学的首要任务。冯特最早提倡对心理进行元素分析，铁钦纳也坚持这种观点，并且分析得更为精细，提出意识是由感觉、表象和感情三种元素构成的。古典行为主义虽然在研究对象上反对冯特和铁钦纳，但在元素观上与他们保持一致。华生把复杂的行为简单化，将其视为刺激与反应的联结。信息加工论认知心理学继承了行为主义的元素分析传统，将心理视为信息及其符号单元。而人文科学心理学则更多地受到现象学方法的影响，主张对人的心理现象进行整体描述，认为整体不是部分或属性的机械相加，整体不为部分所决定，相反还决定部分。格式塔心理学是整体论心理学的典型代表。格式塔心理学家苛勒指出："我们所需要的是那些可用以了解我们的直接经验的概念，至于感觉之类的分子，我们凭自己的观察没有发现这些分子。"①人本主义心理学也反对将人的心理和行为肢解为统计数字或数学公式的定量分析，强调将人作为一个整体来把握，如奥尔波特主张对人格进行整体的研究，马斯洛主张用整体分析法研究人的心理。

(4) 因果决定论与自由意志论。

科学主义心理学把人的心理现象看做自然现象，认为人的心理与行为都遵循因果决定论。决定论的观点认为，所有的心理事件都是有原因的，都是由某种先行的因素决定的，因而我们可以依据先前的心理事件来解释心理活动。科学主义心理学的创始人冯特指出，作为自然科学家，"我们必须把每一种行为中的变化都追溯到一种唯一可观察到的同一种东西，即运动。"②在后来的心理学发展中，行为主义在这方面的表现最为典型。行为主义强调行为分析的目的就是发现行为的原因，从各种各样的环境刺激中确定反应的决定因素，以便为预测和控制行为服务。尽管新行为主义包含着中介变量和行为目的等概念，但这些概念主要是对行为的刺激反应的操作化，与自由选择的意图和追求无关。与此相反，人文主义心理学强调人的自由意志和自由选择，认为人可以独立自主地做出决定，不受外在环境的干扰。存在心理学和人本主义心理学都坚持人具有自由意志，能够进行自由选择。如罗洛·梅指出，一个人若没有自由，他身上起作用的就只有达尔文

① 高觉敷：《高觉敷心理学文选》，江苏教育出版社 1986 年版，第 314 页。

② Ernst Cassirer(1950). *The problems of knowledge*. Yale University Press, p. 88.

的决定论原则了;心理治疗的目的是使人重获自由。弗兰克尔也指出,意志自由属于经验的直接性,即便是身体被囚禁了,人的精神也是自由的,意志自由赋予人新的生命体验。

(5) 机械论与生机论。

科学主义心理学固守"人是机器"的信念,主张研究物的范式同样适用于研究人的心理,并以机械论的观点解释一切心理事件。行为主义者华生认为,心理学的任务就是帮助和指导人这架机器能更快地适应新的环境、更好地运作下去。他公开宣称:"我们要把一个人之各方面的行为,完完全全地合拢起来,并把这样一个人看作一个复杂而又活动着的有机的机械。"①信息加工论认知心理学同样将人设想为机器,把人脑比作计算机,用计算机的信息加工过程来模拟说明人对外部世界的认知过程。与此相反,人文主义心理学则坚持生机论的观点,强调心理现象的有机性,重视人类意识的积极性和主动性,认为对于心理与意识的机械分析无助于对其本质的揭示。例如,格式塔心理学强调整体、组织作用、结构等在知觉过程及高级心理过程中的作用,注重人们对感觉信息输入的组织和解释的主动性。人本主义心理学肯定了价值、目的、意义等在人的心理活动和行为反应中的作用,认为个体的需要具有多种层次,人具有自主选择成长的倾向,在适宜的成长条件下会积极努力实现自己的潜能和价值。

(6) 价值中立论与价值负荷论。

在自然科学的研究中,许多人都信奉价值中立,主张科学只研究事实、知识,回答是不是的问题,不研究价值、意义,不回答该不该的问题。科学主义心理学以自然科学为模板,坚持价值中立论,其典型特征是强调心理研究的客观性,认为心理学研究探讨的是意识和行为的一般、共同的事实与规律,不掺杂任何个人的态度、情感,不涉及任何主观倾向和价值观念。例如,铁钦纳主张对人的心理进行纯粹客观的研究,并通过这种研究找到不受任何文化影响的一般心理元素及其结合规律。华生把人的行为看成客观的自然现象,认为可以对其进行严格的实验研究和价值中立的理论描述。信息加工论认知心理学因循了行为主义心理学追求实证性和价值中立的研究方式,试图通过计算机模拟揭示人脑的信息加工过程的普遍事实与规律,而不太考虑社会、文化、历史等因素的影响与制约。而人文主义心理学则采取了价值负荷论的立场,认为心理学的研究与所处社会的价值取向、意识形态有着密切的关系,心理学不能超越社会文化价值取向而进行纯客观的研究,心

① 华生著,陈德荣译:《华生氏行为主义》,商务印书馆 1935 年版,第 427～428 页。

理学研究必然负荷着所处社会的文化价值观。如人本主义心理学强调对人的需要、尊严和自我实现等的研究,这些经验体现人类真正的本性。马斯洛就曾指出:“科学过去不是,现在不是,并且也不可能是绝对客观的,科学不可能完全独立于人类的价值。”①

总之,现代心理学流派的百年历程是科学主义心理学与人文主义心理学各自的相对独立发展,其间表现出长期冲突与纷争的局面。两者之间的张力在促进科学心理学长足发展的同时,也使心理学陷入分歧的困境。尽管当代心理学出现了科学主义心理学与人文主义心理学相互融合的某些迹象,但两者的分野在未来相当长的时间内仍会继续存在。虽然我们也希望两者走向统合,但这种统合之路漫长而艰巨,绝非简单地用一种主义叠加或消解另一种主义。历史已经证明,企图将两种主义合二为一的做法是不成功的。例如,二重心理学对内容心理学和意动心理学的调和,正像波林所指出的,只是一种“懒汉的做法”。当前,我们对两者的分歧应持尊重和包容的态度,也欢迎不同心理学研究取向之间的对话与交流。对科学主义心理学与人文主义心理学的融合,我们将拭目以待!

郭本禹
2008 年 12 月 18 日
于南京师范大学

① 马斯洛著,许金声译:《动机与人格》,华夏出版社 1987 年版,第 21 页。

导 言

格式塔心理学(Gestalt Psychology)是西方早期心理学派之一,又译为完形主义或完形心理学。本学派由惠特海默(Max Wertheimer,1880—1943)、苛勒(Wolfgang Köhler,1887—1967)和考夫卡(Kurt Koffka,1886—1941)三位德国心理学家于1912年联袂创立,是一种反对元素分析而注重完形—整体组织的心理学理论体系。20世纪30年代以后,格式塔心理学的几位主要代表人物相继移民美国,在他们及其同事、弟子的努力下,格式塔原理和应用研究也逐渐得到美国心理学界的认同,除传统的知觉研究之外,他们的思想也逐步渗透到了新生的认知心理学和实验社会心理学之中,表现出强劲的生命力。

一、格式塔心理学的内涵

与冯特的元素主义观点不同,格式塔心理学认为心理是一个整体,整体并不是部分的简单相加。每个整体都具有自身独特的意义,整体的性质决定部分的性质,部分的性质则有赖于它在整体中的关系、位置和作用。"整体观"贯穿于格式塔心理学体系之中。在心身关系问题上,格式塔心理学承认在心理或意识的经验和作为其基础的大脑经验之间有着必然的对应性。对于学习的形式,格式塔心理学认为是顿悟而不是试误,即动物和人类对有用的或适当的关系的突然知觉。关于人格,格式塔心理学认为它是一个动力的整体,自我和环境之间不断进行着动力交流。至于行为的动力,格式塔心理学提出,人的行为是由场决定的,是个体的需要和其心理环境相互作用的结果。无论是微观的个体心理现象,还是宏观的团体活动规律,格式塔心理学都十分注重各成分之间的动力性、交互性和系统性。

二、格式塔心理学的领军人物

在格式塔心理学派中，一般认为惠特海默是格式塔学派的创始人，苛勒是格式塔心理学理论的代表，而考夫卡被认为是格式塔学派思想的代言人，也是格式塔心理学的积极推广者。

格式塔学派三位代表人物中，惠特海默年长位显、居功至伟，是格式塔运动的当然的精神领袖和格式塔理论大厦的创建者。在学术研究领域早期重在研究知觉，1912 年主持了著名的似动现象实验，验证了在视知觉中似动现象的存在，推翻了以往有关似动现象的解释，提出了新的见解，即似动现象是一个格式塔，是一种突现的、崭新的现象。由此推论在心理现象中，整体不能分析为元素，整体不由元素合成，整体先于部分，整体决定部分的性质。惠特海默还进一步指出人们总是采用直接而统一的方式把事物知觉为统一的整体，而不是一群个别的感觉，进而于 1923 年提出了知觉组织原则，包括图形—背景、临近性、类似性、封闭性和完形趋向等等。1945 年出版的遗著《创造性思维》可以说是惠特海默一生最重要的著作，是用格式塔观点阐释创造性思维的成功范例，是格式塔学习理论的继续和提升。

考夫卡作为这个小组的“销售者”，对格式塔心理学思想的阐释与宣传发挥了毋庸置疑、不可替代的作用，特别是他的《格式塔心理学原理》几乎囊括了格式塔心理学的全部要义，并且常以惠特海默和苛勒的许多实验为例证，这些研究为考夫卡拓展格式塔思想提供了有力的证据，使他的理论更加有血有肉。

苛勒作为格式塔学派中一个“实干家”，其实验和学习理论独具特色，为支持、验证和将格式塔理论落到实处做出了极大的贡献。在他的实验和理论中，我们可以看到，苛勒非常注重个体认知活动的积极性和主动性，并且其学习理论独具特色，影响深远。

除了三位格式塔心理学创始人之外，勒温（Kurt Lewin，1890—1947）在格式塔原理及其社会应用方面，也作出了巨大贡献。勒温对心理场论进行了深入的研究之后，并没有将视角只限制在个人的心理场和冲突中，而是很快地以此为基础对团体心理现象展开探索，他将这一研究方向称为“团体动力学”。勒温在其 1939 年发表的《社会空间》一文中，首次使了“团体动力学”这个概念，借以表明他要对团体中各种潜在动力的交互作用、团体对个体行为的影响、团体成员之间的人际交往和人际关系等，进行一种本质性的研究和探讨。1945 年勒温在美国麻省理工学院创办了“团体动力学研究中心”,团体动力学作为一种专业和学科得以确立。在其后的发展过程中,团体动力学的影响几乎波及到了社会生活的各个领域。在他的天才智慧和个人魅力的感召下,海德(Fritz Heider,1896—1988)和费斯汀格(Leon Festinger,1919—1992)等人聚集在他的周围,继承和发展了他的“团体动力学”,各自提出了新的理论和学说,并在美国社会心理学界长期占据着统治地位。

三、格式塔心理学研究的主要课题

格式塔心理学研究的许多主题对后来心理学的发展产生了巨大推动作用,其中包括:

第一,知觉组织研究。对此惠特海默提出了有关知觉的几个原则,即接近性原则、相似原则、闭合原则和完形原则等;

第二,学习理念。苛勒指出格式塔中突现出来的是关系,也就是说个体如果理解了问题情境中各部分之间的关系,那么问题就好解决,他据此提出了顿悟学习理论,坚决反对桑代克的试误说;

第三,创造性思维研究。惠特海默将顿悟学习理论运用到人类创造性思维探讨中,并建议通过把握问题的整体或全局来进行这种思维;

第四,记忆研究。格式塔心理学认为记忆痕迹系统的内容也不是静态的、一成不变的,而是会遵循完形趋向原则随时间变化朝“较好的格式塔”方向发展;

第五,心理发展研究。儿童身心发展遵循两大格式塔原则,即儿童的身心动作发展顺序遵循由整体到特殊的法则,儿童的认知活动遵循由概括到精细的法则;

第六,团体动力研究。用格式塔的基本原理和物理学的场论来解释团体动力等社会心理现象。

四、格式塔心理学研究的意义

格式塔学派努力冲破元素主义的束缚和禁区,取得了一系列极有影响的成果,这对促进心理学的发展是大有裨益的。主要体现在:格式塔心理学强调整体,重视部分之间的交互作用,对反对元素主义和机械主义、确立心理的整体观等方面具有科学方法论的意义;格式塔学习理论作为西方学习理论中最重要的学说之一,在很大程度上弥补了行为主义和联结主义学习理论的不足与缺陷;格式塔心理学的整体论思想和现象学的研究方法对人本主义心理学的兴起产生了很大的影响，人本主义心理学也主张采用现象学的方法来研究意识经验，对意识经验进行完整的现象学描述；格式塔心理学关于知觉、思维、问题解决等方面的观点在认知心理学那里也得到了承继与发展；勒温用格式塔的基本原理和实验的方法研究社会心理现象，考察了领导方式、团体内聚力、权力场论等问题，创立了一门独具特色的实验社会心理学；系统论的产生和发展也与格式塔心理学有着极为密切的关系，整体动力观成了系统论的基本原则。

第一章

格式塔心理学产生的历史背景

格式塔心理学的产生并绝非历史的偶然，而是多种历史因素导致的结果。从社会历史条件看，20世纪初，由于德意志帝国力量的崛起，妄图征服世界，称霸全球，使全世界归属于其整个版图之中，这反映在其意识形态方面，便是强调主观能动、统一国民意志、加强对整体的研究。从哲学背景看，格式塔心理学的产生受到了以康德先验论为代表的理性主义哲学、胡塞尔的现象学、怀特海等人的新实在论、摩尔根的突创进化论、马赫的经验批判主义的深刻影响。从科学背景看，自然科学关于磁场学的研究对格式塔的产生起到推动作用。从心理学背景看，继承布伦塔诺意动心理学路线的形质学派(又称格拉茨学派)对格式塔心理学有直接的影响，狄尔泰强调心理的整体性观点也给予格式塔心理学以极大的影响。此外，格式塔心理学还广泛采用缪勒的学生扬施、卡茨和鲁宾等人的现象学心理学研究成果。

第一节　普鲁士精神的张扬

一、德意志民族统一运动的兴起

进入19世纪，德意志民族仍然处在四分五裂的状态，由于周边国家扩张的威胁以及经济发展的需要，贵族和民众对民族统一产生了强烈的渴望。这种渴望不仅加快了德意志民族的整合，而且把“整体”、“统一意志”等观念扩展到社会生活的角角落落，当然也体现在哲学等社会科学的新兴思潮中。

所以，要从宏观的视角把握格式塔心理学诞生的背景，我们必须回顾一下那一段硝烟弥漫的历史。

欧洲 1857 年的经济危机使 1848 年革命失败后一度沉寂的工人运动和民族运动重新活跃起来。意大利人民首先起而反对奥地利统治。这本是意大利民族统一运动的正义之举，但法国的路易·波拿巴的插手却使局势趋向复杂化。拿破仑三世为摆脱经济危机所带来的困境，又目睹奥地利在奥尔米茨与普鲁士的不和，因克里木战争同俄国的结怨，因而决意趁机介入意奥矛盾，把意大利的民族解放斗争纳入法兰西第二帝国的扩张轨道。1858 年夏天，拿破仑三世利用意大利撒丁王国首相加富尔的错误路线，在法国避暑胜地普隆比耶与撒丁王国签订了军事联盟条约。据此法国同意出兵 20 万帮助撒丁驱逐奥地利，建立萨伏伊王朝为首领的意大利国家；以割让萨伏伊和威尼斯作为代价，并同意在意大利建立一个受制于法国的王国。1859 年 4 月 23 日，奥地利上了拿破仑三世的圈套，向撒丁王国发出最后通牒，在遭拒绝后，26 日奥地利与撒丁、法国的战争爆发。

按德意志联邦之惯例，奥地利只有在发生自卫战争时，才有权要求联邦的军事援助。为此，维也纳的权贵们不惜启动一切宣传机器，竭力将哈布斯堡王朝的扩张目的糅合进德意志的民族利益之中，奥格斯堡的《总汇报》鼓动说，如果整个德意志不愿在独立的重要力量失败以后毫无抵抗能力地躺在强大的胜利者的宝剑之下，它就应该拿起武器支援奥地利。他们蛊惑人心地宣称，应当在波河上保卫莱茵河”(波河在意大利境内，莱茵河在德意志境内)。维也纳的煽动并未能激起德意志的民族情绪，但战争的进程却直接牵动着这个国家的各阶层力量。

普鲁士趁机扩展势力，执民族统一之牛耳。当时任普鲁士驻俄公使的俾斯麦讲得很明确：要么改变我们同联邦的关系，要么保证我们退出联邦。他甚至直截了当地向摄政王献策：目前的形势又一次给我们提供了大好机会，只要我们让奥地利同法国打得不可开交，然后把我们的全部军队开往南方，把界桩装在背包里带走，要么在博登湖畔，要么在新教信仰不占优势的地方把界桩重新插上。威廉亲王尽管没有采纳此策，但也没有坐失“良机”。当奥地利向联邦乞援时，普鲁士便提出以掌管联邦军队指挥权为条件。维也纳洞察到柏林想乘人之危建立自己在德意志的霸权。

俾斯麦(Otto von Bismarck，1815—1898)

资产阶级自由主义者也行动起来，大小德意志派再度争执。德意志的资产阶级此时依然把统一大业的希望寄托于普奥两大强邦。大德意志派醉心于奥地利对法意战争的胜利，建立一个从比利时、荷兰和阿尔萨斯—洛林到匈牙利和罗马尼亚的中欧大国。他们还把大德意志纲领稍稍作了一番修正。前法兰克福议会左翼激进派领袖弗勒贝尔提出一个计划：改德意志联邦为“帝国”，拥有外交、经济和军事的决定权，组成一个三人理事会轮流执政，设诸侯会议和国民会议；帝国应保证奥地利“属国”的安全，保留维也纳的独立宣战权利。这实际上是通过扩大联邦的权力达到抑普扬奥的目的。因为德意志联邦一直为奥地利所控制，而普鲁士在其中仅有 1/17 的表决权。大多数邦国（尤其是中小邦国）的资产阶级，对这个 80% 居民操着外语的奥地利帝国能有多少诚意和可能实现民族统一是持怀疑态度的。他们更多的是主张把德意志统一在经济进步、政治“开明”、军事强大的普鲁士王国的主权之下。目睹奥法在维拉弗兰卡的携手，更使小德意志派倍感来自莱茵河右岸的威胁和民族统一、国家强大的迫切需要。黑森的民主党梅茨疾呼：情愿受普鲁士最厉害的军事统治，而不愿看到弱小国家的不幸。1859 年秋，汉诺威的自由主义者本尼格森在法兰克福组织了一个民族协会，其宗旨就是：建立强有力的中央集权，以德意志议会代替联邦议会，在普鲁士领导下建立一个立宪的统一的德意志国家。1861 年，一批普鲁士自由派人士又建立了进步党，提出普选权、责任制政府和出版自由等民主要求。民族协会等资产阶级的组织把所有的民主派和温和派都团结在自己的周围，成了争取小德意志方案的重要政治力量。

广大人民群众为意大利民族运动所鼓舞，为拿破仑三世觊觎莱茵领土而忧虑，他们利用哈布斯堡专制统治的危机，积极掀起民族统一运动的高潮。以统一为内容和激发民族意识的各种活动——射击比赛、体育表演、歌咏大会等层出不穷。1859 年夏天，在法兰克福举行的历时 10 天的射击比赛场，万名武装射手和运动员大显身手。会上，“统一德意志祖国”的呼声震天动地，人们欢呼、歌唱、干杯、拥抱，表现了钢铁般的精神面貌。11 月德国各地庆祝席勒诞生 100 周年，柏林人民在宪兵广场上举行席勒纪念碑落成典礼，公开向警察专制示威。争取民族统一的人民运动声势浩大，恰同民族协会资产阶级的软弱形成了鲜明的对比。列宁指出：“德意志统一问题已提到日程上了。在当时的阶级对比之下，德意志统一可能由两条道路完成：要么走革命的道路，由无产阶级领导并创立全德共和国；要么走普鲁士王朝战争的道路，而在统一的德意志中巩固起普鲁士地主的霸权。”普鲁士霍亨索伦家族便利用其有利的政治、经济和军事条件，展开了自上而下统一德意志的活动。

二、普鲁士精神的传承和辐射

德国自1871年实现全国统一后，资本主义工业经过二三十年的迅速发展，到20世纪初迎头赶上并超过了老牌的英、法等资本主义国家，一跃而成为欧洲最强势的政治帝国。“德国在成为欧洲领导的帝国主义国家的同时，也变成侵略的帝国主义国家，它急切要求重新瓜分世界。当德国变成一个资本主义强国时，殖民地的瓜分已接近完成，因此帝国主义德国只能在侵略的基础上，通过掠夺殖民地才能成为一个与其经济势力相适应的殖民王国。于是在德国出现了一个特别‘饥饿’、贪婪、富有侵略性、肆无忌惮而强烈要求重新瓜分殖民地和势力范围的帝国主义。”①后来的德国更是妄图称霸世界、征服全球，使全世界归属于其整个版图之中，并先后悍然发动了两次世界大战。这样的社会历史条件反映在其意识形态里面，便是强调主动能动、统一国民意志、加强对整体的研究。德国的政治、经济、文化、科学等领域的研究，都被迫迎合这一背景和潮流，心理学当然也不可能例外，格式塔心理学自然成为这一社会历史条件下的一种产物。

第二节　理性主义哲学与现象学激发的热情

德国唯心论的奠基者康德（Immanuel Kant，1724—1804），提出了具有“调和”意味的“先验论”，不仅在西方哲学的发展历程中影响至深，而且在某种意义扮演了“科学哲学”的角色，和他的“理性主义”先辈及后继者一起，成为“格式塔心理学”思想的重要源头。

除康德的先验论外，格式塔心理学以马赫（Ernst Mach，1838—1916）的经验哲学、胡塞尔（Edmund Husserl，1859—1938）的现象学为主要的哲学基础，同时还受到了怀特海（Alfred North Whitehead，1861—1947）的新实在论观点及摩尔根（Thomas Hunt Morgan，1866—1945）的突创进化论等理论的

① 卢卡奇著，王玖兴等译：《理性的毁灭》，山东人民出版社1997年版，第55页。

影响。

一、以康德先验论为代表的理性主义哲学

1. 思辨并幸福着的斯宾诺莎

笛卡尔(Rene Descartes,1596—1650)于17世纪初期开唯理论的先河,斯宾诺莎(Baruch Spinoza,1632—1677)于17世纪中期、莱布尼兹(Gottfriend Wilhelm von Leibniz,1646—1716)于17世纪至18世纪之交分别建立了唯理论的另外两个体系,标志着近代唯理论哲学的发展、成熟。斯宾诺莎以自然整体为思辨对象,沉醉于自然万象。他感到人的一切,包括一切感情、欲望,都是自然的一部分。他因此主张顺应自然,不以物喜,不以己悲,这也是一般意义上所说的冷观自然的伦理观。应该说,他的思想与格式塔心理学体系比较契合。

斯宾诺莎(Baruch Spinoza,1632—1677)

"实体"是斯宾诺莎哲学体系的第一个真观念,它符合最完满、最简单、不证自明等方法论的要求。斯宾诺莎关于实体的定义是"在自身内并通过自身而被认识的东西"①。此定义是从认识论的角度做出的,但它的意义却完全是本体论的。他对实体的定义有以下说明。

第一,实体是自因,它的本质包括存在。因为只能通过自身被认识的东西才是必然存在的,如果它要通过某一存在的东西被认识,就不是必然存在了。第二,实体是无限的,因为它不受任何东西的限制。第三,实体是唯一的,因为它是无限的,它包含着无限属性和状态;如果在它之外还有另一实体的话,那么另外一个实体的性质或状态必然包括在这个无限的实体之中。第四,实体是一个不可分割的整体,一切存在和认识都包含在实体之中,但实体不是它所包含的存在和认识的总和,否则的话,它就要受到它的部分的限制,这与实体的无限性与唯一性相矛盾。

斯宾诺莎不赞成把实体仅仅当做无限多的样式的综合。用格式塔心理学及现代结构主义的话来讲,实体是整体,整体大于部分之和。用斯宾诺莎自己的话来说,作为整体的实体是产生自然的自然,或能动的自然,作为实体的部分的总和是被产生的自然,或被动的自然。

---

①《西方哲学原著选读》上册,商务印书馆1982年版,第411页、414页、416页。

斯宾诺莎用一元论代替了笛卡尔的二元论。他认为，广延和思想不是分别属于两个实体的两种属性，而是属于同一实体的两种属性。两者各有自己的样式：有形事物是广延属性的样式，观念是思想属性的样式。因为样式的相互作用只能在同一属性的因果系列中发生，事物和观念不能相互作用。但是，广延和思想既然属于同一实体，两者必然有对应关系。斯宾诺莎说："观念的次序和联系与事物的次序和联系是相同的。"[1]这是事物的因果序列与观念的因果序列之间的对应，两个因果序列上的样式又是一一对应的关系。人的身体属于广延属性，人的观念属于思想属性。每当身体在广延的因果序列上发生变化时，观念在思想的因果序列上也会发生相应的变化，反之亦然。

2. 理性并经验着的康德

在哲学史上，通常把18世纪后期到19世纪中期的德国哲学称为德国古典(classic)哲学。如果用一句话来概括德国古典哲学的特点便是：它是德国民族精神和启蒙时代精神的精华。[2] 正像第一节中提到的，直到18世纪的时候，德国还像中世纪时期那样，被分割为大大小小的封建城邦。18世纪中叶以后，伴随着普鲁士王国统一德国的扩张事业的成功，德国的民族意识开始觉醒。与此同时，德国哲学家也开始在精神领域用自己的哲学体系来综合统一欧洲各国的哲学。德国古典哲学不仅仅是时代精神和民族精神的集中反映，它在哲学史上具有超越时空的理论价值。德国古典哲学之所以能够达到这样的高度，一方面与德国民族追求综合统一的精神气质有关，另一方面，也是哲学史研究积累的结果。

康德(Immanuel Kant，1724—1804)

因此，当意识的探索者们正在英国和法国(在这里，经验主义对文艺复兴时期的自由主义知识分子们产生了很大的影响)朝着一个方向探索时，德国的探索者们却在沿着笛卡儿开创的道路向前摸索。德国文化和精神里面的某些东西，使德国的哲学家们对一些阴沉的玄学、灵—肉二元论和先天论有极大偏好。可是，这个方向也得出了一些有价值的东西，主要是指唯心主义学派中最伟大的哲学家康德所发展的意识理论。

[1] 《西方哲学原著选读》上册，商务印书馆1982年版，第432页。

[2] 赵敦华著：《西方哲学简史》，北京大学出版社2001年版，第256页。

（1）前批判时期。

康德前批判时期的哲学思想表现出逐步脱离唯理论，接近经验论，最后综合两者的发展趋势。这一趋势的最终成果是他于1770年发表的教授就职论文《论感性世界和知性世界的形式和原则》。在这篇论文中，他明确提出，不是外部对象，而是先验形式决定着我们对世界的认识；他还作出了物自体和现象的区分：物自体是在认识之外，现象则在认识之内，受时空形式和知性概念的统摄。以这篇文章为标志，康德的思想进入了批判时期。

（2）批判时期。

在康德的理论哲学体系中，主要回答了“纯粹数学何以可能”、“纯自然科学何以可能”和“形而上学作为人类禀赋何以可能”等三个重要问题，从而构建了他的批判哲学大厦的根基。康德认为：“心灵不仅接受感觉，还知觉这种感觉；它看见颜色、听见声音……心灵是这样构成的，即使没有物体呈现，它也知觉时空；它不仅知觉在时空中的物体，而且还知觉时空本身，在这个意义上，我们能够说有纯粹知觉。”①他还指出，经验是一种整体的现象，不能分析为各种元素，心理会给予原始的知觉材料以形式和组织；从他对统觉的分析可以看出，他已认识到了知觉、记忆、想象和思维等心理活动之间是相互联系的，它们共同构成了心理生活的整体。

下面我们择要介绍康德对于格式塔心理学而言有启示意义的思想。

第一，对“几何图形”的解释。人们对几何图形有两种不同的解释：一种认为几何图形是从事物的具体形式中抽象出来的；另一种认为几何图形按照先天的设想被构造出来，事物的具体形状被那些先天构造出来的图形所规定。康德认为，正是后面这样的解释，才造就了数学的科学性。他的设想是，人的直观能力先于直观对象，并且决定了他所能够直观到的内容；不仅如此，人的概念对直观内容做出进一步的判断，形成经验知识。人的这种直观能力和概念，都是先于、独立于外在对象的，按照它们来认识对象即康德所谓的“对于对象的先天知识”，康德用来表示这种知识的一般术语称作“先天综合判断”。

第二，感性直观。康德把传统形而上学关于质料与形式的区分运用于认识论。在先验感性论中，他首先把感性直观分成质料和形式两部分：感性直观的质料是被给予的感觉材料，它们是后天的，只有在外部事物的刺激下才能产生；感性直观的形式则是先天的，或者确切地说，先于感觉而存在，并不依赖于感觉；相反，它们的作用使得感觉能够被认识，得以成为感性经验。在感性经验的可能性条件的意义上，直观形式又是先验的。

---

① 梯利著，伍德增补，葛力译：《西方哲学史》，商务印书馆2004年版，第411页。

第三，空间和时间。康德说，空间和时间不是概念，是“直观”的两种形式。《纯粹理性批判》的最重要部分是关于空间和时间的学说。

康德认为，知觉的直接对象一半由于外界事物，一半由于我们自己的知觉器官。康德如同贝克莱和休谟，但更前进了一步，把主性质也说成是主观的，固然他和他们的方式不尽相同。康德在大多时候并不怀疑我们的感觉具有原因，他把这原因称作“物自体”或称“noumena”（本体）。在知觉中呈现给我们的东西他称之为“现象”，是由两部分组成的：由于对象的部分，他称之为“感觉”；由于我们的主观装置的部分，他说这一部分使事物按某种关系整理起来。他把这后一部分叫做现象的形式，这部分本身不是感觉，因此不依环境的属性为转移；它是我们随身所带有的，所以始终如一，并且不依存于经验，从这个意义上讲它是先天的。感性的纯粹形式称作“纯粹直观”（Anschauung），这种形式有两个，即空间和时间，一个是外部感觉的形式，一个是内部感觉的形式。

为证明空间和时间是先天的形式，康德持有两类论点，一类是形而上学的论点，另一类是认识论的论点，即他所谓的先验的论点。前一类论点是从空间和时间的本性直接得来的，后一类论点是从能够有纯数学这一事实间接得来的。关于空间的论点比关于时间的论点讲得详细，因为他认为关于后者的论点根本上和前者的情况相同。

关于空间，形而上学的论点总共有四个：第一，空间是我们关于外部事物的并列、靠近、远近等关系的先决条件，而不是相反。第二，我们可以想象没有事物存在的空间，但却不能反过来想象没有空间的事物。这两点说明了空间的先天性，或不依赖于外部经验的纯粹性。第三，空间关系不是概念之间的推理和概括的关系，而是整体与部分的关系；我们关于空间的观念是一个单一的整体，它先于空间的每一部分，决定着部分的性质；空间的不同部分之间，乃至空间的整体与部分之间，只有量的差别而没有质的差别。第四，正因为对全体的直观与对它的部分的直观在性质上是相同的，空间不像概念那样把不同的对象包含其中，具有特定的外延；对空间的直观融合了无数的对象，它可以无限延伸。

关于时间的“形而上学说明”，除了与上述四点类似的理由之外，还有一点理由：时间的单向度不是从经验中得来的，而是我们想象经验事件的前提，这一点也证明了时间的先天性或纯粹性。时间与空间还有一点不同：空间是外感官形式，而时间是内感官形式。这是因为，空间是我们的感官接触到的外在现象，而时间是我们的意识直接感受的内在现象。

康德据此提出，数学之所以对于人类知识和经验有如此重要的意义，正是因为它以时空的纯形式来统摄感觉材料。

概言之，理性主义哲学家大多持有整体论的观点。斯宾诺莎认为，研究任何事物都要从自然这个整体出发，因为所有事物都是自然或神的表现，它们之间必然有内在的联系，他还认为心灵与肉体之间具有不可分割的内在联系。莱布尼兹将世界看做是由单子按层次组织起来的巨大整体，生命活动是由许多活动构成的整体。[①] 康德等理性主义哲学家对经验主义中的感觉主义、还原主义、联想主义和机械主义的批判，奠定了格式塔心理学的哲学基础。譬如，格式塔心理学认为时间和空间"形式"是心理现象的存在方式，苛勒对"现象世界"和"超现象世界"的区分——亦即对心理世界和物理世界的区分，正孕育于康德的"先验范畴"的思想母体中。

二、胡塞尔的现象学

1. 现象学的出现

19 世纪末，自然科学开始入侵哲学的传统领地：物理学研究物质；实验心理学研究精神；生物学则研究人的起源和本性。实证主义成为思想界流行的思潮，实证主义者要把残存于自然科学中不能被经验或实验所证实的哲学概念都清除出去。德国物理学家和哲学家马赫（Ernst Mach，1838—1916）否定"以太"、"原子"和"绝对时空"的实在性，并于 1894 年提出了"一般物理现象学"的概念，它只以可以观察到的物理现象为研究对象。观察不到、仅在理论上设定其必然存在的实体都被当做"形而上学的残余"予以搁置。

胡塞尔（Edmund Husserl，1859—1938）

胡塞尔（Edmund Husserl，1859—1938）也是处在这一矛盾漩涡里的思想者。胡塞尔在 20 世纪初阐发了康德此岸的"现象"，开创了一门独立的哲学派别。现象学的口号是"回到事物本身"。"现象"的本意是显现出来的东西，"事物本身"在传统哲学中一般理解为隐藏在现象背后或深处的本体或本质，康德所作的现象与物自体的区分便是这一传统观念的典型代表。现象学所理解的现象就是事物本身，在现象与本质之间不存在一层帷幕。现象学所说的现象既是显现场所，又是显现过程，还是显现对象，它们都是在意识中发生的。胡塞尔强调任何科学（哲学在他看来是一门

① 杨鑫辉主编：《心理学通史》第三卷，山东教育出版社 1999 年版，第 275 页。

科学)都必须以现象为对象,但是这并不意味着,他把现象当做经验科学的对象,相反,他反对实证主义关于现象的解释。他坚持了哲学是最高科学这一传统立场,哲学要以事物本身或现象为对象,就要抛弃一切前提和假设。哲学应该是无前提的,这将使哲学真理达到科学的理想——不偏不倚的明证性,使哲学成为严格的科学。

2. **现象学方法要点**

胡塞尔在给《英国百科全书》(1929年第14版)撰写的"现象学"条目中指出:现象学的主要特征是一种新的、描述性的哲学方法。它有两层含义:其一是先验的心理学;其二是普遍的哲学。胡塞尔试图应用现象学的方法论,建立一种能为其他各门科学提供坚实基础的科学的哲学。在他看来,现象学的方法就是观察者如何摆脱一切预先的假设,凭直觉来发现本质的一种方法。它包括三个方面:(1)观察的主体;(2)观察的对象,即呈现在自己意识中的一切东西;(3)观察的方式,即直觉。他指出要想凭直觉把握本质,需经过以下步骤:第一步把历史的观点搁置起来,否认一切传统的知识。第二步把存在的东西搁置起来,为了摆脱一切预先的假设,必须把独立于我们意识之外而存在的物质或现实的东西存放起来,不去考察它。第三步为感性的还原,即以经验为出发点,并对其持保留态度。第四步为本质的还原,又称自我意识的内省,意思是把变幻无常的经验还原为变中之不变的观念,而观念的东西便是本质。第五步为先验的还原,这一步要对自我意识进行彻底清洗,把它还原为纯粹的意识。

斯皮尔伯格在《现象学运动》一书中把现象学本质特征限定为现象学方法,并总结出现象学方法的七个要点。① (1)考察个别现象。其具体途径为现象学直观、现象学分析和现象学概述。(2)考察一般本质。这种考察以现象学描述使用的概念和语言为对象,理解其意义。(3)理解本质联系。本质联系即概念间的联系,理解概念间联系的直观称范畴直观(categorical intuition)。(4)关注事物显示的方式。(5)探讨现象在意识中的构造。把知觉内容联结为一个整体,它类似"格式塔(gestalt)"心理构造。(6)"悬搁"对现实性的信念。(7)揭示被蒙蔽了的意义,还事物以真面目。

3. **胡塞尔现象学的核心概念**

(1)意向性。

意向性考察是胡塞尔秉承布伦塔诺思想的体现。"意向性"是用来表示

---

① H. Spiegelberg, *The Phenomenological Movement*, Martinus Nijhoff, 1982, pp. 682～715.

意识活动与意识对象之间的必然的、结构性关系的概念。胡塞尔通过对意向活动的分析来确定意识对象，即通过意识的显现过程来说明现象。因此，意向性的理论主要是对意向活动的分析。

关于意向活动，胡塞尔做出了两个重要的区分。第一，任何意识活动（包括个人心理活动）都具有“性质”和“材料”两个方面。性质是区别活动种类的内在规定性（如知觉、想象、回忆、判断等），材料是活动所具有的确定内容。意识活动的性质与材料有对应关系，有什么样性质的活动，就有什么样的意识材料或内容。其次，在意向性的结构中，任何意识活动都有“理想的”（ideal）和“实在的”（reell/real）之别。理想的东西是必然存在的，是客观存在的本质，而实在的东西可以只是一种纯粹心理的实在。胡塞尔在《逻辑研究》一书中虽然没有使用“先验论”这一名称来表示他的意向性理论，而把它标榜为“描述心理学”，但实际上，他的现象学从一开始就是一种先验论。

（2）现象学还原和现象学构造。

在“先验现象学”阶段，胡塞尔对意向性作了发生学的研究，他力图从意识的本初状态去寻求意识结构的根据和前提。

胡塞尔在两种意义上讨论还原：一是把具体事实还原为一般本质，即把现实中存在的事物还原为意向的本质，这称为本质还原。后来，他在更完全、更彻底的意义上讨论还原，把现象学还原为“悬搁”一切存在的真实的途径，以达到一个绝对的、纯粹的、自明的意识领域。关于各种存在事物的信念的悬搁实际上就是排除意识的实际内容，当意识中关于具体对象的经验的、想象的和思维的内容都被排除之后，便只剩下纯粹自我。

胡塞尔和康德一样，认为先验自我的构造从本质上是一种综合活动。他区分了主动的和被动的两种综合。被动的综合是自我意识对给予的材料的综合，类似于康德所说的“先验自我”，它之所以是被动的，是因为它有待于材料的给予，不能从自身构造出所需要的材料。主动的综合是自我意识在显现过程中构造的对象，是在流动中形成的思想型相。

现象学对科学的研究采用的是叙述的、分类的和归纳的方法，是数学的、演绎法的反面，它尤其适合于苦心钻研、有条不紊的德国人的风范。因此，现象学的叙述盛行于德国，提供了一种情境，使新的实验心理学在公认的科学内掌握了它。[①] 著名的现象学家和格式塔心理学的先驱卡茨（David Katz，1884—1953）和哥本哈根学派的奠基人鲁宾（Edgar Rubin，1886—1951）均在胡塞尔的领导下工作过。现象学为格式塔心理学提供了方法论

① 波林著，高觉敷译：《实验心理学史》，商务印书馆1981年版，第21页。

基础，可以说德国的现象学传统是格式塔心理学思想产生的背景与学术氛围。格式塔心理学家对现象学的方法也进行了一定的改造，他们主张应采用直观的方法去研究直接经验，这种经验不带任何前提，既不分析为元素也不进行人为的抽象，它是不偏不倚、毫无约束的中立的经验。他们认定心理学的首要任务便是对这些经验进行如实的、朴素而又丰富的描述，特别是作为格式塔心理学核心原则的整体观与现象学密切相连。首先，作为整体观基础的"似动"现象是典型的现象学的发现，似动被理解为一种突现的现象，它只隶属于整个情境，而不为构成这个情境的任何分离的因素所决定。其次，格式塔心理学家们认为，"德语 Gestalt"一词兼有整体和现象两种含义，这种现象也是现象学家的现象。格式塔心理学家们从现象学那里借得此词，用以指中立的经验，也就是不偏不倚、毫无约束的经验本身。①

现象学改变了格式塔学者对待心理意识及心理学本身的态度，鼓舞着他们去反抗冯特（Wundt，W.）的传统，去探讨心理学研究的新的途径。现象学强调自然观察，反对受过训练的内省式的报告，这是格式塔反构造主义所需要的；现象学通过直觉掌握事物的本质和对纯粹意识结构的强调，对格式塔的知觉研究、顿悟学习产生了直接的影响。另一方面，现象学使得格式塔学者们坚持对心理事件或直接经验进行研究，在行为主义大行其道时有力地捍卫了心理学的核心主题。苛勒在其《詹姆士讲座演讲集》的序言中就指出："我相信，在我们回到我们的根源之前——换言之，在我们应用现象学的方法之前，即在对经验质的分析之前，我们决不能解决有关根本原则的任何问题。"②现象学正是格式塔心理学整个学说的逻辑起点和方法论基础。

三、怀特海等人的新实在论

1. 新实在论

新实在论是 20 世纪一种主张具体事物和脱离具体事物的共相都具有实在性的折中主义哲学流派。主要流行于奥地利、英国和美国，尤其在美国影响最大。主要代表人物有麦农、英国的摩尔、罗素、怀特海、亚历山大、美国的佩里、蒙塔古、霍尔特等人。新实在论是在反对唯心主义、特别是反对新黑格尔主义的论战中形成和发展起来的。

① 高觉敷主编：《西方心理学史论》，安徽教育出版社 1995 年版，第 31 页。

② 波林著，高觉敷译：《实验心理学史》，商务印书馆 1981 年版，第 686 页。

(1) 科学方法论。

新实在论者声称，他们主要研究认识过程，研究认识主体和被认识事物之间的关系，而不追究主体和客体的最终本性。他们认为，哲学家要严格地使用语言，把含糊而复杂的问题分析成可以处理得十分明确的问题，克服语言和思想的松散性。他们试图利用当时数学和数理逻辑的成就，把数学和逻辑的演绎方法及分析方法当做唯一的科学方法，并当做哲学的方法论原则。新实在论的这种主张与分析哲学是一致的，但因其未能制订出一套系统的方法，结果只是为分析哲学的产生准备了条件。

(2) “中性实体”说。

新实在论着重批评了唯心主义主观论的错误，主张被人知的对象不依赖于我们的意识而存在，独立存在的认识对象的本性既不是物质的也不是精神的，而是“中立的”，心、物并非两种根本不同的实体，而只是同一“中性实体”在不同关系中的表现。

(3) 共相独存说。

新实在论者的另一基本信条是断言存在着某些既独立于个别事物又独立于意识的共相或本质，这些独立存在的共相或本质是不能从经验中观察到的，但却可以在逻辑上确定它们的存在，并且可以通过逻辑分析发现它们。这类共相或本质首先是数学、逻辑的概念、范畴，他们承认，这是一种柏拉图式的实在论学说。

(4) 直接呈现说。

新实在论者认为，特殊事物和共相并不是通过摹写或映像被间接认识的，而是被直接认识的，是对象直接进入了人们的意识之中，对象本身成为意识的内容。他们甚至认为，当知识发生时，在心灵之中或心灵前面的知识内容与被认知的事物是同一的。

(5) 内在独立说。

它包括“内在性”学说和“独立性”学说两个组成部分。所谓“内在性”学说，是指当一个事物被认知时，该事物本身便进入了一种关系，这种关系把它构成了心灵的观念或内容。所谓“独立性”学说，是说虽然事物可以进入心灵而具有了内容的身份，但它的存在并不依赖于这个身份。内在独立说和直接呈现说是一致的。新实在论者把它们都看成是“认识论上的一元论”。新实在论者一方面强调事物不依赖于意识而独立存在，另一方面则认为当事物被认知时又可直接进入心灵而为意识所内含。他们指出，当人们认知一事物时，不能说事物是一种存在，对于该事物的观念则是另一种存在，而只能说事物及其观念就是同一的东西，它们不过处于不同的关系之中罢了。

2. 怀特海及其过程哲学

怀特海(Alfred North Whitehead,1861—1947)

怀特海(Alfred North Whitehead,1861—1947)等人的新实在论观点也为格式塔心理学提供了理论基础。怀特海深受苏格兰学派及布伦塔诺、麦农和马赫等人思想的影响,他主张有两个世界,把我们用常识去观察的世界称为“呈现即刻”的“事件世界”,而把物理学家所研究或认识的世界称之为“因果效能”的“永恒世界”。他认为在我们头脑中反映的“呈现即刻”的“事件世界”和物理学的“因果效能”的“永恒世界”并不是一回事。

怀特海的终极范畴有三个:“创造性”、“多”和“一”。这三个范畴是其他特殊范畴的先决条件,亦即此三者是宇宙的“根”。“一”代表的是实有的独特性,“多”传达了实有分离的多样性,“创造性”描述了终极事实(现实实有)特征的诸共相的共相。“多”凭借“创造性”成为“一”;“多”复合成“一”,且为“一”所增大;“多”与“一”共在。只有“共在”、“多”才有可能创造出“一”。“共在”是创造和新颖的前提。①

怀特海认为,现代科学已否定了把自然界各部分看做是死的以及与之相适应的朴素实在论的。这些传统观点认为自然界由永恒的物体所组成,这些物体也就是那些在一无所有的空间中到处移动的物质粒子,每个粒子都有它自己的形状、体积、运动等。怀特海认为,光和声的传播原理表明色和声都是第二性质,它们并非真正存在于客体中。由此,他认为那种想从感官知觉出发理解事物本质的观点是肤浅的,是在认识论上迷失了方向;另一方面,他认为,由于永恒物体在空无所有的空间中运动的图景已被一种不断活动的观念所代替,因此,实物已被视为与能同样的东西,而能是纯粹的活动。由于任何局部的振荡都会震撼整个宇宙,所以就不应当把任何事物看做局部的、独立存在的东西。他认为环境一直渗入到每一事物的本质。怀特海所建立的过程哲学,不承认存在着客观的物质实体,而只承认存在着在一定条件下由性质和关系所构成的“机体”。机体的根本特征是活动,活动表现为过程,过程则是机体各个因子之间有内在联系的、持续的创造活动,它表明一机体可以转化为另一机体,因而整个世界就表现为活动的过程。他把世界过程看做事件之流,永恒客体则构成可能性的领域,它一旦离开事

① 王立志:《怀特海与康德》,载《哲学研究》,2007年第6期,第64～68页。

件流，就只是一个抽象世界，只有当它进入时空流后，才成为具体的显相。在怀特海看来，实在世界就是由具体的显相组成的，它是全部潜存于可能性领域内的无限多的世界中的一个；实在世界是选择的结果，最终决定这一选择的是上帝。他指出，上帝把限制施于无限多的可能世界，才使这个唯一的世界得以实际产生，所以上帝是现实性的源泉，也是限制性的根源。并且由于限制的根源必定存在于运用了限制才产生出来的世界之外，理性也就不能够发现这一限制性的根源，因此他强调上帝的存在就是最终的反理性。

四、摩尔根的突创进化论

1. 摩尔根的遗传学研究

托马斯·亨特·摩尔根(Thomas Hunt Morgan，1866—1945)是现代著名的遗传学家。在摩尔根从事科学活动的年代里，不但产生了遗传学这门学科，而且已发展到了必须依靠学科间的合作才能继续前进的阶段。人们认识到DNA(脱氧核糖核酸)是一切高等生物的遗传基础，弄清了DNA的分子结构及其复制方法，在人类认识生物界过程中发动了一场真正的革命。现在，生物学家、生物化学家、医学家，甚至其它领域的知识分子，无不了解这场革命的深远意义。

摩尔根(Thomas Hunt Morgan，1866—1945)

摩尔根在国际遗传学大会上的主席致辞，表明了他对于科学研究的态度："假如你们问我怎么会有这些发现……我的回答是：一靠勤奋……二靠明智地使用各种假说——我所说的'明智'，指的是愿意放弃任何假说，除非能为它们找到可靠的证据，三靠实验材料得当……最后还靠少开些遗传学大会。"

2. 摩尔根的研究动力

摩尔根的工作在一定程度上证明了孟德尔的结论，也对先贤们的理论进行了突破。自孟德尔工作被重新发现后，一个长期存在的问题是，孟德尔"遗传因子"在活细胞中是否存在物质基础。1903年瓦尔多·萨顿和西奥多尔·波维里注意到杂交实验中孟德尔"遗传因子"与染色体行为的相似性，提出了"遗传因子"与染色体之间存在着平行关系的假设。摩尔根学派从一开始形成了独特的重视实验的研究风格，他们运用假说和实验相结合的研究传统，在大量实验事实的基础上，提出了基因位于染色体上、呈直线排列的假说，然后经过果蝇遗传学实验的证实，使之转化为科学的基因理论。他们敢于通过实验批判、否定任何不切实际的经验和假说，不论是自己的还是他人的。他们在遗传学史上第一次把特定基因与一个特定的染色体联系起来，不但证实了基因位于染色体上，而且也把孟德尔的“遗传因子”具体化了。重视假说与实验相结合的研究传统，是摩尔根学派成功的重要保证。

摩尔根的工作动力还来源于另一方面。达尔文的进化理论未能对变异做出很好的解释，促使荷兰遗传学家德·弗里斯(de Vries)提出了物种形成的突变学说(1903)。该学说受到当时的许多生物学家的欢迎，因为它是在对美洲物种夜报春花(Oenothera lamarchiana)试验研究的基础上提出的，似有过硬的试验证据。首先，他在该物种的自然群体中观察到几种变型。然后，在多代繁育试验中发现，该物种总能连续产生少数变型；这些变型或能真实遗传，或能分离成该物种和自然群体中原观察到的那几种变型。由于某些变型与原物种差别很大，故定为新物种，而新物种的形成很易用单突变解释。但后来证明，德·弗里斯所用的材料实为一永久杂种，他所发现的所谓新物种只不过是这一永久杂种的分离产物。在德·弗里斯突变论的启发下，摩尔根根据他试验得到的许多突变体确实受孟德尔基因控制，他从而认为：在进化中，突变的作用大于自然选择的作用——前者创造变异，后者只保留现存的有利变异；少数有利变异会在群体中逐渐占优势，而进化是群体中更为有利的基因替换原有基因的过程。因此，摩尔根这一进化学说往往叫突变学说，但最好叫突变—自然选择学说，因它没有否定自然选择在进化上的作用。

3. 摩尔根的研究成果

1928年，摩尔根总结20余年的研究成果，写成名著《基因论》。他把孟德尔非物质(设想)的遗传单位(因子)采用约翰逊的概念，具体化为排列在染色体上的物质微粒——基因，认为染色体是遗传性状传递机理的物质基础，而基因是组成染色体的遗传单位，基因的突变会导致生物遗传特性发生变化。

摩尔根的突创进化论认为在进化的各个阶梯上，可突现出全新的产物，这些产物是不能用个别成分的简单组合来说明的。这就是说，进化的较高阶段所产生的是一个全新的整体的组合，而不是现有的各种成分的机械的联合。这些思想与格式塔心理学有相通之处，苛勒公开承认他的思想受到过怀特海和摩尔根理论观点的影响。

五、马赫的影响

马赫的哲学观点从认识论方面而言，是纯粹经验论的，是如巴克莱和休谟一样地将感觉经验作为一切科学知识的基础；同时也是实证论的，因为他如孔德一样反对一切的形而上学，并以建立一个统一的科学系统作为最终目的。但是马赫既不重视哲学，也无兴趣建立哲学系统，更不喜欢成为哲学家，因此他在其著作中很少用经验论或实证论来形容他的哲学观点。不过他有时为了他的观点有别于哲学史中其他的哲学派别，称自己的哲学为现象主义。

马赫宣称哲学的任务在于将各种个别科学互相联系起来，成为一个统一的整体。这个哲学的统一的整体就是他的要素一元论，而他的关于要素的学说就是这个要素一元论的理论基础之一。

马赫(Ernst Mach，1838—1916)

马赫宣称在所有感觉经验中间，许多的感觉如颜色、声音、表象、压力、时空经常是以各种各样的方式互相联系着的，而且在这个要素的不同的联系中间许多要素复合是相对固定的。这些相对固定的要素复合就深入到人们的记忆之内，而人们就给它们以某些特殊的名称，如这个东西或那个东西。所谓物体实际上不是别的，仅是这样一些相对固定的感觉的复合。因此，例如以这张桌子来说，它是一种具有空间秩序的颜色感觉的复合，即不同浓淡的褐色的感觉，此外，如果接触着它还有一定的压力和寒暖的感觉。但是构成这张桌子的感觉复合并不是绝对固定的，因为例如褐色的感觉可以因光线而异，它或明或暗，对于它的触觉也是按照温度的关系而产生冷热不同的感觉。至于在这些感觉复合之外假定一个“桌子自身”，对于马赫来说是不能为经验所证明的。

马赫所谓“物体是感觉的复合”与巴克莱宣称“物体的观念的集合”基本上是相同的。巴克莱也曾认为“人们为了一定的色、味、香、形态、密度结合在一起，就承认这是一个特殊的事物，称呼它为苹果；另外一些观念的集合就构成石头、树木、书本以及类似的可感觉的东西”。① 不过在马赫与巴克莱之间亦有着不同点，这个不同点就在于巴克莱只承认物体，但没有承认精神

① 巴克莱著：《人类知识原理》，弗莱塞选本，1891年英文本，第38～40页。

也是“观念的集合”;然而马赫则肯定无论物质或精神都是相对固定的要素的复合。

马赫曾经提出科学中所谓实体的思想是这样产生的:作为物体的要素复合对于我们来说,经验告诉我们在这些要素复合之中有些要素变化得非常迅速而突出,然而其他的要素则并不改变。例如一块铁的颜色——褐色、硬度和重量并不改变,然而触摸它则忽而冷忽而热;一张桌子的形状、压力和触觉并不改变,然而见到褐色的颜色则忽而浓忽而淡。我们习惯于将这个要素复合的许多不变要素在思想上了解为一个整体(unity),同时并将这个整体加上一个名称如铁的实体或桌子的实体,将它与其他变化的要素或者说性质对立起来。此外我们还认为实体包含了许许多多变化的性质。所谓统一而固定不变的实体思想就是这样产生的。

马赫强调指出世界不是从隐藏在性质后面的不变的变体,不是从不可认识的物自体或简单的精神主体中产生的。它是由要素所构成的,这些要素以种种不同的方式作为一些相对的复合集合在一起,这就是我们所谓的世界。这些相对固定的要素复合的联系形式是各种各样的,它们有时严密,有时松懈;然而世界上所发生的各种各样的现象,就是以这个要素复合联系的严密或松懈为其基础而产生的。

在1885年出版的《感觉的分析》一书中,马赫宣称感觉是一切存在的基础,是一切科学研究的对象。马赫认为,现象的世界是直接感知的真实世界,而物理的世界只是在感知的基础上间接推论出来的世界。① 他把感觉这一概念加以扩充,其中包括空间、时间及性质的各种差异,并且注意到了一些关系的问题,如不同线条的组合可产生菱形或方形等形状,此为“空间形式的感觉”,一首乐曲的连续音称为“时间形式的感觉”。他认为形式(空间、时间)本身是可以离开属性而独立存在的一种经验,例如我们可以改变一个圆形的大小、颜色,但其形式是不变的;一首乐曲我们可以改变各音的音高或者改变演奏的速度,但其曲调或其时间形式不变。波林曾指出:“马赫应为格式塔心理学另一位当之无愧的前辈,因为他相信空间感觉和时间感觉的存在。”②

值得注意的是,有人在论述“德语系哲学中的奥地利传统及其对中欧和东欧的意义”这一主题时,③将格式塔心理学理论归为哈布斯堡哲学的八个

① 高觉敷主编:《西方近代心理学史》,人民教育出版社1982年版,第317页。

② 波林著,高觉敷译:《实验心理学史》,商务印书馆1981年版,第673页。

③ 塞蒙斯著,王靖华译:《德语系哲学中的奥地利传统及其对中欧和东欧的意义》,载《现代外国哲学社会科学文摘》,1996年第9期,第13～16页。

基本流派之一，与“布伦塔诺所特有的亚里士多德、笛卡儿哲学和经验主义的混合物”、“心理学和客体与价值理论的迈农（一般译为“麦农”）‘格拉茨学派’”、“胡塞尔及其志同道合者的现象学”和“马赫的彻底的现象学的经验主义”等学说并列，一定程度上说明了它们之间在哲学层面上有着共同的背景和相似的观点。本书一些章节还将从其他的角度出发继续探讨这个问题。

第三节　自然科学的推动

哲学心理学与近代物理学的机械论自然观联姻，造就了冯特式的元素主义心理学。颇为相似的是，格式塔学派的诞生也与近代物理学的一个重要理论有密切的联系。19 世纪中期以前，物理学的主流理论是机械论自然观。机械论自然观的代表人物牛顿认为，只要充分了解物质分子的位置、体积和速度，就可以预测它们相互作用所引起的结果。19 世纪末 20 世纪初，科学界出现了许多新的思想潮流，特别是物理学界在这一时期抛弃了机械论的观点，承认并接受了场的理论，对格式塔心理学家产生了较大的影响。

一、自然科学关于磁场学的研究

一个永磁体与另一个永磁体能够不接触而互相施加力，人们曾经称这样的现象为超距作用。近代的物理学家为了解释电荷之间的和永磁体之间的相互作用力引入了“场”的概念：在一个永磁体周围的空间中存在着一个磁场，使处于这空间中任何位置的另一个永磁体受到磁场所施加力的作用，同时第二个永磁体所产生的磁场也对第一个永磁体施加着反作用力。因为力是矢量，所以磁场是矢量场。许多实验事实都证明，磁场是真实的存在。以法拉第（Michael Faraday，1791—1867）和麦克斯韦（James Clerk Maxwell，1831—1879）为代表的场的观念的形成以及“场论”（field theory）的进一步发展和完善，最终导致了机械论自然观自身的灭亡。

电磁学是研究电、磁和电磁的相互作用现象及其规律和应用的物理学分支学科。根据近代物理学的观点，磁的现象是由运动电荷所产生的，因而

麦克斯韦(James Clerk Maxwell,1831—1879)

在电学的范围内必然不同程度地包含磁学的内容。所以,电磁学和电学的内容很难截然划分,而“电学”有时也就作为“电磁学”的简称。

在早期由于磁现象曾被认为是与电现象独立无关的,同时也由于磁学本身的发展和应用,如近代磁性材料和磁学技术的发展,新的磁效应和磁现象的发现和应用等等,使得磁学的内容不断扩大,所以磁学在实际上也就作为一门和电学相平行的学科来研究了。电磁学从原来互相独立的两门科学(电学、磁学)发展成为物理学中一个完整的分支学科,主要是基于两个重要的实验发现,即电流的磁效应和变化的磁场的电效应。这两个实验现象,加上麦克斯韦关于变化电场产生磁场的假设,奠定了电磁学的整个理论体系,发展了对现代文明起重大影响的电工和电子技术。

麦克斯韦电磁理论的重大意义,不仅在于这个理论支配着一切宏观电磁现象(包括静电、稳恒磁场、电磁感应、电路、电磁波等等),而且在于它将光学现象统一在这个理论框架之内,深刻地影响着人们认识物质世界的思想。

1875 年,麦克斯韦发现电磁场对物质分子的作用,如不考虑电磁力分布的整个场,就不能确定某一物质分子的移动方向,这个场是一个限定的域,是一种整体的存在,是一种新的力学结构和实体。其中,每一部分的性质都是由场的整体所决定的,而场的整体性质又非其各个组成部分性质简单相加或算术总和。

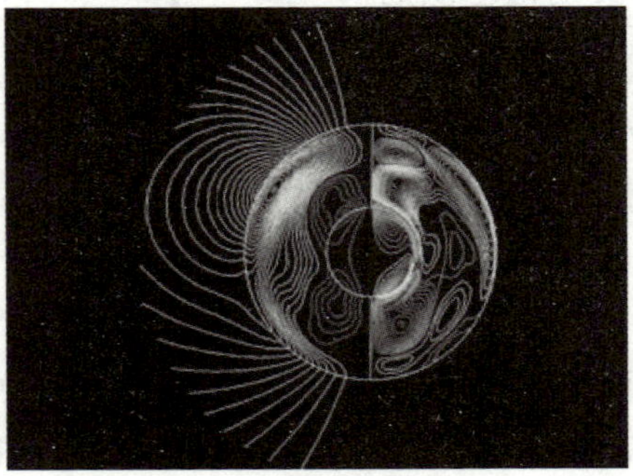

图 1-1

二、格式塔心理学关于场论的心理学解释

格式塔心理学家试图用场论来解释心理现象及其机制问题。考夫卡

(Koffka,K.)在《格式塔心理学原理》一书中指出:世界是心物的,经验世界与物理世界不一样。他把观察者知觉现实的观念称作心理场(psychological field),而将被知觉的现实称为物理场(physical field)。为说明两者的关系可用图1-2为例。不论观察者对该图观看多长时间,线条似乎都是向内盘旋直到中心。这种螺旋效应是观察者的知觉产物,属于心理场。然而,如果观察者从某一点开始,随着曲线前进360度,就会返回到起点,螺旋线原来都是圆周,这就是物理场。由此可见,心理场与物理场之间并不存在一一对应的关系,但是人类的心理活动却是两者结合而成的心物场。考夫卡还别出心裁地创造了一些新名词:行为场、环境场、物理场、心理场、心物场等。他认为要想保证心理学的科学性质,理应将场的概念引进到心理学中来。他说:"我们能否将场的概念引入心理学中去,意指它是一种决定实际行为的应变和应力的系统呢?如果我们可以这样做的话,我们便拥有了针对我们全部解释的一个一般的和科学的类别。"①

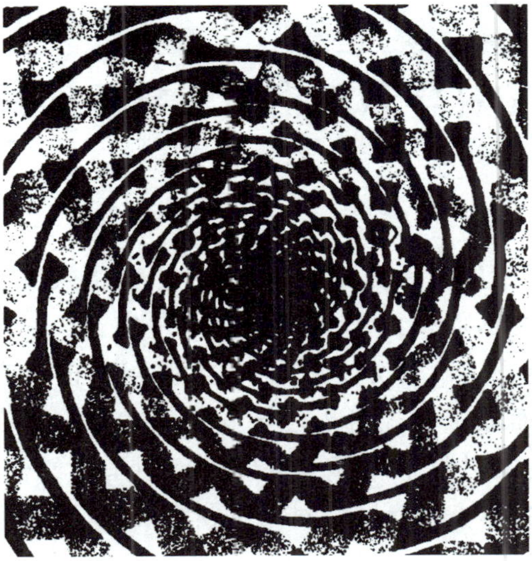

图1-2　螺旋效应

苛勒对他在柏林大学时的老师马克斯·普朗克(Max Planck,1858—1947)推崇备至。普朗克作为现代理论物理学家,对场论有过重大贡献。他强调事件的自然属性及对量的测定背后特殊过程的探讨,他反对经验论和对量的测定的过分倚重。苛勒所著的格式塔心理学的第一部纲领性著作《静止状态中的物理格式塔》(1920)谈的是物理化学问题,书中采用了场论,

① 考夫卡著,黎炜译:《格式塔心理学原理》,浙江教育出版社1997年版,第536页。

认为脑也是具有场的特性的物理系统，从而论证知觉和人脑活动是同型的，他假定感觉兴奋在脑中可产生一种场的过程，通过脑内场过程与感觉输入相匹配达到平衡，使知觉趋于完整化或完形化。他试图说明物理学是理解生物学的关键，而对生物学的透彻理解又会影响到对心理学的理解。勒温作为格式塔学派的重要成员，提出了心理动力场学说，他认为，场就是完形或格式塔。场论不仅为格式塔心理学家提供了反对元素主义的理论武器，而且也被他们用来作为其论证格式塔心理学理论的自然科学根据，正如舒尔兹所指出的那样："曾经对冯特很有影响的原子主义的观点在物理学中受到了严厉攻击，物理学开始考虑用有机整体这一术语——这是和新的格式塔心理学相一致的概念。因此，格式塔心理学提出的变革和当时物理学中的变革是并行的。"①

第四节　柏林学派与格拉茨学派的异质性张力

平心而论，惠特海默、苛勒和考夫卡等建立的格式塔心理学的柏林学派吸引了更多人的注意，而格式塔心理学的另一分支——格拉茨学派往往在一定程度上被冷落了。两个分支有着一定的共识，但也有着不可调和的争议，二者的对立反而成了格式塔心理学发展的动力。布伦塔诺和斯顿夫等人在两个分支诞生的过程中发挥了重要的启明星式的作用，所以在探讨两个分支的"张力"之前，首先有必要对两位领路人进行一番介绍。

一、领军人物布伦塔诺

布伦塔诺(Franz Brentano，1838—1917)是德国著名的心理学家和哲学家，也是意动心理学(act psychology)的创始人。他在近30年的教学生涯中培养了一批著名的学生。他们包括：音乐心理学的奠基人斯顿夫，现象学的创立者胡塞尔，心理学的形质学派和奥地利价值哲学学派的开创者厄棱费

① 考夫卡著，黎炜译：《格式塔心理学原理》，浙江教育出版社1997年版，第536页。

尔，格拉茨学派的领袖和对象论哲学的代表者麦农，精神分析的创建者弗洛伊德，波兰逻辑学派的创始人塔多斯基，捷克斯洛伐克共和国的缔造者和哲学家马萨尔克。前四位弟子与后来出现的格式塔学派都有着千丝万缕的联系。

布伦塔诺（Franz Brentano，1838—1917）

布伦塔诺从经验主义出发，坚持心理学是一门经验科学。布伦塔诺的心理学是经验的，他在《经验观点的心理学》一书中开宗明义地指出："我给予这部书的标题说明了它的题材和方法的特征：我在心理学上的立场是经验的；只有经验才是影响我的老师。"①布伦塔诺是用经验的方法研究关于心理现象的经验，这种经验同内部世界相联系，通过内部知觉（inner sense）获得。与德国当时的实验心理学不同，布伦塔诺提出了一种意动心理学。这种心理学是一门严密的科学，它可以达到把握真正普遍的而不是部分的真理的规律。在哲学观点上，早期的布伦塔诺坚持一种实证论倾向（他著有《孔德与实证哲学》），但却暗示着一种现象学倾向；后期的布伦塔诺却转向以现象学倾向为主，这种倾向也深刻地影响了他的追随者们。

布伦塔诺认为，心理学既是一门理论科学，又是一门应用科学。他多次表达了对心理学潜在的实践应用的乐观性，并指出："我所指的心理学的实践任务是具有广泛意义的。"例如，他认为，"心理学具有成为无论是个体还是社会的教育理论的科学基础。"②

布伦塔诺认为心理现象具有整体性。布伦塔诺指出，我们意识的材料构成一个整体的世界，它们分为两大类，即心理现象和物理现象。物理科学是研究物理现象的科学，而心理科学是研究心理现象的科学。尽管心理现象是多重的、复杂的，但它们总是以一个统一整体的面目而呈现于人的内部知觉；反之，人在某一时辰所同时知觉到的物理现象都不可能以这样的方式呈现，换言之，它们不是呈现同一个现象的不同构成成分，而是呈现为不相同的诸多现象。③ 布伦塔诺把意动作为心理学的对象，其意义在于突出了人的心理的意向性、活动性和整体性。

布伦塔诺的心理学则直接或间接地成为后来各国心理学家理论观点的来源。在德国，斯顿夫的机能心理学实为布伦塔诺现象学意义上的意动心

① 布伦塔诺著：《经验观点的心理学》第1卷，1973年英文版，第2页。
② 布伦塔诺著：《经验观点的心理学》第1卷，1973年英文版，第2页。
③ 布伦塔诺著：《经验观点的心理学》第2卷，1973年英文版，第59页。

理学,他直接用实验研究布伦塔诺的意动。屈尔佩的符茨堡学派也从布伦塔诺那里获得启示。同时,尽管布伦塔诺的意动心理学是经验的而非实验的,他本人也没有建立过实验室,但他的理论仍旧被引进心理实验室,成为格式塔心理学的实验指南。在奥地利,布伦塔诺直接培育了奥国学派,推动了其学生厄棱费尔从事形质研究。他的另一位学生麦农于1894年在格拉茨大学建立了奥国第一个心理学实验室,最终形成了心理学史上著名的形质学派。

布伦塔诺对哲学的贡献被哲学史家冷落了半个多世纪。其实,布伦塔诺从事哲学研究的时间长于从事心理学研究的时间,他的哲学著作也多于心理学著作。从这种意义上说,布伦塔诺对哲学的贡献要超过他对心理学的贡献。他的《经验观点的心理学》既是其最重要的心理学著作,又是其后来哲学著作的重要基础。胡塞尔认为,没有布伦塔诺的意向性学说,就不会有他的现象学的出现;没有"自明性理论",就很难想象有他的"本质直观"。存在主义大师海德格尔正是在布伦塔诺的博士论文《论亚里士多德关于存在的多种意义》的引导下,才决定转向哲学的,而且终生追求"存在"。麦农的对象论也直接受到布伦塔诺的影响,而他的"内在价值"学说对厄棱费尔的价值哲学和后来舍勒的价值论都产生过很大的影响。不过,自20世纪80年代以来,布伦塔诺在英美哲学界的声望正在逐步上升,他的重要著作大多都有了译本和重译本。他对形而上学、伦理学、语言哲学和精神哲学的贡献在某种程度上正在成为讨论的中心话语。

二、音乐爱好者斯顿夫

斯顿夫(Carl Stumpf,1848—1936)是德国心理学家、哲学家和音乐理论家。他出生于德国的巴伐尼亚。其父母均擅长音乐,使他自幼也爱好音乐。他7岁学提琴,10岁便能作曲、作词,以后又学会了其他5种乐器。他还自学了和声学和旋律配合法理论。这为他日后研究音乐心理学打下了良好的基础。

1894年斯顿夫荣任柏林大学哲学教授,直至1921年退休。在此期间,斯顿夫将艾宾浩斯创建的心理学实验室扩展为研究所,并将布伦塔诺的思想印刻在柏林的实验室里,以致他在人们心目中成为冯特的主要的、直接的对手。在柏林大学期间,他的成果空前丰富,活动也日益频繁。斯顿夫培养出一批出名的学生,如舒曼、吕普、惠特海默、苛勒、考夫卡和勒温等,使他的学术影响日益扩大。

斯顿夫认为心理学的研究对象为心理机能(psychological function)。他在其《音乐心理学》中,首先对现象与机能进行了区分,现象是指经验的对象(objects of experience),如感觉、记忆的内容;机能是指活动、体验或状态,如知觉活动、观念活动、理解活动、欲望活动、意志活动,这些机能和布伦塔诺的意动几乎可以通用。

斯顿夫认为心理机能的一个重要特征是它具有整体性。在心理机能领域内,同时发生的意识和理智状态与情绪活动都被知觉为一个整体。一个实体概念,无论是一个物理的实体还是一个心理的实体,并不像休谟所认为那样的是一组性质(quality)构成的,而是性质及其关系的整体构成的。① 他的这一思想对后来格式塔心理学的整体观有重要的影响。

斯顿夫对音乐心理学既做了大量的实验研究,又做了不少理论研究。他提出了与赫尔姆霍茨的共鸣说不同的和音说。他认为,和音不是由于两音乐间没有升沉现象,而是由于二音同时发生,构成了一种整体的关系,使人一听就有单一性,即产生了融合。他指出:"所谓融合,就是指两个内容,特别是感觉内容,不止相加起来,而且构成为一个整体的那种关系。"②当人们听到同时并起的乐音,不仅在感觉上会发生特种关系,而且同时产生乐音的联结关系,会随它们彼此振动数的比率而不同。例如,有两个乐音,振动数为1∶2;又有两个乐音,振动数为40∶77。再假定在其他方面,情形完全相似,那么,如有后两音同时发生,我们可以把它们分别得很清楚;假如前两音同时发生,就分别得很不完全。斯顿夫还进一步解释了乐音融合的原因。他认为,乐音融合作为两个感觉内容之间的整体上的关系,与注意、练习、声音均无关。这是一种生理现象,绝不能够以心理学界定来解释其原因。其原因有二:一是音波,通过感官特别是耳朵内的迷路器官,传入神经到听觉中枢内经过脑部的分析而产生。二是由于特殊协力(specific synergies)的特殊合作。所谓特殊协力,是指两个神经机构(依据脑部构造)的特殊合作。引起融合的特殊能力只有一个特点,就是它们不是由孤立的刺激引起的,而是由两个刺激同时作用而发生的。因此,当两个刺激同时在两个神经机构引起它们应有的感觉时,就有这些感觉的独特程度的融合发生。可见,斯顿夫和约翰内斯·缪勒一样,把感觉看成了某种特殊的神经能力,某种先验的精神现象。

此外,斯顿夫对空间知觉、情绪等也发表过见解。在其《关于空间观念

① 爱德华兹主编:《哲学百科全书》第7卷,1967年英文版,第29页。

② 唐钺译:《西方心理学家文选》,科学出版社1959年版,第132页。

起源的心理学》一书中，他提出空间知觉的先验说，反对经验说；认为颜色及其延展性均为视觉的先天的部分内容。

斯顿夫在心理学史上影响很大。正如著名现象学家施皮格伯格指出："斯顿夫将现象学方法引入心理学，并将这种方法传播给心理学的某些最活跃的研究者。特别是斯顿夫的方法渗透到一些格式塔心理学家的著作中（主要通过苛勒、惠特海默和考夫卡）、动力学小组（通过勒温），并且间接地渗透进斯尼格和库姆斯的'现象学心理学'中。"①

三、格拉茨学派与柏林学派的异质性张力

形质学派（the form-quality school）起源于 1890—1900 年间，由布伦塔诺的弟子厄棱费尔和麦农创立。他们接受了布伦塔诺的思想，将布伦塔诺的意动心理学具体运用到形（form）、形质（form—quality）问题的研究上，认为形、形质的形成有赖于意动。到了 1910 年，这一学派的思想又通过威塔塞克的努力继续传播于世。

由于这一学派的主要成就在于提出形质学说，故称为形质学派。这一学派是以奥国的格拉茨大学为中心，所以形质学派又称格拉茨学派（the Graz school）。这一学派对后来的格式塔心理学有直接的影响。在知觉理论上，它是由元素主义到格式塔心理学的桥梁。

1. 创立者厄棱费尔

厄棱费尔（Christian Von Ehrenfels，1859—1932）是奥地利的心理学家和哲学家，生于维也纳附近的罗道恩。他既是布伦塔诺的学生，又是麦农的学生。他在心理学史上留名，主要在于他 1890 年发表了《论形质》的论文。在这篇文章里，他系统地提出了对于形、形质问题的见解，从而使他成为形质学派的创立者。

厄棱费尔正是在批判冯特内容心理学的知觉理论的基础上提出形质学说的。在冯特看来，感觉是知觉的元素，它只有强度和性质两种属性；知觉则是感觉的集合。这种观点表面看来似乎有些道理，但在说明具体的知觉问题时却常常遇到麻烦。例如，如果说看见一个红斑点在一个黑斑点之旁得到的是两个感觉，那么，看见两个距离很近的黑斑点得到的究竟是一个感觉还是两个感觉呢？我们好像不应该说两个黑斑点是一个感觉，而白色的背景又是一个感觉。但如果我们称两个黑斑点为不同的感觉，那么我们对

---

① 施皮格伯格著：《现象学运动：历史导引》，1981 年英文版，第 52 页。

元素的辨别显然是以空间的隔离为根据，而不是以属性为根据了。这便与元素主义的假定发生了矛盾。又如，我们如果用一条黑线连接两个黑斑点，结果得到的是什么呢？究竟是一个感觉还是两个感觉呢？或者是一系列的感觉？如果是一系列的感觉，那么又有多少感觉呢？一个元素在空间上究竟以什么作为它的界限？很显然，元素主义不能圆满地回答这些问题。针对元素主义知觉论的困境，厄棱费尔对它进行了批评，并提出了与元素主义不同的主张。

在形、形质的形成问题上，厄棱费尔既反对元素主义的知觉论，也不同意马赫的形式的感觉论。他认为形、形质的形成既不是感觉的复合，也不是如马赫所说形式是一种独立的存在，而是由于意动，才使形、形质呈现出来。这样就形成了形质学派在形、形质上的独到见解。在厄棱费尔看来，时间或空间的形式并不是感觉的集合，而是一种新属性。例如，一个四边形由四条直线所组成，直线是四边形的基本的感觉，可称为基素（fun-damente），合起来，便可以说是组成一个基体（grundlage）。但是，四边形并不附属于这些元素的任何基素之内，因为直线本身只具有直线的性质，而不含四边形的性质。只有当基素（直线）构成基体以后，四边形才可呈现出来。形式显然是直接经验的，所以应该是一种新元素，即一个形质。厄棱费尔还区分出两种不同的形质，即时间的形质和非时间的形质。时间的形质包括音调、“色调”及感觉的任何时间上的变化，如变红或者变冷。非时间的形质大部分是空间的，但也包括音的混合、响乐的铿锵、香味及运动的知觉。

厄棱费尔后来在《初步规律》一文中，又对其早期不成熟的思想进行完善：(1) 抛弃形质概念中的“元素”构想，指出形质具有感觉和表象复合的新属性；(2) 承认形的概念具有限定的特性；(3) 把形的概念由空间的形又扩展到音的形等方面。

厄棱费尔的形质学说对格式塔心理学的影响很大，在他于 1932 年逝世时，格式塔心理学家们在他们编辑的《心理学研究》杂志刊出的讣告中指出：“我们注意到厄棱费尔的逝世。对于他并不需要单独的纪念仪式，他的著作对于当代大部分心理学著作都产生了后果。”①

2. 助力者麦农

在形质学派中，关于形、形质的基本见解是由厄棱费尔提出的，而将厄棱费尔的体系加以整理的则是奥地利哲学家和心理学家麦农（Alexins Meinong，1853—1920）。他既做过布伦塔诺的学生，又是厄棱费尔的老师。麦

① 波林著，高觉敷译：《实验心理学史》，商务印书馆 1981 年版，第 513 页。

农的两篇重要的心理学论文是《复型和关系的心理学》(1891)和《论较高级对象及其对于内部知觉的关系》(1899)。

在对形质的探讨上,麦农和厄棱费尔的主张基本相同,但运用了与厄棱费尔不同的术语。厄棱费尔的基素,被麦农称之为创造的内容(founding content);厄棱费尔的形质,则被麦农称之为被创造的内容(founded content)。麦农认为,这两种内容的关系是相对的、有等级的。创造的内容可称为下级,被创造的内容可称为上级。

麦农指出,创造的和被创造的内容合起来可造成一种复型(complexion)。复型有两种:实在的复型(real complexion)等于知觉,思想的复型(ideal complexion)等于概念。思想的复型形成于创造过程,即创造意动(the act of producation),通过创造意动把感觉元素变成统一的整体,如四条直线变成一个整体的长方形。而实在的复型的形成除有赖于创造意动之外,还有赖于被认识事物所固有的关系,即刺激特征。在此麦农与厄棱费尔不同的是,他承认了知觉的原有分子之间关系的重要性,而厄棱费尔并未这样承认。至于思想的复型,麦农仍然认为意动是重要的。

在心理等级的问题上,麦农指出了心理等级的相对性。他以为在创造上级的时候,下级复型的上级可变为上级复型的下级,因此乃有更上级的复型的形成。

麦农对形质问题的讨论有助于心理学中的形质学派的建立。他在奥国学派中影响很大,凡是奥国学派所及之处,他都有很大的势力。其影响范围甚至超出奥国学派,波及到了英国的沃德和司托特等学者那里。

3. 接力队员威塔塞克

威塔塞克(Stephan Witasek,1870—1915)是奥地利心理学家和美学家,生于奥地利的格拉茨。1898 年在格拉茨大学获得麦农授予的博士学位之后,在格拉茨大学度过其学术生涯。

威塔塞克试图把哲学与经验心理学结合起来,同意心理学既包括心理意动又包括心理内容。其心理学研究有些是经验的,甚至是实验的。在形、形质问题上,他强调创造意动对知觉形成的作用。他认为复型的形成主要依赖心理的创造意动。复型可以是简单的,如在响乐和简单的曲调之内,此时创造几乎是自动的;复型可以是复杂的,如在复调乐曲的创造中,此时复型既取决于客体刺激物的外在因素,也决定于内在的创造意动。

由此可见,威塔塞克在知觉心理学上与厄棱费尔、麦农的见解差异不大。他在形质学派中的主要贡献在于,当厄棱费尔、麦农的形质学说遭到批驳而处于低谷时,由于他的努力,形质学说仍能继续流传于世。

20年后，由惠特海默、苛勒和考夫卡等确立了格式塔心理学的柏林学派，使得“格式塔”近乎成为他们特有的标识。柏林学派反对元素论，他们将之称作“一束说”(bundle hypothesis)，即将心理看做部分相加之和。柏林学派提出，格式塔为一整体，整体不等于且大于部分之和。因此，柏林学派承认形质学派的地位与作用。苛勒在他那部“最富于学术性和科学性①”的著作中，正是从厄棱费尔的格式塔概念起开始自己的讨论。② 而且，柏林学派在形式(格式塔)实验研究上也受到格拉茨学派的影响。可以说，他们在诸多方面与格拉茨学派保持一致：在对格式塔的理解上，他们都坚持整体论观点，反对元素论观点；具体研究中，形式/图形的把握尤其是知觉占据核心地位。③ 正是在此意义上说，格拉茨学派可以与柏林学派并列，作为格式塔心理学的两个中心。④ 林登费尔德(Lindenfeld D. F.)甚至指出，假使没有研究者等外部的因素，“格拉茨学派本来能够轻易地成为战争时期[指一战]格式塔心理学主要的中心”⑤。

不过，柏林学派并不赞同这个观点，柏林学派后期的重要代表人物梅茨格(Metzger, W.)指出：“在德国，格式塔心理学家反对冯特的‘创造性综合’，并且也反对麦农和贝努西的‘创造理论’，他们都没有公正地对待刺激对象构造方面的重要性。”⑥形质学派在某些方面甚至隐含“一束说”的倾向。在这一点上，波林的观点较为流行，认为格拉茨学派仍然坚持形质为一种元素。但从上述讨论中可以看出，格拉茨学派在形质观点上，始终对元素论加以批判，甚至提出“奠基”说，以表明与元素论不同的立场。事实上，柏林学派的批判并未针对对象(形质)，而针对对象的把握即心理过程。从前引梅茨格的话中也可以看出，柏林学派对格拉茨学派的创造说提出批评，认为这种两层次论的心理观点隐含元素论倾向。这可从两个学派间的正面交锋看出来。

---

① 波林著，高觉敷译：《实验心理学史》，商务印书馆1980年版，第680页。

② Arnheim, R., Wolfgang Kohler and Gestalt Theory: an English translation of Kohler's introduction to Die physischen Gestalten for philosophers and biologists, *History of Psychology*, 1998, vol 1, No. 1, pp. 21～26.

③ Boudewijnse, Geert-Jan A., The Rise and Fall of The Graz School. *Gestalt Theory*, 1999. 2, pp. 140～158.

④ Smith, B., *Austrian Philosophy: The Legacy of Franz Brentano*, Open Court Publishing Company, 1994, pp. 259～272.

⑤ Lindenfeld D. F., *The Transformation of Positivism Alexius Meinong and European Thought*, 1880—1920[M]. University of California Press, 1980, p. 237.

⑥ Metzger, W. (1928). Certain Implications in the Concept of Gestalt. *American Journal of Psychology*, 40, pp. 162～166.

在柏林学派的惠特海默发表《视见运动的实验研究》后，格拉茨学派中的贝努西发表了《形与运动经验的心理学》(1914)的评论，肯定了自己在错觉运动研究上的领先地位，认为自己的研究与惠特海默的研究不存在实质性差异。考夫卡随后又发表《知觉心理学基础的奠定：与贝努西的分歧》(1915)，对贝努西的观点提出了批评。在他看来，格式塔为一整体，物理、心理和大脑神经过程各方面具有同型的特征，因此，对格式塔的把握是直接完成的，不存在格拉茨学派所称的创造等更高一级的过程。但柏林学派的批评并不能完全成立，在这个问题上我们需持谨慎的态度，我们只能得出结论说：格拉茨学派与柏林学派间存在着一定的差异。

综上所述，格拉茨学派的初衷是对元素主义进行批驳。他们自称发现了一种新元素，并由注重形质而研究复型，后又由复型的分析而倾向于意动的探讨。但是他们仅想提供一种新元素，而不想提供一种全新的观点，因而他们的观点一方面受到了元素主义的反对，另一方面又遭到了柏林学派格式塔心理学家的批驳，最终不得不归于失败。但是，形质学派一方面发展了马赫的感觉理论，另一方面又为柏林格式塔心理学派提供了一套完整的形质概念与理论根据，这不能不说是这个学派的贡献。在知觉理论上，形质学派乃是由元素主义向柏林格式塔心理学派过渡的桥梁。

第五节　其他心理学家的呼应

一、狄尔泰等人的影响

狄尔泰(Wilhelm Dilthey，1833—1911)的哲学思想是新康德主义的新发展，他把康德的分析方法，从知识论扩展到精神科学，从理性转向精神，从道德推广到历史与文化。他和新康德主义者一样，严格区分了自然科学与精神科学，认为哲学的重点是在精神科学，以生命或生活作为哲学的出发点。他推崇经验论，但他注重的是生活经验、人的内省经验或内在经验，而不是关于自然现象的经验。他也反对超经验主义和康德的“物自体”。他认为，对人的生命(不论对自己或对他人)的认识是再现，也是再体验，因而加

狄尔泰(Wilhelm Dilthey，1833—1911)

入了认识者本人的创造性的想象，所以人在认识现象或物质时所应用的理性或理智，并不能穷尽生命的意义或本质。在他看来，对生命或精神的理解，必须以情感的直觉与想象为主，因为生命或精神都是活生生的、具体的，它有过程，有历史，但却不重复。生命总在变化，人性也总在变化，人只有置身在自己的生命之流中，又能与他人的生命融合在一起，作同情的了解，才能说得上有真正的“理解”。狄尔泰并不否认环境对人的生命所起的作用，但他把社会环境看成是精神生活的总和，看做是精神的客观化，认为社会生活(或精神生活)与物质生活、精神与物质，在性质上尽管不同，但在现实中却密不可分。

狄尔泰的哲学不仅仅是对个人生命(或精神)的说明，而更强调人类的生命。他提出，人类生命的特点必定表现在时代精神上，即是在历史过程中，人的一切表现都是历史过程的一部分。但他把历史过程归结为人类生命的过程，同时又把生命解释为某种神秘的心理体验，他的生命哲学是主观唯心主义的变种。

狄尔泰在《描述和分析心理学》中倡导文化科学心理学的运动，从研究经验的整体出发，以对抗艾宾浩斯的解释和构成心理学。在狄尔泰看来，把心理现象归结为心灵之元素的结合，并不能认识具体的心理现象，如艺术家的创造想象、价值感、义务感、自我牺牲、宗教热诚等。由于任何心理现象的部分总是深嵌在一个连续的整体——一个“结构关系”之中，因而心理学不应像自然科学或说明心理学那样从元素开始去构成因果关系，而应从体验到的结构关系出发，用分析的方法去描述和理解它的各个方面。

狄尔泰的弟子斯普兰格也反对各种原子心理学，强调心理学应以达到对各种心理现象的理解为己任。另外，德国哲学家和心理学家斯特恩在《人与物：世界观》一书中也是从整体观的视角进行人格心理学的研究，并反对传统的元素主义心理学。以意识的整体观为核心的格式塔心理学，正是适应心理学的内部运动规律而产生的。

二、扬施、卡茨和鲁宾的影响

心理学中的现象学传统一般认为是以歌德(Johann Woygang Von Goethe,1749—1832)开始的,[①]积极地运用现象学可以追溯到心理学和其他学科中的某些学者。1909—1915 年,在德国格丁根的缪勒(Muller,G. E.)的实验室中,有一些特别活跃的现象学心理学家,卡茨(David Katz)和鲁宾(Edgar Rubin,1886—1951)等人进行了大量的现象学研究。其中卡茨在《颜色世界的构成》和《视觉世界的构成》两本著作中表明,视觉体验和触觉体验较之在心理学图式中所描绘的更加充分和自然,因为心理图式受到亮度、饱和度这些概念的限制。[②] 所以应该把映象作为一种独立的现象,而不是作为刺激的简单效应加以研究。丹麦心理学家鲁宾在研究"图形与背景"的现象后,发现了一些重要的事实,这些事实说明知觉具有完形性,同时也说明那种认为知觉是感觉的拼凑的观念是错误的。图形常被知觉为一个封闭的、突出于背景之上的整体轮廓,而背景似乎离图形远一些。卡茨、鲁宾以及其他实验心理学家从对感性知觉的"原子论"理解转向整体的理解。他们进行研究的年代正是格式塔学派形成之时。格式塔学派后来广泛采用了他们的研究成果,尤其是鲁宾新发现的"图形与背景"现象,在格式塔定律中占有显赫的一席。

① 舒尔茨著,杨立能等译:《现代心理学史》,人民教育出版社 1981 年版,第 288 页。

② 雅罗舍夫斯基著,陆嘉玉等译:《心理学史》,上海译文出版社 1997 年版,第 363 页。

第二章

格式塔心理学“三剑客”

惠特海默、苛勒和考夫卡于1912年联袂在德国柏林大学创立了格式塔心理学，被称为格式塔心理学的“三剑客”。由于第二次世界大战的爆发，20世纪30年代以后，三人相继移民美国，在他们及其同事、弟子的努力下，格式塔原理和应用研究也逐渐得到美国心理学界的认同，除传统的知觉研究之外，他们的思想也逐步渗透到了新生的实验社会心理学和认知心理学之中，表现出强劲的生命力。

第一节　惠特海默的观点

一、生平和著作

惠特海默是19世纪末20世纪初著名的格式塔心理学派代表人物，是格式塔理论和学派的首创者。他以研究似动现象和创造性思维而闻名于世。

马克斯·惠特海默(Max Werthe mer，1880—1943)

马克斯·惠特海默(Max Wertheimer，1880—1943)于1880年4月15日出生于捷克斯洛伐克首都布拉格的一个犹太人家庭里。他的父亲是一个成功而又受人尊敬的商人，母亲是布拉格一个犹太人医院护士主管的女儿，在德国文学和音乐方面有很深的造诣。惠特海默受母亲的影响很大，尤其具有音乐天赋，精于钢琴和小提琴弹奏。他自幼就十分好学，爱好文学、数学和哲学。据说在十岁生日时，祖父送他一部斯宾诺莎的著作，史料记载："他完全沉浸在这本书中，以至于父母后来严格限制他阅读。但是在女佣的纵容下，他继续隐蔽地阅读斯宾诺莎的著作。"[①]五年以后，他竟然能熟诵斯宾诺莎著作中的语句，阐述其中的某些思想。这为他以后完形思想的形成奠定了扎实的基础。

1898 年，惠特海默读完大学预科后，入布拉格的格拉茨大学攻读法律，同时还选修哲学、生理学、音乐和艺术等课程。在两年半后，他放弃法律而转入哲学系，学习哲学和心理学。教过他的老师很多，但对他后来思想影响最大的是著名的哲学家、心理学家厄棱费尔（Von Ehrenfels）。厄棱费尔是一个极具天赋的人，1896 年成为格拉茨大学教授，被誉为"布拉格最伟大的哲学家"。他熟谙哲学、文学和音乐，对学生影响巨大。惠特海默主修过他的很多课程，如心理学、道德理论等。惠特海默仔细阅读了他的有关著作，并在重点句子下面做详细标注，而对其他老师的论文或著作则没有。可见，惠特海默对厄棱费尔的思想是很重视的，其以后的学术观点注定烙上厄棱费尔思想的印记。

1902 年，惠特海默来到柏林大学，师从斯顿夫（Carl Stumpf），广泛研究和学习了斯顿夫的心理学观点和实验研究方法。但是在那里他没有完成博士论文，具体原因考夫卡曾经透露："惠特海默和斯顿夫是具有不同人格特点的……"，至于其它没有做过多的解释。惠特海默后来进入符茨堡大学，在导师屈尔佩（Oswald Külpe，1862—1915）的指导下，于 1904 年以优异的成绩获得哲学博士学位。时值无意象思维盛行之时，惠特海默不免受屈尔佩和符茨堡学派的影响。他曾作单词联想实验，以测量罪犯所知道的秘密。惠特海默背离感觉主义而走向现象学，屈尔佩的影响也是很大的。

在接下来的五年（1905—1910）里，惠特海默是在布拉格、维也纳和柏林三处度过的，他进行了一系列研究，主要集中在由于脑损伤而造成阅读、言语和视觉困难的研究上，如失语症、失读症等，但研究成果仅以研究报告的形式发表。

1910 年夏天，惠特海默才开始似动现象的实验研究。他很早在柏林闻知舒曼（以发明记忆鼓和视速仪而著名），但舒曼已经在 1905 年离开柏林。惠特海默自维也纳外出度假，在火车上思考如何解决似动的问题，灵感突

① Ash, M. (1995). *Gestalt Psychology in German Culture*, 1890—1967: *Holism and the quest for objectivity*. New York: Cambridge University Press. p. 104.

现，在法兰克福下车，在商店购买一个科学玩具以证实其所想。舒曼当时正好在法兰克福担任教授，惠特海默才得以与之相识。于是他借用舒曼的速示器（tachistoscope），以苛勒和考夫卡及妻子为被试，在法兰克福的社会和商业科学研究院进行实验，这就是著名的似动现象实验。同年，惠特海默被聘为法兰克福大学教授。实验及其实验结果在惠特海默撰写的《视见运动的实验研究》中得到详尽的表述，并于1912年1月29日发表在《心理学期刊》上，文中初次提出了格式塔心理学的基本观点。1912年更作为格式塔学派诞生的主要标志。

第一次世界大战（1914—1918）爆发后，惠特海默在初期应召入伍，任德军陆军上尉，在军队里从事声源定位研究，这一项研究后来为研发海军探测潜水艇指明了方向。

1916年，惠特海默转赴柏林大学任教。他与考夫卡、苛勒合作，使格式塔心理学的发展走向了高峰。1921年，同苛勒和考夫卡以及戈尔德斯坦·格罗尔一起创办了《心理学研究》杂志。这个杂志成为格式塔学派的正式刊物，该杂志在1938年希特勒执政时被迫暂行停刊，共出了22卷。惠特海默先后于1921年和1923年在《心理学研究》上发表文章，论述格式塔心理学的重要特点以及对元素主义和联想主义的批判。1925年，他将1920年曾发表的一篇关于创造性思维的文章和另外两篇论文合印成一本书，题为《格式塔三论集》。1929年任法兰克福大学教授。

1933年，由于不堪纳粹迫害，被迫与许多闻名世界的科学家一道移居美国，受聘为纽约市社会研究新学院兼职教授。惠特海默只懂德语，不过仅仅五个月后，他就开始用英语上课并发表文章。他的第二语言掌握的并不是很好，经常不能很准确地表达自己的意思。迈克尔·惠特海默和金（1994）指出：“他……在数学术语方面有些问题；他的学生偶尔会困惑不解，后来才明白他所提及的钝天使和锐天使与天国的生命无关，而是指三角形的角。”①

惠特海默兴趣广泛，到美国之后，他将格式塔心理学原理拓展到了许多新的领域，用英语撰写了论述真理（1934）、伦理学（1935）、民主（1937）、自由（1940）等方面的文章。惠特海默还打算将这些文章结集出版，阿尔伯特·爱因斯坦为之作序。不过，这一集子没有用英语出版，最后在汉斯-祖尔根·沃特的编辑下用德文于1991年出版。由此可见，“惠特海默所创的格式塔理论并不只局限于心理学范畴，而且涉及到了哲学、科学和教育领域”②。

① 赫根汉著，郭本禹等译：《心理学史导论》上册，华东师范大学出版社2003年版，第685页。

② 维利著：《心理学史》，英文1993年版，第349页。

1943年10月12日，惠特海默因心脏病逝世于纽约州，享年63岁。

鉴于惠特海默在实验研究、理论创建及人性问题的关注等方面的重要贡献，1988年10月份德国心理学会追赠他一枚冯特胸章，这是该学会最高的荣誉。

格式塔心理学学派三个领导人物中，惠特海默居长，是格式塔运动的领导人，格式塔理论构建的首创者。在学术研究领域早期重在研究知觉，1912年主持了著名的似动现象实验，验证在视知觉中似动现象的存在，推翻了以往有关似动现象的解释，提出了新的见解，即似动现象是一个格式塔，是一种突现的、崭新的现象。由此推论在心理现象中，整体不可分析为元素，整体不是由元素合成的，整体先于元素并决定部分的性质。这宣告了格式塔心理学的诞生。惠特海默还进一步指出人们总是采用直接而统一的方式把事物知觉为统一的整体，而不是一群个别的感觉，于1923年进而提出了知觉组织原则，包括图形—背景、临近性、类似性、封闭性和完形趋向等等。1945年出版的遗著《创造性思维》可以说是惠特海默一生中最重要的著作，是用格式塔观点阐释创造性思维的成功范例，是格式塔学习理论的继续。

在格式塔学派三个代表人物中，惠特海默的著作是最少的，但却都是心理学发展历史上的经典之作，影响巨大。他的著作具体有：

《视见运动的实验研究》(1912)，这篇文章发表于《心理学期刊》第61卷，是格式塔运动史上的著名论文，标志着格式塔心理学的诞生。在以后三十年中，共有一百余篇有关似动现象的文章，证实了惠特海默的结论，并且扩展到记忆、思维等诸多研究领域。

《原始民族的思维》(1912)，发表于《心理学期刊》第60卷上，这是惠特海默早年对思维问题的关注。

《知觉之组织》(1923)，惠特海默根据研究发现，从完形心理的观点提出了多项知觉组织法则。这些知觉法则并非崭新的，但惠特海默将它们组织起来加以系统地整理，成为心理学理论中不可或缺的部分，对知觉领域的研究作出了杰出的贡献。

《格式塔三论集》(1925)，是惠特海默把以前发表的三篇论文综合成的一个单行本。这三篇论文是《视见运动的实验研究》、《原始民族的思维》和《创造性思维的终结历程》(1920)。

《创造性思维》(1945)，这是惠特海默的一本遗著。在该书中，他把格式塔心理学的原理用于人类学习、思维与问题解决等高级心理过程的研究。他采用个案的方式，既包括儿童解决问题，也包括著名科学家创造发明的心理过程。全书分前言、正文和结论三部分。正文共有七章，惠特海默通过对几何问题的研究，阐述了什么是创造性思维和怎样进行创造性思维。本书十分重视模型实验，反复观察被试的各种反应，论点明确、条理清楚。惠特海默的思想体系虽然带有唯心主义色彩，但书中不乏真知灼见，如强调人的主观能动性，把学习活动视为认识和再认识过程，以及强调人与环境的相互作用等。

二、主要研究和思想

惠特海默作为格式塔心理学派的创始人，他在心理学上的贡献主要表现在以下三个方面。

1. 似动现象

惠特海默关于格式塔心理学的观点始于似动现象的研究，这也是他的独特及最大贡献之一。似动现象的研究是由惠特海默主持进行的，其研究的结论确立了格式塔心理学的基本观点，催生了格式塔学派的创立。

似动现象并不是惠特海默最早发现的，在他之前已经有好多学者观察过这种现象，并根据自己的理论提出各自的见解。到 20 世纪初，心理学界对似动现象问题还没有得到很好的解释，当时的学者们以感觉来解释这种现象。惠特海默不同意采取感觉来作分析，认为运动是一种可以认识的现象，不能把它看做是感觉的集合。

为了进一步精确地考察似动现象，惠特海默后来接洽该地大学舒曼教授，亦即昔日老师安排地方进行实验，并借用舒曼发明的速示仪（这种仪器是由舒曼设计的，一般用它来研究连续运动，它能够在设定的毫秒内断断续续地闪光），以苛勒和考夫卡及妻子为被试。通过实验，惠特海默推翻了前人对似动现象的种种解释，提出了自己独特的见解。惠特海默认为，这种运动的现象是一种新的现象——即格式塔。由此推论，格式塔所具有的性质不在部分中而在整体中，即整体不等于部分的简单相加，部分不能解释整体的性质。

似动现象研究是惠特海默关于格式塔心理学的首次宣言，被公认为是格式塔心理学成立的标志。但是惠特海默关于似动现象研究的重要性，不在于发现了似动现象，而是惠特海默所用的研究方法特别新颖，更为重要的是他关于这一现象提出了独特的见解，赋予似动现象全新的阐释。这个研究结果以及理论得到了后人的验证与发展。

2. 知觉组织原则

惠特海默既反对构造主义心理学的元素主义，又反对行为主义心理学的联结主义。具体表现在对两种假设的反对：(1) 捆束假设(bundle of hypothesis)。这个假设认为意识或行为是由多个毫无内在联系的元素加起来的一束一捆。如冯特构造心理学把意识经验人为地分析为不真实的感觉等元素，华生行为主义心理学把行为分析为孤立的反射单元，都是心理学中捆束假设的具体表现。惠特海默认为这个假设是对有意义整体的一种否定，并称之为砖瓦灰泥心理学(brick-and-mortor-psychology)，它是指把研究对象分解成一块一块孤立的东西，然后又把它们勉强地黏合在一起了。(2) 恒常假设(constancy hypothesis)。这个理论认为外界刺激和反应之间有固定的一对一的关系。惠特海默认为难以用刺激和反应一对一的关系来说明完整的心理和行为。

因此，惠特海默于1923年发表《知觉之组织》，指出人们总是采用直接而统一的方式把事物知觉为统一的整体，而不是知觉为一群个别的感觉。并在此基础上提出了有关知觉的几个原则。这几个原则是：(1) 接近性原则(principle of proximity)：刺激在空间或时间彼此接近时，容易组成一个整体。(2) 相似原则(principle of similarity)：互相类似的各个部分如形状、颜色和大小等有被看成一群的倾向，容易组成一个整体。(3) 闭合原则(principle of closure)：刺激的特征倾向于聚合成形时，即使其间有短缺处，也倾向于当做闭合而完满的图形。(4) 连续原则(law of continuity)：各个刺激之间如果在时间或空间上有连续关系，容易知觉成为一个整体。(5) 图形—背景原则(law of figure-ground)：在一个具有一定配置的场里，有些对象突出来容易形成被感知的图形，而其它对象则退居次要地位成为背景。这些知觉组织原则成为心理学教材中不可或缺的重要内容之一。

3. 创造性思维

惠特海默将顿悟学习理论运用到人类创造性思维探讨中，并建议通过把握问题的整体来进行这种思维。他在一篇论文《创造性思维中的推论过程》(1945)中强调，若以一种新的角度来观察问题情境就会获致顿悟，顿悟有助于问题的解决。《创造性思维》是惠特海默付出七年心血撰著而成、在其去世后出版的一部遗著，这本书得到了修订和扩展并在1959年再版，担任编辑工作的是惠特海默的儿子。在书中他以独特的方式总结了自己的许多实验研究，关于创造性思维他开创性地提出了很多有价值的理论。

在书中，他分析了关于创造性思维的两种传统观点：传统的逻辑观点和联想主义的观点。[①] 前者追求真理强调证明，要求思维的每一个步骤都很严密，并且发展了一套形式标准来检验和发现错误。后者认为思维是一连串

---

① 惠特海默著，林宗基译：《创造性思维》，教育科学出版社1988年版，第2～4页。

的观念，了解思维的途径就是研究支配观念连续的规律，如桑代克的联结主义、巴甫洛夫的条件反射学说、斯金纳的操作反射学说等皆体现了这种观点，它们的中心特点是重复、接近等老观念。创造性思维在这里就成为只依赖回忆、靠过去操练过的机械信息、靠一系列盲目尝试中偶然的迸发。惠特海默在批判这两种观念的基础上，根据格式塔学说提出了创造性思维的特点，研究了儿童解决简单几何问题的过程一直到爱因斯坦发明相对论的思维过程，以各个不同的年龄段和难度不同的问题为依据，发现在各个问题解决的水平上都有创造性的思维过程。

惠特海默发现创造性思维过程很复杂，其中包括对整个问题情境的熟悉、对结构的了解，进而发现问题，转变情景中心，将不完整的、不合适的结构转化为完整的、前后一致的，有时是熟悉的或简单的结构，最后实现问题的解决。在这一过程中惠特海默着重强调个体对问题组成元素的结构重组，其中决定结构重组的关键性因素是重定中心（recentering），即问题结构中心的转变，从片面的观点转变为从情景的客观结构所要求的中心出发（如两个孩子 A 和 B 打羽毛球的故事），这样就形成了一个新的结构，各个部分根据在新的结构中的位置、作用、功能来改变各部分的含义。由此可见，结构中心的转变带来了根本性的变化，各要素被看成新的、清晰的结构的一部分，其作用和功能不同，获得了新的含义。

此外，惠特海默还区分了三种类型的思维。第一种为 a 型思维，这种思维有聚焦和再聚焦两个阶段。在聚焦阶段，主体对情境采取一种客观的观点，即以客观的和整体的方式看待情境。在第二个阶段，即再聚焦阶段，主体打破旧的认知框架，以一种全新的观点看待问题从而导致问题的解决。第二种思维为 y 型思维。这种思维是一种盲目的尝试错误式的思维。思维的主体不了解情境的结构以及问题各个成分之间的关系，只是盲目地、机械地尝试各种可能导致问题解决的方式。即使找到了问题解决的方式也只是出于偶然。第三种思维介入 a 型和 y 型之间，称为 b 型思维。它一半是有步骤、有计划的，一半是盲目的。在三种思维方式中，a 型思维是格式塔心理学主张的思维，最富创造性；y 型思维是格式塔心理学坚决反对的，没有任何创造性；b 型思维则是部分有创造性，部分没有创造性，是需要加以改进的。

三、弟子和影响

1. 弟子

谈及惠特海默的弟子，最为著名的当数格式塔心理学家邓克尔和人本主义心理学家马斯洛。

(1) 邓克尔。

邓克尔(Karl Duncker，1903—1940)1903 年出生于德国的莱比锡，在德国和美国克拉克大学学习过，然后又回到德国，在柏林大学师从惠特海默和苛勒，1929 年在柏林大学获得博士学位，成为苛勒的一名研究助理。1935 年纳粹掌政后辞去了这份工作。先是去了英国剑桥工作，后来跟随苛勒来到美国。他是一位政治自由主义者，因为战争的爆发深感压抑，于 1940 年自杀身亡，年仅 37 岁。其主要著作有《格式塔心理学原始资料》和《创造性思维心理学》。

邓克尔致力于问题解决的研究。他设计了一些实验探索问题解决的思维技巧和思路，其中最有名的实验是 1935 年做的关于用 X 射线问题解决的实验。这个有名实验的概况是：假如一个人患有胃肿瘤，又不能施行外科切除手术，只能采取放射疗法。但射线一方面可以消除肿瘤，另一方面也会破坏肿瘤周围的健康组织。怎么办？结果发现被试者中有人采用考虑所有因素方法，经过一段时间的思考，很快接近了正确答案。邓克尔认为，该被试的思考过程"特别富于典型思路"。被试首先使用考虑所有因素的思维技巧，对解决上述问题进行了发散型的思维，寻找到若干个关于解决该问题的方案(条件、结果)。他通过对被试的口头报告分析发现，被试在解决问题过程中会不断地寻找解决问题的方法，如果一种方法受到自己和主试的否定，那么他就会转向另一种方法的尝试中。无论哪一种方法，被试都首先把握住问题的关键所在(避免伤害健康组织)，然后据此建立起一个分目标，随着分目标的解决，逐渐达到最终目标。由此他总结了使问题得以解决的几种方法：一种是利用先前经验获取方法；另一种是通过别人的帮助(aids)，如在两根绳实验中主试"偶然地"碰了一下绳子。这几种方法的获得都来源于对初始问题的重新建构。

除此以外，他还对功能固着问题进行了实验研究。所谓固着指个体在问题解决过程中坚持问题元素先前的功能或者沿用以前解决类似问题的方法。邓克尔认为一个问题代表了一个特定的情境，因此其方法必须是：首先，根据所设定的问题领悟到的；再者，取决于对设置问题的综合判断。在进行综合判断受到阻碍时，被试就会尝试一系列的"搜寻"，设置一些分目标，不断地产生一些解决问题的证据，这样直到最后问题得以解决。不过被试通常由于受过去经验的束缚而不能找到正确的方法。邓克尔设计了一个有关盒子问题的实验。在这个实验中，充分证明了功能固着对被试解决问题的阻碍，以及"指导"对解决问题的作用。实验材料有三支小蜡烛，一张桌子，三个盒子，大头钉以及其他的一些物体。被试分成两组，A 组被试所在实验室的三个盒子是空的;B组被试所在实验室的三个盒子里装满了实验材料,如大头钉、三支小蜡烛等等。要求被试将蜡烛固定在门上。结果发现,A组85%的被试解决了问题;B组则58.2%的被试解决了问题。邓克尔认为这是因为在A组中,盒子是空的,这就暗示可以将其作为托住蜡烛的平台;在B组,由于受"盒子是用来装东西"的思维定势的影响,大多被试因此想不到盒子的其他功用。邓克尔还作了一些有关数学问题(特别是几何问题)的实验,结果大体一致:功能固着对被试解决问题有阻碍作用。但是他同时指出,功能固着是可以克服的。如果将问题的某些部分设置得较为突出,那么在个体对问题的重新建构中就容易成为"情境中心",其功能、含义等得以重新定位,问题就容易解决。个体不能重新建构问题并不在于材料本身,而在于个体是否将其看做是一个特定的知觉结构。

有许多学者认为邓克尔是20世纪30年代格式塔心理学者中最有天分的一个,如果他没有不幸英年早逝的话,他会在问题解决和创造思维等领域的研究中走得更远。

(2)马斯洛。

马斯洛出生于美国纽约市布鲁克林区的一个犹太家庭,于1930年获威斯康星大学心理学学士学位,次年获得心理学硕士学位,1934年获心理学哲学博士学位。在威斯康星大学,他选修了哈洛的研究实习课,并成了哈洛的研究助手,后来又成了他的第一个博士研究生。期间著名格式塔心理学家惠特海默也曾任马斯洛的老师,惠特海默成为马斯洛最崇敬的两位老师之一。其主要著作有《动机与人格》、《存在心理学探索》、《人性能达的境界》等。

马斯洛所推动和发展的人本主义心理学是在批判精神分析和行为主义的基础上建立的。他反对在心理学研究中把人当做动物和机器和盲目照搬自然科学研究方法的机械主义心理学方法论,倡导以"问题为中心"而不是以"方法为中心",以"整体动力论"消除还原主义的弊端,消解科学与价值的矛盾,使心理学成为"价值科学",提倡性善论和对健康人格的研究,重视人的潜能、自由、责任和尊严,强调人性与社会价值的统一,建立起以人为中心的"人本主义"心理学方法论。

马斯洛所倡导的人本主义心理学受格式塔心理学的影响很大。格式塔心理学强调整体论,主张心理学研究应以整体的组织来代替元素的分析,这一观念对人本主义心理学的发展有很大的影响。马斯洛还在惠特海默的指导下学习整体分析的方法,并最终形成了人本主义心理学的整体研究的方法论原则。并且主张对研究对象的整体体验和描述,主张心理学应是存在分析的心理学，这些都表明了格式塔心理学对人本主义心理学的潜在影响。

2. 影响

惠特海默在心理学发展史中扮演着非常重要的角色。吉尔根曾经指出："从欧洲移民到美国的心理学家中，对美国心理学贡献最大的是苛勒和惠特海默，他们是格式塔心理学的两位重要的奠基人。"①并且惠特海默被认为是1910年—1919年间最有影响力的五位心理学家之一。1946年，西蒙·阿希（Solomon Asch）指出：惠特海默的思想几乎渗透到心理学研究的各个方面，并且深深地影响了心理学家的见解和他们的日常研究。这种影响一直持续了30年，并且在未来可能会进一步扩大。阿希的这篇题为《惠特海默对现代心理学的贡献》作为一篇颂词发表在《社会研究》杂志上，这也是为了响应新学校的第一任校长阿尔文·约翰逊（Alvin Johnson）为社会研究所发出的号召，他号召研究惠特海默的著作及其对社会科学的意义。的确惠特海默作为格式塔心理学的创立者和新学校政治以及社会科学的第一批研究员，他的思想遗产是相当丰富的。

惠特海默一生中兴趣广泛，在一些发表的论文（也包括未发表的部分论文）中涉及民主、道德、自由和真理等等，这些文章无不贯穿着他的格式塔思想，因此惠特海默的影响广泛而深远，不仅仅对教育有巨大影响而且对于文学艺术意义重大。社会研究新学院绘画心理学家路鲁道夫·阿恩海姆在1986年指出，"惠特海默的格式塔理论对建筑学、音乐、绘画、雕刻、无线电以及电影等有重大影响"。②

（1）其理论的积极意义。

第一，开创格式塔心理学研究之先河。在很多著作或教材中，虽然惠特海默、考夫卡和苛勒被认为是格式塔心理学派的共同创立者，但是惠特海默的研究对于格式塔心理学的开创有重要的意义，对似动现象的研究、知觉组织原则的系统化以及创造性思维的独创性研究，为格式塔心理学奠定了坚实的基础，他提出了格式塔理论整体构建的一个范式。基于此惠特海默被认为是格式塔心理学派的创始人，他的论文《视见运动的实验研究》标志着格式塔心理学正式成立。再者，惠特海默在做似动现象的实验研究时，考夫卡和苛勒是实验被试，他们的研究受惠特海默的影响很大，在他们的著作中我们可以看到他们主要是捍卫和宣传惠特海默的观点，把格式塔心理学的原则理论化、系统化。对此著名心理学史家波林曾指出，新的格式塔心理学

① 吉尔根著，刘力译：《当代美国心理学》，社会科学文献出版社1992年版，第55页。

② http//www. psychology of Art and Music. com

的真正诞生，究竟是这个可能发生在1912年早期的事件（似动现象研究），还是惠特海默在到法兰克福以前的1910年在火车上的顿悟呢？不管怎样，从此以后这三个人都觉得他们已经结合在一起，为拯救心理学避免陷入元素主义、感觉主义和联想主义，并避免无意义的"相加而成的关系"（惠特海默语）而引向现象和整体的自由研究，为这个共同的神圣事业而奋斗了。

第二，彰显整体性思想。整体性是惠特海默理论中的一个主要内涵。在似动现象研究中，惠特海默认为似动自身就是一种现象，这种现象是一个整体或完形（或称之为格式塔），而不是若干不动的感觉元素的集合。他进而推论人类心理现象的整体是不可分解为元素的，因为整体并不等于部分之和，整体是先于部分而又决定部分性质的。

他提出的蕴含性原则也体现了这种整体性思想。蕴含性原则的基本含义是指整体的一个部分会发生什么情况，总是由该整体中固有的内在定律所决定的。换句话说，蕴含性即格式塔的完形倾向，是整体组织自我完成的一种动态属性，同时也是一切有结构的整体所固有的特性。

再者，整体性思想也体现在创造性思维研究中，惠特海默认为在问题解决过程中最关键的一点就是统揽全局，能够把握住整个问题的所在情境，而不是聚焦于某些部分。

总而言之，在这样一个整体心理观中体现了三个特点，即关系、结构性和系统性。首先，部分与部分之间的关系是很重要的。正如惠特海默所讲："当其部分之间获得一种具体的相互依存时，整体便具有了意义。"①再次，整体性质之所以决定部分的特征以及部分的性质由其在整体中的关系、位置和作用所决定，是因为整体具有结构性。比如一个正常人，作为人的特点和能力就不能够在他的某个部分或成分中体现，他的整体结构中各个部分是协调自然的，也感觉不到某个部位的存在，当感觉到某个部位存在的时候，这个部位已经出了毛病。再如，把一只鸟的各个部分肢解后堆放在一起，绝对与这只鸟自然长成的整体不可比拟，它飞不起来，就不能再称作鸟了；比如一只好看的时钟，把部件拆开来堆在一起，就无法计时了。最后，关于整体的系统性，勒温的"过程格式塔"从一种格式塔的动力系统中来探讨心理事件，表明格式塔所包含的系统性特征。

惠特海默关于整体性思想影响深远，不仅仅影响到教育领域，而且也渗透到了艺术领域（音乐和美学）中。在柏林时（1920—1930），惠特海默与一些音乐家和著名绘画家私交甚密，他本人对这些领域也很感兴趣，而这些音

① 转引自申荷永等著：《理解心理学》，暨南大学出版社2002年版，第106页。

乐家和著名绘画家的创造灵感常常受惠特海默思想的影响，如荷兰绘画艺术家埃舍尔(M. C. Escher)的作品受惠特海默“图形—背景”原则的影响很大。[①] 惠特海默对这些领域的影响跟随他一起“移居”到美国，在美国纽约市社会研究新学院，他曾经做过的“关于音乐和绘画的心理学(The Psychology of Music and Art)”的讲座引起了轰动。再者整体观也对人本主义和认知心理学的产生和发展有一定的影响作用。

第三，推动了艺术和音乐心理学的发展。惠特海默的格式塔心理学研究中所取得的成就深深地影响了艺术和音乐领域。在柏林，他很熟悉受人尊重的德国画家珂勒惠支(Kathe Kollwitz)和其他几位艺术家和音乐家，在1920年到20世纪二三十年代，很多艺术家都从格式塔理论中获得绘画和演讲的灵感。惠特海默在这一领域的兴趣在移民美国后仍然保持，他新学校的一门课程就叫《艺术和音乐心理学》，考夫卡也曾对这一领域很感兴趣并作出了许多贡献。受惠特海默对艺术热情的鼓舞，鲁道夫·阿恩海姆接替惠特海默在新学校讲授艺术心理学，并使用格式塔理论去研究建筑学、音乐、绘画、诗歌、雕塑、播音和戏剧等。同惠特海默一样，他看到了格式塔原则在现实生活中的应用。阿恩海姆的研究已经受到重视并且成为格式塔心理学对美国文化贡献的一个基石。尽管不像阿恩海姆那么系统和出名，其他心理学家也探讨了格式塔理论中的艺术和音乐心理学思想，格式塔理论已经被用于解释和分析现代艺术，尤其是波洛克(Jackson Pollock)的著作。一个学者分析了在经典艺术中格式塔类型的“表面知觉”并作为反对现代艺术无意识取向的武器；另一位学者证明在不同的艺术(建筑、舞蹈、文学、音乐、绘画和雕塑)创作过程的研究中使用了格式塔的“图形优化”整合、知觉组织等格式塔原则；其他学者如阿梅斯(Adelbert Ames)把知觉现象的格式塔原则当做艺术指导的模型，格式塔理论在音乐教育中作为实用的工具得到提倡，堪萨斯大学的惠勒(Raymond Holder Wheeler)甚至把音乐史分成了冷的原子时代和暖的格式塔时代，此外格式塔原则也被用于诗歌的鉴赏和分析中。

第四，对知觉心理学影响较大。知觉领域是格式塔学派最重要而又最有贡献的部分，是他们进行科学研究的起点和重点，也是最富有成果的研究领域。惠特海默的理论研究最早涉及视知觉的探讨，即对似动现象的研究。惠特海默对似动现象进行了比较细致的探讨，批驳前人对似动现象的种种解释，例如眼球运动说、后像混合说和感觉综合说等等，得出心理现象是完

① http//www. psychology of art and music. com

整的完形主义的结论，阐发了现代电影艺术的基本原理。

传统心理学认为知觉是点与点之间的对应，即特定刺激和感觉之间的对应。惠特海默对此提出质疑和批评，他认为传统的心理学过多地强调过去经验的作用，并陷入了原子主义和机械论的误区，重元素分析而忽视整体把握。因而提出了自己关于知觉的观点，认为人们采用直接而统一的方式把事物知觉为统一的整体，而非知觉为一群个别的物体。随后惠特海默又总结为图形—背景关系、接近、闭合、完形趋向等多项组织原则。他的知觉观体现了整体观以及知觉过程是主动的、积极的观点。惠特海默关于知觉深入而又卓有成效的研究成为知觉心理学理论中不可或缺的部分，深深地影响着知觉心理学关于知觉理论的建构，使格式塔心理学派在心理学史上的众多学派中对知觉的贡献居于首位。他关于知觉研究成果至今仍然被纳入现代心理学的教科书中，正如舒尔茨指出的那样：“完形学派的观点大大影响了知觉领域。它对知觉研究的那种影响也显然会影响一门入门性质的心理学教科书和实验心理学教科书。完形学派的最近著作强有力地表明，它仍然受到人们的重视。”①

在知觉领域里的许多研究都是“格式塔传统的继承者”，这些也构成了现代知觉心理学的基础，尽管这些格式塔心理学的继承者是各不相同的，他们的血统既影响了他们的相似性也影响了他们的分歧。格式塔特征和分组法则曾作为一个创造性的研究启发了许多同时代的知觉研究，此外现代知觉心理学在格式塔的知觉组织、图形—背景区分、属性的知觉联合等一些主题上作出了富有成果的研究。知觉组织领域和环境知觉中自我—移动的作用也都受到格式塔理论明显的影响。然而亨利(Henle)指出，并不是所有的现代心理学者都对格式塔心理学有一个完全的了解或者是完全赞成其理论。

第五，创造性思维研究具有教育意义。惠特海默根据格式塔学说研究了从儿童解决简单的几何问题的过程一直到爱因斯坦发明相对论的思维过程，以各个不同的年龄段和难度不同的问题为依据，发现在各个问题解决的水平上都有创造性的思维过程，在惠特海默看来，许多问题的解决需要对问题元素进行重新改造(reformed)、重新分组(re-grouped)、重定中心(re-centered)，以一种新的视角来重新审视问题情境就会获取顿悟。重新改造、重新分组和重定中心综合而言，即对问题元素的重新建构(re-structuring)。但是，在问题解决过程中，个体往往会发生固着(fixation)现象，阻碍了对问

---

① 转引自舒尔茨著，杨立能等译：《现代心理学史》，人民教育出版社1981年版，第319页。

题元素的重新建构。固着即指个体在问题解决过程中坚持问题元素先前的功能或者沿用以前解决类似问题的方法。[①] 所以要打破先前经验对个体思维过程的影响。

惠特海默指出，教师受传统的思维、思想影响，在教学过程中让学生盲目地重复训练和死记硬背，缺少创造性成分。所以他强烈反对试误说和条件反射说，因为两者都“容易导致极端机械化的行为习惯，导致盲目性，而不肯动脑，不能够自由地对待问题”[②]。在教育中如何培养学生的创造性思维？惠特海默认为最根本的一条是教师在教学中，要引导学生了解问题的根本特征，使学生知道怎样解决问题和为什么这样解决问题，而不是机械地记住解决问题的规则或者事实。惠特海默特别强调要通过整体进行思维，他认为问题的细节层面应该与整个情境的结构联系起来加以考虑，解决问题也应该从整个问题向各个部分的方向进行。同时他还指出，如果一个教师能把问题安排成一个有意义的整体，会使学生产生顿悟，而他们一旦掌握了解决问题原则，就会很容易地把这种原则迁移到其他的情境中去。

惠特海默的格式塔教育理论见解更多地体现在他的两位学生卡托纳(George Katona)和施特姆(Catherine Stern)的研究中。卡托纳对格式塔心理学最大的贡献是在1940年出版了《组织和记忆》一书，这本书与记忆和教育有关，与邓克尔在问题解决中的研究一样，他的研究成为惠特海默创造性思维研究中重要的一部分，同时也被直接用于教育心理学。他在一系列的研究中证明“有意义的学习”(以有意义组块为基础的信息理解)比“无意义的学习”(不依据真正结构理解的随意学习)结果要好，因为有意义的学习是意义组织和有原则理解的产物，无意义学习是死记硬背和重复练习的产物。基于这些研究，卡托纳总结为无意义记忆比理解记忆遗忘得更快并且很少能转化为新任务的基础。

施特姆也运用了惠特海默结构理解的思想，她精确地在学校儿童学习数学原理的过程中应用它们。在研究中她发展出“结构化计算”——一个以她的研究和惠特海默的创造性思想为基础的教育方案。为了反对训练和联想学习，她指出数字系统的结构特征是被儿童理解而不是被记忆的。在1949年她出版了《儿童发现计算》一书，作为对结构化计算的介绍，这本书是基于她的研究和惠特海默晚年的一些思想，她也继续研究了教育经验的其

---

① A. S. Lunchins and E. H. Lunchins(1970). *Werthermer's Seminars Revisited*: *Problem Solving and Thingking* (3 vols). Albany, NY: Faculty Student Association, State University of New York at Albany, Inc. pp. 372～379.

② 惠特海默著:《创造性思维》,英文1945年版,第112页。

他方面。她强调发现和顿悟的学习方法，并且还专门指出字母表性质的教学与算术的教学一样都过分地依赖记忆和练习。基于这种假设她还发展出了一个“结构化阅读”方案，用来教学生掌握适用于整组单词的结构性质并用这样的方法去掌握句子结构，以使他们能够在理解中阅读大量的单词和句子。施特姆富有雄心的研究工作就是为了使惠特海默关于创造性思维的思想进入具体的教育领域，她为此作出了巨大的努力。

第六，对人本主义心理学和认知心理学的产生和发展有一定的推动作用。人本主义心理学家马斯洛在他最崇敬的两位老师之一的惠特海默的指导下，研究整体论，形成了自己的整体分析的方法论，主张以此来研究人的经验；罗杰斯也主张对人的心理事件或直接经验进行现象学描述和整体研究；罗洛·梅强调对主观意识经验的整体体验和描述，主张存在分析的心理学，这些都与惠特海默的整体观有关系。

再者，惠特海默强烈反对冯特元素主义和铁钦纳构造主义将心理现象进行机械的分割，也反对行为主义对行为刺激—反应的机械联结，强调经验和行为的整体性，认为整体大于部分之和，主张用整体的动力结构观来研究心理现象。现代认知心理学受这种整体观的影响很大，强调对人的认知过程进行整体的综合分析。现代认知心理学家认为，各种认知活动之间是相互作用有机地联系在一起的，是一个统一的整体。要理解一种心理过程，必须对所有传统的认知过程——感觉、知觉、记忆和思维进行全面的描述。也就是说，要将认知过程当做一种连续系统来对待。如哈伯所说：“必须把感觉、知觉、记忆和思维置于认知活动连续系统上加以研究。它们相互依存而不可分割……思维过程的阐明必须从知觉行为开始。”①

第七，影响了社会心理学的研究。1982年，萨哈金(William Sahakian)在他撰写的《社会心理学的历史与体系》一书中用了三章的内容去阐述格式塔心理学在社会心理学发展中的作用。他认为格式塔心理学强调整体和分组本身就是一种社会心理学，分组原则与社会知觉的研究息息相关。在惠特海默到达美国之前，许多学者已经发现格式塔理论在社会心理学和人类学研究中的作用。在新学校惠特海默作了许多社会心理学的演讲并在他关于政治自由和民主的论文中讨论了许多社会主题。受其影响，他的学生和同事也进一步把格式塔理论扩展到了社会心理学领域。

以格式塔心理学原理为基础，勒温的场理论深深地影响了社会心理学

① R. N. Haber. (1969). *Information-processing approaches to visual perception*. New York: Holt, Rinehart and Winston, Inc. p. 1.

尤其是团体力学和领导关系的研究。勒温在社会心理学方面的研究到底有多大的影响,科泽尔(Lewis Coser)表示至少在爱奥瓦大学不到10年的时间里,勒温促使了整个新一代的社会心理学的出现,这些人统治了整个社会心理学领域长达几十年。惠特海默在新学校的继承者阿希(Solomon Asch),在他有关团体压力的研究中进一步加强了格式塔见解与社会心理的联系。尽管他在从众方面的研究经常被引用,但阿希的研究更多地集中在个体见解与团体见解的协调和见解不协调时产生的不安感觉上。对他来说社会心理学必须在更大的社会环境中考虑个人,他指出我们要了解个人,就必须在他们的背景和他们所处的环境以及面临的问题中了解他们。如果我们想要了解一个人的某种特征,我们就不能孤立他,我们必须把他和其他特征相联系,同样在两个人身上"相同"的特征在心理学上讲经常是不同的。当要结构化和有序地观察一个现象时,集中注意某个现象而忽略它们之间的关系是很危险的。

阿希在知觉、学习、记忆和个性理论研究中也都依赖格式塔假设。除了勒温和阿希,其他著名的社会心理学家也受到格式塔心理学的启发。海德很欣赏惠特海默所取得的成就,这种欣赏在其归因和人际关系认知理论中表露无遗。谢里夫(Muzafer Sherif)在游动效应和团体冲突和合作研究中都包含格式塔理论。新学校的重要人物费斯汀格(Leon Festinger)在提出认知冲突模型过程中也受到勒温极大的影响。萨哈金曾指出格式塔理论为纽科姆(Newcomb)的沟通动作理论、卡特赖特(Cartwright)的结构化平衡理论、埃布尔森(Abelson)和罗森伯格(Rosenberg)的平衡模型、奥斯古德(Osgood) 和坦嫩鲍姆(Tannenbaum)的社会互动一致性原则等理论提供了基础。格劳曼(Graumann)认为,格式塔心理学虽然不是社会心理学主流明显的一分子,但经过各种各样的改善和联系,它成为社会心理学主流的动力来源,甚至当许多特定的不再被引用的格式塔原则和论点仍作为含蓄的隐藏的假设保持着它们的动力和作用。格式塔心理学在社会心理学中作为一个基本的含蓄的理论被融合,并会为将来的理论提供参考框架;格式塔心理学在社会心理学中的遗产会比许多其他现存的短暂的理论更优秀,并会更持久地保持下来。

(2) 其理论的消极意义。

第一,某些观点过于片面化和绝对化。惠特海默强调经验和行为的整体性,主张从整体的动力结构观来研究心理现象。这些观点有一定的合理之处,但是科学是需要综合和分析并重的,过于强调整体而忽视部分的重要作用也是片面的、绝对化的。正如巴甫洛夫所说:"人和动物有机体都是一种格式塔，有谁能怀疑整体呢？但是谁也不能阻止这种系统能分解为血液循环和消化系统；而消化系统又可以分为胃、肠以及胃液腺等。”巴甫洛夫又指出，“心理学一定是关于全部整体的认识，但是如果不把整体拆开，有谁能够在什么时候认识整体呢？”①此外，惠特海默认为创造性思维过程是一种顿悟过程，没有尝试错误或盲目的重复，而且在论述爱因斯坦的思维过程时，他说爱因斯坦的研究过程中没有尝试错误阶段借以来证明顿悟说。实际上一般人类的学习是含有尝试的，尝试错误和顿悟并非互相排斥的过程。在很多情况下，一般的学习过程是经过尝试错误阶段最后得到顿悟的；不经过尝试错误阶段而直接能对问题顿悟的确存在，但是很少见。因此一般情形下学习并不是单纯的尝试，也不是单纯的顿悟，而是从尝试到顿悟。并且当爱因斯坦的一个目标没有实现时，惠特海默认为“企图未导致解决，不是盲目的，而是合理的”。爱因斯坦“企图”的解决本身就是一种尝试。因此惠特海默断言只有顿悟而没有尝试未免太过片面而绝对化了。

第二，其理论观点具有主观唯心主义色彩。惠特海默否认过去经验的积极作用，他认为在问题解决过程中，个体往往会发生固着现象，阻碍了对问题元素的重新建构。惠特海默强调解决问题的方法需要结构的重新组织，而不需要先前的经验。

再者，惠特海默认为知觉自身有组织和完形作用等，这些作用不受过去经验的影响。例如人容易把有断缺的圆看成是完整的圆，这种完形作用是知觉自身所固有的。同时否认联想的作用，认为知觉和顿悟不是由于联想而是由于大脑皮质本身具有这种组织机能。此外，他提出的司型论原则也体现了这种思想，具有典型的唯心主义色彩。概而言之，惠特海默认为“完形”是个体内部固有的有组成简单、匀称和封闭的图形的能力，这种能力是先天就有的。因此他过于夸大了心理的能动性，用先验的模式和个体内在的规律解释心理形成的完整性必然会导致先验论和主观唯心主义。很显然他的这个思想可以追溯到其理论的哲学基础——康德的先验主义。

第三，其理论不够严谨。惠特海默的理论中有些实验缺乏足够的证据，缺乏对生理基础的探讨。正如舒尔茨所说的那样：完形心理学的体系缺少生理学假设的支持，也没有规定出生理学的假设。同时他强调整体性，确实也观察到了偏重分析的构造主义和行为主义所不会观察到的一些现象，特别是知觉所含的组织作用。但是惠特海默对于他所观察到的关于知觉和学习等过程的某些现象只是加以描写，并没有进行令人信服的解释。

---

① 唐钺编：《西方心理学史大纲》，北京大学出版社 1982 年版，第 240 页。

再者，他虽然指出了像顿悟和重新建构这样的概念，但是却没有提出一种问题解决的理论，从而真正与建立在“先前经验”和“试误学习”基础上的联想主义和行为主义理论相抗衡。而苛勒和惠特海默的学生邓克尔，在所著的一本书中通过分析个体问题解决过程的口头报告，建立了一种包括重新建构在内的较为正式的问题解决理论。

第二节 考夫卡的思想

一、生平和著作

1. 生平

考夫卡（Kurt Koffka，1886—1941）

考夫卡（Kurt Koffka，1886—1941）于 1886 年 3 月 18 日出生于柏林的一个律师家庭。考夫卡从小接受的文化可以说是“世界性的”，他的父亲是一位著名的律师；母亲是犹太人，信仰新教；弟弟是一名法官。他接受的柏林文化和心理学熏陶远比惠特海默更加深远。家里为他聘请了一名英语女教师专门教他英语，可能因为这个缘故，考夫卡始终是一个“亲英派”。受舅舅（考夫卡的舅舅是一名生物学家）的影响，考夫卡对哲学开始感兴趣，并且在 1903 年进入柏林大学后选修了这门课程。

考夫卡 1904—1905 年在爱登堡大学开始了其学术生涯，并对科学和哲学发生了强烈的兴趣。但是当他从爱登堡回来以后开始转向学习心理学，师从斯顿夫。虽然考夫卡是在新康德哲学（Neo-Kantian）的影响下开始学习哲学，但是他这时感到：“我对唯心主义哲学很抵触……我太现实了……对这种纯抽象理论不太满意……。”①

① Ash, M. (1995). *Gestalt Psychology in German Culture*, 1890—1967: *Holism and the quest for objectivity*. New York: Cambridge University Press. P. 109.

1906—1907年，在听了斯顿夫半学期的心理学课程后，考夫卡开始把这位大师的一些心理学概念应用到实践中去，本着“要把日常的学习提升到一个科学层次上”的原则，考夫卡在生理实验室进行颜色弱化（color weakness）的研究，这也是考夫卡接受生理学方面训练的开始。不过他的论文是关于韵律（rhythm）的心理学研究，它是从斯顿夫1906年一个研讨会的主题派生出来的，这是斯顿夫安排考夫卡的一个研究任务，主要是研究视觉引发的韵律是否和听觉一样。考夫卡做得很成功，他设计了一些图形（如圆和直线）并把它们投射到屏幕上，通过巧妙地安排电环路（electrical circuits）系统地变化间隔。他在详细记录被试反应时的同时，也非常仔细地观察被试的一些伴随动作，如脚轻叩地面。不过最主要的资料是来自于被试的口头报告。他从这个研究中得出两条结论：其一，联想（association）对实验过程没有显著影响，不过在音律（melodies）中会偶尔会发生；其二，分组（grouping）对韵律具有很重要的意义。考夫卡指出，在现在关于韵律的理论中过多地强调“肌肉运动”的感觉（kinesthetic sensations），没有解释分组（grouping）的作用。考夫卡后来回忆起斯顿夫的一些学生这时在讨论厄棱费尔的“形质”概念，实际上斯顿夫本人是反对这个术语的。考夫卡采用术语“整体形式”（unitary form），这是对胡塞尔的“单元运动”（movement of unity）和斯顿夫的“形式”（form）的折中。很明显考夫卡认识到格式塔问题的重要意义，他想方设法地采取各种形式让别人接受他的观点，正如他后来所说：“我在论文中尽量多展示这些观点以确保它能够被承认……。”[①]正是由于这篇论文，他在1908年获得了哲学博士学位。他的另一项关于颜色盲视（color-blindness）的研究使他获得了研究生助教奖学金。

1909年夏天，考夫卡来到屈尔佩的符茨堡研究机构，这里的研究气氛不同于其它地方。考夫卡参与了屈尔佩的研究工作，和屈尔佩的其他学生一起通过实验来研究由于相似引起的联想。1912年，他关于这项研究的成果得以出版，并把这本书献给屈尔佩以表示对他的感谢。斯顿夫是他的第一任老师，但是现在他指出，“我更喜欢以另一种不同于从他身上学到的方法解决问题”。[②] 考夫卡成为屈而佩的研究助手之一，当时还有格登（Robert M. Ogden），他是一个美国人，后来帮助考夫卡来到美国并出版了《格式塔心理学原理》。

---

① Ash, M. (1995). *Gestalt Psychology in German Culture*, 1890—1967: *Holism and the quest for objectivity*. New York: Cambridge University Press. p. 110.

② Ash, M. (1995). *Gestalt Psychology in German Culture*, 1890—1967: *Holism and the quest for objectivity*. New York: Cambridge University Press. p. 110.

考夫卡像符茨堡学派的其他成员一样，主要把一些哲学家的观点当做命题来进行实验验证。他当时主要的靶子是哲学家休姆(Hume)的关于想象的概念，休姆认为想象是感觉的翻版，因此考夫卡将他的观点称为“大众心理学”(popular pychology)。考夫卡通过实验掌握了944个被试的关于想象的口头报告资料，支持胡塞尔关于想象的观点——想象像感觉一样在意识里能够栩栩如生地出现。但不幸的是在符茨堡学派中没有考夫卡的位置，于是考夫克到了法兰克福，在那里他待了大约三个学期，在第一学期他与惠特海墨就建立了联系，他认为“那是一生中最重要的一段时期”。1910年，他与惠特海默和苛勒在法兰克福进行了长期的和创造性的协作，与苛勒一起作为惠特海默似动现象实验的被试，从此三人一起成为格式塔学派的共同奠基人。

1911年，考夫卡受聘于吉森大学担任教师。他个子矮小、身体瘦弱，瘦长的脸上一副严肃的样子，内向、敏感，而且极容易动摇。可无法解释的是，他的这些特点尽管使他成为一个没有启发能力的讲师，可对于他的一些女学生却极富吸引力。他在演讲台上没有一刻的轻松，可在写字台上他却是位游刃有余的刀笔手，并在书桌上写成了一系列的格式塔心理学学术报告。第一次世界大战时期(1914—1918)考夫卡应召入伍，在军中精神病医院从事脑损伤导致失语病人的研究工作。也就是在这一段时期考夫卡撰写了关于格式塔心理学的第一部著作《心之发展》(1921年以德语出版，1925年由格登翻译成英语出版)。这是一本在德国和美国发展儿童心理学中很成功的著作，它对改变机械学习和提倡顿悟学习起了促进作用。在考夫卡的这本书之前许多关于儿童发展的著作已经出版了，包括桑代克的《教育心理学》(1913—1914)，桑代克把自己的学说应用于儿童的学习并且认为学习主要依赖于强化。考夫卡猛烈地批判了桑代克和行为主义，认为行为主义是机械的环境控制主义。

战后，美国心理学界已经隐约地意识到德国正在发展新学派。这时格登建议考夫卡用英语为美国人写一些关于格式塔心理学的文章，于是考夫卡在1922年写了一篇关于新运动的论文发表在《心理学通报》上，即《知觉：格式塔学说引论》。他在论文中介绍了格式塔心理学的研究成果和含义，向美国人介绍了格式塔心理学。但是苛勒认为，考夫卡努力地强调格式塔心理学和其他心理学派关于知觉观点的差异。的确，这是最早阐述格式塔心理学关于知觉研究的文章。但是考夫卡的陈述也许会把人们引向一个误区：认为格式塔心理学家只是研究知觉而忽视了对心理学其他方面的探讨。在这篇论文中，考夫卡批判了“捆束理论”(bundle of hypothesis)和“恒常理论"(constancy of hypothesis),并且指出格式塔心理学并不是厄棱费尔"形质"概念的简单扩充。

1924 年,考夫卡首次到达美国,花了一年时间在康内尔大学作访学教授,后来在威斯康星大学任访问教授,这段时期他的作品主要是理论性的而不是实验性的。1927 年,考夫卡被聘为斯密斯学院心理学研究教授,这时他又开始视知觉的实验研究,在这里他带过两位出名的学生,一个是哈洛,另一个是吉布森。吉布森的知觉心理学之所以带有格式塔心理学的倾向,就是因当时受到过考夫卡的影响。

1932 年,考夫卡为了研究中亚人,跟随一个探险队做调查工作。在探险队里他开始写作《格式塔心理学原理》,对格式塔心理学作全面而系统的介绍,把格式塔心理学理论从知觉延伸到其它领域。这本书是关于格式塔心理学思想最系统的一部著作。该书于 1935 年出版并引起了很大的反响。

1933 年德国纳粹执政后,考夫卡因极度厌恶希特勒的极权统治,所以移居到美国,一直留在斯密斯学院任教。1941 年 11 月 22 日,考夫卡因心脏病卒于斯密斯学院。

2. **著作**

在格式塔心理学派中,一般认为惠特海默是格式塔学派的创始人,苛勒是格式塔心理学理论的代表,而考夫卡被认为是格式塔心理学派思想的代言人,也是格式塔心理学的推广者。他的著作也是三人中最多的,主要有:

《心之发展》(1921)。这是考夫卡最成功的一部著作,他把格式塔心理学理论应用到儿童身心发展过程中。在本书中考夫卡讨论了一些发展心理学中所经常遇到的问题,如婴儿行为,成熟和学习在发展中的作用,以及感觉运动发展和认知发展的各个方面。

对于先天与后天问题,考夫卡反对华生等行为主义心理学家的环境决定论,提出先天遗传与后天环境交互作用的主张。行为主义心理学家认为婴儿的思想开始时是混乱不堪的,但是如果对他们的行为进行奖励或惩罚,就会给他们的思想留下痕迹。考夫卡猛烈抨击了上述观点,认为行为主义者关于婴儿行为的描述从心理学上来讲是空洞的,因为婴儿行为是有目标定向(goal-directedness)的。考夫卡认为,婴儿的心理并不是混乱不堪的,婴儿先天就有"预先设计"(pre-programmed)的能力,能够有选择地对某些刺激产生反应,婴儿能够把一些感觉经验整合到"图形—背景"关系中。他还对桑代克的猫走迷笼实验提出不同的解释,认为动物对自己的行为有定向的目标,也就说关在笼子里的猫的目标就是逃离笼子,正是这个目标促使它表现出逃离行为。而桑代克则强调强化使行为反复出现,更可悲的是还把这个理论应用到人类的学习上。考夫卡提出，越是高级动物越能表现出“智慧”行为，比如苛勒关于人猿的实验就说明了这一点。因此，考夫卡认为儿童在生命的最初几年中，其心理发展并不是“行为主义所描绘的”，儿童心理中先天就有指导行为的目标，即有构思能力，包括形成图像的能力，这些能力使他们能够形成对现实的心理表征。这在他们的动作和语言学习中都是通用和适用的。不过考夫卡指出，在婴儿阶段确实也存在模仿的情形。

《知觉：格式塔学说引论》(1922)。在这篇论文中，考夫卡强调知觉不是感觉的组合，而是整体经验。考夫卡反对当时构造主义学派铁钦纳对知觉所作的分析性研究，强调知觉心理的整体倾向。在这篇文章中，考夫卡强调格式塔心理学并非只研究知觉问题，而是更进一步采用格式塔理念研究所有的心理现象，但是考夫卡的这篇文章并没有使美国学者真正地了解格式塔心理学。因此当时的美国学者一直认为，格式塔心理学所研究的心理学只限于知觉领域。正因为如此，格式塔心理学未能在美国得到充分的发展。这一误解一直到格式塔心理学的创始人惠特海墨去世，《创造性思维》一书出版后才得以澄清。

《格式塔心理学原理》(1935)。这本著作对格式塔心理学做了全面而系统的论述。由于写作晦涩难懂，因此史学界对其贬褒不一。本书共有15章的内容：在第一章中首先提出了什么是心理学的问题；第二章除了继续探讨第一章的内容之外，还提出了心理学研究的任务和行为以及行为场的概念；接下来的五章都是在探讨环境场，讨论的是一般性的问题，包括视知觉组织原则，如图形和背景、知觉一致性、三维空间和运动等；第八章和第九章的内容主要是讨论活动，包括反射、自我、执行者、态度、情绪和意志等等；接下来的四章内容主要是关于记忆问题的探讨；第十四章是关于社会和人格的讨论。

这本著作的主要特点在于：尽管格式塔原理不只是关于知觉的学说，但是它却来源于对知觉的研究，而且一些重要的格式塔心理学原理大多是由知觉研究所延伸出的，所以在这本著作里知觉研究及其成果占了很大的比例。在这本著作里，我们可以看到考夫卡把格式塔心理学理论从知觉延伸到其它领域，如社会、人格、学习等，说明了格式塔心理学原理在社会心理学、学习心理学以及人格心理学等各个分支学科的应用。因此有的学者认为这是介绍格式塔心理学思想最系统的著作。[①]

① 张春兴著：《心理学思想的流变：心理学名人传》，东华书局2000年版，第244页。

二、主要研究和思想

在格式塔心理学三位创始人之中，考夫卡是格式塔心理学思想的代言人，也是格式塔心理学思想的推广者。考夫卡在心理学上的贡献，主要表现在以下几个方面。

1. 儿童心理发展理论

考夫卡关于儿童心理发展的理论主要体现在《心之发展》(1921)一书中，它并不是总结实验的结果，而主要是用格式塔学派的原则来说明心理发展的事实。众所周知，格式塔学派是反对元素主义的，他们反对心理学上的构造主义(构造主义认为高级心理活动是由低级心理元素构成的)、联想主义(如感觉联合为知觉、知觉联合为思维等)和行为主义。他们认为整体先于部分，整体不是部分的机械相加，而是具有和部分不同的质的特点。因此，考夫卡认为儿童身心的发展也是遵循这个原则。例如，婴儿的动作，最初是整体反应，以后才逐步分化；又如思维不是由感知觉元素拼凑起来的，而是有其自己的本质的。格式塔学派这些观点有一定的合理成分，但是他们否认物质决定意识，把心理发展归之于先验的所谓“格式塔”的形成，则是错误的。

考夫卡在书中首先批判了研究儿童心理发展所采用的客观实验方法，他指出应该增加一些直觉的观察法。行为观察法是研究儿童心理发展的主要方法；考夫卡还对发展作出了界定。他认为，格式塔心理学就是要把发展扩大，而且要以新的眼光来看待发展问题，因为发展的各个要素是相互联系、相互影响的。考夫卡指出，发展是指一个有机体或任何特殊的器官增大、加重，有更完备的构造，或者有更技巧的功能。它包括身体的发展和心理的发展，考夫卡认为两者的发展是同时展开的。从影响因素来讲，发展包括两类：一类是指生长或成熟的发展，它有赖于有机体的遗传性，但与环境不是毫无关系。在正常情况下，这些发展为遗传法则所决定。如婴儿观察运动物体的能力随年龄而增进，考夫卡认为这种进步应该用成熟来解释。另一类是指学习的发展，这类发展是由确定的个别的活动而引起的能力上的变化，它取决于有机体的经验。除此之外，考夫卡论述了儿童身心发展的影响因素，他认为儿童身心发展不仅仅受先天因素的影响，也不是仅仅受环境的影响，而是先天和环境交互作用的结果。不过考夫卡在其理论中也强调儿童心理发展首先要归之于先验的所谓“格式塔”。另外，考夫卡讨论了儿童的感觉运动发展和认知发展。他认为儿童身心发展遵循两大格式塔原则，即儿童的身心动作发展顺序遵循由整体到特殊的法则，先从全身粗略性活动开始，而后到局部性精细动作；儿童的认知活动遵循由概括到精细法则，先从对事物的概括认识开始再到学习内容的细节。①

考夫卡试图用格式塔原则来解释心理发展，对改变机械学习和提倡顿悟学习起过促进作用，有一些观点在当时是具有进步意义的。如考夫卡指出身心发展是先天和后天交互作用的结果，儿童身心发展的速度存在个体差异，模仿是心理发展的重要途径，对学习进行了解释等等。不过考夫卡绝大多数时间是在陈述和批判当时的心理发展理论，试图用格式塔心理学的一般理论去解释儿童身心发展，但做得并不成功。与其说用格式塔心理学一般理论去解释儿童身心发展，不如说是“一种想把已经构成的一般理论嫁接到当时还很幼稚的儿童心理学文献上的尝试”②。

2. 知觉研究

在《知觉：格式塔学说引论》这篇论文中，考夫卡对知觉研究作了一般性的评述，同时也向美国心理学界介绍了格式塔心理学理论。在这篇论文中考夫卡指出：格式塔学说不只是一种知觉的学说，它甚至也不是一种心理学的理论。但是它却起源于对知觉的研究，而且在已经进行的实验工作中，比较成功的部分就是由对知觉进行的研究所提供的。③ 后来格式塔心理学家将精力拓展到记忆和问题解决等研究中，也是体现了知觉研究的一些思路。

考夫卡写这篇论文的主要目的是为了引起美国学者对格式塔学说的思考，所谓对知觉的研究不过是一个引子而已。在当时的心理学体系里，考夫卡发现都有三个概念，长期以来心理学界对于这三个概念的适当性是不存在争论的。这三个概念即感觉、联想和注意，考夫卡批判了有关这三个概念的传统观点，在此基础上提出了知觉的格式塔观。他认为知觉经验有一种在任何部分中都找不到的整体性。知觉不能由感觉元素的集合或者仅仅是各部分的总和来解释。知觉本身就显示出一种整体性，一种形式，一个格式塔。考夫卡认为，这种整体性不仅在人类身上得到了证实，而且在动物实验中也得到了证实。

3. 记忆说

格式塔心理学关于记忆的理论主要是由考夫卡提出并作系统的论述和验证的。考夫卡有关记忆的观点主要体现在：强调记忆中的组织因素；强调

① 张春兴著：《心理学思想的流变——心理学名人传》，东华书局2000年版，第244页。

② 查普林、克拉威克著，林方译：《心理学的体系和理论》上册，商务印书馆1983年版，第254页。

③ 转引自张述祖（审校）：《西方心理学家文选》，人民教育出版社1983年版，第306页。

记忆是一个记忆痕迹内容不断变化的动力过程。考夫卡等格式塔心理学家认为遗忘是类似记忆痕迹之间相互干扰的结果，而且记忆痕迹内容的动力变化也会使个体产生遗忘。强调自我因素对记忆的重要作用，考夫卡认为自我的动机、态度及意向等都代表了自我的一种心理需求，这是产生心理活动和行为表现的动力，记忆作为一种心理活动自然也会受到它们的影响，这是在强调记忆中的动机性因素。

考夫卡关于记忆的观点体现了格式塔心理学的整体性、动力性及其系统结构性的特点。他认为在记忆中个体知觉到材料后，对材料进行组织加工，个体对材料内在关系及其结构的认识及其理解会影响到对材料的记忆效果。识记后的材料在大脑神经内会留下知觉物体的痕迹，即记忆痕迹。记忆痕迹并不是分散的孤立的要素，也不是静态的、一成不变的，而是一个不断变化、发展的有组织的系统，这个系统会不断影响个体对客观世界的认识和理解。

4. 人格论

考夫卡指出，人格是心理学中最大的领域之一，如果不涉及人格现象，那么心理学便是不完整的。格式塔心理学家认为人格是一种格式塔(是一个动力的整体)。考夫卡在论述心物场和记忆理论时指出，心物场含有自我和环境两部分，两者各有自己的结构。其中自我不是一个点、一个总和或欲望本能的集合。他认为人格这个概念或可用以说明自我的意义。[①] 自我包括需要、准需要、意向、意志决心和态度等，场不断在自我的影响下转变，对记忆等也有着很大的影响。自我和环境之间的动力交流在很大程度上依赖于自我本身的性质。

三、弟子及其影响

1. 弟子

考夫卡最著名的学生主要有美国心理学家詹姆斯·吉布森、哈洛和托尔曼，他们深受格式塔心理学的影响。

(1) 詹姆斯·吉布森。

詹姆斯·吉布森(James Jerome Gibson，1904—1979)，美国实验心理学家，专长知觉心理研究，创立了生态光学理论。他于 1904 年出生于美国俄

---

① 转引自华生著:《心理学史基本著作》，1930 年英文版，第 307～308 页。

亥俄州麦克奈尔斯威尔的一个长老教会家庭，先进西北大学，后转入普林斯顿大学，并于 1925 年获该校文学学士学位，1928 年获得心理学哲学博士学位，他的博士论文就是采用格式塔心理学观点对形状知觉的研究，是他对格式塔心理学接触之始。在普林斯顿大学期间，他受早期行为主义者霍尔特的影响较大。1928—1949 年受聘于史密斯学院承担教学工作，在那里结识了格式塔心理学领导人之一考夫卡，受其影响专注于知觉心理的实验研究。1941—1946 年，也即第二次世界大战期间，他在美国空军服役，担任空军航空心理专案计划执行人。由于当时飞机降落依靠目测判断，吉布森研究发现飞机降落成功的关键与驾驶员视知觉能力的高低相关，因此，在此期间他力倡以运动知觉能力作为甄选飞行员的必要条件。战后回到史密斯学院，在那里写成了他最重要的著作之一《视觉世界的知觉》。1949 年受聘于康奈尔大学任心理学教授兼心理学系主任直至 1972 退休。吉布森因其对知觉的研究而著名，其对心理学的贡献主要表现在以下两点：

直接知觉论。在《视觉世界的知觉》一书中，他提出了具有创新性的知觉理论。传统知觉理论主张知觉是由刺激引起感觉后转化而成的、间接的，因此称为间接知觉论。吉布森的知觉理论认为知觉是人与外界接触的直接产物，它是外界物理能量变化的直接反映，不需要思维的中介过程。他认为在长期进化过程中因适应环境需要，人类和其他动物一样逐渐形成了一种根据刺激本身特征即可直接获得知觉经验的能力。换言之，知觉是先天遗传的，不是后天学习的。他与妻子埃莉诺合作采用视崖(visual cliff)实验设计，用实验证明了他的理论。由于他主张知觉由刺激直接引起，因此称为直接知觉论(direct perception theory)。

视知觉生态论。根据吉布森 1960 年以婴儿为对象的视崖实验及其他学者的验证研究，一般均支持他的直接知觉论的观点。他对于缺乏深度知觉经验的婴儿在视崖实验中的反应，在《视知觉生态论》一书中，从进化论的观点提出了理论性的解释。他认为人类是两脚着地的动物，行动时头部离地较远，一旦跌倒头部受伤较重。为适应两脚着地生态环境的需要，长期以来，人类的视知觉系统中进化出一种对三维空间的适应能力，此能力是不需学习的。他的这一理论称为视知觉生态论(ecological theory of visual perception)。

(2) 哈洛。

哈洛(Harry F. Harlow，1905—1981)出生在美国爱荷华州的费尔维夫，1924 年从里德学院转入斯坦福大学，1927 年获文学学士学位，1930 年在斯坦福大学获得哲学博士学位。早期研究灵长类动物的问题解决和辨别反应学习，其后用学习定势的训练方法比较灵长类和其它动物的智力水平。曾荣获国家科学奖，1951 年当选为国家科学院院士，1958 年当选为美国心理学会主席，1960 年获美国心理学会颁发的杰出科学贡献奖。

哈洛的主要兴趣在于较高智力活动的大脑皮层定位研究。斯坦福大学给他提供了生理学和神经解剖学的实验条件。他用猴子为被试，通过研制的威斯康星通用实验仪（这是一个标准识别能力和其他视觉过程的测量装置）进行实验，他发现猴子首先是以尝试错误的方式解决问题，但在有些问题上，它们能理解一般的原则，并且能够走捷径，因而表现出顿悟学习。

哈洛最著名的研究是关于爱的研究。哈洛的这项研究开始时不很顺利。他饲养的一群恒河猴，由于母猴引自印度，为了使婴猴不害病，他就将婴猴与母猴隔开饲养。结果发现这些婴猴茁壮成长，但在感情上很反常。哈洛注意到因对婴猴进行强迫迁移而引起感情上的失调，这些婴猴把毛巾作为依赖的对象，他推定这些对象已成了母猴的替身了。于是他设计了两种代替的母猴，一种是用绒布包裹的，另一种是金属丝制作的，他发现这些布制母猴可以提供接触性安慰。哈洛由此证明：接触所带来的安慰感是爱最重要的元素。

依恋一直被认为是对于获得营养物质的一种回报：我们爱母亲是因为我们爱她们的奶水。学者克拉克·赫尔和肯尼斯·斯彭斯也曾经说过，人类的依恋基于需求减降论：饥饿是我们首先需要减降的需求，其次是饥渴和性。从 20 世纪 30 年代直至 50 年代，需求减降论及其与爱的关系从来没有受到过质疑。但哈洛对此提出异议，在实验中他发现当他把奶瓶从小猴子的嘴边拿走的时候，猴宝宝只是吧唧吧唧嘴唇，或者用爪子擦去它们毛茸茸的下巴上滴落的奶水。但当哈洛把毛巾拿走的时候，猴宝宝就开始尖叫，在笼子里滚来滚去。哈洛对此产生了极其浓厚的兴趣。他设计了一个实验：用铁丝做了一个代母，它胸前有一个可以提供奶水的装置；然后，哈洛又用绒布做了一个代母。一个是柔软、温暖的母亲；一个是有着无限耐心、可以 24 小时提供奶水的母亲。哈洛把一群恒河猴宝宝和两个代母关在笼子里，很快，令人惊讶的事情发生了。在几天之内，猴宝宝把对猴妈妈的依恋转向了用绒布做成的那个代母。由于绒布代母不能提供奶水，所以猴宝宝只是在饥饿的时候，才到铁丝代母那里喝几口奶水，然后又跑回来紧紧抱住绒布代母。哈洛由此推断接触安慰是依恋真正的最原始的诱因。除接触安慰起作用外，还有其他一些东西在起作用但作用不很大。

哈洛的实验研究对当代的育儿理论产生了极大的影响。许多孤儿院、社会服务机构、爱婴产业都或多或少地依据哈洛的发现调整了自己的抚育政策。部分是因为哈洛的缘故，医生现在知道要让母亲直接与新生婴儿亲近；孤儿院的工作人员知道仅仅向婴儿提供奶瓶是不够的，还必须抱着弃婴来回摇动，并且要对其微笑、与之交流。

(3) 托尔曼。

托尔曼(Edward Chase Tolman，1886—1959)是美国心理学家，目的行为主义的代表人物。生于马萨诸塞州的维斯特纽顿的一个贵格会教徒家庭，1906 年中学毕业后在麻省理工学院学习工程，1911 年获得电子化学学士文凭，1912 年在德国著名的格式塔心理学家考夫卡的指导下学习，并获得心理学硕士学位，1915 年以《记忆的研究》获得哈佛大学哲学博士学位，同年被任命为诺思韦斯敦大学心理学助教，1920 年发表了《本性和意愿》，1937 年任美国心理学会主席，1940 年担任社会问题心理学研究学会主席，1951 年耶鲁大学又授予他理学博士学位，1953 年任美国心理学会普通心理学部主任，1957 年获美国心理学会卓越贡献奖，并曾任第十四届国际心理学会议联合主席等职。1959 年在他从事了 40 年教学和研究工作的伯克利加州大学与世长辞。他的主要著作有《动物和人的目的性行为》、《机体与环境的原因结构》、《导向战争的动力》、《行为的和心理的人》、《托尔曼自传》，以及他的弟子们选辑出版的《托尔曼论文集》等。其对心理学的主要贡献有：

第一，心理学的研究对象：整体行为。就坚持行为主义的基本立场和原则而言，托尔曼是一位十足的行为主义者。他坚持认为心理学必须以客观的方法来研究可以外部观察的行为。但托尔曼所谓的行为与早期行为主义者有所不同，他反对在分子水平上研究行为，认为心理学应研究整体行为，整体行为是具有目的性和认知性的。在他看来，所有行为都是由目的来指导的，如白鼠走迷津、猫试图逃出迷箱等都是由目的导向的，白鼠每次走迷津，都是越来越快地达到目标，这就是说，白鼠正在学习，正是学习这种行为为达到目的提供了高度客观的证据。

第二，行为的决定因素：中介变量。托尔曼强烈反对把行为看做是刺激—反应的简单联结，认为介于环境刺激和行为反应之间的心理过程与有机体所作出的行为反应具有密切的关系。他提出中介变量的概念，认为认知、期望、目的、假设和嗜好等都是中介变量的具体表现形式。他还认为，对于行为的最初原因以及最后引起的行为本身都应该进行客观的观察并在操作上给以规定。托尔曼试图从可以观察到的环境刺激和行为反应之间探索有机体的内部过程，从而解答有机体之所以出现这种反应的原因。托尔曼曾经说过，中介变量是不能直接观察到的，但它是引起一定反应的关键，是行为的决定因素。只有搞清楚中介变量，才能回答在一定的刺激情境下为什么能引起某种可以观察到的行为反应。

第三，学习理论：符号—格式塔。受格式塔心理学的影响，托尔曼否认了桑代克的效果律，认为奖励或强化在学习中所起的作用很小。他提出了带有明显认知色彩的学习理论，认为有机体习得的是关于周围环境、目标位置以及达到目标的手段和途径的知识，也就是形成“认知地图”的过程，而不是习得简单、机械的运动反应。他用“符号”一词来代表有机体对环境的认知，而关于目标及达到目标的手段和途径的意义的知识则是对符号意义的认知。学习其实就是习得达到目的的符号及其所代表的意义。这就是托尔曼“符号学习”理论的基本含义。为了证明自己的学习理论，托尔曼提出了期待、位置学习和潜伏学习等概念，并设计了一系列的实验加以证明。

托尔曼坚持以客观方法来研究整体行为，坚持行为主义的基本原则和立场，但又不拘泥于早期行为主义的限制，提出了“中介变量”的概念，深入探讨了决定行为的有机体内部因素，并赋予整体行为以目的性和认知性等特征，从而使其理论具有了认知心理学和现象学的特征。

2. **影响**

格式塔心理学的三个代表人物各司其长，如一位格式塔心理学史的研究者所说的，惠德海默是“智力之父，思想家和革新者”，苛勒是“内部人士，是干实事的人”，而考夫卡是“这个小组的销售者”。考夫卡作为这个小组的“销售者”，对于宣传格式塔心理学发挥了很大的作用，特别是他的《格式塔心理学原理》几乎囊括了格式塔心理学的全部要义，并且常以惠特海墨和苛勒的许多实验为例证。惠特海墨虽然是格式塔心理学的首创者，由于“这个生相有孩子气，蓄着一脸毛茸茸的、元帅一般的、俾斯麦式的大胡子，骨子里有诗人气和音乐天赋，热情、幽默而乐观的人极富煽动力，口才极好，他的思想如清泉一般汩汩直冒，但是要他控制自己的思想并把它们写在纸上是非常困难而令他痛苦的”，以至于他觉得写作真是一件万分可怕的事情。因此惠特海墨做的一些实验和思想都没有整理成文并发表于世。而考夫卡虽然在演讲台上表现不尽如人意，可是在写作方面却挥洒自如，并且把惠特海默未整理的实验及其思想糅合于其中，使得格式塔心理学的思想更加丰润。而且在考夫卡写《格式塔心理学原理》之前，苛勒在特那利夫岛上早就展开了对黑猩猩的一系列研究，这些研究也为考夫卡拓展格式塔思想提供了有力的证据，从而使他的理论更加有血有肉。

惠特海默、苛勒、考夫卡和他们的许多学生都对学习问题进行过很多研究，可是宣传该观点的许多功绩都归到考夫卡名下了。有学者归纳了考夫卡的一些特点：“这位害羞、自疑、其貌不扬的小个子男人，性格古怪，嗓门特大，可当他坐在桌前编辑这些事实和学说的时候却感到心旷神怡，游刃有余”。考夫卡本人并没有做过多少值得注意的认知研究，他几乎所有的实验工作都是在深层感知、色彩和运动知觉方面。可是因为他的英语极好，所以《心理学通报》的编辑罗伯特·格登（他曾与考夫卡在维尔茨堡学习过）邀请他用英语撰写研究报告来对格式塔心理学及其思想进行阐析。这篇文章发表在 1922 年，从此以后考夫卡就成了这个运动的代言人。格式塔心理学的研究发现和有关学习的一些思想为心理学界所熟知，大多是因为他的宣传文章和著作。

（1）其理论的积极意义。

第一，心理发展观点独具特色。考夫卡在 1921 年用德语出版、1924 年又用英语出版的《心之发展》一书中，用格式塔心理学的眼光回顾了有关心理发展的理论，他提供了许多新思想和解释。首先考夫卡认为，本能行为不是一串由某种刺激通过机械原理激发的一系列条件反射，而是一组或者一种反射的模式——由这个动物强加到自己的行动上的一种格式塔——旨在实现一个特别的目标。例如，一只小鸡在某些它“知道”可食的东西上啄，本能是趋向目标的，由饥饿所驱动，而不是看见食物时产生的机械和自动反应。小鸡饱的时候不啄食，尽管它看见食物，尽管有反射。再次，考夫卡用苛勒进行的猩猩解决问题和小孩子解决问题等研究作为证据反对行为主义的原理，即所有的学习都是由一连串由奖品创造的联想构成的，他认为许多学习都是发生在奖品出现之前，通过思维里面的组织和重新组织进行的。

这是考夫卡把格式塔心理学理论应用到儿童身心发展过程的一次尝试，引起了很大的反响。该书 1924 年刊印英文版后，法文版、西班牙版、俄文版、中文版、日文版等相继问世，对以后发展心理学的发展产生了极大影响。该书被德国和美国的发展心理学界誉为成功之作，它对改变机械学习和提倡顿悟学习起过促进作用。后来瑞士发展心理学家皮亚杰的发生认识论多或少地受到了该思想的影响，其主要影响在于用格式塔心理学之整体观来看待心理的发展。皮亚杰中后期的思想深受格式塔心理学的影响，他在《结构主义》一书中论述结构的三要素时，首先谈到的是整体性，坚决反对原子论和还原论，并且他在自传中说，“如果我在 1913—1915 年间早些接触到惠特海墨和苛勒的著作，我就可能成为一个格式塔心理学者了”[①]。虽然他没有提到考夫卡，但是可以看出，两人在坚持格式塔心理学所主张的整体性原则方面有异曲同工之妙。

① 转引自高觉敷主编：《西方近代心理学史》，人民教育出版社 1982 年版，第 434 页。

第二，推动了知觉心理学的发展。考夫卡等格式塔心理学家反对冯特等人的元素主义将意识人为地分析为支离破碎的元素并无视价值在意识中的作用，对元素主义的“集束说”和“恒定说”进行了猛烈的抨击，并运用知觉的恒常性予以反驳。几乎在格式塔心理学产生的同时，在美国出现了行为主义心理学。这种心理学认为给予什么样的刺激就会产生什么样的反应，把刺激—反应这种方式组成的链看做是人类行为的法则，于是他们把这种法则看做是固定的公式，主张对行为只能客观地去观察，绝对排除意识的作用。对于行为主义的主张考夫卡也坚决反对，无论是元素主义还是行为主义，考夫卡认为都是一种“自下而上”的研究方法。对此他认为只着眼于部分是不能理解人的心理活动的，要强调的是首先看到的是整体，理应采用“自上而下”的研究方法。

考夫卡在惠特海墨和苛勒关于感知觉研究的基础上，揭示出知觉的一系列特征，如知觉的相对性、知觉的整体性和知觉的组织性等，这些观点已经成为心理学教科书中不可或缺的内容，对知觉领域的拓展和革新起到了很大的推动作用。如美国心理学家中在格式塔心理学方面造诣最深的学者之一——哈里·赫尔森提出的适应水平理论（AL 理论），就是以知觉的组织化原理为出发点发展而来。鲍尔等人也指出，“格式塔理论优先研究的是知觉，并在这一领域取得了最大的成功，以至于极少顽固的反对者才贬低这一成就。”①

第三，其有关记忆的思想孕育了现代认知心理学的一些记忆观点。在记忆研究中，认知心理学家所做的一些实验研究及观点与格式塔心理学记忆观点极为类似，甚至有些观点是在格式塔心理学研究的基础上进行的深化和拓展。如认知心理学对场合的强调，可以说是格式塔心理学重视情境作用的进一步细化。

（2）其理论的消极意义。

第一，否认过去经验在认识知过程中的作用。考夫卡认为知觉自身有组织和完形作用等，这些作用不受过去经验的影响。极力缩小甚至否认过去经验在认知过程中的作用，而使“格式塔”变成超经验的东西。同样考夫卡也重视环境，但是他认为“行为环境”、心理环境对个体来讲更为重要，这些都是现象性的客观环境，不是真正的客观环境。

在论述心理发展时，考夫卡认为婴儿先天就有“预先设计”（pre-pro-

① 鲍尔、希尔加德著，邵瑞珍等译：《学习论：学习活动的规律探索》，上海教育出版社 1988 年版，第 89 页。

grammed)的能力，能够有选择地对某些刺激产生反应，婴儿能够把一些感觉经验整合到“图形—背景”关系中。考夫卡认为，儿童在生命的最初几年，其心理发展并不是“行为主义式的”，儿童心理中先天就有指导行为的目标，即有构思能力，这些能力使他们能够形成对现实的心理表征。这显然过分夸大了心理的能动性，用先验的模式和主体内在的规律来解释心理形成的完整性，结果必然导致先验论和主观唯心主义。

第二，其理论观点和术语模糊。考夫卡的《格式塔心理学原理》虽然对格式塔心理学的基本思想做了系统的论述，但是其中的许多观点和术语晦涩难懂，令人费解。例如他在试图用场论来解释心理现象及其机制问题时提出了很多新的术语，但是由于不加分析地采用了一些物理学和数理术语，让人读起来感觉神秘莫测、故弄玄虚。再者，其有些理论和观点论述的过于含糊和笼统，让人难以理解其理论精髓。例如考夫卡在论述人格时便让人不得要领。考夫卡在《心之发展》一书中试图运用格式塔心理学原则来解释心理发展，其中有关自己的观点模糊不清，且大都在论述其他学派的理论并对其进行指责，但是并没有构建更令人信服的理论，这也是他未能对儿童发展领域作出重要贡献的主要原因所在。

第三节 苛勒的研究

一、生平和著作

苛勒是20世纪在德国出生的著名美国心理学家，是格式塔学派的创始人之一。

沃尔夫冈·苛勒(Wolfgang Köhler，1887—1967)1887年1月21日生于波罗的海省爱沙尼亚的雷维尔。他的父亲是一个德语健身房的教练，曾于1865年获得语言学博士学位。他的弟弟是一个研究古柏林历史的教授。1893年他们全家搬到德国北部。

在杜宾根大学，苛勒受老师盖特尔(Geitel. K.)的影响，立志要当一名自然科学家。盖特尔在物理和数学方面颇有建树，因此苛勒在数学和自然科

苛勒(Wolfgang Köhler,1887—1967)

学方面的成绩要好于心理学。在学习了哲学、历史以及物理学一年后,他去了波恩大学,他在埃德曼(Erdmann,B.)的指导下接受了实验心理学训练。

1907年,他来到柏林大学跟随斯顿夫攻读博士学位,同时他继续听哲学和自然科学课程。他在1909年以心理声学方面的论文获得该校的哲学博士学位,其论文分成两部分内容分别在1909年和1910年发表,主题是关于耳膜对不同强度音调的反应的研究。在这项研究中他以自己为被试,特制了一面很小的镜子粘贴在耳膜上,一束光会射到这面镜子上然后反射到外面的另一面镜子上,反射回的光线就会刺激记录仪器,这个实验的结果深深地影响了他。苛勒发现当他听到很强的声音时,在他前面的屏幕上就会显示一个细长的光线,设置不同强度的音调它也会随之变化,当听到的声音很微弱时,就会看见投身到屏幕上的细长光线成了一个点。

1910年,他来到法兰克福大学,在普朗克指导下认真学习物理学知识。1912年,苛勒与考夫卡一起作为惠特海默的被试,进行似动现象的实验,共同奠定了格式塔心理学的基础。在惠特海墨发表《视见运动的实验研究》之后,1913年他专门撰写论文对元素主义的"恒定说"进行了批判,认为感觉并不是对刺激的一对一的反应。不过在这篇论文中他并没有为知觉心理学提供一个比"恒定说"更好的理论,但是为格式塔心理学的前进方向做了一个很好的铺垫。

1913年,苛勒在老师斯顿夫的推荐下前往普鲁士科学院人类学研究所任主任,接受普鲁士科学院的邀请到大西洋康那利群岛的西班牙属地特那利夫岛研究黑猩猩的学习现象,长达7年之久。这个小岛最早是由一个富有的银行家萨姆松(Samson)发现的,他对科研很感兴趣,于是拿出一部分资金来资助科学研究,并且派出一个由著名学者(包括斯顿夫)组成的科考团来考查这个小岛。科考团很快确立了研究目的,即研究"个体和社会道德的自然和生物学基础"。这个方向涉及领域很广,如人种学、解剖学、生理学和实验心理学,并成立了黑猩猩研究站,第一任主任是托伊贝尔(Teuber)。当时美国动物心理学家耶克斯(Robert M. Yerkes,1876—1956)也在进行类似的研究。托伊贝尔对黑猩猩进行了自然观察,观察它们的社会以及其他的行为并对其作了详细的记录,如直立行走、游戏、"跳舞"、手势、面部表情以及声音等,积累了丰富的资料。但是一年的合同到期后,他为了完成论文返回了柏林，斯顿夫于是推荐苛勒担任这个研究站的第二任主任。1914年战争爆发后苛勒被征入伍，但是由于到达德国的船只匮乏，因而滞留这个小岛上直至战争结束。

在特那利夫岛上的这段时期，苛勒对黑猩猩的行为展开了全面的研究，同时还研究了小鸡等动物。他的研究主要集中在：大小和明度恒常性是否能够为黑猩猩和小鸡的行为所证明。这个问题涉及到动物为获得食物奖励如何在刺激之间作出选择，以及如何利用一些方法如绕路、迂回等来解决问题。关于恒常性的实验结果苛勒于1915年整理发表；关于选择反应实验被整理到1918年出版的一本著作中；关于问题解决的结果出现在1917年的一篇很长的论文中，后来被翻译成英语于1925年作为《人猿的智慧》一书出版，1928年出版了其法文版。在苛勒写完《人猿智慧》这本书的时候，他收到了哈佛大学耶克斯博士的著作，书名是《猴和猿的心理生活：关于观念行为的研究》(The Mental Life of Monkey and Ape：a Study in Indeational Behaviour)。在这本书里已记录了苛勒所提到的一部分实验，他所测验的是大猩猩而非黑猩猩。但是根据资料判断，苛勒认为耶克斯研究的结果和自己的一致，并且耶克斯也认为他所研究的猩猩具有顿悟能力。

关于选择反应的实验，苛勒是以小鸡为被试的。苛勒在两张不同深浅的灰色纸上撒上食物，训练小鸡只从颜色较深纸上啄食，然后以此较深色的纸配一张更深的灰色纸，看小鸡从哪张纸上啄食。结果发现小鸡啄食物于较深灰色的纸张。在描述结果时苛勒用了术语“格式塔”来描述小鸡的反应，苛勒认为小鸡反应的是整个情境，而非情境中的某个成分，它是一种“结构”反应。并且在黑猩猩以及他自己三岁儿子身上也发现了相似的现象。在描绘黑猩猩的智力时，苛勒运用“顿悟”来说明它的问题解决行为，对于动物来讲，在某一个特殊的时刻会突然出现，使动物不需要一次一次地尝试便能采取适合的行为来解决问题。苛勒由此批判了桑代克关于问题解决的观点。苛勒关于动物问题解决的研究为陆钦斯(A. S. Lunchins)和其他人研究人类的问题解决过程奠定了基础。

1920年他回到德国，在柏林大学心理所担任代理主任。1922年接替斯顿夫成为心理所主任，这一个有名望的职位，他的同事有惠特海墨、勒温、邓克尔、雷·斯托夫(Von Restorff)等。1921年格式塔心理学刊物《心理学研究》(Psychologische Firchung)创刊，苛勒担任编辑。一系列包括格式塔心理学的文章相继问世，如惠特海默关于知觉组织的文章，考夫卡的知觉研究，戈尔德斯坦的脑创伤研究，勒温关于“场”和“力”的一些文章等等，这些文章的涌现使格式塔心理学在国际上开始崭露头角。

20 世纪 20 年代，苛勒开始了一系列有关记忆痕迹的研究，并且指出关于心理过程的机械模型应该由动力模型代替，在动力模型里个体的行为受机体自己设置的目标和生理需要的影响。1925—1926 年，应邀到美国克拉克大学和哈佛大学讲学，他在美国做了十场报告，后来被翻译成英语，合成《格式塔心理学》一书于 1929 年出版。

20 世纪 30 年代早期，苛勒对希特勒政府的迫害进行了强烈的反抗，他在柏林报社上发表了一系列反纳粹的文章。1934—1935 年，苛勒又接受詹姆斯的邀请到哈佛大学讲学。由于纳粹的迫害，1935 年他离开德国赴美国斯沃思摩尔学院任心理学教授。

1938 年，苛勒把在哈佛大学讲学的讲义整理成《价值在事实世界中的地位》一书。在这本书出版以前苛勒关于猩猩问题解决的研究已经被广泛接受，并且因此受到哈佛大学许多有影响的心理学家的青睐，其中包括波林。但是在 1925 年以后，波林越来越感觉到苛勒正使心理学失去实验的基础变得愈加“现象学化”，这时很多美国学者也感到苛勒《格式塔心理学》一书对联结主义和行为主义的批判太过极端。因此，1934—1935 年，当苛勒要将在哈佛大学的讲义出版之时，波林和一些心理学家悲叹其太过于“形而上学”，这样发展的结果会导致苛勒不可能在哈佛大学拥有很高的声望。①

但是在斯沃思摩尔学院苛勒却仍然是数一数二的人物，并且从 1920—1940 年，格式塔心理学正慢慢地渗透到北美心理学家的思想当中。在斯沃思摩尔学院苛勒成为格式塔心理学派的核心人物，邓克尔和沃斯（Hans Wallach）等年轻的心理学工作者加入到苛勒的研究团体，使格式塔学派的研究队伍不断壮大。1940 年，苛勒的《心理学中的动力学》一书出版。苛勒在斯沃思摩尔学院主要研究图形后效，1944 年将其研究成果整理出版，即《图形后效》。

1958 年，苛勒从斯沃思摩尔学院退休继续从事研究工作，1969 年出版《格式塔心理学的任务》，这是他的最后一本著作。由于苛勒的突出贡献，1956 年他获美国心理学会卓越贡献奖，1958 年任新罕布什尔州特劳斯学院教授，1959 年当选为美国心理学会主席，1967 年 6 月 11 日在新罕布夏州莫菲德逝世，享年 80 岁。

作为格式塔学派的代表人之一，苛勒的一生著述颇丰，主要著作有：

《人猿的智慧》（1917）。在本书中苛勒生动地描述了黑猩猩在各种迂回

① Murray D. J. (1975), Graphemically cued retrieval of words from long-term memory. *Journal of Experimental Psychology*, p. 48.

情境中解决问题的方式。他所涉及的实验具有创造性，超过了前人水平。他仔细观察并记录猩猩在解决问题过程中的种种表现和行为，由此提出猩猩能够考察情境中事物之间的关系，从而导致学习的成功。他把这种学习叫做“顿悟”学习，根据心理场的知觉组织原则提出了著名的学习理论，即顿悟学习理论。这个理论成为西方最重要的学习理论之一，在很大程度上弥补了行为主义和联结主义学习理论的不足和缺陷。

《格式塔心理学》(1929)。这本书主要是苛勒在1925—1926年应邀到美国克拉克大学和哈佛大学所做的讲座，后来被翻译成英文综合而成。此书对格式塔运动作了最权威和最彻底的梳理和讲解。此书对行为主义和内省主义进行了批判，提出了动力系统理论并论述了感知觉的组织因素，对于顿悟学习进行了论述。总之，这是一本具有权威性的格式塔心理学系统著作，概述了这个学派的基本思想。

《价值在事实世界中的地位》(1938)。在这本书中苛勒集中阐述了两点：(1) 对于科学，心理经验提供的材料同样重要。(2) 提出并重视“矢量”(requieedness)的作用，它和物理学中的“力”类似。苛勒坚持认为在心理经验中都含有一种趋向完成的力。如我们感到饿了，我们就会被促动着去寻找食物；如果我们听到某个人正在演讲，我们就想知道这个人的言论正确与否。在这两个例子中我们会有这样的感觉：好像有什么在促使我们去提供或被提供某些东西。苛勒认为仁慈、正义、善良和邪恶都和价值相关，这些现象在物理学研究中没有位置，但在思想中却扮演着一个非常重要的角色。这些都是心理学工作者在进行研究时应该注意到的问题。

《心理学中的动力学》(1940)。它始于一些关于知觉中错觉现象的实验研究，这些实验研究结果早就发表但是没有引起足够的重视。苛勒想借此重申心理的动力观来批判机械主义的“静止观”。

《图形后效》(1944)。在这本书中苛勒指出了这样一个现象：如果我们凝视一个几何图形一段时间后把它移开，我们在原来的位置仍然能够依稀“看到”这个几何图形。苛勒用格式塔心理学的观点解释了这种现象。

《格式塔心理学的任务》(1969)。这是苛勒的最后一部著作，这本书体现了苛勒的一个主要梦想：要澄清知觉和记忆之间的关系，这也是此书的一个主题。在书中苛勒力图将适合于知觉的组织原则糅合于记忆之中。苛勒在最后论述了知觉和问题解决之间的关系。

二、主要思想和研究

苛勒对心理学的贡献主要表现在两个方面。

1. 顿悟学习

在1913—1917年,苛勒在特纳里夫群岛上以黑猩猩为被试做了大量的格式塔心理学实验。其中包括迂回实验、利用现成工具的实验、制造工具的实验、建筑实验、利用中介物的迂回实验以及格式塔操纵实验。

通过这些实验,苛勒发现,黑猩猩在解决问题时能够产生顿悟,这种顿悟行为并不是对人类行为的模仿,它是个体对整个情境的一种综合反应,将情境视为一个有组织的整体,是对整个情境完全概览后产生的,它是一种“一开始就考虑到情境结构的行为”。黑猩猩在行动之前就领悟到自己的动作为什么和怎样进行,领会到自己的动作和情境、特别是和目的物之间的关系。例如黑猩猩苏丹在有中介的短手杖的迂回实验中,开始时想用短手杖去拉取香蕉但是没有成功,它就去拆取笼子网上的一段铁丝代替手杖,但是也没有成功,它就停下来瞧瞧自己并环顾四周。突然它拾起短手杖向外面放有长手杖的栅栏边跑去,用中介的短手杖把长手杖拉过来,拿起长手杖把它带到靠近目的物的栅栏那边用它取得了目的物。在以连接手杖取得香蕉的迂回实验中,它开始时用这根或那根手杖去拉取目的物都得不到成功,它又作了许多毫无用处的尝试,停顿下来,无精打采地坐在箱子上,漫不经心地玩弄两根手杖,无意中发现两根手杖可连成一条直线,他就把较细的一根手杖插入到较大的那根的空口里,套成了一根长的手杖,它跃身而起,一直走到外面放着香蕉的栅栏那边,用这根连接起来的手杖取得了食物。这说明黑猩猩在停顿之后产生了一个新的转折,这种转折产生于它行动之前,对为什么和怎样进行活动以及活动的结果,都已经有所领悟了。

根据这一系列的实验,苛勒提出了顿悟的学习理论。他认为动物的学习过程是领会其情境的智慧活动,即动物在行动之前对于其行动的结果已有一定程度的了解,发现了情境中新的格式塔,使原来无关的物体和情境发生了关系。由此苛勒坚决反对桑代克的试误说。苛勒根据实验结果认为,动物对于问题的解决不是来自于盲目的试误,也不是出于各个部分偶然碰巧的凑合,而是对有用的或适当的关系的突然知觉,即顿悟。

2. 迁移说

苛勒指出,一旦动物通过顿悟解决了问题就有一种对类似情境的高度迁移，而且动物会表现出高水平的保持和理解。动物在一种情境中发现或理解的动力关系模式，可以应用到另一种情境。苛勒曾经用小鸡和一个三岁儿童做实验证明了这一点。

在苛勒所设计的这些关于黑猩猩的实验中，黑猩猩确实表现出了对情境的理解以及将其由某一情境迁移到另一情境。例如当黑猩猩学会了用竹竿作为手杖取得目的物后，如果给它们提供一个没有竹竿的新情境，那么它们的注意力常常会转移到一段铁丝上，这铁丝的一部分因与线圈分裂而从线圈中突出出来，这样看来它好像具有了手杖的形状。黑猩猩们会煞费苦心地把它完全拉脱并用它来拉取目的物；在同样的情境中，更加经常发生的是它们会走到箱子、木板那里，用手、牙齿和脚去撕裂一片木条，然后把它当做一根手杖。

因此，苛勒以及其他格式塔心理学家认为，有机体在解决问题过程中习得的是原理或关系，而非对特殊情境的特殊反应。一旦有机体学会某一原理，就会将其应用于相似的情境。

三、弟子及其影响

1. 弟子

苛勒最著名的弟子当属格式塔心理学家玛丽·亨利、现代认知心理学的先驱尼塞以及鲁道夫·阿恩海姆。

(1) 玛丽·亨利。

玛丽·亨利(Mary Henle)出生于美国俄亥俄州克利夫兰的一个犹太家庭。她先在史密斯学院主修法语，并在格式塔心理学创始人之一考夫卡及吉布森门下辅修心理学，1934 年获文学学士学位，1935 年获心理学硕士学位。拿到硕士学位后，她留校任史密斯学院心理系教师，在这里，她和其导师考夫卡成为同事，从事以格式塔心理学为主的研究。几年后，她进入布林莫尔学院深入学习社会心理学、变态心理学、人格心理学、实验心理学和心理学史。1939 年在麦金农(Donald W. MacKinnon)的指导下完成博士论文，获心理学哲学博士学位。之后，她先受聘于斯沃斯莫尔学院，和她的另一位导师苛勒成为同事并一直保持亲密的关系。1941 年任德拉瓦大学心理学教授，1942 年任布林莫尔学院心理学教授，1944 年任萨拉·劳伦斯学院心理学和社会心理学教授，以后又到新社会研究学院，在那里任研究生院的心理学教授。她两次担任古根海姆研究员，曾任哈佛大学认知研究所研究员和康奈尔大学访问教授，1981 年任迪尤肯大学访问教授。1971 年她当选美国心理学会心理学史分会主席，1974 年任美国心理学会哲学心理学分会主席，1981—1982 年任美国东部心理学会主席，1983 年获新社会研究学院人文学荣誉博士学位。

亨利是格式塔心理学家，以研究思维和心理学理论而著名，她的主要贡献是对于心理学历史和体系的详细注解，她特别关注格式塔心理学的历史。她的博士论文把勒温的方法与格式塔心理学的假设相结合。根据勒温的研究成果，她和麦金农一起编写了早期有关动机和人格研究的第一本实验室手册《心理动力学的实验研究》。她还曾编辑《格式塔心理学文献》和《苛勒论文选》，撰写过许多关于格式塔心理学史的论文，设法纠正了对这一学派的误解并发展了格式塔概念。她也致力于思维和问题解决的研究。她对逻辑与思维的关系很感兴趣，其研究结果符合人类思维的特性。在理论分析方面，她的主要兴趣在于勒温、弗洛伊德、吉布森、铁钦纳等的理论以及心理学研究方法的拓展等方面。

（2）尼塞。

尼塞（Neisser Uric 1928—）是 20 世纪德国出生的美国心理学家，是以信息处理理论为基础的现代认知心理学的先驱，被看做是认知心理学之父。他出生于德国，三岁时随父母移民美国。早年入哈佛大学主修物理学，后改修心理学。1950 年师从苛勒完成硕士学业，由此尼塞对认知的研究受到格式塔心理学的影响。1956 年获得心理学哲学博士学位。1967 年，尼塞《认知心理学》一书出版，标志着认知心理学的诞生。

尼塞在米勒影响下改学心理学，开始有志于研究认知心理学，虽然当时行为主义正在盛行但已成强弩之末。行为主义所坚持的机械而被动的学习理论不足以解释人类主动获取知识的内在的复杂心理过程，而当时心理学界对人类如何主动吸收知识这一行为仍然缺少完整而又系统的著述。尼塞出版的《认知心理学》正好承担了这份责任，对认知、认知学习以及认知主义有了详尽而明确的解释，为认知、意识重新成为心理学研究的对象作出了巨大的贡献。他在书中对认知心理学所下的定义为世人所认同。他认为认知心理学是对感官接受刺激加以输入后，如何经由转换、减约以及精致化等心理运作，从而获得知识、储存知识及使用知识等内在历程的科学研究。这个定义为现代认知心理学家广泛采用，因此他也被认为是认知心理学之父。

（3）鲁道夫·阿恩海姆。

鲁道夫·阿恩海姆（Rudolf Arnheim 1904—2007），美籍德国心理学家、艺术理论家。早年获柏林大学哲学博士学位。1939 年移居美国，后加入美国国籍，曾任美国美学协会主席。主要著作有《艺术与视知觉》（1954）、《视觉思维》(1969)、《走向艺术心理学》(1972)等。

阿恩海姆在美术界知名度很高。他既是一位心理学家又是一个艺术理论家,同时对教育问题也非常关注。阿恩海姆提出的美学思想主要是以格式塔心理学为基础的。他在《艺术与视知觉》一书中系统地阐述了"格式塔心理美学"。他把格式塔心理学的基本理论尤其是"知觉场"概念和"同型论"引入审美心理研究领域,认为知觉过程实际上是大脑皮层生理力场按照组织原则(邻近性、相似性、封闭性、方向性),将视觉刺激力转化为一个有组织的整体即生理力样式的过程。由此断言艺术作品是以主体的知觉行为为基础的。他反对用"联想"和"移情"来解释艺术形式的表现性,提出艺术形式之所以能表现一定的情绪因素,取决于知觉式样本身以及大脑视觉区域对这些式样的反应。

据此阿恩海姆对艺术作品的"表现"作出了新的解释:"表现性就在于结构之中",所有的艺术都是象征的。他强调接受者在艺术欣赏过程中的主动性,认为作品的物理样式并没有被观赏者的神经系统原原本本地复制出来,而是在他的神经系统中唤起一种与它的力结构相同的力的样式。所以欣赏者总是处于一种激动的参与状态,而这种参与状态才是真正的艺术经验。

2. 影响

苛勒作为格式塔学派中一个"实干家",其实验和理论独具特色,为支持、验证和将格式塔理论落到实处做出了极大的贡献。其影响主要表现在:

(1) 其理论的积极意义。

第一,强调个体认知活动的积极性和主动性。当时盛行于美国的行为主义把意识排除在研究之外,强调刺激—反应的机械联结,人处于被动的地位并成为环境支配的奴隶。对此苛勒和其他格式塔心理学家大加反对,强调个体行为内部机制的重要作用,注重个体对感觉信息输入、组织和解释的主动性,强调认知活动的积极性和能动性,重视大脑内的知觉和思维等主观心理因素对当前认知任务的影响作用,对重新确立意识和心理在心理学中的地位有重要意义。

苛勒提出要研究意识,把意识中的直接经验作为心理学的研究对象,同时在用黑猩猩做实验时,更为注重发挥猩猩解决问题的主动性和积极性,并且通过一系列实验证明了个体在解决问题时心理和意识发挥了重要的作用,为信息加工认知心理学的研究奠定了基础。例如现代认知心理学考虑到信息的获得、加工和已有的经验的联系,强调策略因素,认为在与环境的相互作用中人总是利用过去的经验,使用一定的策略来获得和加工信息,这体现了人类智慧的重要特征——主观能动性。这与格式塔学派的观点不谋而合。在问题解决中，当呈现问题时个体会对初始问题进行理解和表征，形成问题空间，然后通过对问题空间的搜索，找到一条从问题的初始状态达到目标状态的通路。

第二，重视对个体内部高级心理过程的研究。行为主义心理学家托尔曼在建立他的理论体系时，受到了多种心理学思想的影响，除华生的行为主义外，他还吸收了格式塔心理学、勒温的场理论等思想观点。苛勒和其他格式塔心理学家在承认外在环境的同时，强调意识、心理等的中介作用和整体研究，这一观点为托尔曼所继承。他综合行为主义和格式塔心理学的观点，形成了一种符号——格式塔模式的学习理论，强调研究整体的行为，重视刺激—反应间的中介变量，即认知的重要作用。他提出了期待、认知地图等概念。他认为有机体为了达到未来的目标，会表现出有所期待的内部状态。只有对即将到来的目标建立起“认知上的期待”，有机体对不同的目标才会显示出不同强度的要求。各种不同的期待会形成个体的全部经验，构成了某种互相联系着的关于周围世界的知识系统，托尔曼称之为认知地图。托尔曼是将认知和行为主义联系起来的第一位心理学家，使得其他行为主义者能够客观地面对人的内部认识过程，从而推动了行为主义向认知方向的发展，以至于他被认为是认知心理学的开山始祖。

而苛勒大量的实验研究重在研究个体解决问题和创造性的学习，并且提出了富有特色的顿悟学习理论，这涉及到记忆、思维等心理学研究的重要领域。苛勒在这些方面的重要研究成果为格式塔理论及其原则提供了强有力的例证，经常为考夫卡所引用，增强了格式塔心理学的宣传力度和影响力。可以说，格式塔心理学的传播在心理学内部削弱了行为主义，为把意识重新作为研究对象创造了内部条件。毋庸置疑，苛勒的研究立下了汗马功劳。

第三，其学习理论独具特色且影响深远。首先，它开创了认知学习理论的先河。苛勒通过一系列实验，从一种全新的角度研究了智慧行为、顿悟和迁移等问题，与桑代克的尝试错误说和华生等人的行为主义学习理论形成了鲜明的对比，创立了一种颇具特色和建设性的学习理论。

在西方学习理论体系中，刺激—反应（S—R）作为一种联想主义或行为主义学习理论，是西方产生最早、影响最大的一种学习理论。他们把学习看成是刺激和反应之间联结的建立或习惯的形成，认为学习是自发的试误过程。对行为主义学习理论最先提出反对意见者是格式塔心理学家，其中最为著名的就是苛勒。他通过长期的对猩猩的实验研究发现，学习并不是桑代克所提出的是一个尝试错误的过程，而是一个通过重新组织对整个情境及各种关系的顿悟和理解的过程。他认为顿悟学习不必靠练习或经验，只要个体理解到整个情境中各个刺激之间的关系，顿悟就会发生。并且由顿悟而获得的解决问题的方法既可以长期保存，又可以解决新问题，即顿悟的结果会使个体产生新的认知结构，这个认知结果对个体新的问题解决具有重要意义。从这些来看，苛勒所倡导的顿悟学习理论和现代认知心理学的学习观是一致的，这些思想也成为当代认知心理学学习理论的重要来源之一，成为西方另一有影响力的学习理论——认知学习理论的先驱。例如他对个体在解决问题中对重新建构、重新组织的重视，实质上强调对呈现的问题进行心理表征，用信息加工认知心理学术语来解释，就是问题解决者将该问题的有关特征进行编码加工以构建问题空间。人的知识经验、问题本身的提法等都影响到问题解决者对所呈现问题的内部表征。问题解决者对此问题形成的表征适宜与否对问题解决有重大的直接影响。此外，对于格式塔心理学中的顿悟、重新建构现象，认知心理学创始人之一西蒙认为都可以用计算机程序来加以模拟。

其次，它为问题解决的后继研究奠定了一定的基础。苛勒在特那利夫群岛上做了大量的实验后，在 1917 年的一份专论中报告了他的发现，并且又出版了《人猿智慧》一书。专论和书籍都给当时的心理学界留下了深刻的印象，许多学者指出，苛勒不仅仅是在动物解决问题方面独有见解，而且他的实验和观点为格式塔学派及其他心理研究者研究人类问题解决指明了方向。

1928 年，哥伦比亚大学师范学院的一位心理学家利用苛勒所设计的情境对一些年龄在 1 岁半至 4 岁不等的孩子进行了实验研究。因为孩子最希望得到的东西是一些玩具，于是她把这些玩具放在孩子们拿不到的地方，要么在小围栏的铁栅外面，要么放在某个架板上。在小围栏的实验中，有一些棍子可以让孩子们拿到，还有用于爬到架板上的椅子和箱子。结果发现有的孩子立刻就找到了解决办法，有的则是在四处转了半天之后才看出来。这个过程与苛勒实验中的猩猩的表现惊人相似，不过毫不令人奇怪的是尽管这都是年幼的孩子，但他们都比成熟的猩猩更为容易找到解决问题的办法。

还有一些心理学者对年龄更小一些的孩子也做了类似的实验，他们的年龄在 8～13 个月不等。这些实验是由邓克尔这位年轻的格式塔心理学家进行的，他使用了一个简单的问题情境。孩子们围着桌子坐着，桌上摆满伸手拿不到的一些可爱的玩具，手上有根棍子。实验者发现，只有两个孩子立即想到了解决办法，其他的 5 个孩子拿着棍子玩，他们不管是有意还是无意地把棍子弄到玩具跟前时，他们才突然想到可以使用棍子来达到目的。最小的那个孩子从头到尾都没能解决这个问题。

由苛勒、邓克尔和其他一些格式塔心理学家进行的解决问题实验研究看起来相当简单，可是其意义却十分深远。他们揭示出人类的问题解决(在某种程度上也包括动物的问题解决)并不限于试误也不限于条件反射，而经常包括一些较高层次的思维，它会产生新的视野、思维和解决办法。对于问题解决的研究是格式塔心理学家们把思维恢复到心理学关心的中心位置的最为重要的贡献之一。

(3) 其理论的消极意义。

苛勒作为格式塔心理学的拥护者和代言人，其实验研究以及理论虽具特色并富有建设性，但是也存在着一定的缺陷和不足。

第一，过于重视直接经验的作用。苛勒把直接经验看做是心理学研究的对象之一，相对于将意识和心理排除在研究之外的行为主义来讲具有不言而喻的意义。苛勒将直接经验看做是第一性的东西，用他的话来描述，"在我面前而为我所看见和觉得的物体绝不等同于相应的物理物体。这个个体影响了我的身体，在我的体内引起了某些变动，最后的结果就是显现在直接经验中的物体，这种物体是我所知道的第一项目……在这种情形下，直接经验到的世界是我所有的第一个世界，我所知道的关于物理世界的一切，是后来从经验着的世界推论出来的……"①由此可见，他认为直接经验的世界是我们所知道的第一个世界，而客观现实是我们通过直接经验而构思出来的东西，显然这带有主观唯心主义色彩。再者他在探讨学习问题时，忽略了人和动物之间的本质区别，没有充分考虑到人的心理具有社会性的一面。

第二，其学习理论有一定的局限性。桑代克的尝试错误说认为动物的学习过程不存在任何智慧活动，而是一个盲目尝试错误的过程；苛勒所提到的顿悟理论则认为动物的学习并不是桑代克所讲的是一个尝试错误的过程，而是一个通过概览整个情境，对其各种关系产生顿悟和理解的过程。苛勒的这种解释也曾引起疑义。有的学者认为顿悟只能看做是一种练习到某种程度时出现的结果，如果个体对某一问题缺乏经验和相应的知识储备，是难以产生顿悟的；还有的学者指出，顿悟只限于理解性的问题，靠机械记忆的问题就不能靠顿悟去学习。

实际上，尝试错误和顿悟学习理论是相互补充的学习过程，而不是相互排斥的学习过程。一般的学习是含有尝试过程的，只有在极少的情形下可

---

① 转引自高觉敷主编:《西方近代心理学史》，人民教育出版社 2001 年版，第 327 页。

以不必尝试而取得成功。学习往往要经过尝试错误的阶段才能达到顿悟。即使在苛勒所设计的许多实验里，黑猩猩当面临一个新情境时也总是需要多次尝试，最后才能达到顿悟。例如在一个利用工具的实验中，目的是让黑猩猩能够将树枝从树上扯下来当做手杖来够取放在栅栏外的目的物。虽然一棵很粗大的树放在离目的物约有 5 米左右的地方，黑猩猩格朗特开始时对其熟视无睹，它先是把当门闩用的铁条拉出来，但是没有成功；它环顾四周，看了一会树后，转而又去查看靠近栅栏的一块破布，然后拿起破布，试图把目的物向它这边卷过来；因为拉不动它，这时它又看到一块石头，捡起它来到栅栏边，试图把石头从栅栏挤出去，但告失败，最后终于在做了进一步的探寻后，它向树冲去，扯了一根树枝取得了目的物。由此可见，如果把尝试错误和顿悟完全割裂开来，认为学习不是试误便是顿悟，这种非此即彼的看法是片面的。

第三章

格式塔心理学理论体系

似动现象的实验研究及其结论是格式塔心理学创立的标志，格式塔心理学的研究对象是直接经验和行为，其研究方法是自然观察法和现象学实验方法，同型论是格式塔心理学家探讨心身关系和心物关系的学说，这些内容构成格式塔心理学的理论基础。格式塔心理学的具体理论包括知觉理论、学习理论、心理发展理论和人格理论。

第一节　格式塔心理学理论基础

一、似动现象

似动现象的实验研究是由惠特海默主持进行的，这也是他的独特及最大的贡献之一。其研究结论确立了格式塔心理学的基本观点，导致了格式塔学派的创立。

1. 似动现象及前人的研究

所谓似动现象，是指先后出现的两静止刺激，被个体知觉为刺激从前面一个刺激的位置向后面的一个刺激位置运动的现象。似动现象并不是惠特海默最早发现的，在他之前已经有好多学者观察过这种现象，并根据自己的理论提出各自的见解。如最早在1850年，物理学家普拉托(Plateau)就观察过这种现象；1875年，惠特海默的一位老师埃克斯纳(Sigmund Exner)用两个电火花(electric sparks)获得了这种现象。但是没有人能够成功地解释这种现象,因为不同的理论研究者赋予它不同的涵义和解释。例如马赫认为它是由于眼球的运动产生的;还有学者认为它是由于推想作用产生的;有的学者用错觉、后遗像来解释它,舒曼指出它是“错觉判断(illusions of judgment)”;有的认为它是由于被试对两条线中间的间隙没有加以注意而产生的等等。

到20世纪初,心理学界关于似动现象问题还没有得到很好的解释。当时心理学家普遍认为似动是一组感觉,惠特海默不同意采取感觉来作分析,认为似动是一种可以认识的现象,不能把它看做是感觉的集合。

2. 实验研究

惠特海默一开始并没有详细地来讨论和批判上述观点,他首先提出了一个现象学问题:“一个人看到物体运动,并不是先是在一个地方看到这个物体,然后又在另一个地方看到了这个物体才看到了运动……那么,心理现实(psychic reality)是什么呢?”他以一种新的方法设计了一个实验来回答这个问题。

为了精心探索这个问题,1910年夏天,惠特海默从维也纳到莱茵兰的火车上,思考如何解决研究似动的方法。他想到如果两道光以某种比率闪烁,可能会给人以动的感觉。为了验证这个假设他从中途下车,买了一个儿童玩具式的动景器(J·普莱蒂乌发明了这种动景器。它是活动电影摄影机的先驱,这是一种用一套不同的画片很快地投射到眼睛而产生似动的仪器),在旅店里做起了实验。实验表明动景器中的静的画面好像产生了运动。这个运动现象是怎样产生的呢?惠特海默认为,这个运动并非是物理环境中的真实运动,而是我们头脑对现实世界的一种错觉。这也说明我们所知觉到的世界与现实世界是有一定的距离的。

为了进一步精确地考察似动现象,惠特海默请求舒曼教授安排地方进行实验,并借用舒曼的速示仪(tachistoscope)(这种仪器是由舒曼设计的,一般用它来研究连续运动,它能够在设定的毫秒内断断续续地闪光)。这个实验以苛勒和考夫卡及妻子为被试。他采用的刺激有很多形式,有一种刺激形式实验过程如下:惠特海默用速示仪将两条平行的白线显示在黑色的背景上,使两条光线相继闪现(先a线后b线)。若间隔时间长的话(200毫秒或更长),观察者就会看到两条断断续续的相继闪现的光线——这是实际情况;如果闪光的间隔非常短(30毫秒或更短),两条光线似乎是同时出现的;但如果闪光的间隔约在60毫秒左右,似乎是一条光线从另一个位置移动到另一个位置。惠特海默将这种看似真实的运动称为似动现象(phi现象)。

3. 全新解释

在实验后，惠特海默对之前关于似动现象的解释做了批判：①

(1) 似动现象是眼球运动造成的。惠特海默认为这个观点是不成立的，因为眼球运动所需要的时间为130毫秒，而似动现象所需要的时间为60毫秒，因此在60毫秒的时间内不可能产生眼球运动。再者观察者在观察现象的时候，没法将眼球的位置完全固定住。

(2) 似动现象是由于推理产生的。被试看到一条线先出现，另一条线后出现，于是就想象其中的一条线产生了运动，从而产生了动的感觉。惠特海默认为这个观点也是错误的。

(3) 似动现象是由于被试没有看见两条线之间的空隙而造成的，因而把两条线先后移动的事实看做是动的现象。为了反驳这个解释，惠特海默要求被试集中注意力于两条线之间的空隙，结果似动现象不仅没有减弱反而更加显著了。

(4) 似动现象是由于视觉后像(Nachbilder)造成的。根据这种理论，似动现象是由于视网膜上两条直线的刺激所遗留下的痕迹而造成。惠特海默认为，两条线距离比较宽，且眼球全不移动，视网膜上先后接受刺激的部位不接近，因而刺激的痕迹也不可能接近。因此视觉后像不能作为似动现象的原因。

(5) 似动现象是由于刺激内容的融合而产生的。惠特海默认为这种观点也是不准确的。因为：① 有时候两个刺激并未看做是一个，而动的现象仍然发生。② 两条线有时候是"部分的运动(Teilbewegung)"，例如两个刺激一红一蓝，红的在上面动，蓝的在下面动，由此可见两个刺激不必联合而动。③ 两条线有时候是"单独的运动(Singularbewegung)"。如a、b两条线组成一个角，b线由45度角的部位移到水平的部位，a线则完全不动。④ 有时候会看见刺激对象仍然是分离的，但运动的现象发生于期间，不过无色无物。

(6) 观察者由于将注意点由一对象移到另一对象，于是就会产生运动的感觉。惠特海默也不同意这个观点，因为：① 有时候注意点不动，似动现象仍会发生。② 有时候在同一个区域内，有几个运动现象同时发生，而运动的方向则各不相同。在这种情形下，如果用注意说来解释，则需假设观察者能够同时在几个不同的方向中移动其注意点。这是一个不合理的假设，即发生的现象是不一致的。似动现象是一个格式塔或者整体，绝不是孤立的感觉元素可以解释的。被试这种整体的知觉是感知过程固有的特性，它是一

① 参见萧孝嵘著：《格式塔心理学原理》，国立编译馆1931年版，第6～10页。

种朴素的不能被认为进行分析的经验。从这种观点出发，惠特海默认为，在一切心理现象中，整体是不能分为元素的。整体不是元素的总和，整体大于部分之和，决定部分的性质。

(7) 似动现象不能用“复杂性质(Komplex—qualität)”说或“关系(relations)”说来解释。因为根据这些学说，则事实必须符合下列三个条件：① a、b 两线的运动应具有单元性，但在所谓的“部分的运动”中，a、b 两线各自运动并不具有单元性。② 似动现象应该与 a、b 两线发生关系，但在所谓“单独的运动”中，运动的现象只与一个刺激对象发生关系。③ a、b 两线都是应当出现的，但是有时观察者只能看到一条线及其运动。

在对前人观点进行批判的基础上，惠特海默推翻了前人对似动现象的种种解释，提出了自己独特的见解。这种现象究竟有什么意义呢？惠特海默认为，在这项实验中所用的刺激只有 a、b 两条线，这两条线本来是静止不动的，但是在某种情形下竟然可以表现出运动的现象，这种运动的现象是一种新的现象——即格式塔。格式塔所具有的性质不在部分中而在整体中，即整体不等于部分的简单相加，部分不能解释整体的性质。

似动现象研究是惠特海默关于格式塔心理学的首次宣言，并且以题为《视见运动的实验研究》论文形式发表在 1912 年的《心理学期刊》上，这被公认为是格式塔心理学成立的标志。但是惠特海默关于似动现象研究的重要性，不在于发现了似动现象，而是其所用的研究方法特别新颖，更为重要的是关于这项研究提出了独特的见解，赋予似动现象以全新的阐释。这个研究的结果以及理论得到了后人的验证与发展，许多学者都对此展开了研究，如肯科尔(Kenkel)、林德曼(Lindemann)、哈特曼(Hartmann)、科尔特(Korte)和瑟马克(Cermak)等。

二、研究对象

格式塔心理学认为心理学的研究对象是直接经验和行为。所谓直接经验就是主体直接感受到或体验到的一切。他们所坚持的直接经验是现象的经验，实质上就是意识或心灵，都是有意义的整体，而非构造主义心理学所提出的能够进行元素分析的经验意识。格式塔心理学家考夫卡认为心理学虽然是一门意识或心灵的学科，但是行为也是心理学研究的主题，因为从行为出发比较容易找到意识和心灵的地位。他们所提出的行为区别于行为主义心理学家华生所谓的由刺激—反应公式推导出的肌肉收缩和腺体分泌等生理性的分子行为，格式塔心理学家认为心理学应该研究有意义的整体行为。

1. **直接经验**

格式塔心理学家认为心理学是“意识的科学、心的科学、行为的科学”。[①]但为了使自己的心理学与构造主义心理学有所区别，他们在实际应用过程中尽量不使用“意识”一词。因此他们把心理学的研究对象定名为直接经验。“至于完全和意识一词有同义的字，苛勒即用直接经验代之。”[②]苛勒认为，心理学曾有一个时期被假定为有关“直接经验”的科学，“心理学通过直接经验的叙述，不仅对这种经验的一切变化作有条理的记载，而且对这些事件的函数关系也得到大量的知识。甚至还有志于求得直接经验消长起伏的规律”[③]。

苛勒指出，虽然物理学研究物理现象，心理学研究心理现象，但都离不开直接经验。他认为，“对作为物理事件的物理事件，我永远不能作直接的叙述。因此我对物理事实的观察在原则上与对一个视觉后象、边缘视觉所特有的模糊形象或我的健康之感的观察常常是属于同一种类的观察。我对物理观察的精确性绝非由于我在物理学中回避了直接经验的缘故。我不回避它因为我不可能回避它。这样做是有实效的。对直接经验的某些观察乃是科学的适当的基础。”[④]所以在这一点上，物理学和心理学好像没有什么差别，但是苛勒以为，“现代物理学在物理研究的关键时刻对决定性作用的经验进行审慎的选择从而获得实际的好处。当然，物理学家不理睬一切主观经验……心理学家在试图观察和描述直接经验时所遇到的一切困难，物理科学就完全可以避免了。”[⑤]这说明物理学以处理客观经验为限，心理学要兼行处理主观经验。由此可见心理学和物理学还是有所不同的。所以物理学可以采用客观的研究方法和量的测量，而心理学则采用质的研究和推测。

从前面的论述中我们可以看出，苛勒认为对直接经验的观察是一切科学的来源和基础。所谓直接经验，苛勒认为就是主体当时感受到或体验到的一切，即直接经验就是主体对现象的认识过程中所把握到的经验。这个所谓主体把握到的经验是一个有意义的整体，它和外界的直接客观刺激并不完全一致。格式塔心理学家认为外界的客观刺激只具有几何属性或物理属性，这些属性只有以整体的方式被人感受到以后才成为直接经验，因此直

① 考夫卡著，傅统先译：《格式塔心理学原理》，商务印书馆1936年版，第25页。
② 考夫卡著，傅统先译：《格式塔心理学原理》，商务印书馆1936年版，第33页。
③ 苛勒著：《格式塔心理学》，1929年英文版，第192页。
④ 苛勒著：《格式塔心理学》，1929年英文版，第23页。
⑤ 苛勒著：《格式塔心理学》，1929年英文版，第23页。

接经验具有超几何、超物理的性质。在这里格式塔心理学家把直接经验的范围扩得很大，它既包括客观世界，也包括主体的主观世界。正如苛勒所指出的，直接经验分两种：一是客观经验，指可以共证的经验，即彼此可以取得一致的经验，它是物理科学的基础；二是主观经验，指不可公证的经验，即别人不能直接经验的自我觉察和感受，这是心理科学研究的基础。① 苛勒认为，物理学只研究经验中的客观内容，而心理学既研究主观经验又研究客观经验。

2. **行为**

格式塔心理学的另一个研究对象是行为。考夫卡在格式塔心理学中提出了行为环境的理论，认为行为是心理学的研究对象，心理学要研究行为与物理场之间的因果关系。

考夫卡从属性上将行为分为三类：真正的行为、外显的行为和现象的行为。真正的行为即客观世界的物理行为，包括物体的运动等；外显的行为即个体在他人行为环境中的行为；三是现象的行为，即个体在其自身行为环境中的行为。第三种行为是格式塔心理学的主要研究对象。在这里考夫卡所说的行为与华生行为主义中所指的行为是有区别的，从另外一个角度他把行为分为显明行为和细微行为两种。考夫卡认为心理学应研究显明行为，这是一种类似于新行为主义者托尔曼所谓的整体行为（一种有目的、有意义的行为）。考夫卡进而指出，显明行为是一种环境中的活动，细微行为是有机体内部的活动，它们具有不同的生存空间。考夫卡着重研究了环境对人的显明行为的影响，他把环境分为地理环境（真实存在的客观环境）和行为环境（个体头脑中意识到的环境），并认为人的行为主要受行为环境的影响和制约，个体的行为取决于行为环境，并受行为环境的调节。考夫卡的行为环境论影响了勒温的心理学观点，因为他着重宣称人的需要决定他的心理环境，而人是针对他的心理环境行动的。

三、研究方法

对于研究方法，格式塔心理学家既不反对构造主义心理学提出的内省法，又不反对行为主义所主张的客观观察法。对于内省法，格式塔心理学家认为应该放弃构造主义心理学对经验的元素分析；对于客观观察法，他们强调不能离开直接经验。这两种方法可以相互补充。除此之外格式塔心理学

① 杨鑫辉主编：《心理学通史》第五卷，山东教育出版社 2000 年版，第 18 页。

家在实际的研究过程中还运用了口头报告法，特别是惠特海默在研究创造性思维的时候大量地运用了口头报告法，苛勒也对这种方法表示肯定。

1. **自然观察法**

格式塔心理学的研究对象为直接经验和行为环境（心中臆想的环境），其中包括了意识的成分。与其研究对象相适应，格式塔心理学主张用自然观察法进行心理学研究，这种观察法离不开直接经验，因此他们并不否认内省，只是反对构造主义那种人为分析的内省，他们反对破坏自然经验的分析的内省法，但不破坏自然经验的内省法是有价值的，苛勒将他们的这种研究方法称为直接观察法。

苛勒指出，意义依赖于个人经历，包含有非常复杂的来源和多少代表资料中的偶然特征，必须去掉它并学习用一种方法去接近真实的感觉，以便在它们的纯粹形式中能发现它们的性质和规律。这种方法就叫做“内省”。[1]苛勒认为若以内省法用作自然观察来说是无可厚非的，可是有些心理学家采用分析的内省法则使心理学陷入歧途，即他们以“人为的方法破坏了自然的经验”[2]。苛勒列举了大小知觉、明度知觉和速度、距离等来说明铁钦纳式的内省破坏了日常人们的生活经验。他认为，“只要这种内省主义者的态度盛行，心理学就永远不会严格地研究属于我们整个生活基地形成的那些经验。相反我们将观察和讨论那些罕见而不常有的经验属性。”[3]

格式塔心理学虽然反对不自然的人为的分析，但也不否认自然的机能的分析，所谓机能的分析就是根据完整的单位来分析。所以苛勒认为，“我们甚至可以说，我们在格式塔的分析中找到了场内的真确部分是分离的整体，而在这些整体和组合中，它们的真确部分又是附属的整体和成分。至于内省分析的所谓感觉则仅为设想和理论中的存在。”[4]真确的部分，例如一朵花，它是自然而然形成的真确的单位，将花朵分成若干花瓣就是人为的分析了，有损于自然经验的完整性。

总而言之，破坏自然经验的分析的内省法是要抛弃的，但是不破坏自然经验的内省法还是有一定的价值的，不能一概加以否定。但不管是观察还是内省，格式塔心理学家们都强调要从整体上去把握，这一点是格式塔心理学对后世心理学研究方法的最大贡献。

---

① 转引自李汉松编著：《西方心理学史》，北京师范大学出版社 1988 年版，第 255 页

② 高觉敷主编：《西方近代心理学史》，人民教育出版社 2001 年版，第 331 页。

③ 苛勒著：《格式塔心理学》，1929 年英文版，第 86 页。

④ 苛勒著：《格式塔心理学》，1929 年英文版，第 183 页。

2. 现象学的研究方法

为了更有效地研究直接经验，格式塔心理学也采用控制一定条件而自然而然进行观察的现象学实验法，如苛勒对猩猩所做的实验研究。现象学的方法要求对在特定时间内主体所观察到的经验材料不加任何粉饰，力求如实而详尽地予以描述。这种方法并不用以确定实在的事物和过程而是用来研究经验。这种方法可以概括为：(1) 将直接经验作为心理学的对象，对其进行自然而然的观察；(2) 坚持对观察到的经验进行朴素而如实的描述，不做任何推测和解释；(3) 对经验进行质的分析，反对盲目照搬先进的自然科学的定量和间接的方法，因为经验很难用数量来计算；(4) 强调经验和行为的整体性，反对元素分析和刺激—反应公式，并将整体原则应用到实际的心理学研究中。①

格式塔心理学认为，经验是很难用数量来统计的，从自然科学的发展来看，也往往先作质的观察，然后进一步再作量的分析。心理学应该重视质的研究，并且量的研究也需要直接经验的观察。苛勒指出，"行为主义以为我们可研究被试的情绪行为而不牵涉到他们的主观经验。的确，心理学家已经想把这种观察改变为更精确的记录和测量。……目前这些方法似乎本身还有问题，还不是解决心理问题的工具。"②

同时苛勒还认为口头报告法在心理学研究方法中具有重要意义。口头报告法(verbal reports)作为一种研究思维过程的方法，受到格式塔心理学家的重视。口头报告法是指让被试在解决问题时说出自己头脑中所进行的一切活动，并予以记录和分析。惠特海默(1945)在他的遗著《创造性思维》中，主张用口头报告法来研究儿童的思维过程。口头报告法作为一种研究思维过程的重要方法，与内省法较为类似，所以遭到行为主义者的批判。行为主义者认为，应该对个体在一系列思维过程中所表现出来的行为进行研究，而非口头报告出来的资料，因为这种资料是不可靠的并且它不能提供量化的数据，缺乏客观性。苛勒(1929)在《格式塔心理学》中对内省主义的内省法提出过批评，③但是对于思维研究和问题解决中所采用的口头报告法没有提出异议。口头报告法和内省主义的内省法还是有所不同的，虽然都是报告自己头脑中的活动、形象或心理状态，但口头报告法更关注的是要求被试说出他正在想什么或做什么，而不是要他来解释情境或思维过程，被试所

① 杨鑫辉主编：《心理学通史》第五卷，山东教育出版社 2000 年版，第 21 页。
② 苛勒著：《格式塔心理学》，1929 年英文版，第 40 页。
③ 苛勒著，李媚媚译：《完形心理学》，台北桂冠图书股份有限公司 1998 年版，第 45～67 页。

报告的东西是当时他所注意的，并且是保持在短时记忆中的，因而也是可靠的。

总之，格式塔心理学在对以人的实验中强调采用广义的内省和口头报告法，但在动物实验研究中则主张采用客观观察法。

四、同型论

1. 场论的应用

19 世纪末 20 世纪初，科学界出现了许多新的思想潮流，特别是物理界在这一时期抛弃了机械论的观点，承认并接受了场的理论。他们认为场是一个限定的域，是一种整体的存在，是一种新的力学结构和实体。其中每一部分的性质都是由场的整体所决定的，而场的整体性质又非其各个组成部分性质简单相加或算术总和。这和一般系统论有相似之处，贝塔朗菲曾把系统定义为：处于自身相互关系中以及与环境的相互关系中的要素集合。他明确指出，要理解一个事物，不仅要知道它的要素，而且还要知道要素之间的相互关系，并且断言：一般系统论就是对“整体”和“整体性”的科学探索。

格式塔心理学家引用了现代物理学中有关“场”的理论和概念，直接用来论证他们的理论观点。他们对所创立的这些术语并没有明确的界说。他们提出了物理场和心理场等一系列概念。格式塔心理学家试图用场论来解释心理现象及其机制问题。格式塔心理学家认为，脑是包含先于感觉刺激而存在的结构化的电化学力场，感觉材料一进入这样的场，立即更改这个场的结构，同时为这个场所更改。我们的意识经验来自于感觉材料和脑内这一力场的相互作用。

苛勒在 1920 年出版的《静止状态中的物理格式塔》一书中采用了场论，认为脑也是具有场的特性的物理系统。他试图说明物理学是解释生理学的关键，而对生物学的透彻理解又会影响到对心理学的理解。在《心理学中的动力学》中，苛勒进行了一些关于知觉中错觉现象的实验研究，这些实验研究早就发表但是没有引起足够的重视。苛勒想借此重申心理的动力观来批判机械主义的“静止观”。他指出，“我们所体验的自我，依靠个体内部的情形。自我的经验基础的特殊过程受个体经常变化的活动所规定。如果说首先顺应此特殊过程的当前的特点，再次要顺应客观经验基础的某一过程之特点，两者之间会产生某种力的场或力，这种假设并不为过。”①换言之，直接经验的世界并不仅仅是由自己以外的事物和事项形成的感性之场，而是包括自我的整体之场。它不仅仅是对象之间有相互作用，并且也包括对象和自我之间的动力的相互作用。

考夫卡在《格式塔心理学原理》一书中也提出了场论，运用场概念来解释自己的理论。他认为要想保证心理学的科学性质，理应将场概念引进心理学中来。他说，“我们能否将场的概念引入心理学，意指它是一种决定实际行为的应变和应力的系统呢？如果我们可以这样的话，我们便拥有了针对我们全部解释的一个一般的和科学的类别。”②

考夫卡认为，世界是心物的，经验到的世界和物理世界不一样。个体知觉到的现实的观念称为心理场(psychological field)，被知觉的现实是物理场(physical field)。心理场和物理场之间并不是一一对应的关系，但是人类的心理活动却是两者结合而成的心物场。这个心物场含有自我和环境两部分，两者各有自己的结构。所谓结构就是说环境不是各种各样感觉的镶嵌或乱七八糟的总和，自我也不是一个点，一个总和或欲望本能的集合。他认为人格这个概念或可用以说明自我的意义。③ 自我包括需要、准需要、意向、意志决心和态度等，场不断在自我的影响下转变。环境包括地理环境和行为环境两类。地理环境就是现实的实际存在的环境；行为环境就是一个人心目中或臆想中的环境。他认为人的行为主要是受行为环境制约和调节，行为环境是直接经验的一部分，是意识的一部分。骑马通过康斯坦斯湖的那个男子就是一个很好的例子：康斯坦斯湖结冰，一个男子看见了一个被大雪覆盖的平原，因此骑马而过。到旅店后才知道刚才通过的是结冰的康斯坦斯湖。可见他的地理环境就是这个大湖，而他的行为环境则是一个普通的大雪覆盖的平原；按照地理环境来讲骑马者的行为是骑马过湖，但是按照他的行为环境来说，他是骑马穿过一块平原。换句话说，他认为自己正在骑马通过一片陆地，他丝毫没有觉察到他正在湖面的薄冰上奔驰。有机体的心理活动就是一个自我——行为环境——地理环境等进行动力交互作用的场。

此外，考夫卡认为人的大脑并非像许多人所认为的那样是一个感觉运动的连接器，而是一个复杂的电场。例如让被试坐在暗室里，室内有两个光点交替闪现。当两个光点闪现的时间为 200 毫秒时，就会先见到第一个光

---

① 转引自南博编，刘焜辉译：《心理学名著 12 选》，台湾天马出版社 1967 年版，第 96 页。

② 考夫卡著，黎炜译：《格式塔心理学原理》(上册)，浙江教育出版社 1997 年版，第 53 页。

③ 转引自华生著：《心理学史基本著作》，1980 年英文版，第 307～308 页。

点，后见到第二个光点，两者都静止不动；当间隔时间只有30毫秒时，被试就会同时看到两个光点，他们也是静止不动的；但是当间隔时间为60毫秒时，被试则看到一个处于连续运动的光点。被试在实际上没有运动的情境里觉察到明显的运动，说明光点引起了相互交叠的两个脑场，使之产生了运动感觉。在一个问题情境中，心物场的张力在脑中表现为电场张力；顿悟解除了张力，导向现实问题的解决。

勒温则发展了心理学中的场论。他在1942年提出的场论中特别强调：场论是一种动力的研究；场论强调对心理过程的研究；场论是对环境作为一个整体的那种分析；场论是一种区别于历史研究的系统研究；要以数学的形式叙述心理环境。勒温根据场论的以上一些要点提出了一系列独特的心理学概念，如生活空间、行为与移动、力与力场、紧张和张力系统等。

生活空间即“场”，它包括人及与之有关的心理环境，指在特定时间内影响个体人心理因素的总体。勒温指出，为了理解或预测行为，就必须把人及其环境看做是一种相互依存因素的集合。把这些因素的整体称作该个体的生活空间，并用B＝f(PE)＝f(IS)来表示。生活空间包括了人与其环境，行为发生在这种生活空间之中，它既是人与环境的函数，也是生活空间的函数。存在于生活空间中的事物或因素都必然对个体当时的行为有着实际的影响，这就是现时原则。以此原则为标准勒温界定了生活空间中的三种事实：准物理的、准社会的和准概念的事实，即生活空间虽然可以包容物理的、社会的和概念的三方面的事实和因素，但都必须以对行为主体实际发生影响者为限，故于其上加一“准”为标志。生活空间也以对人的行为发生实际影响者为存在标准，将主体与客体融合为一个共同的整体，并表现着整体所具有的格式塔性，即其中任何一部分的变化都必将引起其他部分的变化。场的意义充分体现在生活空间中，这也就是勒温场论学说的基本内容。

勒温所描述的心理紧张系统便发生在他所界定的生活空间之中。生活空间是人的心理活动和行为动力产生与表现的场所，是一种具有整体特性的动力场。这样勒温以此为基石所阐述的心理紧张系统不但具有动力性，而且具有结构性、关系性和系统性，具有格式塔整体性所具有的一切特点。勒温指出，在研究心理能量和心理紧张的问题时，必须记住它们在一定的心理系统中所占的位置，因而就必须以在这种系统中行之有效的格式塔理论的观点来研究这些问题。作为一名格式塔心理学家，勒温把场理论还应用于社会心理学的研究中，认为团体作为一个不可分割的单位，其中每个成员的心理活动均处在团体其他成员的心理场之中。

场论不仅为格式塔心理学家提供了反对元素主义的理论武器，而且也被他们用来作为其论证格式塔心理学理论的自然科学证据。正如舒尔茨所指出的那样："曾经对冯特很有影响的原子主义的观点在物理学中受到了严厉攻击，物理学开始考虑用有机整体这一个术语——这是和新的格式塔心理学相一致的概念。因此，格式塔心理学提出的变革和当时物理学中的变革是并行的。"①

2. **心物同型**

为了更好地描述脑的活动和意识经验之间的关系，格式塔心理学家采用了心物同型(isomorphism)这个概念。同型(isomorphism)这个单词来自于希腊语的 iso(相似的)和 morphism(形状)。格式塔心理学认为心理现象是完整的格式塔，是完形，不能被人为地区分为元素。惠特海默认为感觉元素不是自然而然观察到的现象，而是人为的抽象的产物。自然而然经验到的现象都自成一个格式塔，这个格式塔是一个通体相关的有组织的整体，它不是部分之和，而部分也不含有整体的特性。格式塔不仅是一个有组织的整体，并且本身含有一定的意义，可以不受以前经验的影响。物理现象和生理现象都有同样格式塔的性质，因而它们都是同型的。既然物理现象与心理现象、生理现象与心理现象是同型的，那么它们之间就有着相对等的关系。比如，我们的空间知觉、时间知觉都是和大脑皮层内的同样过程相对等的。格式塔心理学家把他们解决心物和心身关系的这种理论称为同型论。这种理论否定了心理是客观现实的反映，心理是脑的机能，并且带有浓厚的思辨和推论的性质。

格式塔心理学所强调的心物同型，强调脑内的力场改变进来的感觉材料，强调我们在意识中经验到的是已经改变了的材料。脑的活动模式和意识经验模式在结构上相同的。知觉活动的模式同脑活动模式可能有相似之处，但两者代表着完全不同的领域。这种关系就像山东地图和实际的山东之间的关系，虽然两者之间在许多重要方面有密切的联系，但是它们并不是完全相同的。

惠特海默在解释似动现象的生理机制时首先应用了心物同型理论。这个概念意指行为场中的结构关系在体验这些关系的个体中产生了一个与之同型的脑场模型。在上述实验中，闪光点引起了相互交叠的两个脑场，使人产生了运动感觉。其他的两位格式塔心理学家也支持这一个学说，认为"此说主张知觉场在次序关系上与作为基础的兴奋的脑场相符，虽然不必有完

① 舒尔茨著，杨立能等译：《现代心理学史》，人民教育出版社 1981 年版，第 288 页。

全符合的形式”①。

惠特海默认为,皮层活动是一种定型的整体过程,因而经验到的似动和真动是同一的,那么实现真动和似动的皮层过程就必定是类似的。也就是说在刺激和知觉印象之间没有什么一对一的关系。完形是物理世界的真正代表,但不是它的摄影副本,它们在大小和形状方面并不等同。正如一张道路图不是它所代表的地域的确实复制,经验也不是外部世界的确实复制,但是它们却是同型的,因此地图可以作为旅行的向导,心理图或认知图也必然“镜映”(mirror)物理世界的形式,否则生活就会变得一团混乱。

为了证明似动现象就必须承认在心理或意识的经验和作为其基础的大脑经验之间必然有对应性。惠特海默指出:“我们发现许多过程,从其动力形式看,不管它们的元素材料的特性如何变化,都是相同的。当一个人胆怯、害怕或精神饱满、高兴或悲伤时,时常表现出他的身体过程的进程和这些心理过程所进行的进程是完全相同的格式塔。”②

考夫卡引入了心物同型论来解决心物和心身的关系,它实际上是身心平行论的翻版。考夫卡认为,知觉的组织作用是由于大脑皮层本身就具有这种机能,知觉的过程同大脑皮层的过程是对等的、平行的或同型的,即大脑皮层上的神经活动形式与知觉过程的形式是相同的。同时,又认为知觉与大脑皮层的这种功能并不是通过学习获得的,它超越了经验,完全是先验的机能。

苛勒认为,如果直接经验允许我们去形成物理世界,则组成直接经验的基础的生理过程将是可能的。对于苛勒来讲,这并非企图以生理学来说明现象事实或说现象事实是怎样的生理过程等,他是要证明生理过程和物理世界也有和直接经验的事实同一类型的完形存在,直接经验的时间和空间秩序是生理过程的对立序列真正的代表。由此苛勒将心物同型论界定如下:空间中经验到的次序,在结构上总是同潜在的脑过程分布的功能次序完全相同。在其所有的结构特性上,心理事实同脑内潜在过程彼此相似。

3. 反恒常性假设

根据心物同型理论,格式塔心理学家反对恒常性假说。恒常性假设即只要给予一个刺激和一个正常的感受器官,我们就可以知道个体会有什么样的感觉。感觉和刺激是一一对应的关系。这一个假设为大多数的英国和法国的经验主义者所接受,也是铁钦纳的构造主义的基础。恒常性假设认

① 波林著,高觉敷译:《实验心理学史》,商务印书馆1981年版,第702页。

② 舒尔茨著,杨立能等译:《现代心理学史》,人民教育出版社1981年版,第301页。

为,个别物理事件引起个别感觉,除非一条或者更多的联想律对其发生作用,或者就冯特而言除非它们得到有意的重新排列,否则这些感觉仍然是孤立的。

格式塔心理学家则认为恒常性假说是机械主义的观点,因而完全不同意这个假说所蕴含的有关脑的功能作用的观念。考夫卡经常用知觉的恒常性来批判元素主义的恒常性假说。例如,如果我们正面对着窗户,它就在视网膜上投射一个矩形的映象。但是如果我们换一个位置,站在窗户的另一侧去看窗户,视网膜上的映象就会变成一个梯形,但是我们还是把窗户知觉为一个矩形。因此,即使感觉材料(投射在视网膜上的映象)已有变化,而我们对于窗户的知觉仍未改变。

此外格式塔心理学家在分析脑的功能作用时采用了场论。格式塔心理学家认为,脑就是一个物理系统,在这个系统中,能量是以合乎规律的方式分布的。苛勒曾经说过,根据几个物理学家的观点,当物理系统达到平衡状态或稳定状态时,这一系统内的物质或过程的分布倾向于变得规则、简单且时常是对称的。迈可尔·惠特海默也认为,"格式塔心理学家认为,在得到释放时,物理力并不会产生混乱,只会产生它们自己的由其内部决定的组织。与此相似,神经系统并不是以电子管、沟槽、电线或配电盘的机器似的联结为特征的,相反,脑和几乎所有其他物理系统一样,展示出由物理力动态的自我分布。"①脑并不是感觉信息的被动接受者,而是一个动态的、能够改变信息的力的构型。进来的感觉信息同脑内的力场相互作用,引起心理场的变化,这些心理场都是有组织的构型。出现在活动场的任何构型都会被经验为知觉。由此格式塔心理学家认为,支配知觉的是有组织的脑活动,而非进入到脑活动的刺激。

通过反对恒常性假设,格式塔心理学抛弃了作为构造主义、机能主义和行为主义基础的经验主义哲学。格式塔心理学重视整体,重视部分之间动的交互作用,这对克服元素主义的机械观点和忽视与实际的联系,是起一定作用的。但是它片面强调格式塔的现象,排除经验的作用,就陷入先验论的误区。

4. 自上而下的分析

格式塔心理学家认为知觉过程中,个体采用的是自上而下的分析,而非自下而上的加工。所谓自上而下的分析即从整体到部分,而不是构造主义提出来的将元素的简单相加。

---

① 赫根汉著,郭本禹等译:《心理学史导论》上册,华东师范大学出版社2003年版,第691页。

从上面考夫卡所举知觉恒常性的例子来看，知觉经验有一种在任何部分中都找不到的整体性，知觉本身就显示出一种整体性，一种形式，一个格式塔。传统的理论认为，个体在与第一个刺激相应的一个感觉和积极反应之间形成了联结，在另一个感觉和消极反应之间也形成了联结。而格式塔心理学家考夫卡认为，个体习得的是对整体或结构的反应。

在这里考夫卡引用了苛勒的一个实验以证明他的结论。实验是这样的：将色浅些(b)和色深些(c)物体放置在动物面前，对这两件物体的位置安排时时加以变动，从其中一个例如 b 中可以得到食物，而从另一个则得不到。训练一直继续到动物通过一定次数的尝试而能不变地从 b 取食为止。然后这一对刺激被替换成另一对刺激 a 和 b，a 又比 b 色浅些。看动物会选择哪一个。[①] 根据传统的理论，动物应该选择 b。而按照格式塔的理论，却作出一个相反的预测，即选择 a。实验同时还用家禽、猩猩和一个三岁的儿童来进行，在绝大多数的情境中，被试都选择了 a。实验还发现，随着训练和检查实验之间时间间隔的增长，a 被选择的次数会增加。

由此考夫卡认为，动物在先前的训练中已经学会了对明度梯度中那个较高的梯度(较亮的刺激)作出积极反应，所以当它面对一对新刺激时，按照整体反应原则，将会以同样的行为选择刺激 a。这就证明了动物和儿童不是对整体中的部分刺激发生反应，而是对整体中所包含的关系，即部分所组成的格式塔发生反应。这说明整体比部分更重要。因此格式塔心理学家认为，他们的分析是自上而下的，而不是像构造主义那样自下而上的进行。换句话说就是指分析是从整体到部分，而不是从部分到整体的。正如迈克尔·惠特海默所说，“这一构想包含着一个彻底的重新定向：部分的性质是由整体决定的，而不是相反；因此分析应该是自上而下的进行，而不应该是自下而上的进行。不应该从元素开始并试图由元素合为整体，而应该研究整体，以理解其自然的部分是什么。某一整体的部分不是中性的、惰性的，而是结构上有密切的联系。某一整体的部分彼此间不是无关紧要的，肥皂泡这个例子说明了这一点：某一部分的变化导致整个模型内部的戏剧性变化。这一取向被应用于理解思维、学习、问题解决和知觉学习中的各种现象；在受到来自外部的激烈批判和来自内部同样激烈的抨击的同时，这一运动得到了迅速发展……”[②]

惠特海默对思维问题进行了系统的研究，他把顿悟学习原理运用到人

---

① 转引自张述祖(审校)：《西方心理学家文选》，人民教育出版社 1983 年版，第 318 页。

② 赫根汉著，郭本禹等译：《心理学史导论》上册，华东师范大学出版社 2003 年版，第 692 页。

类创造性思维探讨中，他认为要想创造性地解决问题必须让整体支配部分。即使在关注问题的细节时也决不能忽视问题的整体，必须把细节放在问题的整体中，把它们与整体结构联系起来加以考虑。这也是一种自上而下、由整体到部分的思维。他认为要使人们顺利地解决问题，必须把问题的整个情境呈现出来，使之能对问题有个完全概观，绝不能像桑代克那样，有意地把解决问题的方法和途径藏起来，迫使被试不得不去盲目试误。格式塔心理学家邓克尔区分出两种问题解决的形式：加工的（从上到下的加工）和机械的（从下到上的加工）形式。他认为创造性思维主要依靠对问题情境的组织和结构化理解，也就是从上到下的加工。

今天“自上而下的分析”和“自下而上的分析”的概念使用很广泛，我们有必要在此阐明，认知心理学中“自上而下”通常是指对事物进行的概念驱动加工；相反，资料驱动加工叫做“自下而上的加工”。如果将今天广泛使用的“自上而下”和“自下而上”等于格式塔心理学家所提出的概念是完全错误的。惠特海默把从上加工的知觉和从下加工的知觉对比起来是为了批评构造主义的取向，在他的眼中这种取向是非常不自然的，当面对一个视觉中的物体时，构造主义心理学家首先试图把它分成他们所认为的元素或单位，然后再分析这些单位。惠特海默却认为研究现实最适合的方法是在克服元素主义这样先入为主的观点下进行的，也就是说去自然地观察这些单位，并自发去划分。事实上很多单位是有格式塔单位组织的，而不仅仅是一个元素的集成。在惠特海默的观点中，自上而下的形成与概念驱动加工是完全不同的。今天认知心理学家提出的根据假设和纲要的“指导”去理解一个视觉中的物体和“自上而下加工”毫无关系，它只是对格式塔的反原子论的一种解释。

第二节　知觉论

一、知觉恒常性

知觉恒常性是指外在刺激因为环境影响使其特征改变，而在知觉经验上却维持不变的心理作用。也就是说在不同的角度、不同的距离、不同的明暗度情境下，观察某一熟知的物体时，虽然该物体的物理特征（大小、亮度、颜色以及形状等）因受环境影响而有所改变，但是我们对于物体特征所获得的知觉经验却倾向于保持原样不变。这是一种很明显的心理现象，而且这种心理现象很普遍地表现在对物体的大小知觉、亮度知觉、形状知觉和颜色知觉等方面。

面对这一种心理现象，经验论者认为知觉恒常性是个体学习的结果，是个体的经验使然。从不同的角度、不同的位置以及不同的亮度水平下观察物体，个体对物体的感觉是不同的。但是个体会凭借经验学会矫正这些差异，并对物体作出反应。

而格式塔心理学家则不同意这种看法。格式塔心理学家认为在不同的条件下，我们之所以感觉某个物体是相同的，是由于那个物体和其他物体之间的关系仍然保持一致，由于这种关系是相同的，脑活动场也是相同的，因此心理经验是相同的。如苛勒所言："明度恒常性是由于某种真实的恒常性的存在，那就是环境中的某种现存的格式塔，这一格式塔是物理的——作为一种模式真正在那里，它是图形的明度和背景的明度之间的比率。就阳光和阴影而言，这一比率是恒定的……"①由此可见，格式塔心理学家是在心物同型论的基础上作出了对知觉恒常性的解释。

二、知觉格式塔

惠特海默一个著名的研究来自于1923年在《心理学研究》上发表的《格式塔理论研究二》的文章。在这项研究中惠特海默大胆地指出，人类知觉是由内在有意义的格式塔组成的，并来源于经验和环境，而且知觉形式不是因为一些相联系的因素而是由一个组织的动力程序驱动的，点线的聚集不是一堆不相关、片段的单元和混乱的聚集，而是以相似性、接近性、闭合性、连续性等原则组织成了有意义的完形，知觉组织是受一些动力程序控制的，如图形优化趋势，这是一种趋向于简单格式塔的趋势。它的一个意义是指视觉中物体的组织不是一个偶然的或是随意的活动，而是受一些经济而又简单的原则控制的有规律的程序，它能使结果具有很大程度的稳定性和不变性。换句话说就是指人们总是采用直接而统一的方式把事物知觉为统一的整体（格式塔），而不是知觉为一群个别的感觉。惠特海默在此提出了有关

① 赫根汉著，郭本禹等译：《心理学史导论》上册，华东师范大学出版社2003年版，第695页。

知觉的几个原则。他所提出的知觉组织原则的基本前提是，无论在何时我们一看见（或听到）不同的形状或模式，就立即会知觉到一种结构。知觉场的各部分是连接起来的，这些部分的各个群或集合形成各种结构，而这些结构和背景也不相同。无论何时，个体只要察看它的周围环境，就会自然地和不可避免地产生这种基本的知觉结构。考夫卡、苛勒也根据格式塔理论提出了知觉相应的组织原则。在这里我们介绍其中较重要的几个。

1. **接近性原则**（principle of proximity）

刺激在空间或时间彼此接近时，容易组成一个整体。如桌子上散置很多筷子，其中两支较为接近，则被倾向于视为一双。下图所示也体现了这个原则。

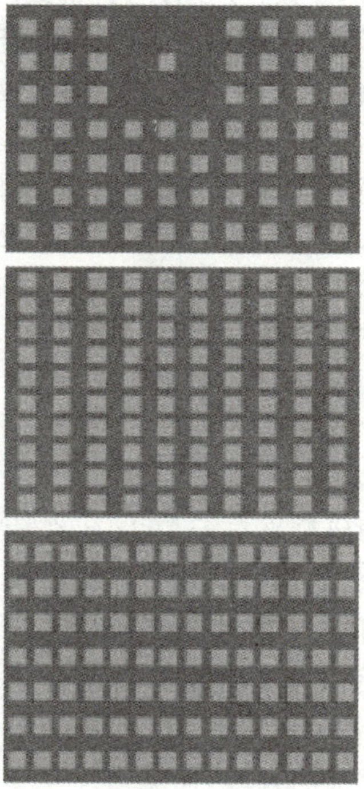

图 3-1

2. **相似性原则**（principle of similarity）

互相类似的各个部分，如形状、颜色和大小等有被看成一群的倾向，容易组成一个整体。如一对双胞胎在人群中会比较引人注目，一群穿着相同校服的学生显得很整齐划一。如下图所示：

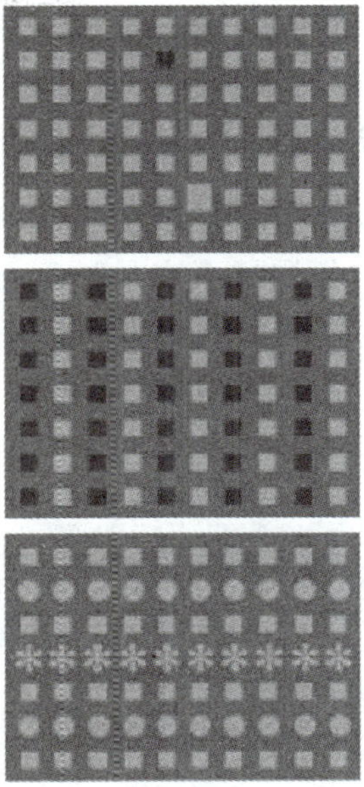

图 3-2

3. **闭合性原则**(principle of closure)

刺激的特征倾向于聚合成形时,即使其间有短缺处,也倾向于当做闭合而完满的图形。如下图虽然留有缺口,但看的人往往忽略其缺口而仍视为封闭的整体。

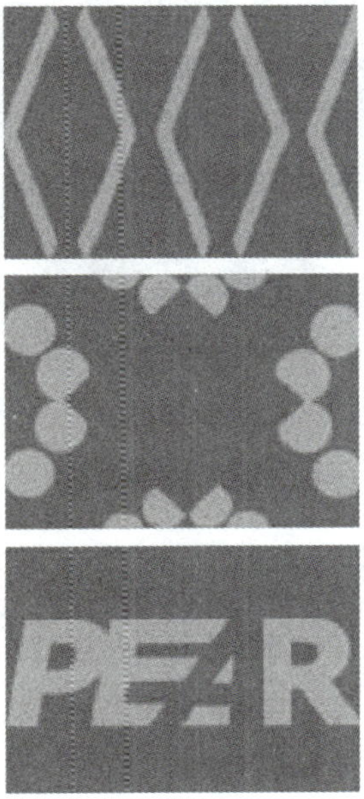

图 3-3

4. **图形—背景原则**(law of figure-ground)

人的知觉系统所做的最基本的区分就是图形和背景的区分。一般来讲,图形有明显的轮廓,或者有不同于背景的亮度和颜色,能突现出来被明显地感知到,而背景则起着烘云托月般的作用。图形和背景区分越大,越容易被感知;区别越小,图形和背景越不容易被区分。但有时候图形和背景之间的界限很难确定,这取决于个体以何种方式来组织它、看待它。在一个具有一定配置的场里,有些对象突出来容易形成被感知的图形,而其它对象则退居次要地位成为背景。如下图:

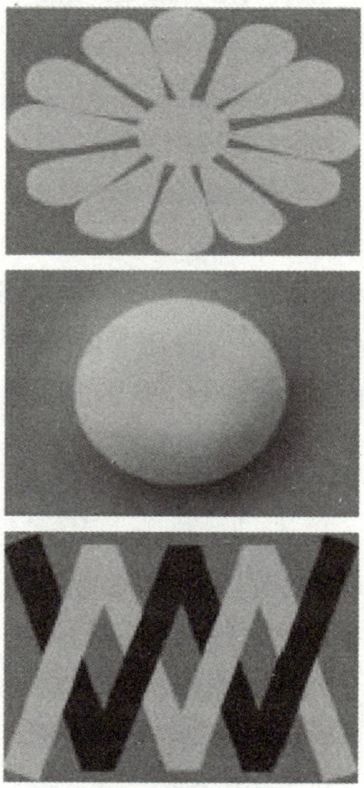

图 3-4

5. **连续性原则**(law of continuity)

刺激中如果能彼此连续成为图形,即使它们之间没有联系,人们也倾向于将之组合成为一起视为整体。如在一个水平线上打上互不相连的点,看起来很像一条横线。如下图:

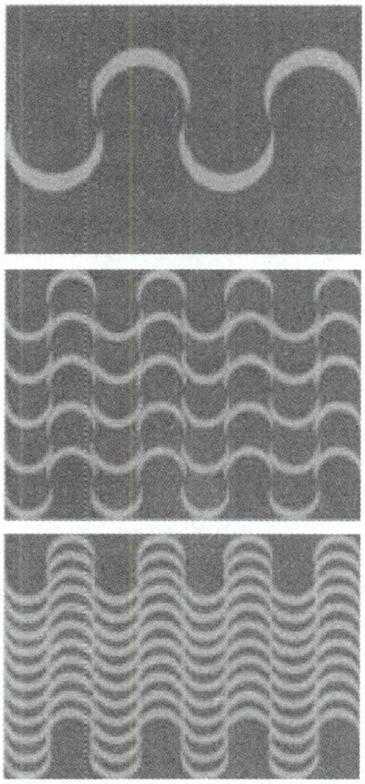

图 3-5

上述几个原则并非全新的内容，但是从格式塔心理学的观点把它们系统化，就构成了全新的观点。这些知觉组织原则已经成为普通心理学教材不可或缺的内容之一。

三、完形趋向

完形趋向律是格式塔心理学的核心，格式塔心理学家用完形趋向原理概括脑内力场和认知经验之间的关系。他们认为，存在于物理系统中的物理力总是以尽可能简单的、对称的方式分布，根据心物同型原理，心理经验也一定是简单的、对称的。感觉信息可能是片段的、不完整的，但当感觉信息和脑内力场进行相互作用时所引起的认知经验是完整的、有组织的。

惠特海默在解释“似动现象”时，注意到格式塔所包含的一种蕴含性(Prägnanz)，这种蕴含性就体现了完形趋向。惠特海默认为，整体的一个部分会发生什么情况，总是由该整体中固有的内在定律所决定的，这是蕴含性原则的基本含义。换句话说，蕴含性即格式塔的完形倾向，是整体组织自我完成的一种动态属性，同时也是一切有结构的整体所固有的特性。因此，蕴含性具有两种意义：其一，在格式塔组织未完成的时候，已经包含了一种完形的倾向；其二，格式塔组织已经完成，也就成为简单而具有意义的整体。[①]这两种现象在刺激微弱的时候都能够观察到。

惠特海默曾经做了一个简单的实验来分析这个定律。让被试观察一个圆中的三点，其中两点上下成一条直线固定不动，将另一点上下移动，使它能与其它两点成各种角。被试将所看到的图形统归为直角、锐角或钝角。如看到一个94度的角，便把它看做是一个直角。这个实验表明，个体总是将视觉的印象看做是简单而有意义的。

苛勒也曾经讨论过这个定律，他指出在种种情形下，如果刺激微弱时个体便会表现出成为一个简单和有意义的组织的可能性。山德(F. Sander)在1927年德国实验心理学大会上报告格式塔心理实验的结果时也提到了蕴含性原则，他说："如果格式塔含有成形的可能性，而此形又尚未完全表现出来，这会带着一种尚未结局的色彩，要把此可能性充分地发展出来……这就是惠特海默的蕴含律。"[②]

格式塔心理学家沃尔夫在对视觉图形的记忆研究中，验证记忆痕迹随时间朝较好的格式塔方向变化，就体现了这种完形趋向原则。他将26张无意义图形展示给6名被试，5～10秒钟后，要求他们分别在间隔30秒、24小时、8周后再现这些图形。结果发现，几乎所有被试再现的图形都偏离原版图形，把无意义的图形看成有意义的图形，使无意义图形更加匀称、规则和简单。勒温的稳态论动力模式也是对完形趋向的最好注解，从由需求打破平衡到实现目标和重新获得平衡，便是一种"过程—格式塔"。蔡加尼克效应和奥芙散金娜的"重作趋势"等实验均表明，心理紧张系统本身就具有整体属性，具有格式塔的完形倾向。这正如吴伟士对完形趋向原则的解释："(图形)缺口的存在产生(脑，心理上的)张力的不平衡状态，但完结恢复平衡。"[③]完形趋向原则本身已构成了一种心理学的稳态模式，它在勒温的动力理论中得到了进一步的发展。

---

① 申荷永：《论勒温心理学中的动力》，《心理学报》，1991年第3期，第301～311页。

② 萧孝嵘著：《格式塔心理学原理 》，国立编译馆1931年版，第20页。

③ 转引自申荷永：《论勒温心理学中的动力》，《心理学报》，1991年第3期，第301～311页。

第三节　学习论

一、顿悟说

顿悟理论主要体现在苛勒的研究中，他通过以黑猩猩为被试作实验提出顿悟说，并对试误理论进行了激烈的批判。

苛勒是在特纳里夫群岛上对黑猩猩进行研究的，他是黑猩猩研究站的第二任主任。特纳里夫群岛被作为一个研究阵地，是因为这里的环境比较适合黑猩猩生活。像许多那个时期的科学研究组织一样，黑猩猩研究站的建立受到私人和政府的支持。

苛勒的这些实验开始时只应用于黑猩猩，后来为了比较也用在人和其它动物上，如小孩、狗和母鸡等都曾经被作为观察的对象。苛勒指出格式塔中突现出来的是关系，也就是说个体如果理解了问题情境中各部分之间的关系，那么问题就好解决。苛勒将关系知觉看做是智慧的一种标志，各种动物知觉关系的能力高低不同反映了其智力的高低。苛勒认为智慧行为的本质就是可以从迂回的道路或以间接方式解决问题。如果人或动物采取由本身组织产生的活动方式直接达到目的，我们就不能将这种行为称为智慧行为。但是，若直接通向目的物的道路被堵塞了，人或动物能采取迂回的道路或以间接的方法适应这种情境，这种行为可以称为智慧行为。根据这种标准，苛勒设计了许多实验，把直接达到目的物的道路加以堵塞，另辟一条迂回的道路，把动物放置在这样的情境中，尽可能使它们对这种情境一览无余，看它们如何解决问题。

1. 实验

被实验的猩猩一共有 9 只，都选自于 1912 年到 1920 年特纳里夫群岛上的黑猩猩研究站。在这 9 只黑猩猩中，最老的一只雌猩猩叫戚喜哥(Tschego)，较年轻的猩猩中最大的一只雌猩猩叫格朗特(Grande)，她在某些方面和同伴有显著的差异，但是这些差异都是指一般的特性而非在智慧测验中测得的行为。其他 5 只，2 只是雄的：苏丹(Sultan)和康苏尔

(Konsul);3 只是雌的:特塞拉(Tercera)、拉那(Rana)和基卡(Chica),它们都是普通类型的猩猩。还有 2 只:妞娃(Nueva)和各各(KoKo),这两只猩猩提供了极有价值的观察资料,但是令人惋惜的是它们很早就死了。苛勒所设计的实验,不仅使动物采取迂回的活动具有明确的意义,并且具有不同的难度。一般来说这些实验可以分为以下几种类型:

(1) 迂回实验。

在迂回实验中,动物可以看到目的物(一般来讲是食物),但却不能直接到达目的物,而必须首先离开目的物,绕开障碍,才能最终到达目标。

苛勒设计了这样的实验:以母狗为实验对象,将食物放置在栅栏外面,母狗看见了食物,结果稍微迟疑了一下很快地绕过栅栏,取得了食物。同样,苛勒还以自己的 1 岁 3 个月大的女儿为被试,她已经能够独立行走,把她领到特别设置的盲路里,在这个地区的另一端,当着她的面放置了很多可爱的玩具。她开始朝着目的物,即逆对着这个地区向前冲去,然后慢慢地环顾四周,向盲路看了一遍,突然高兴地笑起来,疾步向前绕了一个弯走到了目的物那边。以母鸡为实验对象来做同样的实验,结果发现迂回的道路对它来说并不是一件很简单的事情,而是一种巨大的成就。[①] 它们看到目的物在它们面前只有一栏之隔,就不停地向阻碍物冲去,即使它们对阻碍物和大部分的迂回道路都已经熟知,也仍旧慌慌张张地从这一边冲到那一处,不知如何才好;但是不同的母鸡其反应方式也是不同的,如果把迂回道路缩短一些,一些母鸡停止了向阻碍物的冲撞,它们很快地绕道出来;但也有些特别愚笨的母鸡,即使在最简单的情境中也还是长时间地继续向障碍物冲去。

解决这类问题相对于黑猩猩来讲是比较简单的,有一个实验是这样的:把黑猩猩苏丹引入一间房屋,这间房屋里前面有很高的百叶窗,旁边有一道门可以通向窗外的场地,把香蕉从窗口抛到外边的场地上,苏丹只能看到香蕉在窗外消失,就窗的高度而言它是看不到香蕉是怎样跌落的,实验者然后很快地把窗户关上。结果发现苏丹迅速推开门走进走廊而到窗前,取得了香蕉。

苛勒发现,在这种迂回实验中黑猩猩和小孩子都能顺利地解决这类问题,对于母狗来讲也是很简单的,只是母鸡在解决这类问题时碰到了很大的困难。无论是黑猩猩、小孩还是狗,其行为在解决这类问题时都会表现出一种明显的突变,例如狗站着不动,然后突然转了一个 180 度的弯;小孩四处张望,突然喜形于色等,这种突变的发生取决于他们能否概览整个问题情

① 苛勒著,陈汝懋译:《人猿的智慧》,浙江教育出版社 2003 年版,第 11 页。

境，知觉刺激物之间的关系。

在这里苛勒指出，这种迂回道路的实验要和其它两种实验区别开。一种是内格尔(Nagel)所提出的"没有大脑和中脑的青蛙还能在有阻碍物的道路中跳出来"①。苛勒认为这是一种本能反应，在黑猩猩中所做的这种迂回实验在青蛙中是绝对不会发生的，青蛙不可能会自动地选择一条很长的道路，绕过阻碍物而走向目的物。另一种就是桑代克所做的动物走迷津实验。苛勒认为这种实验是要动物发现走出迷津的通路，但是却不让它们概览整个迷津的情境，它们第一次走出迷津必然是碰机会的。

由此可见迂回道路的实验关键是要让被试一开始就要对整个情境进行概览。如果能够提供一个可以概览的情境，被试解决问题就会产生"顿悟"。例如这样的一个实验：目的物放在悬挂在铁丝屋顶下面的篮子里，猩猩站在地上是无法拿到的；篮子里装了一些石子，拉动绳子的时候，篮子在短时间内会整个地摆动，这种摆动是预先设计好的，当篮子的摆动幅度达到最大时，正好是在木架的近旁。只要拉动几次绳子就很容易地看到这一点并且利用它。当篮子在摆动时，让黑猩猩基卡、格朗特等来观看这一场面。格朗特从地上向篮子跳去但是却拿不到它。基卡则悄悄地观察整个情境，突然它走到木架那边伸出手来，待到篮子摆过来时，就把篮子拉住了。让其它猩猩重做这个实验也进行得非常顺利和迅速。因此苛勒对桑代克的实验提出疑义，认为桑代克在设计实验时设计得非常困难，动物只能看到绳索或机械装置的一部分而无法观察全部的装置，从而无法概览整个情境，让动物在解决问题中陷入困境。

(2) 利用现成工具的实验。

在这类实验中，苛勒将实验情境设置得更加困难，可见的物体既不能凭借迂回而取得，也不能以动物的身体适应环境的状况而获得。如果动物和目的物之间已经建立联系，那么它只能借助于第三物体才能达到目的。② 换句话说，动物必须利用绳子、手杖以及木箱等现成的工具才能取得目的物。

例如，把水果上系着一条绳子，猩猩必须拉动绳子才能得到水果，解决这一问题的关键在于猩猩是否能够识别绳子和水果之间的关系，并能利用这一关系。几乎所有的黑猩猩都能解决这一问题，它们通常是先观察一下目的物，然后开始迟疑不决地拉动拴在水果上的绳子。然而在同样的情境里，狗只会用它的牙和爪子来解决，只是对远处的目的物感兴趣，根本不注

① 苛勒著，陈汝懋译：《人猿的智慧》，浙江教育出版社 2003 年版，第 14 页。

② 苛勒著，陈汝懋译：《人猿的智慧》，浙江教育出版社 2003 年版，第 21 页。

意放在它鼻子底下的绳子。

如果只有一根绳子在那里，它的末端靠近目的物但不绑在目的物上，那么结果会依赖于它靠近的距离而定。许多这样的实验会让猩猩迟疑不决，结果如下：① 当绳子的一端离开目的物很近的时候，一般来讲猩猩会匆匆地看一眼目的物后就去拉绳子。② 当绳子和目的物在视觉上连接在一起的时候，猩猩去拉绳子。③ 当绳子的顶端和目的物离开很远的时候，一般来说猩猩不会去拉绳子，除非它对绳子本身感兴趣或者想把它另做他用。

还有一种实验变式是观察黑猩猩能否利用手杖来够取食物。例如，将水果放置在栅栏外边，黑猩猩单靠其修长的手臂是不能够触及的，在猩猩住的笼里靠近栅栏的一边放着几根手杖。黑猩猩戚喜哥开始时企图用手去取食物，未成功后退回来躺在地上，再尝试一次又是失败。这样连续做了半个小时后她失望地躺下了，对目的物不再感兴趣。这时在栅栏外游玩的几个年轻猩猩注意到目的物，慢慢地朝着目的物走来。突然戚喜哥一跃而起，拿起了手杖很熟练地把水果拉到可以取到的地方。给其它的猩猩设置同样的实验情境，尽管存在个体差异，但黑猩猩在经过一段时间的踌躇之后也都利用手杖取得了食物。一旦黑猩猩为了达到目的物而开始利用手杖时，手杖对它们而言就产生了巨大的意义。如果把手杖拿开，在笼子外面放置食物，黑猩猩就立即用笼内的破布、稻草、树枝、金属线段等去够取食物。所有的物件特别是长的、椭圆形的，只要是可以移动的，它们在这些情境中，在“抓握工具”的功能的意义上都变成了手杖。由此可见黑猩猩已经形成了和特殊情境相适应的行为，它们会在相似或部分相似的情境中应用同样的方法来解决问题。

在这种实验中，苛勒发现黑猩猩不仅仅能够用绳子、手杖等现成工具来取得食物，而且还能够借助于箱子或“跳杖”来取得高挂在屋顶上的香蕉。例如，把目的物高挂在空中，黑猩猩仅仅靠跳跃是触及不到的。把手杖拿开放置一只木箱在屋子中间，食物高挂在屋角的顶上离箱子约有 2.5 米左右。苏丹开始时跳跃起来试图取得食物但告失败，不久它放弃了这种企图。它不停地走来走去，突然悄悄地来到箱子前，急速地将箱子倾斜着直对着目的物拖过来，爬上箱子用尽平生气力跳跃起来把食物扯了下来。黑猩猩在掌握了箱子的妙用后，在类似的情境下若没有箱子出现，它们也会以极其繁杂的物件来代替，如把石头、笼门上的铁丝、铅皮和木块等不加识别地收集起来，用它们作为梯子或踏脚凳——猩猩在利用这些物件的时候，它们在功能上是差不多的，有的猩猩甚至拉喂食的饲养员或其它的猩猩作为脚踏凳。在进行了利用手杖以及箱子够取食物的实验后，有的黑猩猩能够综合运用这些方法，如黑猩猩各各只要一看到有人带食物来，就会立即转向箱子，它常常身边带着一根手杖，当它爬上箱子的时候它有时会用手杖来够取水果。这一套混合的方法在其它的黑猩猩中也可以看到。

（3）制作工具的实验。

在这类实验中，动物没有可以利用的现成工具，它必须对情境中的物体进行一番改造，然后将改造的物体用作工具来获取目的物。例如，在苛勒的制造工具的一个实验中，将目的物放在栅栏外面手碰不到的地方，近旁又没有绳子或木杆等可以利用的工具。但是在黑猩猩旁边有一棵砍倒的树。大多数猩猩在面临这种情境时显得茫然不知所措，少数比较聪明的黑猩猩（如苏丹）在经过一段时间的茫然后，似乎突然找到了解决问题的方法，径直向枯树走去，折下一根细长的枝条，拿着它奔向栅栏取得了食物。这个枝条用作木杆的动作，可以称之为制作工具。

但是在这个实验中，有些黑猩猩由于视觉上的“格式塔”，即把放在旁边的树枝和树看做是一个整体，因此把树枝看做是一根“手杖”比较困难，而是采用了其它富有创造性的方法。例如猩猩戚喜哥在这个实验情境中，它起初没有看到树，但当它的眼睛接触到目的物时，它就照往常那样走进她的“卧室”拿了它的睡毯，把它从栅栏中塞过去抛向目的物，试图用这种方式把目的物朝它拉过来。在这里可用两种方式利用睡毯，不论是哪种都可以获得成功：一种是用睡毯把目的物扑击过来；另一种是先把睡毯抛过目的物再把它拉过来。但是它却把睡毯拿开了。于是它就去搬树并且用力地把它从栅栏中挤过去。当这种方法不能取得成功时，戚喜哥又拿来了一束稻草，它像用手杖那样伸出去力图把目的物带过来，可是稻草太柔软了，在拉动的时候并不能把目的物带过来。这时候只见戚喜哥用牙齿咬住稻草的中央，用手执住一端，然后将两端折合起来，这样一束稻草就只有一半长，但已经形成了一根坚固而实用的手杖。它立刻运用了这根手杖，因为它有足够的长度，因此屡屡成功。从拿起一束柔软的稻草到利用一束坚实的稻草，整个过程是一个统一的动作。它只花了几秒钟时间，这种制造工具的方法出乎人的意料。戚喜哥在任何时候都没有撕裂树枝的迹象，但在整个实验中它却已经清楚地显现出利用手杖的意向。对它来说树只是一个很小的单位，戚喜哥把它当做一个整体，这就说明了它为什么要把整棵树用作一根手杖。对于人类来讲，并非每种东西都被明显地看成“部分”，对猩猩也是这样。[①]

在制造工具的实验中，黑猩猩苏丹的行为似乎更引人注目。用苏丹为

① 苛勒著，陈汝懋译：《人猿的智慧》，浙江教育出版社2003年版，第93页。

被试做实验，给它的手杖是两根中间空但很坚实的竹管。竹管的长度大约相等，有一根要比另一根更细一些，它可以很容易地插入到另一根竹管的任何一端。在栅栏前放了水果，恰恰放在苏丹无论用哪一根竹管也不能取得的地方。苏丹煞费苦心地用这根或那根手杖去拉取目的物，甚至将它的右臂伸出栅栏，每一种做法都告失败后……苏丹开始无精打采地蹲伏在栅栏后面的箱子上，然后站起来拾起两根手杖坐到箱子上漫不经心地玩弄它们。忽然它发现拿在两只手里的两根手杖可以连成一条直线：它把较细的一根手杖插入到较粗的一根空口里，猛地跃身而起向栅栏奔过去。它现在还是半侧着身子，用那根结起来的手杖将水果向着自己的方向拉过来。这个过程好像给它了莫大的愉快，它非常高兴朝着栅栏一只接一只地去拉水果，几乎腾不出时间去吃它。在以后的几个实验里，苏丹对这种方法的运用越来越熟练并且能够适当变通。如给它三根竹管，大的两根可以插进第三根的无论哪一端，当它结起来之后发现实际上利用一根就足够了，它会很快地把接好的手杖拆开，而只用一根竹管来完成它的工作。当目的物离得很远时，它会将两根或三根竹管连起来去够取目的物。

苛勒发现，苏丹学会连接竹管后，一旦有连接起竹管的机会它并不是随机地将竹管拼凑起来，即它从来没有想到把不适当的竹管连接在一起。例如，把目的物放在外面，同时抛给苏丹两根大小不同的竹管。它立刻像以前一样握住它们，它用左手拿了粗的一根，右手拿了细的一根，并举起右手准备连接竹管，突然又停了下来。只见它把大的竹管掉了一个头，随后就把这两根竹管都抛在地上。苛勒拾起竹管，发现大的一根的两端的开口都塞住了。在这种情境下苏丹不想去连接竹管，把塞住的部分打开后，它立刻把它们连接了起来。

(4) 建筑实验。

这个实验类似于制作工具的实验，它要求黑猩猩不仅要利用现成的木箱，还要把两只或三只木箱叠起来，即把一只放在另一只的上面，然后爬到木箱上才能取得目的物。这种实验要求黑猩猩理解建立两箱的稳固结构与获取目的物之间的关系，因此对黑猩猩来说这似乎很困难。少数黑猩猩虽然显示出已经领悟到一只箱子重叠于另一个箱子上面就可以解决问题，但是却不知道建立两只箱子的稳固结构，只有少数黑猩猩能够取得成功。

例如，黑猩猩格朗特作为建筑实验被试时获取了成功，这与它的个性有一定的联系。格朗特虽然是一只较小的猩猩但是很强壮并且很有耐心。它不会因为许多不幸的失败，如建筑物的倒塌或其它任何困难而改变初衷，而其它的猩猩包括苏丹则表现得急躁且不能忍耐，因此格朗特可以用它的方式去做大量困难的工作而且经常能得到成功。在建筑实验中，它不仅能够把 3 只箱子重叠起来取得目的物，而且能够叠成由 4 只箱子组成的奇妙建筑。

(5) 利用中介物的迂回实验。

利用中介物的迂回实验要求黑猩猩在取得最后的目的物之前，必须先获得一个辅助的目的物，然后用辅助的目的物去获得最终的目的物。例如，在笼外较远的地方放着水果，笼子旁边放着一根短手杖，用短手杖不能取得水果，但是用短手杖能够取笼子另一边的一根长手杖，用长手杖可取得水果。在实验中，黑猩猩苏丹先是试图用短手杖取得水果，当尝试失败后最初表现出迟疑和困惑，四处打量，过了一段时间后突然拿起短手杖把长手杖拉过来，用长手杖取得了水果。

(6) 格式塔操纵实验。

这类实验更加复杂，黑猩猩必须领悟到一些相当复杂的完形特点才能解决问题。如有一个实验是这样设计的：把一根 2 米长的棒条牢牢地插在房屋的墙上和人差不多高，因此它就成直角地从墙角上突出来；将一只装着目的物的小篮子挂在棒条上，离开棒条的外端约有 1.2 米。靠近墙边的地上放了一根长的手杖。把苏丹带进屋子里，它向上看见了篮子便想沿着房屋的梁木爬上去但是受到了阻止。它就蹲伏在近旁的地板上放眼四周。过了一会它看到了在它近旁的手杖，就拿起手杖向着篮子冲过去。当时它所处的位子决定了它和篮子成一斜线，它盲目而简单地向篮子扑击了两次，然后突然转变 90 度的方向，朝着正确的一边以迂回的动作，很小心地将篮子移动了 6 次，慢慢地把它推向棒条的外端，直到篮子跌落下来。

在同样的情境里，格朗特从老远的地方拖来了一只箱子，把它放在篮子底下再登上箱子，但还是够不着篮子。它拿起手杖很快扔了，然后走到约有 50 米的地方去拿了第二个箱子。这时实验者把第一只箱子移开并藏了起来。猩猩拿来了第二只箱子，由于第一只箱子不见了，它露出很“惊奇”的样子。这一次它又去拿手杖并且一开始就正确地把篮子推向外的一端，中间没有一点的错误。

通过设计很多类似的实验，苛勒发现猩猩在学习中能够认识到它所看到的“形”，所给予的结构如果很清楚而且简单，一般来讲黑猩猩可以对“形”作出清楚的适应，但另一方面，当“形”非常复杂的时候，就是最聪明的猩猩也会产生完全不聪明的推拉动作。①

① 苛勒著，陈汝懋译：《人猿的智慧》，浙江教育出版社 2003 年版，第 228 页。

苛勒在其著作《人猿的智慧》一书中的结论部分对所做的实验作了几点概括：① 他的大量实验可以“追溯到智慧行为的原始型式”，猩猩表现出来的一般智慧和人类有些相像，尽管它们的智慧动作在外表上和人类的动作并不完全相同。即使对于在这里所观察的这个物种中天分最低的成员也可适用。除了很少见的例子除外，一般来讲智力测验不能取得成功，与其说是由于动物所导致，不如说是由于设计实验的人所导致。② 人猿在智慧方面要比其它低等的猴种更接近于人类，这和达尔文所提出的进化论是一致的。③ 进行的这些实验情境中，猩猩所表现的顿悟主要决定于它对情境在视觉上有所理解，以至于它常常依赖于视觉来解决问题。在许多情况下猩猩往往为了领悟而停止活动，也许这只是由于情境的结构过于复杂而非它的视觉所能理解，因为它的形状知觉相对薄弱。所以如果我们没有一种缜密的形（完形）的理论来作基础，我们对于猩猩的一切作业就很难给予满意的解释。④ 这些实验及其结果对于特殊的测验方法以及视觉所给予情境的特殊测验材料，具有特殊的参考价值，因此在同样的条件下，我们可以把它应用于人类（特别是儿童）的心理事实。仅仅从事于众所周知的量的测验的教育心理学，还不能对在一定情境中的常态的儿童，以及心理缺陷的儿童实施较理想的测量。而对黑猩猩所做的这一类实验，在儿童年龄很小的时候就可以进行，并且和通用的智力测验一样具有明确的科学上的价值。

苛勒的这些实验虽然只有质的分析，没有精确的量的测定，但是他的实验设计新颖而富有首创性，并且重视认知的因素，这不仅为动物心理学的研究开辟了新的道路，并且为现代学习心理学中的认知学派的实验研究奠定了基础。

2. 顿悟理论的提出

在上述的几种实验中，苛勒发现，黑猩猩在解决问题过程中也会做一些无意义的动作，但是有些无意义的动作却可碰巧有助于问题解决，一般来讲猩猩会犯三种错误：① “良好的错误”(good errors)。当猩猩在解决问题的时候，由于对“目的物和它之间距离的粗略估计”，而导致这种错误。在这种情况下，猩猩实际上想更好地去克服距离——这是良好的方面，但却无意识地指向不可能的工作——这是错误的方面。[①] 例如把目的物高挂在墙上，猩猩用双手抓起箱子用力把它举过头顶，按压在靠近挂着目的物的墙壁上，如果箱子能够“粘附”在墙上这个问题就可以解决。因为那样它就可以爬上箱子得到目的物，实际上箱子是不可能黏附在墙上的。因此这是一个良好的

① 苛勒著，陈汝懋译：《人猿的智慧》，浙江教育出版社 2003 年版，第 135 页。

错误。② 由于完全不了解工作的条件而引起的错误。当猩猩把一只箱子往高处叠的时候，往往它会从极为稳定的位置放在极不稳定的位置上。在这个时候我们就能够看到这种错误。③ 由于习惯引起的笨拙的错误。猩猩在能进行概览的情境中仍然沿用老习惯，就会引起这种错误。如将目的物放置在栅栏外，苏丹把箱子拉到栅栏旁边。这种行为会引发猩猩极大的烦恼——它差不多会使猩猩发怒。

虽然猩猩在解决问题过程中会犯上述一些行为上的错误，但最终不会影响其问题的解决。苛勒发现，黑猩猩不但能看出箱子与香蕉之间的关系，懂得把箱子叠起来站在上面够取香蕉；而且它还能把两个竹竿套在一起连成一根长竹竿，使之能获取远在栅栏外的香蕉；并且懂得为了取得香蕉，不必从笼子的栅栏中挤出来，而是绕笼而行达到香蕉。苛勒把黑猩猩对有用的或适当的关系的突然知觉称为顿悟。黑猩猩的这种顿悟行为并不是对人类行为的模仿，它是个体对整个情境的一种综合反应，将情境视为一个有组织的整体，是对整个情境完全概览后产生的，它是一种"一开始就考虑到情境结构的行为"。

弗罗格尔和韦斯特对顿悟是这样分析的：一些问题的解决，看来是突然来到的，俨如包含着能达到预期目的的整个错综复杂的手段在内的一个新"完形"，在动物的意识中突然出现，它确实好像"顿悟一闪"(a flash of insight)而引起的适宜动作。[①] 赫根汉和奥尔森(Hergenhahn and Olson, 2001)概括了顿悟学习的特征，认为顿悟学习有四个特征：① 从没有解决到解决的过渡是突然的、完全的；② 以由顿悟获得的解决办法为基础的表现通常是流畅的，没有错误；③ 由顿悟获得的解决某一问题的办法能保持相当长的时间；④ 由顿悟所获得的原理很容易应用到其他问题。[②] 由此我们可以看出通过顿悟解决问题的过程，不是一个渐变的过程而是一种突发性的质变过程。通过对整个问题情境的重新建构，能够引起一系列行为操作，这种行为操作是一个系统的过程。例如，黑猩猩在实验的过程中表现出很长的停顿，它们迟疑不决、环顾四周的情境，但是在停顿之后出现了一个不间断的动作序列，形成一个连续的完整体，正确地解决了问题，取得了目的物。

这充分表明了黑猩猩在行动之前就领悟到自己的动作为什么和怎样进行，领会到自己的动作和情境、特别是和目的物之间的关系。黑猩猩苏丹在有中介的短手杖的迂回实验和在以连接手杖取得香蕉的迂回实验都说明黑

① 转引自舒尔茨著，杨立能等译：《现代心理学史》，人民教育出版社 1981 年版，第 306 页。

② 赫根汉著，郭本禹等译：《心理学史导论》上册，华东师范大学出版社 2003 年版，第 702 页。

猩猩在停顿之后产生了一个新的转折，这种转折产生于其行动之前，对为什么和怎样进行活动以及活动的结果，都已经有所领悟了。

但是苛勒的这些观点并没有受到美国机能主义的影响和支持。苛勒读了英国哲学家霍布豪斯（Leonard Trelawney Hobhouse）的著作《智力的进化》（Mind in Evolution）以后非常震惊，因为以前他从来没有听说过这么完好的实验，霍布豪斯用恒河猴（一种猕猴，多应用于实验）、猩猩以及其它动物所做的实验和他的一些实验极为相似，霍布豪斯也指出了一些动物突然"灵光一闪"的顿悟的实例，以及动物会发生一些"决定性的尝试"（decisive trials），甚至是"好的错误"。两人在理论上有许多相似点，但是霍布豪斯的目的是为智力在自然动物中找到一席之地。霍布豪斯也反对桑代克把动物行为看做是本能冲动的联结，他通过观察指出，这种行为应该被称为"知觉学习"（perceptual learning），是具体知觉后的结果，动物看起来好像能够看到物体之间关系的重心，因此动物能够根据此作出推论，他把这种操作称之为"实际判断"（practical judgment），这是对元素进行知觉后的"复制性"（reproductive）的综合而非联结或同化。相反苛勒并没有应用霍布豪斯的这些术语，他建立在惠特海墨认识论的基础上，运用描述性和解释性的语言强调：动物能够很快抓住其所在情境的重心，并非是现在和过去经验的综合复制，虽然有足够的证据发现黑猩猩有很好的记忆力，但是黑猩猩生活在一个"有限的时间框架里（a limited time frame）"，其过去和未来是有局限性的。由此可见在学习理论中，苛勒将惠特海墨的格式塔理论原则运用到描述和解释黑猩猩的行为中去了。

总而言之，苛勒的顿悟研究有利于支持格式塔心理学关于行为的解释，以反对联想主义和行为主义的元素论。苛勒的研究成果随后被用来（特别是考夫卡）支持这一个论点，认为顿悟类型的学习实质上是心理场的一种知觉重建或重组，面临一个情境的动物处于一种不平衡的状态，在这动物的心理场中有一个"缺口"，顿悟出现时缺口便闭合。

二、对试误说的批判

根据这一系列的实验，苛勒提出了顿悟的学习理论，坚决反对桑代克的试误说。桑代克的尝试错误说认为动物的学习过程不存在任何智慧行为，而是盲目地尝试和活动的结果，对错误动作的消除以及对正确动作的选择与巩固都有一定的意义，因此试误说重在强调问题的解决是偶然和练习的结果。

而顿悟说认为动物的学习过程是领会其情境的智慧活动，即动物在行动之前对于其行动的结果已有一定程度的了解，发现了情境中新的格式塔，使原来无关的物体和情境发生关系。苛勒根据实验结果认为，动物对于问题的解决不是来自于盲目的试误，也不是出于各个部分偶然碰巧的凑合。例如，在他设计的一个实验中，把一只很重的箱子远远地竖着放在前面常常提到的栅栏的另一边，将一根很牢的绳子绑在箱子上，它的另一端搁在栅栏的框格中，在居于箱子和栅栏之中的绳子上绑上水果，并且让绳子呈斜状，黑猩猩只有将绳子拉到与栅栏成垂直状时才能取得到水果。用四只黑猩猩做这个实验时，它们一看到绳子并没有按照绳子的方向去拉，而是一开始就换了一个方向，双手交替着将绳子弄到和栅栏成垂直状取到了目的物，由此可见它们的行为并不是随机动作的集合。[①] 在苛勒所设计的这些实验中，这些猩猩在一些实验中没有经过尝试就能获得成功。由此可见顿悟学习和试误学习是截然相反的两种学习方式。

苛勒对试误说的批评，主要体现在以下几个方面：

第一，苛勒认为桑代克所设计的实验情境过于复杂，使动物不能全面地加以考察，超过了动物可以理解的范围，动物只能看到绳索或机械的一部分，不能概览全部的情境。因此他认为在试误学习中动物不能完全观察到整个问题情境，以至于它们只能进行盲目的尝试，所以必须使有机体在引起顿悟之前看到问题情境中各部分之间的关系非常关键。例如，苛勒在设计实验时，能够让黑猩猩观察到整个问题情境：在迂回实验中，当着猩猩的面将水果扔出窗外；在利用工具的实验中，将目的物放在有栅栏的笼子外，猩猩仅仅凭借其修长的手臂不能取得，在笼子里靠近栅栏的一边放着几根手杖；在制造工具的实验中，将目的物高挂在屋顶上，在屋子里陈列一只或两三只箱子。在苛勒所设计的这些情境中，能够让猩猩形成对目的物—手杖或目的物—箱子等情境的概览，从而产生顿悟。

第二，桑代克通过实验证明，动物学习带有盲目尝试的性质，学习的成功与否取决于多次重复和学习过程中所带来的效果，他认为学习过程不存在智慧行为，用桑代克自己的话来说，“猿猴的情况像其他动物一样，也有确实的证据说明，不存在任何一般的推理机能”[②]。格式塔心理学家反对这种观点，他们认为多次练习如果能使动作巩固，那么所保留下来的动作应该是

① Ash, M. (1995). Gestalt Psychology in German Culture, 1890—1967: Holism and the quest for objectivity. New York: Cambridge University Press, p. 159.

② 查普林、克拉威克著，林方等译：《心理学的体系和理论》，商务印书馆 1983 年版，第 288 页。

那些盲目尝试的无效动作，因为在取得成功的动作之前失败的动作已经反复了好多次，但事实上却适得其反。桑代克认为成功的动作引起快感能得到保留，不成功的动作引起烦恼而被淘汰。格式塔心理学家认为动物成功的动作是不可能绝对相同的，既然成功的动作前后相异，那么就很难说第一次成功动作的效果会影响下一次动作。苛勒指出，在自己所做的这些实验中，顿悟虽然也是跟随在一个阶段的尝试与错误行为之后，但是这种行为不是桑代克的猫的那种"盲目的、胡乱的冲撞"，而是一种或可以称之为"行为假设"的程序，动物在实验这些假说然后抛弃它们。

第三，苛勒否认学习过程是一种渐进的量变过程。他指出，黑猩猩在解决问题前的确有迟疑不决、环顾四周的情形，但是在解决问题时动作就显得非常明确而连贯，所用的时间也很短，这表明它是一个突发、飞跃的质变过程，无需量的积累。例如在一个建筑实验中，目的物高挂在屋顶上，在旁边有两只箱子。黑猩猩很快就熟悉了情境并且它们坚信不可能用一只箱子就能获得成功，它们会突然地拖进第二只箱子，或者把它拉上去或者把它拖到第一只箱子的近旁。但是它们会突然地、迟疑不决地停下来，作出一些不明确的动作，甚至当有的猩猩已经把第二只箱子举得很高（从人类的观点来看），只要把它放在下面的那只箱子上就可以成功时，却变得完全不知所措。当用苏丹做实验对象时，它在这个时候脸上露出非常迷惑的样子，并且不断地望向目的物。突然它牢牢地抓起第二只箱子，以果断的动作把它放在第一只箱子上面。它们长时间的犹豫不决和这突然的解决形成强烈的对比。由此可见，学习过程是一个质变的过程而非量变的过程。

三、迁移说

对于迁移，桑代克提出用"类比反应"来解释。把经历过某一情境的被试放置在不同情境的箱子时，如果新的情境中包含某些与前一情境相同的成分，它就会作出类似的适当反应。在制定类比原理时，桑代克设想出一种"相同要素"理论，也就是说，假如在涉及的两种学习情境中间有共同的要素就会发生迁移，他把相同要素作为保证迁移的唯一手段。

苛勒强烈地反对桑代克提出的关于相同要素是迁移所必需的根本因素。他认为对情境中一切关系的顿悟是促进迁移的关键。苛勒指出，一旦动物通过顿悟解决了问题，就有一种对类似情境的高度迁移，而且动物会表现出高水平的保持和理解，这自然会有助于顺利的迁移。即动物在一种情境中发现或理解的动力关系模式，可以应用到另一种情境。苛勒用小鸡和一个三岁儿童做实验证明了这一点。教被试在两张纸中的一张上找到他们能吃的食物，这两张纸一张是浅灰，一张是深灰。食物（糖果）总是放在深灰色纸上。训练小鸡学会在深灰色纸上吃食（儿童必须学会在深灰色纸上才能拿到糖果），当这个训练情境完全学会了以后（小鸡学会需要 400 次或 600 次尝试，儿童需要四五十次），再用一张比原来用的两张都深的灰纸来代替浅灰的那一张，现在的问题是：小鸡（儿童）是到过去总是放置食物的那张纸上，还是到其中更深的那张纸上找食物。苛勒的观点是：如果他们是到过去总是放置食物或糖果的那一张纸上去（两个情境中的相同因素），这就证明迁移是由于相同因素；如果他们到两个中间较深的那一张纸上去，那就证明它们不是对相同要素作反应，而是对关系作反应。小鸡的实验证明，它们对新刺激的反应为 70%，对原来阳性刺激的反应为 30%；儿童始终是对颜色较深的新刺激起反应。由此苛勒认为以上事实可以证明，对关系的顿悟是获得迁移的真正途径。

考夫卡也指出，"遗迹对新情境的效应和转移问题有很密切的关系。所谓转移就是遗迹影响同样的历程……所以当一种程序得借其遗迹而影响于不同的程序时，我们便名之转移。"①也就是说，由顿悟产生的解决问题的方法能印刻在大脑中，当以后面临类似的情境时记忆痕迹就会影响个体的心理活动，使之选择类似的方法来解决问题。在苛勒所设计的这些实验中，黑猩猩确实表现出了对情境的理解以及将其由某一情境迁移到另一情境。例如，当黑猩猩学会了用竹竿作为手杖取得目的物时，如果给它们提供一个没有竹竿的新情境，那么它们的注意力常常会转移到一段铁丝上，这铁丝的一部分和线圈分裂因而从线圈中突出出来，这样看来它好像具有了手杖的形状。黑猩猩们会煞费苦心地把它完全拉脱用它来拉取目的物；在同样的情境中，更加经常发生的是它们会走到箱子、木板那里，用手、牙齿和脚去撕裂一片木条，然后把它当做一根手杖。

因此，苛勒以及其他格式塔心理学家认为，有机体在解决问题过程中习得的是原理或关系，而非对特殊情境的特殊反应。一旦有机体学会某一原理，就会将其应用于相似的情境。

但是，苛勒等格式塔心理学家对迁移的解释受到了挑战，新行为主义者赫尔心理学的代言人斯彭斯（Kenneth Spence）提出了一个巧妙的替代性解释：假若某只动物因接近一个盖子为 160 平方厘米的盒子而受到强化，接近盖子为 100 平方厘米的盒子则没有受到强化。那么这只动物就学会了接近

---

① 考夫卡著，傅统先译：《格式塔心理学原理》，商务印书馆 1936 年版，第 613 页。

那只较大的盒子。在实验的第二阶段，这只动物要在盖子为160平方厘米的盒子和盖子为256平方厘米的盒子之间进行选择。即使动物在第一阶段因为选择另一只盒子(160平方厘米)而专门受到强化，而在这一阶段的动物通常会选择较大的盒子(256平方厘米)。① 这一发现似乎支持苛勒的关系迁移理论，但是斯彭斯对这个现象进行了行为主义的解释，这个解释以泛化为基础。斯彭斯认为，出现这种现象主要是因为接近积极刺激(160平方厘米)的倾向泛化到其它相关刺激之上，接近积极刺激的倾向(以及这一倾向的泛化)要强于回避消极刺激的倾向(以及这一倾向的泛化)。

斯彭斯的这个解释有利于预测不会出现迁移的条件，但是格式塔心理学和行为主义的解释都不能揭示所有的迁移现象。

四、创造性思维

《创造性思维》是惠特海默付出七年心血撰著而成、在其去世后出版的一部遗著，这本书得到了修订和扩展，并在1959年再版。在书中他以独特的方式总结了自己的许多实验研究，对于创造性思维他开创性地提出了很多有价值的理论。惠特海默根据格式塔学说研究了从儿童解决简单几何问题的过程一直到爱因斯坦发明相对论的思维过程，以各个不同的年龄段和难度不同的问题为依据，发现在各个问题解决的水平上都有创造性的思维过程。

1. 对几何问题的探讨

惠特海默关注格式塔理论在教育中的运用。他认为，许多优秀的教师在教学过程中很大程度上受思维的两种传统观点的制约——即传统的逻辑观点和联想学说。传统逻辑所关心的就是能够保证一般概念、命题、推理和三段论的准确性、真理性和一致性。如果当一个人能够准确地、容易地完成传统逻辑运算，那么就可以认定他能够思维而且是一个聪明人；如果他没有能力形成一般概念、抽象概括和通过某些形式运用三段论法引申结论，就会被认为是一种心智缺憾。

而联想主义认为思维是一连串的观念，因此了解思维的途径是研究支配观念连续的规律。经典的联想主义主要是依赖过去的经验，思维由于惯性的作用而非理性。现代的联想主义比经典的联想主义要复杂，但是就其本质来讲还是强调重复、接近等一些老的观念。

---

① 赫根汉著，郭本禹等译：《心理学史导论》上册，华东师范大学出版社2003年版，第703页。

惠特海默认为，这两种方法都不是有意义的创造性思维。同现实的、有意义的、创造性的过程比较，虽然传统逻辑处理问题相当严密，传统逻辑的论题以及常见的例子常常显得笨拙、乏味而没有创造性。传统逻辑很可能有一系列正确的逻辑运算，并且每一个运算本身都完全正确，但是不能形成有意义的连贯思维，运用到真正的创造性上是有困难的。联想学说也存在同样的问题，如果解决问题只靠回忆和机械重复以及一系列盲目尝试中纯机遇的发现，这个过程不能称为是一个有意义的思维过程，更谈不上有创造性。

为更有力地反击关于思维本质的传统观点，惠特海默走进课堂，通过观察儿童解决几何问题，直观而朴素地向我们展示了不同年龄阶段儿童解决问题的思维过程，也间接地暴露了存在于教学过程中的一些误区。

惠特海默通过观察课堂上儿童解决几何问题，相应地展开了一些相关实验，发现创造性过程是一个激动人心的戏剧性场面。惠特海默先是通过几个比较简单清晰的例子，阐述了创造性思维过程。其中一个就是求平行四边形的面积，这是一个典型的创造性思维过程。

惠特海默先举出了一个求平行四边形的很普通的教学活动的例子。教师在黑板上进行定理的通常证明：先复习学生上节课所学内容即长方形面积的求法，然后教给学生如何求平行四边形的面积。教师在黑板上画出一个平行四边形，然后引辅助线。借助于这个图形，教师着手这个定理的通常证明：先证明两个三角形相等，然后求出平行四边形的面积等于底乘以高。并且每进行一步，教师都根据已经学过的定理、公式和公理，阐明相等和全等的概念，一步步引导出平行四边形的面积求法。教师还举出很多例子，包括不同大小、不同边和不同角度的平行四边形，要求学生求出它们的面积。这节课好像上得很成功，因为每个学生都能正确地求得各个平行四边形的面积。在第二节课上教师叫一个学生在黑板上演示怎样求平行四边形的面积，这个同学做得非常正确，其他的同学也掌握得很好。

但是，当惠特海默向学生们提出一个问题后，情况便有所变化。他的问题也是求一个平行四边形的面积，不过是翻转一个角度而已。令人吃惊的是不少学生对翻转的平行西边形求法不知所措，有的学生说没有见过这个样子，有的则盲目地引辅助线，却都不能使问题得到解决。显然教师的讲解是没错的，逻辑运算符合传统逻辑的推理和演算。但缺少的是什么呢？

再看惠特海默关于求平行四边形的另一个实验：一个五岁半的孩子在没有任何人帮助的情况下，解决了平行四边形的面积问题。在教她长方形面积的求法以后，让她求出平行四边形的面积，她说："我当然不知道怎么做这个题。”接着沉默了一会她指着平行四边形左端说：“这里不好。”然后又指着平行四边形右端说：“这儿也不好”，“这两个地方都讨厌”。迟疑了一阵后说：“我可以把它弄好……但是……”忽然叫起来：“可以给我一把剪刀吗？这边不好的正好是那边所需要的。”拿起剪刀垂直地剪下一块，把左端剪下的一块放在右端。

惠特海默认为，这是真正的创造性思维，这些孩子能够真正地并且直接地找到答案，而不需要或很少需要别人的帮助。这个过程的运算不是盲目的回忆或尝试，不是碎片到集合、从下到上的过程；而是从上到下在看到整个问题情境之后，从结构中发现问题。也就是说，是从一个坏的格式塔转变为一个好的格式塔，它是从不完整的、不合适的结构转变为完整的、前后一致的结构，它从结构上不理解，从觉得有问题转变为真正掌握和实现结构的要求，这里充满着张力和引人注目的结构上的改变。在这个过程中，对问题有组合、重新组织以及结构化的运算，既能够把整体分为次整体，但又能看到全部的次整体；既能以全图为明确的参照体系，又能看到关键的特殊问题。

而在课堂上教师所讲解的过程遵循了传统的逻辑运算思想，学生们并没有真正理解问题的整个情境，没有真正地理解整体和部分之间的关系，理解或不理解这个关系（也叫结构）在迁移中起着决定性的作用。

2．在生活中的创造性思维

惠特海默讲了两个孩子打羽毛球的故事。两个孩子小 A 和小 B 在花园里打羽毛球，小 A 12 岁，小 B 10 岁。小 A 发球往往很刁，小 B 接不住球，最后小 B 放弃了，扔下球拍坐在树干上说：“我不打了。”小 A 劝他继续打下去，小 B 不搭腔。两个人看起来很不愉快。过了一会儿，小 A 突然容光焕发地说：“我有一个想法：我们这样玩，我们打来打去，不让球掉下来，看能打多少下？你说我们能坚持十次还是二十次啊？”他说得很高兴，似乎发现了什么，对他来说这是新事物，对于小 B 来讲也是，小 B 愉快地同意了。他们又玩起来了，游戏的性质完全改变了，他们相互配合、互相合作，打得很起劲、很高兴。小 A 不再设法作弄小 B，但他打的球越来越难接，不过他却叫道：“这个球很难接，你能接住吗？”充满着通情达理的友好态度。几天以后两人又在一起打球，小 B 的技术大有进步，两人打得很愉快。从后面小 A 的行为中可以看到他发现了某种东西，这对他来讲是很好的经验，远远超过解决打羽毛球这个小小的问题。

在局外人看来问题的解决并没有什么了不起，但是对小 A 来讲问题的解决不仅仅是一个技术问题，这意味着一个根本性的问题，即从消除困境的肤浅的尝试转变为面对着根本性的结构，最后以创造性的方式解决问题。开始的时候，这场游戏是以小A为中心的，小A看到的在整个情境中有小B、游戏、困境等等的意义、作用、位置和功能，无论在思维上还是在行为上，他的言行都受到这个中心的支配。换句话说就是小A需要小B无非是让他击败而已，所以小B拒绝玩下去；而游戏对于小A来讲“在其中我可以取胜和表现我的能力的东西”，所以这是一场纯粹的竞争性游戏。后来他又发觉如果把小B作为中心的话，这个情境对于小B来讲会发生很大的变化，这个变化后的结构中自己不过是一个部分而已，是作为一个运动员出现的，这个运动员对另外一个运动员的行为很不友好。过了一阵，游戏本身就它的整体性质和必要条件成为中心，他和小B都应该当做与游戏有关的成分。

从逻辑上来讲，在三个中心里小A看他自己是不同的，相对应地看待对方以及游戏本身也是不同的，[①]即中心的改变会带来各个方面功能和意义上的变化，这些变化对解决问题有效与否是不一样的。无论是以小A为中心还是以小B为中心，这个游戏都是偏离了的“良好的游戏”，因为在这两种情境里双方都是对手，每个人都只是为了自己的胜利；若以游戏为中心情境就会发生很大的变化，两个人就会变成为了共同目标而互相合作，两个人作为游戏中的组成地位是相等的，随着中心的转移，这个部分的意义和功能就会发生很大的变化。例如，发球就不会搞到让小B接不住球的地步，而以小A为中心的情境中，小A可能就会很高兴小B接不住自己的球，但是在以游戏为中心的情境中，每次连续对打成功会使双方都很高兴。小A解决了这个问题，两个人最后能够高兴地合作，关键在于小A按照情境的要求改变了中心，因为两个人打羽毛球本来就是一个游戏而不是一场竞赛，所以游戏本身的要求是解决这个问题的一个关键，如果能抓住这个关键问题就会迎刃而解。

惠特海默指出，在许多思维过程中结构中心的转变是真正创造性思维中的伟大时刻。这个过程包括：① 改变中心的运算：从片面的观点转变为从情境的客观结构所要求的中心出发；② 根据各个部分在结构上的位置、作用和功能来改变各个部分的含义；③ 根据“良好结构”来看情境，从而使一切都能适合结构的要求；④ 要单刀直入地抓住根本，实实在在地面对问题得出后果。决定中心——即围绕一个中心、核心或一个源泉，来观察情境中的项目以及意义、作用等，是思维中最有力的一个因素。惠特海默认为，传统逻辑和心理学一向忽视决定中心问题，即根据情境的性质来寻找或者看到一个

---

① M. Wertheimer(1934). *On Truth*. *Social Research*, Vol 1, pp. 135～146.

真正的中心，盲目地、夸张地或有意地制造一个假中心。在实际生活中恰当的中心非常重要，因为它意味着客观性和公平。如果一个偏见很深的人当上了法官或仲裁者，他的行为有可能会受到偏见的影响而脱离了合乎情境要求的真正的中心。真正的思维家在思维的时候是忘掉了自我的，在真正思维中，主要力的矢量不是围绕自我和自我的利益，而是代表着特定情境的结构要求。

如果这个中心定错或重定中心错误，就会带来思维和语言描述的混乱。惠特海默举了一个典型的例子来论述这个观点。惠特海默到一个朋友家做客，朋友的女儿回来了，他父亲把她介绍给惠特海默并问她一天是如何度过的。她说，那天有好多工作要做但是她觉得还不错。惠特海默请她描述一下她都和什么人在一起工作。她说："在办公室里有很多人。我和一位 A 先生、B 先生和 C 先生直接联系，他们常常到我的办公室里来，问问题、带信件等等。办公室里还有其他人，不和我直接联系。A 先生和 D 先生有联系，B 先生和 E 先生有联系，C 先生和 F 先生有联系。D 和 E 彼此有联系，E 和 F 也有联系。我再想想看，办公室里除了我以外还有六个人。"惠特海默问："你是头头吗？"她回答不是。惠特海默进一步提出问题："你给别人下命令吗？"她回答说："对，有时候我给 A 先生和 C 先生下命令。我从 B 先生那里接受命令，D 先生接受 E 先生的命令，E 先生从 B 先生那里接受命令，F 先生从 E 先生那里接受命令。"（表面上她很有逻辑性地设法介绍全部情况）惠特海默显然被弄糊涂了，不过最后灵机一动并且是有所预感，试探地问了一句："那么 B 先生是你的头头，你是他的直接下属。E 先生也是他的直接下属吗？"她说："是的。"

这个姑娘对办公室情况的描述很显然让人越听越糊涂，她确实已经把其中的关系叙述得很正确、很全面，然而她没有将整个图案弄得很清楚。她在叙述办公室的人和他们之间关系时没有任何次序。事实上她是对情境的结构盲目无知，她一切以自我为中心，只是在叙述的下半部分没有提到自己，但整个叙述让人糊涂。她这样描述可能只是不善于表达的结果，但经过调查发现她是一个以自我为中心的人，凡事都与自我有联系。叙述混乱的症结就在于没有把握住整个情境中的中心。

而惠特海默最后能从她的叙述里分辨出其中的人事关系，关键就在于抓住了中心。而影响重定中心的关键因素就是对整个情境进行了重新的组织和转换。

3. 伟大人物的思维过程

惠特海默不仅仅分析一般人的创造性思维过程，而且对于伟大人物的思维过程也作出了分析和解释。

惠特海默分析的一个伟大人物是不少人熟悉的高斯。高斯是一位著名的数学家，他六岁时在一个小城镇的小学里上学。老师出了一道数学题：1+2+3+4+5+6+7+8+9+10=？让全班学生算，老师说："看谁算得快。"很快小高斯举起手来说："我算出来了。"老师大吃一惊。小高斯做了答复。他的算法是：1+10=11，2+9=11，3+8=11……就这样下去一共得到了5对这样的加法，然后5×11=55。

在经过了不少于上述级数求和相似的实验之后，惠特海默分析到：这个问题的解决主要包含了级数的重新组合、重新组织，但不是盲目的重新组合，个体要设法掌握级数的和与级数的结构之间的联系。这种重新组合是有道理的，在这个过程中不同的项目获得了新的意义，它们的功能都有了新的规定。

因此惠特海默反对用盲目学习的方式或尝试错误的方法来解决问题。他认为首先要看到和发现问题，掌握其中的结构；要发现结构和任务之间的内在联系，这就会促使我们对结构重新组合、重新理解。这个过程是在看到整个情境和它们的功能需要之后来进行的，而不是盲目的意外，也不是作为旧的只凭经验联结的不假思索的重复。

不过很多人在遇到这样的问题又没有得到任何帮助时，他们可能找不到高斯的解决方法。为什么这个问题对许多人来说是很难的呢？惠特海默综合自己的体验指出，解决问题的要点在于"不要为习惯所束缚、所蒙蔽，不能像奴隶一样重复所学过的东西；进行思维时脑子不要太机械化；也不要有片面的态度和注意琐碎的东西；要自由地、没有成见地观察全局，设法发现问题与情境怎样相互联系，设法深入、发现并找出问题的形式与任务之间的内在联系；在最好的情况下接触到情境的根源，冲破困难，将有规则的结构特点揭示得一清二楚。"①

惠特海默分析的另一伟大人物是伽利略。伽利略怎样发现了惯性定律呢？在当时的条件下，伽利略为了确定物体下落的速度，采用了一个巧妙的办法：检验圆球在斜面上滚动的情况。自由落体只是其中一个特殊的例子，它下落的角度不是小于90°而是正好等于90°。他发现倾斜角越小加速度也就越小，这时加速度成为最重要的因素了。集中注意加速度的问题可能带来对结构的澄清。有了这个猜测才导致实验的进一步进行。伽利略进一步

① N. R. F. Maier(1931), "Reasoning in Human", "The Solution of a Problem and Its Appearance in Consciousness". *Journal of Comparative Psychology*, Vol. 12, pp. 181～194.

思考:这难道不是一个图形的一半吗?向上抛东西和物体下落正好形成了一个对称的图形。但是这样就成为一个完整的图像了吗?不是的,还有空隙。当平面是水平的,倾斜角是零度,而物体仍在运动的时候情形如何呢?水平以下是正的加速度,水平以上是负的加速度……有没有既不是正的加速度又不是负的加速度呢?……那不是常速运动吗?一个物体在一定的方向上水平运动,假设没有外力的作用下,它将以匀速运动直至永恒。这是一个多么有趣的结论!表面上它与经验相矛盾但它却是来自于结构的一致性。伽利略当时的真实的具体思维过程可能不会完全与上述过程相符合,但上面的分析的确给人以启发,至少可以说伽利略如果按照上述过程思维是“经济的”。

历史上对此的解释不一。其中包括旧概念究竟在何种程度上对伽利略的思维过程发生作用的问题;伽利略的思维是受归纳支配的还是受抽象支配的;是受实地观察和实验支配的还是受先验预想支配的;他的主要功绩是否把质的观察变成量的观察呢?惠特海默对此提出了不同的见解,指出伽利略思维的伟大特点之一在于他能够在非常复杂和微妙的背景下有获得清晰干净顿悟的能力。

惠特海默认为,伽利略思维创造性过程有这样的性质:渴望对事物获得真正的了解,从而重新提出问题并进行研究。该领域中的某一地区变成关键所在,从而成为注意的中心;但是它并没有因此变成孤立的东西。对情境形成一个新的、更为深刻的结构观点,其中包括各个项目的功能含义、组合等变化。情境的结构对关键地区所提出的要求,指导人们作出合理的预测。这里包含着两方面的含义,即获得一个完整一致的图形,并考察整体结构对部分的要求是什么。这个性质也体现在一般人的创造性思维中。惠特海默指出,在这个过程中最主要的是从想得到全面顿悟的欲望出发,产生了重新调整中心的想法。重新调整中心会带来根本性的变化。各要素被看成新的、清晰的结构的一部分,其作用和功能不同了,就会获得新的含义。具体来讲,这样一个过程使伽利略时代许多物理概念获得了全新的理解,这些新概念为了理解更大量的现象提供了更加广阔的前景,如后来的牛顿学说的诞生就是其中的一例。

爱因斯坦也是惠特海默很感兴趣的一个科学家。惠特海默与爱因斯坦的直接对话是1916年在爱因斯坦的书房里单独进行的,爱因斯坦向惠特海默讲述了构建相对论理论的发展过程。惠特海默从一个心理学家的角度探讨了爱因斯坦建构相对论理论的思维过程,着重指出了在这个伟大思维过程中起决定性的步骤是什么。

惠特海默大体地概括了这个思维过程。首先是前期阶段，在这个阶段爱因斯坦迷惑不解的是，当观察者在运动的时候，光速会有什么变化的问题；后来他考虑关于绝对静止会有什么后果的问题；然后他试图采取一个可行的方法（麦克斯韦方程中的光速是不是一个变量），而得到的答案是否定的，迈克尔逊的实验证实光速不是一个变量。到此为止所有的东西（包括时间、空间、测量、光等等的含义以及它们所起的作用）都是按照传统的物理学的观点来理解的。这是第一结构，其中情境发生了变化，这个第一结构与迈克尔逊的实验结果发生了矛盾，爱因斯坦问自己，我是否真正清楚地了解第一结构呢？在这个重大变革时刻，他觉得对待这个矛盾应该不怀有任何偏见，对过去一向受到尊重的结构应该重新提出问题。他提出了一系列问题，并且做出了一个决定性判断，把光速作为不变量。这样物理学就有了新的结构。光速的作用从是一个特殊的事实变成了一个系统的中心问题。这样结构起了根本性的变化。这种变化包括结构如何分割为部分、结构的内在关系、结构的组合、结构的中心等。从而在从第一结构转变为第二结构，有关的项目以及项目的结构作用、地位和所扮演的角色的意义都改变了，变得更深入了。这些变化过程与任何盲目的、偶然的思维无关。

4. **创造性思维的特点**

惠特海默通过对几何问题、著名数学家高斯的故事、伽利略的发现、爱因斯坦相对论的提出以及发生在现实生活中的问题的论述，阐述了什么是创造性思维和怎样进行创造性思维。在《创造性思维》这本书中，他归纳了创造性思维的基本特点：

（1）在人类灵魂深处有一种要探索情境的欲望和渴求。正是这种欲望和渴求促使个体了解什么是真正的问题情境、结构的实质以及根源，使个体想从模糊的、不适宜的关系走到明晰的、透明的、直接的面对面的关系。在这里惠特海默经常用到的术语是“看到”、“寻找”和“观察到”。

（2）在创造性思维过程中，可以找到传统研究方法没有发现的或者为传统研究方法所忽视的，但是却对思维起主要作用的因素和运算。这些运算的本质，如组合、定出中心、重新组织等等对情境的结构很适合，但是对于传统研究方法的要旨以及它们所运用的运算却是格格不入的。

（3）创造性思维以及这些运算和整体特征紧密相关。它们随着整体特征而运转，由情境结构的实际需要所决定。每一个项目、数据和关系等都在整体之中有其位置和作用，在同样动力学的要求下作为整体的部分起作用。

（4）在创造性思维中也包含了传统研究方法所用的运算。例如，比较和辨别、分析和抽象综合、概括、实际的观察和搜索事实，以及获得联系和形成类概念等等，但是这些传统的运算只在与整体有联系时才起作用。

(5) 就整体而言创造性思维不是加法的积累。项目、联想和运算也不是随便出现的，更不是零碎的、偶发事件的连续，从本质上看它不是任意的。尽管有很多困难、偏差以及常见的戏剧性插曲，但是这样的思维过程表现出发展的前后一贯性。

总而言之，这个全部创造性思维过程常常是一个激动人心的戏剧性场面，其中包括对整个问题情境的熟悉、对结构的了解，进而发现问题，转变情境中心，从不完整的、不合适的结构转化为完整的、前后一致的，有时是熟悉的或简单的结构，最后实现问题的解决。在这一过程中，惠特海默着重强调个体对问题组成元素的结构重组，其中决定结构重组的关键性因素是重定中心(recentering)，即问题结构中心的转变，结构中心的转变带来了根本性的变化，各要素被看成新的、清晰的结构的一部分，其作用和功能不同，获得了新的含义。在惠特海默看来，许多问题的解决需要对问题元素进行重新改造(reformed)、重新分组(re-grouped)、重定中心(re-centered)，以一种新的视角来重新审视问题情境，就会获取顿悟。重新改造、重新分组和重定中心综合而言，即对问题元素的重新建构(re-structuring)。

五、记忆说

格式塔心理学研究记忆的逻辑出发点是：知觉组织原则同样适用于学习和记忆。因而往往倾向于用知觉方面的术语来描述、解释记忆，在记忆实验中尽量体现这些规律性原则。格式塔心理学家强烈反对行为主义 S—R 形式的记忆观，认为行为主义的 S—R 仅把记忆看成是刺激反应之间联结的形成、巩固和恢复的过程，没有看到项目之间本质的关系。苛勒指出，"……这就像用绳子连着两个物体一样……"①，他将之称为"绳式联结"。他们提出了记忆痕迹理论：记忆是知觉的继续，人们知觉到的物体消失后，在大脑神经系统内会留下知觉物体的痕迹，即记忆痕迹。这些痕迹不是孤立的要素，而是会组合成相互联系、相互作用的痕迹系统，它们支配着个别的记忆痕迹，使未来的记忆过程朝着与痕迹系统相一致的方向转变。这些记忆痕迹系统的内容也不是静态的、一成不变的，而是会遵循完形趋向原则随时间变化朝"较好的格式塔"方向发展。格式塔心理学的记忆痕迹理论具体体现

① Mary Henle(1985). Rediscovering Gestalt psychology. In S. Koch and D. E. Leary(eds), *A Century of Psychology as Science*. New York: MC Graw. Hill. p.104.

在以下观点中。

1. **格式塔记忆的组织观**

格式塔心理学的研究以知觉为始端，在知觉领域内通过大量的实验研究，提出了诸多知觉组织原则，它们决定了我们如何组织某些刺激，如何以一定的方式构造或解释视野中的某些刺激变量。① 格式塔心理学后来转向学习和记忆研究，是以这些为基点展开、引申的。苛勒和冯·雷斯托夫(Von Restorff)指出，"格式塔知觉组织原则和记忆之间关系密切"②。格式塔心理学认为，个体在记忆时会对材料进行自觉或不自觉的组织加工，个体所用的一些组织策略与知觉的某些组织原则类似。为了便于理解格式塔心理学关于记忆的组织观点，我们将知觉的某些组织原则和他们关于记忆的研究放在一起论述。

(1) 图形和背景关系的应用。

人的知觉系统所做的最基本的区分就是图形和背景的区分。一般来讲，图形有明显的轮廓，或者有不同于背景的亮度和颜色，能突现出来被明显地感知到，而背景则起着烘云托月般的作用。图形和背景区分越大，越容易被感知；区别越小，图形和背景越不容易被区分。但有时候图形和背景之间的界限很难确定，这取决于个体以何种方式来组织它、看待它。

图形和背景关系的重点在于，个体首先注意到的焦点是图形，而不是背景。延伸到记忆研究中，则假定作为"图形"的那部分较易记住。著名的格式塔心理学家冯·雷斯托夫(1933)对此进行了实验探索和验证。

她发现，有10个图形，其中9个为相似图形，1个为不完全图形，那个不完全图形较易被个体记住。经过一系列实验，她发现实验结果都是一样的，在一列项目中对孤立(isolation)项目回忆最好。这一现象被称为隔离效应(isolation effect)。为纪念这一现象的发现者冯·雷斯托夫，也将之称为冯·雷斯托夫效应(Von Restorff effect)。

如何解释冯·雷斯托夫效应呢？她认为，一列中的每个项目在神经系统中都会留下"痕迹"，相似项目的痕迹会丧失个性，而形成一个"痕迹集合体"(trace aggregation)，这个集合体就为独特项目痕迹提供了一个背景，而隔离项目由于其独特性则成为"图形"，在背景的衬托下图形就会突现出来，首先受到个体的注意。

---

① 叶浩生主编：《心理学理论精粹》，福建教育出版社2000年版，第320页。
② 考夫卡著，黎炜译：《格式塔心理学原理》，浙江教育出版社1997年版，第645页。

(2) 接近原则的应用。

个体对客体的知觉，倾向于将在时间和空间上彼此接近或邻近的各部分组合在一起。例如，在阅读时，词与词之间的间隔，目的是将词分成单元，当这种熟悉的间隔被破坏(如 which gave similar results 写成 wh-ich-ga-ve-simi-lar-re-su-its)，阅读就会中断。

格式塔心理学家特别是考夫卡和卡托纳(George Katona)(1901)，在进行记忆实验研究时，将分组(grouping)作为组织系列材料的一种重要工具，[①]这是利用接近性原则的一个例证。考夫卡(1935)认为，将 ABCDEF 划分成三组，AB—CD—EF 要比直接记忆好、记得多。卡托纳在《组织和记忆》一书中明确表明了关于分组或组(group)的四个特点：① 同一组内元素之间关系密切，如 A 与 B、C 与 D、E 与 F；② 组内各部分有形成一个组的倾向，如出示 A，会反应 B；③ 组有自己的关系，可能会不同于元素之间的关系；④ 分组易于学习。[②] 后来受苛勒(1929)的影响，他发现组内元素之间的关系是很重要的，如果两组中有一共同元素，那么个体倾向于将之合并成一组。如，Capital of New York State——Albany，Albany——On the Hudson River，个体能够很快认识到：Capital of New York State is On the Hudson River。由此可见，为了确定所要学习的组并要将这些组彼此分开，除了利用接近原则外，还要利用其它组织规律，比如想象，将两个无关联的单词对通过有意义的想象联想成一个整体，记忆效果较好。

(3) 完形趋向原则的运用。

完形趋向原则是指尽可能地把图形看做是一个完好的图形，即把不完全的图形视为完全的图形，无意义的图形看做是有意义的图形。一个完好的图形是匀称、简单和稳定的。

格式塔心理学家沃尔夫(Friedrich Wulf)(1922)的一个记忆实验说明了这种完形趋向——记忆痕迹的完形趋向。他将 26 张无意义图形展示给 6 名被试，5～10 秒钟后，要求他们分别在间隔 30 秒、24 小时、8 周后再现这些图形。结果发现，几乎所有被试再现的图形都偏离原版图形，被试总是通过"先想一些物体，通过这些物体来'理解'这些问题"[③]，把无意义的图形看成有意义的图形，使无意义图形更加匀称、规则和简单。对于这个现象沃尔夫

① Murray D. J. (1995). *Gestalt psychology and the cognitive revolution*. London: Prentice-Hall/Harvester Wheatsheaf, p. 99.

② Murray D. J. (1995). *Gestalt psychology and the cognitive revolution*. London: Prentice-Hall/Harvester Wheatsheaf, p. 83.

③ 考夫卡著，黎炜译：《格式塔心理学原理》，浙江教育出版社 1997 年版，第 660 页。

认为,这是记忆痕迹能够随时间自主变化的表现。变化原因一般是正常化(normalizing)和指向性(sharpening)①。正常化是指将图形看做类似于一个熟悉的物体,即个体在记忆中往往根据已有的记忆痕迹来对知觉图形进行判断;指向性是指夸大图形的某些特点。沃尔夫认为,无论是正常化还是指向性,都意味着记忆痕迹随时间变化朝较好方向发展的倾向。如沃尔夫所言:"格式塔定律(gestalt laws)也支配记忆,正如不是任何一种格式塔都能被察觉一样,也不是所有这些觉察到的东西都能保持在记忆中。由此可见,留在记忆中的东西,即生理的'记忆痕迹'(physiological engram),不能被视作不可改变的印象,它随时间而变得模糊起来。这与石块上雕刻的画像有点相似,确切地讲,这种记忆痕迹依据格式塔定律而经历变化。原先见到的格式塔被转化了,这些转化把格式塔视作整体。"②

(4) 知觉整体性在记忆中的应用。

尽管这并不是一条知觉组织原则,而是知觉的一个特性,但为保证格式塔记忆组织理论的完整性,故将之归入此列。从格式塔理论观点来看,知觉最重要的问题就是寻找一种规律,将知觉单元组织成一个整体。在整体中,个别部分丧失了以前的特性,呈现出由整体决定的新特性。部分的特性依赖于它们与作为整体的系统之间的关系,部分在整体中起作用。知觉的整体性也同样适用于记忆。

苛勒发现,记忆单词对要比记忆无意义音节对效果好。如将 lake-suger,boot-plate 等形式的单词对呈现给被试并让其记忆,然后回忆,回忆的正确率达 84.96%;而将无意义音节对如 jef-nuk,lus-zim 等展示给被试,回忆的正确率仅为 19.54%。对此他提出解释:单词对很容易形成有组织的单元。如看到 lake-suger 时,脑海就会呈现出这样的一幅图画:一块糖融化在湖水里,而无意义音节对则不能形成这样的"格式塔"。学习者通过某种独特关系,一般是对两个项目加以想象,从而将它们联系起来组成一个单元,这样的单元作为一个整体容易被记住。在他看来,一个刺激在大脑中会留下一个痕迹,那么包含此刺激的整体也会留下痕迹,当探测刺激出现时,就会激活与它有关的目标刺激痕迹。

格式塔心理学家发现,如果材料本身拥有某种结构,那么这份材料是很容易学习的,因为对于学习者而言这样的材料很容易组织成一个整体。考夫卡指出"A thing of beauty is a joy"要易记于"pud sol dap rus mik nom",

① Gregory. A. K. (1985). *Topics in the History of Psychology*. London: Hillsdale, New Jersey, p. 118.
② 考夫卡著,黎炜译:《格式塔心理学原理》,浙江教育出版社 1997 年版,第 645 页。

因为前者由于自身的意义而形成了一个有组织的整体，而后者则不能。

格式塔心理学家认为，“一个学习了的系列本质上是一个组织了的系列，因此痕迹也是被组织了。”[①]刺激 X 能否激活 x 痕迹，取决于 X 与整体中其他元素的关系。因此在记忆时，刺激的时空背景是很重要的，同时也表明，信息输入时对刺激的理解决定了什么刺激能做有效的提取线索。用莫瑞的话讲，即“痕迹的本质取决于对材料的知觉认知组织，同时痕迹本质决定了什么样的线索能激活它”[②]。一句话，组织和编码对记忆保持、提取是很重要的。实际上，格式塔心理学家强调情境(context)的重要性，即强调整体中部分之间的关系以及部分对整体的依赖，在整体中部分有自己的特性和机能，但离开整体，部分的这些特性和功能就会消失。

对于这一记忆现象，格式塔心理学家进行了许多更深入的研究。如卡托纳(katona)(1940)在其著作《组织和记忆》中提出两种记忆：机械记忆和理解记忆。机械记忆是在意义和自然组合缺乏的情况下(如学习无意义音节)所采取的一种最低效率的记忆策略。理解记忆是依据一定的原理和规则来进行的记忆。卡托纳描述了他的一个实验：展示一列数字，如293336404347，给两组被试让其记忆。控制组被试不做任何提示，实验组被试则被提供一条这样的学习规则：29＋4＝33，33＋3＝36，36＋4＝40，40＋3＝43 等，结果发现，30 分钟之后实验组的回忆正确率为 38％，而控制组的回忆正确率为 23％。由此可见，利用一定的规则描述这样的材料，那么对这组材料的记忆会明显提高。研究表明，在这里规则体现了元素之间的关系，一旦元素之间的关系被学习者发现，那么记忆就很容易了。

2．格式塔记忆的遗忘观

心理学关于遗忘的研究很早就开始了，1885 年艾宾浩斯开创记忆研究之先河，在其著作《论记忆》中，他以无意义音节为实验材料，以自己为被试，探明了遗忘规律：起先特别快，间歇越长，遗忘越慢，并把遗忘的原因归于时间的流逝。他的这个理论常被称为痕迹衰退理论。此外还有一种遗忘理论，即干扰理论，它强调记忆痕迹之间的相互影响。前者强调时间因素，后者强调痕迹之间的相互作用。格式塔心理学关于遗忘的观点对两种理论都有所体现。

---

① Murray D. J.(1995). *Gestalt psychology and the cognitive revolution*. London: Prentice-Hall/Harvester Wheatsheaf, p. 76.

② Murray D. J.(1995). *Gestalt psychology and the cognitive revolution*. London: Prentice-Hall/Harvester Wheatsheaf, p. 114.

格式塔心理学关于遗忘的一种观点是：记忆痕迹会随时间而自主发生变化，记忆痕迹的内容由于一种施加于记忆之上的自动的力的作用而被缓慢改造为“更好的形式”(better form)——形成更加简单、闭合、规则、对称、稳定的结构。如果记忆痕迹改造太过分，即使提取线索很有效也难以提取到相关的记忆痕迹；如果改造得不太过分，但痕迹的回忆和再现也会按照较好的完形方向表现出系统的和越来越严重的歪曲。因此识记时的内容与回忆出的内容有很大的差异。

这一假说首先由格式塔心理学家沃尔夫(F. Wulf)提出并加以验证(1922)。他做了关于无意义图形记忆的实验，结果发现，个体对原来无意义图形的记忆会随时间而发生变化，关于原来无意义图形的记忆痕迹会朝一个较好的“格式塔”方向发展(如把无意义图形看做是信封或楼梯)，再现的图形偏离了原来图形。在 1932 年，巴特莱特由对无意义图形的回忆研究扩展到对主体故事的回忆研究，因为他认为无意义图形脱离了日常生活的实际情况，所以他采用有意义的材料(如一个故事、一篇散文或者一幅简单的图画)，提供给被试，要求他们在给定时间内进行观察和阅读，然后，在一定时间内进行第一次再现。通过这种方法，可以发现个体随时间推移将改变某些记忆材料。他认为改变的原因应该从社会影响(主要是习俗文化)上考虑。①

沃尔夫的实验研究及其提出的问题引起了很大的争议。最有名的批判者是 1929 年美国心理学家吉布森(Gibson)。吉布森发现，如果让被试记住许多不同的图形，可能是因为混淆了图形而导致遗忘，而不是记忆痕迹的自主变化。他还提出“词语分析性误差”(errors of verbal analysis)可能是遗忘的一大原因，即对无意义图形用言语表达出来，如不规则、中性、突出等而导致提取失误。藏格威尔(Zangwill，1937)、赫布(Hebb，1945)、卡尔森(Carlson，1955)以及赖利(Riley，1962)等也都对沃尔夫的实验及其观点提出了疑义。

沃尔夫的实验研究虽然遭到很多心理学家的批评和质疑，但他做的贡献是毋庸置疑的。他是第一个对此问题进行研究的心理学家，并建立了相关的实验设计方案，这为以后的研究提供了一种研究范式。在沃尔夫研究发现以后的几年中，许多心理学家尝试着由对几何图形的回忆扩展到对主体故事的回忆上，以及扩展到对社会集团中谣言散布的研究上。这些研究

---

① 巴特莱特著，黎炜译：《记忆：一个实验的与社会的心理学研究》，浙江教育出版社 1998 年版，第 7 页。

更加深入、精细、切合实际，可以说沃尔夫的实验研究具开创性。

格式塔心理学家所提出的另一遗忘观点是：痕迹可能是因大量同它类似的有关痕迹的相互作用而产生歪曲。[①] 冯·雷斯托夫的实验验证了这个观点。在谈到格式塔心理学有关记忆的组织观时，我们已经对冯·雷斯托夫的隔离效应作过陈述，我们从隔离效应中得知对一列项目中的独特项目记忆较好。冯·雷斯托夫认为，如果一列中的项目产生不了隔离就会造成识记困难或遗忘。她由此还探讨了后摄抑制：让被试先学习一段材料，包括两个音节对、两个图形和五个数字对，然后再让被试学习一系列新材料。或让被试学习 6 个音节对、3 个数字对或学习 6 个图形对和 3 个数字对，再让被试回忆第一组材料，结果产生了遗忘。或许是由于学习第二组材料的原因，但是表现不同：当第二组主要包含音节时，那么回忆第一组音节正确率为 54%；当第二组主要包含图形时，则回忆音节正确率为 90%；相应地，当第二组主要包括图形时，回忆第一组图形正确率为 43%；而第二组主要包括音节时，则回忆正确率为 69%。

3. 格式塔记忆的自我观

格式塔心理学家考夫卡在《格式塔心理学原理》中论述了他的自我理论。考夫卡认为，在记忆中存在一个很大的痕迹系统，即自我系统（ego-system），它包括许多痕迹亚系统。自己（self）是自我系统的核心和一个亚系统，它包括个体有关自己人格特质的自我概念，如自尊、自我理想、信念等。由个体需求而产生的意向（intentions）、张力（tension）等也包括在自我系统中，它们是促成个体心理活动和表现行为的动力。考夫卡强调，存在于自我中的意向、张力等在激活记忆痕迹方面所起的作用是很重要的。他强调了奥尔（Aall，1913）的实验，这些实验结果表明，日后能否回忆起已经学过的材料取决于学习材料时被试的意向，如果被试认为这些材料以后会考到，那么他们将以不同的方式来记忆以保持更长的时间。或许某种张力使记忆痕迹在很长一段时间内一直保持被激活的状态。一旦这种张力消失，那么回忆学习材料的效果会下降。

在这一领域里最为著名的是勒温及其弟子的研究。勒温特别强调动力，动力是勒温心理学研究的核心和进行理论建构的基础。[②] 勒温的动力概念可概括为心理紧张系统，心理紧张系统是勒温对人的行为根源所进行的

① 鲍尔、希尔加德著，邵瑞珍等译：《学习论：学习活动的规律探索》，上海教育出版社 1987 年版，第 50 页。

② 申荷永：《论勒温心理学中的动力》，《心理学报》，1991 年第 3 期，第 301～311 页。

动力分析。其中紧张和需求是最基本的两个术语。他认为,"只要在一个人的内部存在一种心理的需求,也就会存在一种处于紧张状态的系统。"①紧张的释放可为心理活动和行为提供动力和能量,从而也就构成了决定人的心理活动和行为表现的潜在因素。在勒温看来,紧张必然有它确定的目标,这种目标既可以是主观的也可以是客观的,但一定是个体在当时心理上所感知的或当时对个体发生实际影响的。勒温用"准需求"一词来强调这种心理上的认知意义,一种目的或意向往往是一种准需求。个体一旦拥有准需求就会突破原有的心理平衡,引起一定的心理紧张。

蔡加尼克(Mrs Zeigarnik)作为勒温的一个弟子,在勒温的指导下进行了一项关于记忆研究的实验,证明了勒温的有关心理活动和行为的动力理论设想。她让被试去做 18～20 项简单的工作,但其中只有半数让被试完成,另一半则中途不让完成,最后让被试对所做过的工作进行回忆。结果发现,被试对未完成的工作的回忆量平均为 68%,对已完成的回忆量为 43%,这就是著名的"蔡加尼克效应"。蔡加尼克认为,被试倾向于记忆中断的课题胜过记忆已经完成的课题,是因为当被试接受一项有待完成的工作时,内心便产生了一种完成这项工作的准需求,完成工作便意味着这项工作的准需求得以满足,紧张便会消除;如果未完成工作,紧张状态继续存在,准需求有待实现。中途受阻未完成工作的被试之所以在回忆工作时占优势,一定与这些准需求有关……②用勒温的话来解释便是:"准需求未得到满足,一种与目标相连的力便存在,并引导朝向目标进行活动。"③这里还涉及到考夫卡的一个术语,即执行者(executive),它是自我系统的一个分系统。执行者的主要任务是解除紧张活动或进行对这种解除产生积极影响的活动等。没有执行者的活动,紧张就不会得以消除。

到 20 世纪 50 年代左右,第二代格式塔心理学家继续对自我的作用进行深入研究。他们试图证明这样一个观点:自我的需要和期望会影响认知。苛勒的一个学生亨利(Mary Henle,1955)发现,在单词识别测验中,成功经验或成功意向较强的被试能更快地识别那些代表成功的单词,那些饿或渴的被试能更快地识别与自身感觉有关的食物的图画。亨利(1955)和瓦拉赫(Wallach,1949)指出,自我的经验、需要、态度等都会影响到个体对刺激的选择、组织,并且与自我有关的经验容易记住。格式塔心理学家们的研究表

① Wolman B. (1981). *Contemporary Theories and Systems in Psychology*. Plenum Press, p. 147.

② 申荷永:《论勒温心理学中的动力》,《心理学报》,1991 年第 3 期,第 307 页。

③ 申荷永:《论勒温心理学中的动力》,《心理学报》,1991 年第 3 期,第 307 页。

明了个体的紧张、动机、需要、态度等对记忆都会产生影响。

格式塔有关记忆的观点具有以下特点：

第一，强调记忆中的组织因素。在记忆研究中，格式塔是最早对记忆中的组织因素予以重视的一个学派。我们已经介绍过冯·雷斯托夫的隔离效应、卡托纳提出的分组、沃尔夫的完形趋向实验以及记忆中的整体性研究等，都强调主体在记忆时对材料进行的组织过程。遗憾的是格式塔心理学有关记忆中组织因素的实验及其研究，在1940—1960年期间没有引起应有和足够的反响。直到60年代末，关于记忆的组织观点才有图尔文(1962)、曼德勒(1967)、安德森(1972)等人加以发扬光大，后来关于这一主题的研究由图尔文和唐纳德于1972年编成一部科研评论集，即《记忆的组织》。

第二，强调记忆是一个记忆痕迹内容不断变化的动力过程。格式塔心理学家认为遗忘是类似记忆痕迹之间相互干扰的结果，而且记忆痕迹内容的动力变化也会使个体产生遗忘。他们强调记忆由于一种施加于记忆之上自动的力的作用而发生变化，朝着更好的形式发展，致使记忆痕迹发生变化。如果变化太多，提取到的内容则会和识记时的材料大相径庭。

第三，强调自我因素对记忆的重要作用。他们认为自我的动机、态度及意向等都代表了自我的一种心理需求，这是产生心理活动和行为表现的动力，记忆作为一种心理活动，自然也会受到它们的影响。这是强调记忆中的动机性因素，若个体识记材料时的动机较强则记忆效果较好。再者格式塔还强调与自我有关的经验较易记忆，实际上是强调过去经验的作用。

格式塔关于记忆的观点体现了格式塔心理学的整体性、动力性及其系统结构性的特点。在记忆中，个体知觉到材料后，对材料进行组织加工，个体对材料内在关系及其结构的认识以及理解会影响到对材料的记忆效果。识记后的材料在大脑神经系统内会留下知觉物体的痕迹，即记忆痕迹。记忆痕迹并不是分散的、孤立的要素，也不是静态的、一成不变的，而是一个不断变化、发展的有组织的系统，这个系统会不断影响个体对客观世界的认识和理解。

第四节 心理发展论

格式塔心理学关于心理发展的理论学说主要是由考夫卡和勒温提出的。考夫卡关于心理发展的著作是《心之发展》(1921)一书，它并不是总结实验的结果，而主要是用格式塔学派的原则来说明心理发展的事实。在书中考夫卡讨论了研究心理发展的方法、影响发展的因素以及儿童的感觉运动发展和认知发展等等。而勒温主要是依据格式塔学派的观点对儿童个性的形成进行了实验研究，他用拓扑学的概念来说明儿童心理发展现象。他认为儿童个体和其环境组成不可分的心理生活空间，在心理生活空间中有各种区域关系，有各种力量相互作用，这就决定了儿童心理活动。勒温创立了场论、团体动力学以及儿童实验心理学，在西方赢得了很高的社会声誉。在格式塔心理学派中，真正涉及儿童心理学研究课题、深入研究儿童问题的应该首推勒温。他用场论建立了儿童行为和人格发展的理论。但就目前掌握的资料看，有关考夫卡心理发展的观点的专门介绍和论述还是不多见的，故在此我们更多地介绍考夫卡的有关理论。

一、研究儿童身心发展的方法

对于心理学的研究方法，考夫卡认为有三类：一类是纯粹自然科学方法。在实证主义影响下，心理学研究中存在客观主义思想倾向，即强调观察和实验，一切以经验证实为准绳。这也是考夫卡所强烈反对的。他认为行为主义研究的是动物的行为学或者是有机体的行为学，对于行为用纯粹生理的名词来解释，而忽视了意识等内部过程的作用。第二类是精神物理学方法(Psycho-physical method)，糅合纯粹自然科学方法和经验观察方法。第三类是纯粹心理学或叙述的方法，全靠经验的观察，这一种方法描述了个体的经验，经验是不可以用数量来计量的，因此它是质的研究方法。对同一件事件不同的心理学研究方法所得出的结果是不一样的。考夫卡举了一个简单的例子：一个樵夫工作效率减弱了，用前种方法来解释可能是因为疲倦；而用最后一种方法，樵夫则认为在工作初期觉得容易，后来觉得困难，所以工作效率减弱。可见叙述的方法是一种经验的直观描述，更能本质地反映个体的心理状态和行为方式。

考夫卡认为，研究儿童身心发展过程不能用美国动物心理学家所采用的客观实验方法。考夫卡强烈地批判了当时盛行于美国的儿童实验研究，如婴孩学校（Nursery Schools）、儿童幸福研究所（Child Welfare Research Stations）等等。这些研究机构只注意测验数据，而忽视了儿童发展的动态过程以及行为观察，例如一组测验对于六个月的婴儿可能产生消极结果，而对于一个一岁的孩子可能会产生积极的结果。考夫卡反对这种方法，因为它只注重统计和数据，故应该增加一些直觉的观察法。

考夫卡还反对以成人代替儿童作为实验对象。例如宾纳（Alfred Binnet）的一个研究就是这样：一个智力缺陷（feeble minded）的成人，被认为是停滞于某年龄阶段中不再发展的儿童，因为他的停滞而把他作为一个儿童实验被试。考夫卡指出这种以成人实验代替儿童实验的方法，对研究儿童身心发展来讲是不适宜的。

因此，考夫卡认为研究儿童身心发展特别是儿童发展初期，行为观察法（observation of conduct）应该是主要方法。用这个方法时要注意把握以下几点：(1) 设身处地站到儿童那一边，把儿童的问题当做自己的问题，儿童心理与成人相类似：都是一个独立的世界。(2) 行为观察法描述的是儿童外在的和内在的行为特征以及心理特征，在这一方面儿童的母亲最有发言权，因此母亲的直觉观察也是心理学所需要的。因为儿童心理学研究者在研究儿童时容易产生“发生观”倾向，对于儿童的各种表现都视为一种未成熟或原始的雏形，而不知道儿童的表现有其自身的特殊价值。儿童生活的各个时期在其母亲看来，都有各自的价值，能够以一种不偏不倚的眼光来描述儿童发展的行为特征和心理状态，所以母亲也是一个优秀的“心理学者”。但是母亲的观察描述只能作为科学研究补充。

二、儿童身心发展及其影响因素

1. 对发展的界定

考夫卡在《心之发展》一书中，不但对发展的概念做了界定，而且对于个体发展和种族发展之间的关系做了探讨，还对发展的速度提出了自己的看法。

考夫卡首先对发展概念做了界定。考夫卡声称：“心理学，尤其是德国的心理学，竟然如此不应用发展的原则，便大可令人惊奇了，虽然这历史是不难了解的。心理学家讨论发展的问题的时候，往往采用机械的观点，而不采用纯粹生物学的观点。这种机械主义的时期，现在似乎快要完结了。因为现在已经觉得我们有扩充心理学事实的范围，而包括生命的其他事实的必要。”①格式塔心理学就是要把发展扩大，而且要以新的眼光来看待发展问题，因为发展的各个要素是相互联系、相互影响的。考夫卡指出，发展是指一个有机体或任何特殊的器官增大、加重、有更完备的构造，或者有更技巧的功能。它包括身体的发展和心理的发展，考夫卡认为两者的发展是同时前进的。从影响因素来讲，发展包括两类：一类是指生长或成熟的发展。它有赖于有机体的遗传性，但与环境不是毫无关系。在正常情况下，这些发展为遗传法则所决定，如婴儿观察运动物体的能力随年龄而增进，考夫卡认为这种进步应该用成熟来解释。另一类是指学习的发展。这类发展是由确定的个别的活动而引起的能力上的变化，它取决于有机体的经验。如玩纸牌，仅仅生长在纸牌环境中是不行的，必须受到训练而且明了其中的要义。实际上，这两类发展就指出了发展是受两种因素的影响，即遗传和环境两者的交互作用。有机体自身的生长和成熟，再加上“学习”（经验），身心才能不断发展。由这个概念我们可以看出，考夫卡所主张的发展既有身体的发展又有心理的发展，并且身体条件的成熟和学习对身心发展都起着重要的作用。

考夫卡还对个体发展和种族发展之间的关系做了探讨。在心理学史上，关于个体发展和种族发展之间的关系有三种代表观点：(1) 复演说（The theory of recapitulation）：认为个体发展是种族发展缩短的或删改的再版。这是美国心理学家霍尔（G. Stanley Hall，1844—1924）提出来的，他把当时生物学的复演学说来解释儿童心理发展。他认为，胎儿的发展复演了动物的进化过程（如胎儿在一个阶段是有鳃裂的，这是重复鱼类的阶段）；而儿童时期的心理发展则复演了人类进化过程。这是儿童心理学上的复演学说，一直引起心理学界很大的争论。(2) 实用说（The theory of utility）：认为个体发展和种族发展都是同一个原因引起的。一切发展都是两种原则发生作用的结果：即偶然的变异和适当反应的选择。(3) 关联说（The theory of correspondence）：认为个体发展和种族发展有密切关系，因为两者都是有机体的发展。

考夫卡认为前两种理论都是应该反对的。桑代克的理论和斯特恩的理论就体现了第一种学说，第一种学说是把个体发展等同于物种发展，把人和

① 考夫卡著，高觉敷译：《儿童心理学新论》，人民教育出版社 1957 年版，第 211 页。

动物等同起来。例如桑代克注重对动物行为的研究，把在以动物为研究对象的实验获得的结果推论应用到人身上；而斯特恩也有同样的问题，因为他认为，“人类个体生活头几个月是一个吸乳为食，是下等感官占重要地位，这是哺乳动物所用的本能和反射活动；半年——第一年内，发展程度可以比拟最高等动物——猩猩类——既能握拿，又能模仿，但不能直立行走和言语，还没有进化为人；在此后 5 年中的游戏和梦的生活，他和原民等程度；入学后与社会团体有更密切的接触；青春期内，他的心理才有了一定的分化，而相当于现代文明，故青春期可以称为个体的启蒙期。”① 由此可以看出，他认为可以把儿童发展的各时期和下等哺乳动物以及上等哺乳动物的发展时期相比拟，而又和人类文化的时期，如原始期、上古期等相比拟。而第二种学说则是一种新达尔文主义的观点，也有被推翻的可能。考夫卡认为唯有第三种理论有合理之处，不过有待于更完善。考夫卡对上述理论进行了批判后，认为个体发展和种族发展是一种平行的关系。儿童的一些行为如游戏，哺乳动物也存在；而且儿童在发展的某时期内出现的一些智慧动作，苛勒所研究的黑猩猩身上也具有这些特点。

关于发展的速度，考夫卡认为不同个体由于遗传因素的影响，即使在同样的环境或情境中也可能有不同的发展变化，有的个体发展得快有的个体则发展得慢，有的个体也可能开始进步迟缓，而往后发展很快，再者还可能出现这样的情况，即发展忽然停顿。大概说来，这些不同可以归因于遗传倾向；但是环境对于儿童的发展也是有影响的，一些环境可以促成儿童的快速发展或早熟，而另外一些环境可能对儿童的发展产生严重障碍。

2. 关于儿童发展的影响因素

儿童身心发展是受环境因素的影响还是遗传因素的影响，关于这个问题的探讨实质上是先天论(nativism)和经验论(empiricism)之争。先天论认为身心发展受先天因素的影响较大，而经验论则认为个体的身心发展是经验的结果。考夫卡对先天论和经验论都持批判态度。关于这个问题除了这两种理论之外，还有一种理论，即斯特恩提出的“会合说”(convergence theroy)，这个理论在斯特恩的人格论中占有重要地位。他认为，“心理的发展不仅是本性的发现，也不仅是受外界的影响；而是内在本性和外在发展的条件相会合的结果。关于一种机能或属性，我们不应当问它是由外发生还是由内发生的；我们应该问它那一部分是得之于外还是得之于内。因为这

① 考夫卡著，高觉敷译：《儿童心理学新论》，人民教育出版社 1957 年版，第 41 页。

两种程度，其程度会随时而异，但同为发展中所不可或缺的成分。”①考夫卡认为，儿童身心发展不仅仅受先天因素的影响，也不是仅仅受环境的影响，而是先天和环境交互作用的结果。不过考夫卡在其理论中也强调儿童心理发展首先要归之于先验的所谓“格式塔”(Gestalt)。

勒温从格式塔心理学的观点出发指出，儿童和青少年个体本身与其所处环境组成了一个不可分离的心理生活空间，个体的行为是由这种心理生活空间来决定的，而心理的发展和变化也是个体心理生活空间改变的结果。所谓生活空间包括有可能影响个体的过去、现在和未来的一切事件，这些事件的每一个方面都能决定其任何情境下的行为，用一个法则表示就是：B＝f(LSP)。B(behavior)代表行为，LSP代表生活空间。因此，行为是生活空间的函数，个体的行为深受生活空间的影响。由此可见，勒温强调儿童的心理发展和其存在的环境相联系，他坚持个体与心理场之间的相互作用，儿童心理的发展是个体与环境交互作用的过程。这对于反对那些过分强调环境作用的理论观点(如华生的行为主义)和过分强调内部决定因素的理论观点(如弗洛伊德的精神分析)是有积极意义的。然而尽管勒温也承认个体在心理发展中的作用，但其理论体系还是片面强调了环境也就是生活空间的决定性影响，因此勒温从整体来看还是注重社会发生的，即勒温把心理发展的实质归结为是社会化的过程，但是他所指的环境是有可能影响个体生活的过去、现在和将来的一切事件，也即个体根据需要所选择的环境，并不是指社会物质生活条件，这就将个体从社会、历史中分离出来，从而难以真正把握其心理发展的实质。

三、儿童的感觉运动发展和认知发展

勒温认为新生儿的心灵是一个未分化的整体，如果身体的某部分受到刺激，就会引起全身运动。随着年龄的增长以及和周围环境的相互作用，儿童日益认识四周的外物，认知成分以及动作的成分和习惯的行为也渐次出现。从婴儿到青年期间，不同程度的分化主要取决于个体积累的经验的种类与数量。

而考夫卡认为，儿童身心发展遵循两大格式塔原则，即儿童的身心动作发展顺序遵循由整体到特殊的法则，先从全身粗略性活动开始，而后到局部性精细动作；再者就是儿童的认知活动遵循由概括到精细法则，先从对事物

① 考夫卡著，高觉敷译：《儿童心理学新论》，人民教育出版社1957年版，第48页。

的概括认识开始再到学习内容的细节。① 考夫卡讨论了一些大家所熟悉的问题，如新生儿的感觉运动行为、成熟和学习在发展中的作用，以及感觉运动发展和认知发展的各个方面。

考夫卡主张心理发展包括四个方面：一是运动方面的发展，二是感觉方面的发展，三是感觉运动的发展，四是观念的行为的发展。在他看来，"儿童原始的经验和其他种种学习，无论其为运动的、感觉的、感觉运动的还是观念的，都不外乎是心理格式塔的作用，甚而至于以格式塔的原则构造儿童的世界。"②在这里，限于篇幅我们将这几个方面综合论述。

1. **感觉运动发展**

就儿童的感觉运动发展来讲，考夫卡描述了三类婴儿的运动：第一类是"冲动的运动"(impulsive movement)，这类运动很少与外界明确的刺激或情境发生关系，所以被看做是自发的活动，如新生儿手臂或脚腿屈伸、啼哭、眼睛的各种活动等。这些运动与成人的自发反应不同，并不是由于外界的刺激引起的反应，但是这种运动能够促进器官的生长或成熟，有很大的价值。考夫卡认为新生儿的冲动的运动源于内在的情境，而桑代克所提到的动作却没有此类区分。第二类是反射运动(Reflex movement)，包括眼的反射运动、耳的反射运动、皮肤反射等等，这些运动是由于外界刺激而引起的。它有以下特点：反应和刺激都比较简单；这组运动非常整齐划一，即同一刺激会引起同一反应；这些运动有赖于个体遗传性的因素，不必学习而成；这些运动对于有机体有很大作用，如保护、防御和适应功能。第三类是本能运动，如吸乳，个体一出生就会吸食母乳，如果饱了就会拒食，如果饿了就会出现一些吸食动作，如吸乳或吮吸指头。它和反射活动是不同的。考夫卡强烈反对桑代克关于本能和反射行为的观点，考夫卡认为桑代克将本能动作和反射动作混为一谈，把本能动作看做是一组反射活动，是一种连续的反射，这是一种机械主义思想。

考夫卡还指出了婴儿的感觉的发展，认为婴儿的各种感觉都有发展，除了痛觉发展较迟钝外，肤觉辨别力最高，听觉最低，其他种类感觉介于其间。考夫卡认为婴儿的这些运动和感觉的发展，离不开行为的遗传方式或倾向。但是发展不仅仅是成熟问题，而且也是学习问题。人类习得各种反应的程度高于动物，学习能力也是一种遗传倾向，这种倾向具有"可塑性"的特点，高度的可塑性是人类的一个显著特征。而桑代克则没有指出固定倾向和可

① 张春兴著：《心理学思想的流变——心理学名人传》，东华书局 2000 年版，第 244 页。

② 高觉敷著：《高觉敷心理学文选》，江苏教育出版社 1986 年版，第 88 页。

塑倾向的区别，在他看来，一切倾向都不过是比较简单或者比较复杂的神经元的联结。

具体来讲，婴儿的这些行为不仅仅取决于成熟因素，而且也和学习因素有关系。那么这些行为新模型是如何习得呢？行为发展的方向在哪里？考夫卡按照格式塔原则（由整体到部分）对这个问题作出了回答。他认为行为的发展来自三个方面：(1) 纯粹运动现象的发展。新生儿出生后已有的运动和姿势将更完备，新的运动模式会被组织起来而逐渐精细，如先有握持、走路的活动，后逐渐有说话、写字、弹琴、体操、游戏等动作。(2) 感觉经验的发展。人类最早的知觉经验很简单，不过它和所谓的"简单"的感觉不同。正是这种简单的经验才发展为我们所谓的繁琐的而且组织完善的经验。也就是说婴儿所有原始的、不相连续的现象模型，逐渐变为完整的、有组织的知觉经验。(3) 外的行为和内的行为。这两种行为并非是相反不相关联的系统。个体由感觉系统领会情境（外的行为），经由运动方面系统发展为相当的动作（内在的行为）。换言之，就是指婴儿通过模仿将示范者的动作内化成为自己的动作。但是这些动作不一定直接表现出来。

由这三个方面我们可以看出，行为的发展包含着学习的因素，其中记忆的作用很关键。考夫卡认为，我们如果已经适应过一种新情境或解决一个新问题，那么第二次遇到同样或相似的情境时，我们也会用同样的方法来对待。如游泳学习很难，但是一旦学会了，将来在水中就不会手足无措；若能够看出一种谜面，第二次就会很容易看出。

这里的学习问题和桑代克的尝试学习是不一样的。桑代克的学习是一种机械的学习，忽视了理解力。考夫卡认为婴儿感觉动作的发展是学习促动的，而理解力在学习中是决定性因素。理解力就是为了要发现某种"完形"。完形是普遍法则，是发展最后的解释。如儿童握取动作，是新完形的习得；就感觉的学习来讲，如色觉的发展，在儿童经验中先有灰色的完形和非灰色的完形。

2. 认知发展

考夫卡在这里主要涉及到儿童的记忆和模仿问题。他认为，记忆是一个附有过去符号的一种现象，凡是因为以往的经验而能解决目前问题，或背诵其法则而没有参考书的必要，都称之为记忆。① 它可以使我们回忆过去，预期将来，这是记忆的另一层意义。记忆由三层次构成：(1) 有意识的参加，而其意识明确程度有差异；(2) 此意识和知觉所发生的关系——即影像是否

① 考夫卡著，高觉敷译：《儿童心理学新论》，人民教育出版社 1957 年版，第 199 页。

为自由的或固定的;(3) 地点和时间的明确的种类和程度。[①] 从婴儿初生时的行为可以看出,婴儿记忆的影像很少参加,若有参加也是和知觉不可分离,并且没有地点和时间的确定性。

考夫卡认为,记忆的动机是逐渐发展的。因为婴儿的记忆之初附于知觉,后来才和"影像"相连,儿童的记忆开始时是被动的,后来逐渐学会支配他的记忆,以致后来自动或者由于他人的提示,而能记起明确的事实。儿童的记忆还有一个特点,就是有一种特殊的视觉影像和听觉影像,因而能够在一段时间内或长时间后,自动地唤起一种感觉的印象,其明确程度类似于实际的感觉。在 205 个 10～15 岁男孩中,76%都表示有这种能力。有学者称这种倾向为"遗觉影像的倾向",至于它起源于何时则不知。

关于儿童的模仿问题,考夫卡认为模仿分为两种:一种是由于个体本性中已有的完形,因其他个体完成一种同样的动作而开始活动;另一种是个体看见另一个体有某种方式的动作,而引起一个新的完形,也可以称之为模仿。自我模仿是发展最早的模仿。考夫卡指出模仿是自发的,儿童学习说话或写字若没有模仿的帮助则不能完成,它是儿童心理发展中的一个重要成分。模仿在婴儿发展初期是很困难的,但是到了后来则是学习的捷径。儿童的动作的发展有很多是经模仿而来的。

考夫卡还涉及儿童语言和思想的发展问题。就儿童的语言方面,具有以下特点:感叹词的应用此时很少发展,而给物以名称则增加很快;原来用以表示意志、感叹和请求的词,用以名物。在这一段时期,儿童的语言常常脱离愿望感情的关系,和事物成立一种新的关系。给物体命名是儿童语言发展的重要特点,在命名过程中有些名字似乎是杜撰,如何起源无从而知;并且用同一名字来表示很多物体也是这一时期的特点。由此可见在儿童能够说话以前,即在他学习给物体命名以前,本国的语言早就对他产生作用了。考夫卡关于儿童思想的发展采用了斯特恩的观点,认为儿童思想的发展分为三个阶段:(1) 实物期。在散乱的经验中整理出有关实物,给实物命名。(2) 动作期。这时期人物的活动引发特殊兴趣,而在思想中占一席之地。(3) 关系期。儿童能够理出事物重要的特性和各种关系。

考夫卡根据儿童感觉运动和认知发展特点,指出成人的"世界"和儿童的"世界"是不同的。成人的世界是一个有系统的整体;而儿童的世界是一个游戏的世界,在这个世界里有其独特的特点:(1) 儿童的行为有游戏性特点。不过对儿童来讲却不是游戏,他们会很认真地去做。(2) 儿童认为任何

① 考夫卡著,高觉敷译:《儿童心理学新论》,人民教育出版社 1957 年版,第 201 页。

生物都有活动能力。(3) 以自我为中心。并非像成人一样能够辨别我和非我。(4) 各个完形各自独立,互不影响。

综上所述,考夫卡试图用格式塔原则来解释心理发展,对改变机械学习和提倡顿悟学习起过促进作用,有一些观点在当时是具有进步意义的。如考夫卡指出身心发展是先天和后天交互作用的结果,儿童身心发展的速度存在个体差异,模仿是心理发展的重要途径,对学习进行了解释等等。但是考夫卡绝大多数时候是在陈述和批判当时的心理发展理论,试图用格式塔心理学的一般理论去解释儿童身心发展,但做的并不成功。与其说用格式塔心理学一般理论去解释儿童身心发展,不如说是"一种想把已经构成的一般理论嫁接到当时还很幼稚的儿童心理学文献上的尝试,因为这些理由,考夫卡的工作未能对儿童发展领域作出有长远价值的贡献"①。

第五节 人格论

考夫卡指出,人格问题是心理学中最大的领域之一,没有人格问题那么心理学便是不完整的。格式塔心理学家认为人格是一种格式塔(是一个动力的整体)。考夫卡在论述心物场和记忆理论时指出,心物场含有自我和环境两部分,两者各有自己的结构。其中自我不是一个点、一个总和或欲望本能的集合。他认为人格这个概念或可用以说明自我的意义。② 自我包括需要、准需要、意向、意志决心和态度等,场不断在自我的影响下转变,对记忆等也有着很大的影响。自我和环境之间的动力交流在很大程度上依赖于自我本身的性质。考夫卡有关人格的论述在很大程度上揭示了格式塔心理学的整体观在人格研究中的运用,对以后的有关人格的研究有很大影响。

---

① 查普林、克拉威克著,林方等译:《心理学的体系和理论》(上册),商务印书馆 1983 年版,第 254 页。

② 转引自华生著:《心理学史基本著作》,1980 年英文版,第 307～308 页。

一、勒温的人格研究

实际上格式塔心理学关于人格的理论主要是由勒温创立的，他的场论在很大程度上促进了关于人格动力的研究。勒温既是一位格式塔派心理学家，又是一位动力心理学家以及拓扑心理学的创始人。勒温和其他格式塔心理学家一样，以“完形”、“场论”等观点作为共同出发点，对人格的倾向性，如，需要和动机以及人格的发展和结构作出了解释。此外勒温运用其人格理论对儿童人格发展的整体性状态和动力关系作了很多研究。

“动力”是勒温心理学的基础和最突出的特征。动力是人类一切活动的根本，是人格发展的源泉。勒温的动力概念（或动力观念）可概括为心理紧张系统，他不但注重需求和动力能量的意义，而且强调各种心理动力在一个系统中的交互作用，以及人的内在动力与环境因素的关系。心理紧张系统是勒温从概念的水平上对个体的行为根源所进行的动力分析，他认为“只要在一个人的内部存在一种心理的需求，也就会存在一种处于紧张状态的系统”①。紧张的释放可为心理活动和行为提供动力和能量，从而也就构成了决定个体的心理活动和行为表现的潜在因素，是人格发展的动力。勒温在表述他的心理紧张系统时指出，只有当需求打破了原有的心理平衡，才会引起内在的紧张。而由这种紧张所激发的行为不是为了避苦求乐，而是为了获取新的内在平衡。在这里他把平衡看做是一个动力概念，把紧张系统看做是一种“准稳定平衡的过程”。由此可见勒温的动力研究和动力理论所体现的是一种稳态论传统，他的心理紧张系统本质上是一种稳态动力模式。这种动力模式发展对人本主义的动机学说也产生了很大的影响。

关于人格的发展，勒温提出了分化和减分化两个概念。勒温认为当个体处于新生儿状态时，心灵是一个未分化的整体，如果身体的某部分受到刺激，就会引起全身运动；随着年龄的增长，内心世界不断分化，逐渐发展成为一个有记忆、幻想、价值及目的的人，其人格发展呈现多样性、统一性和组织性的趋势。研究和实践都证明：从婴儿到青年期间不同程度的分化主要取决于人们积累经验的种类与数量。新生儿几乎没有什么分化，婴儿的生活空间中即使有分化区也是很少的，因而他们缺乏经验；而受过高等教育、通晓世故的成年人，其生活空间是复杂与分化得很好的，因为他们具有丰富的经验。所以，儿童的人格具有欠分化的特点，而成年人的人格则往往表现出

① Wolman, B. (1981). *Theories and Systems in Psychology*. Plenum Press, p. 477.

较为丰富复杂的特点。减分化是与分化相反的变化，这是人格发展的倒退现象，倒退是分化区域的消失。勒温曾经进行了一项实验，主要研究挫折对儿童游戏活动的影响。先是让儿童玩普通的或部件不全的玩具，再给儿童一些他们最不喜欢但结构完整的玩具，最后用铁丝栅栏把儿童和漂亮玩具分开，只把原先的玩具给他们玩。结果发现儿童的游戏成绩倒退了 17.3 个月的智龄；在 30 个儿童中有 25 个儿童在游戏中还表现出某种程度的破坏性。

对于人格的结构，勒温指出个体的人格是由许多交织起来的层次或区域形成的，其中有些层次或区域处于表层，他人可以观察得到；另一些层次或区域在深处不易接近，然而两者对个体而言都同样重要。有些个体人格结构层次或区域多，各层次区域之间有较多的相互作用或相互关系，如一个受过高等教育、经历丰富、能言善道的成年人，比起一个没有经验的孩子的人格结构区域和层次的分化程度就好得多、复杂得多。在某些情况下，表面的层次和深处的层次也可以发生相互作用。正是由于人们的需要、动机、信念、理想、兴趣和价值观以及其它心理活动的差异，导致了人格结构的多样性和复杂性，从而使个体具有特异性。

同时，勒温用其人格理论对儿童人格发展的整体性状态和动力关系作了很多研究。在勒温著作中，描述人格发展的基本概念及其研究都是以儿童为研究对象的。勒温认为儿童的心理生活空间是在不停地发展变化的，在不同的发展阶段表现出人格发展上的不同水平。根据他的动力与整体观点，由于儿童心理生活空间的不断分化、整合和重组，就发展了人格的多样性、统一性和组织性。勒温强调，儿童和成人有一个最重要的动力差异就是儿童的人格较欠分化。他还对正常儿童与问题儿童的人格发展进行了比较，研究发现在其统一性与组织性方面存在着很大的差异。例如，有些低能儿童的人格结构较少分化而且僵化，心理弹性和可塑性都小于正常儿童；问题儿童的心理系统在动力上分化的程度较浅，他的中心部分和边缘部分有较密切的联系，中心区域的状态较易于表露在外。因此勒温提出为了使儿童的人格有良好的发展，父母和教师应该常给儿童的生活空间内的某些区域以较大的稳定性，而其他区域则应保持相对的流动性（指人格结构发生改变的难易性），以便使儿童内心有自由快乐的感觉。

二、惠特海默思想在人格领域的应用

格式塔心理学的创始人惠特海默没有出版关于人格或治疗方面的书

籍，但他的思想在这些领域得到了广泛的应用。机体论者戈尔德斯坦(Kurt Goldstein)认为自己是惠特海默的早期同事，他建构了以人格的整体生物模型为基础的机体理论，在描述有机体和环境的交互作用时借用了格式塔的理论；翁焦尔(Andras Angyal)在描述“生物圈”时也使用了机体定向的理论，他把整个系统分成个体和他们所处的环境，和戈尔德斯坦一样，他使用与格式塔理论相似的语言；另外一个尝试建立人格的格式塔理论的学者是惠特海默的学生沃尔夫(Werner Wolf，1943)，开始设想根据格式塔概念研究人格表现的方法，他观察和记录被试的姿势、手势、步态及动作，使人格的研究有可能在时空结构形式中进行；沃尔夫的同事马斯洛(Abraham Maslow)对格式塔心理学产生了兴趣，受其整体观的影响，在描述自我实现者的人格特征时也尽显整体性特征。

格式塔心理学原理还被用于关于自私甚至幽默等领域的研究中，尽管惠特海默批评弗洛伊德的著作有严重的联想主义倾向而且并不科学，但还是有学者在精神病、潜意识和知觉无意识的研究中试图把精神分析与格式塔理论联系起来(认知的原始形式和共同基本象征的情绪反应)，由此可见弗洛伊德的理论是惠特海默尤其是勒温思想的重要来源。

第四章

勒温：实验社会心理学"宗师"

勒温是拓扑心理学的创始人，也是当代实验社会心理学的主要奠基者。在20世纪20年代左右的柏林，勒温与惠特海默、苛勒、考夫卡等人一起进行格式塔心理学研究。后因躲避纳粹迫害，勒温移民美国，通过在美国的研究，极大推动了当代社会心理学的应用。

第一节　勒温其人其事

一、勒温的生平及著述

库尔特·勒温（Kurt Lewin，1890—1947）生于波兰莫尔吉诺一个犹太人家庭。从小遭受的种族歧视和迫害，持续影响了勒温的一生。1905年，勒温随全家迁往德国首都柏林，使其有幸得以在这样一个学术和科学发展的中心接受教育和进行学习，为他以后的发展奠定了坚实的基础。1905年勒温开始读大学预科，并先后就读于弗莱堡、慕尼黑和柏林大学。勒温在大学期间最初选修的课程是医学和生物学，以后他放弃了做一名医生的理想，转到心理学的学习上。当时柏林大学的心理学研究气氛十分浓

库尔特·勒温（Kurt Lewin，1890—1947）

烈。著名心理学家斯顿夫在此开设讲座，从事实验研究，吸引了大批学生。勒温也深受那里的气氛感染。在著名哲学家和心理学家斯顿夫的指导下，他于1914年获得柏林大学哲学博士学位。在大学期间勒温就发现当时心理学研究过于琐碎，脱离实际且枯燥乏味，从那时起他便决心建立一门面向实际生活的心理学。

1. 思想生根于德国

1914年，勒温作为一个德国公民被应征入伍，亲身参加了一战。1918年由于受伤而退役，任职于柏林大学心理学研究所，与惠特海默、考夫卡和苛勒一起，继续他的心理学研究。格式塔心理学成为勒温思想的重要来源。勒温对格式塔心理学非常感兴趣，但又认为格式塔心理学过于专注基础性研究，缺乏应用方面的探讨。早在1917年，勒温在军队服役期间就发表了一篇题为《战场场景》的文章，提出了环境的格式塔性质和生活空间的意义，并且使用了拓扑和向量学的一些概念，如疆域(boundary)、方向(direction)和界域(zone)等，以讨论士兵的心理生活空间和平民的心理生活空间的不同。在同年发表的另一篇重要论文《意志过程受阻时的心理活动与联想的根本法则》中，他提出了关于心理紧张系统的概念和设想，以及他对于意志和需求等动力范畴的研究结果。在这两篇论文中，勒温将"动力"注入格式塔心理学的"整体"，以此为标志，他的心理场论诞生了，至1926年已大致形成了一种理论体系。

1921年以后，勒温成为柏林大学的知名教师，吸引了众多的学生，有许多学生与他保持了终生的友谊。在这期间，他和他的学生形成了一个非正式的小群体，经常在一个小咖啡馆里聚会，针对一些问题进行讨论。就是在这所咖啡馆里，勒温注意到侍者在结账之前可以清楚地记得每个人的消费金额，而一旦顾客付了账，侍者就无法再记起了。勒温由此作出了需要→紧张系统→需要满足→紧张系统消除的理论假设。他的学生以此假设为基础，进行了记忆紧张系统的实验研究，得出了诸如著名的"蔡加尼克效应"这样的结论。勒温在随后的研究中，一直保持着从实际生活中发现问题，为社会生活服务的风格，这使得他在众多心理学家之中保持着一种"务实"的特色。①

2. 学说光大于美国

1931年，勒温发表《儿童行为及其发展中的环境力量》一文，关注儿童心

① 杨鑫辉主编:《心理学通史》(第五卷)，山东教育出版社2000年版，第51页。

理学问题，这篇文章引起了美国心理学家的注意。1932 年，勒温应邀赴美国斯坦福大学做访问教授，半年后途经俄国和日本返回德国。在途中，他获悉纳粹分子希特勒成为德国的新总理。作为犹太人，他感到在德国已没有前途可言。1933 年，勒温辞去柏林大学的教职，并公开宣布他不愿在一个不肯接受他的孩子为学生的学校担任教师。由于纳粹的威胁，1933 年 8 月，勒温得到美国的一个资助过爱因斯坦等著名科学家的基金会的资助，永远地离开德国，前往美国定居，任职于康奈尔大学家庭经济学院。在新的环境下，勒温决定把心理学原理与家庭经济学结合起来，研究儿童的饮食习惯。勒温并不孤立地看待儿童的饮食行为，他从儿童所处的社会情境出发，注意社会压力对儿童饮食习惯的影响。虽然勒温的英语并不流利，表达也有困难，但勒温研究问题的独特角度、设计精巧的实验很快赢得同事的好感和赞誉。1935 年，他来到依阿华大学儿童福利站工作。勒温的工作和教学风格很快吸引了大批学生。像他在德国那样，勒温和他的学生又形成了一个非正式的小群体，在一起讨论学术问题。勒温在依阿华的工作仍像以前一样，面向社会生活，解决实际问题。他和他的学生做了许多著名实验，如挫折对儿童行为影响的实验、领导风格与群体气氛对儿童行为的影响实验等等。这些实验为勒温赢得了声誉，他的拓扑心理学思想也由此得到广泛传播。二次世界大战期间，勒温根据战争的需要选择研究课题。战争期间食物短缺，而有些食品虽然来源丰富，但是人们不习惯接受。勒温于是选择怎样改变人们的饮食习惯作为研究的方向，这一研究取得了令人可喜的成果。大约在 1942 年，勒温组建了美国心理学会社会问题心理学研究分会，专门探讨战争与和平、贫穷与种族偏见等社会现象中的心理学问题。1945 年到麻省理工学院任动力学研究中心主任，兼任哈佛大学和加利福尼亚大学伯克利分校客座教授。在此期间，勒温考察了技术、经济、法律和政治对群体的社会约束，研究了工业组织中的冲突和群体之间的偏见与敌对行为等方面的问题。1947 年 2 月，勒温由于突发性心脏病而去世，年仅 57 岁。

勒温是格式塔学派中一位多产而富有创造性的成员，其主要著作有《人格的动力理论》(1935)、《拓扑心理学原理》(1936)、《心理动力的概念表述和测量》(1938)、《解决社会冲突》(1948)和《社会科学中的场论》(1951)等。

二、勒温心理学思想的来源

格式塔传统是勒温心理学思想的来源，也是勒温心理学的基础。在一些心理学史专著中，勒温曾被归入格式塔心理学体系，或称其为"新格式塔学派"成员。在他创造性地建立自己理论体系的同时,也永远地超出了正统格式塔心理学的框架,发展了格式塔心理学的思想。勒温几乎完全接受和使用了当时物理学中流行的场论术语和概念,并创造性地运用在他的心理学研究中。他的心理学并不侧重于格式塔学派传统的研究领域——知觉,而侧重在整个物理和社会的关系中来研究人类行为,并在心理学中应用一种特殊的"拓扑学"的概念和方法来加以陈述,成为格式塔心理学的一个支派。勒温思想的形成,受到当时的哲学思潮和科学研究取向的左右,而这些影响与几个重要代表人物有关,我们下面将二者结合起来介绍。

1. 站在巨人的肩膀上

勒温心理学思想的形成和发展,受到他的老师们的重要影响,斯顿夫、卡西尔等人把现象学和现代科学的观念植入了勒温的思想体系;勒温还从当时著名的心理学家弗洛伊德、著名的科学家爱因斯坦那里吸收了丰富的营养。[①] 此外,思想日渐成熟以后,勒温通过对亚里士多德和伽利略的对比分析,提出了自己的科学观,所以,这两位思想巨人也是我们在讨论勒温及其思想时不能绕过的。

(1) 博士生导师斯顿夫。

卡尔·斯顿夫是勒温在柏林心理学研究所撰写博士学位论文时的导师。当时柏林心理研究所的活跃分子还包括惠特海默、考夫卡和苛勒等人。斯顿夫从 1894 年开始在柏林大学心理学研究所任主任,他同时也是柏林儿童心理学会的创始人。

斯顿夫对于勒温的影响,既表现在哲学层面的方法论上,也表现在具体的研究方法上。斯顿夫也是现象学创始人胡塞尔的老师,实际上,胡塞尔对他一直心存感激。因为,现象学思想的萌芽和基本框架早已在斯顿夫的科学研究中有所体现。斯顿夫对他的学生们强调的是,尊重事实,对经验进行自由而无偏见的描述,实际上也就是现象学的描述。这对勒温的心理学研究有着深刻的影响。对于心理学研究的具体方法,斯顿夫也旗帜鲜明地提出:心理学应致力于对日常生活的观察,然后通过实验的方法,把这种观察升华为科学。勒温把斯顿夫的这一命题看做是一条基本的指导原则,并把这一原则应用到了具体的心理学研究中。[②]

(2) 选修课老师卡西尔。

卡西尔(Ernst Cassire,1874—1945)虽然不是一位心理学家,但却对勒

① 申荷永著:《充满张力的生活空间——勒温的动力心理学》,湖北教育出版社 1999 年版,第 10～18 页。
② 申荷永著:《充满张力的生活空间——勒温的动力心理学》,湖北教育出版社 1999 年版,第 11 页。

温的心理学思想产生了直接而深远的影响。1910 年，勒温作为一名研究生选修了卡西尔的哲学课程，从此他一直都对卡西尔有着"学生对老师的深切敬意"。卡西尔是 20 世纪伟大的哲学家和思想家之一，他是第一个把开普勒、伽利略和牛顿等一些科学家的名字引入哲学史，并对这些科学家的科学概念、方法和成就进行深入哲学分析和研究的哲学家。在卡西尔的启发下，勒温区分了亚里士多德和伽利略的自然观，认为前者强调内在本质和范畴，后者强调外部的因果关系和各种力的动态性。① 在这种区分的基础上，勒温提出了三个不同的心理学时代，即"思辨的时代"、"描述的时代"和"结构的时代"。勒温通过表格的方式对这三个心理学时代进行了对比。②

表 4-1　在不同的心理学时代中，概念和方法的特性(摘录)

时代	Ⅰ 思辨的 （"亚里士多德的"）	Ⅱ 描述的	Ⅲ 结构的 （"伽利略的"）
目标	发现事物的本质和所有事件后面的原因	收集尽可能多的事实，并准确描述事实	发现规律，预测个案

勒温以他自己的理解，对心理学中"亚里士多德式的思维方式与伽利略式的思维方式"之间的冲突，作了深入的研究和分析，他呼吁心理学应该有一种向伽利略模式的转变。

（3）心理动力学大师弗洛伊德。

波林在其《实验心理学史》中，将勒温与弗洛伊德共同放在"动力心理学"这一章中加以论述。在评论勒温时，波林说："库尔特・勒温 1909—1914 年在柏林学习心理学……他居留柏林，不久即刊布几篇重要论文。1917 年，他发表的有关联想的研究，即为这样一些论文中的一篇，这些论文阐明联想的力量不单纯有赖于联想各项的接近的次数，且复有赖于联想各项的动机。此时勒温主要关心之事，在于准备创立一种动机的格式塔心理学，这意味着对当时还存在着的唯一彻底的动机心理学——弗洛伊德体系——进行科学的改造。"③

（4）现代物理学宗师爱因斯坦。

现代物理学一直走在各门现代科学的前面，同时也在不同程度上影响了其他科学门类的进步或发展方向。通过卡西尔的哲学，勒温吸收了爱因

① 赫根汉著，郭本禹等译：《心理学史导论》(第四版)，华东师范大学出版社 2004 年版，第 708 页。
② 勒温著，竺培梁译：《拓扑心理学原理》，浙江教育出版社 1997 年版，第 8 页。
③ 波林著，高觉敷译：《实验心理学史》，商务印书馆 1982 年版，第 834 页。

斯坦的科学思想。当勒温要为其心理场论进行解释的时候，便直接援引了爱因斯坦对场论的定义。因为尽管勒温的心理场论在心理学中是一种最新的创造，但是其思想的来源之一却是爱因斯坦的新物理学场论。实际上勒温与格式塔心理学的奠基者惠特海默和苛勒等人，都与爱因斯坦和普朗克等新物理学的巨擘有着友好的交往。而惠特海默和苛勒也都在其心理学的研究和理论中，吸取与发展了场论的思想，这一切直接影响了勒温心理场论的建立。

众所周知，大物理学家牛顿在被人问及成功的秘诀的时候，曾谦虚地回答，“如果说我比别人看得更远些，那是因为我站在了巨人的肩上”，可以说勒温的成功也有着类似的原因。牛顿还有一段精彩的名言：“我不知道在别人看来，我是什么样的人；但在我自己看来，我不过就像是一个在海滨玩耍的小孩，为不时发现比寻常更为光滑的一块卵石或比寻常更为美丽的一片贝壳而沾沾自喜，而对于展现在我面前的浩瀚的真理的海洋，却全然没有发现。”牛顿自比是“拾贝顽童”，而到了勒温生活的 20 世纪，为了能够发现真理，勒温则扮演了一回学科综合的“弄潮儿”的角色。

2. 学科综合的弄潮儿

在学术研究的前期和后期，勒温的兴趣中心有着较大的改变，从个体的心理动力、内部冲突到社会的张力、组织的变革。但是我们注意到，勒温从事研究的原则变化之中有不变，即他一直坚持以多学科综合的视角审视心理学问题。可以说，勒温构建他的理论大厦，以场论为指导，以格式塔心理学为根基，以拓扑学和向量学为工具，以现场实验为木料和砖瓦。

前面提到，场论的整体观是格式塔心理学的重要思想来源，而勒温在柏林大学心理学研究所与格式塔心理学的三位创始人共事多年，深受他们的整体观的影响。无论是在个体心理的研究中，还是在团体心理的考察中，他都一贯地遵循了整体观的指导思想。

物理学中的场论是勒温心理学理论的基础，作为数学分支的拓扑学和向量学也对勒温心理学研究起到了重要的推动作用。拓扑学是几何学的一个分支，它用非数量方式所表示的空间关系来研究空间变换，这种空间概念只涉及各种空间关系的次序，而同它们的方向、大小、形态和距离等组分无关。[①] 拓扑学的基础是“组分(part)”和“整体(whole)”之间的关系，或者换句话说，是“包含在内(being-included-in)”的概念。同这些概念密切联系的是“点(point)”和“围绕(surrounding)”的概念。勒温认为，拓扑学这种形式

---

① 勒温著，竺培梁译：《拓扑心理学原理》，浙江教育出版社 1997 年版，第 2 页。

可以完成拓扑心理学的任务，即用图形来描述心理生活空间，从而在任何特定的时刻，都能表明个体的一切可能有的目标和达到这些目标的所有道路。勒温提出，确定拓扑关系是所有心理学问题中的基本任务。① 向量学是一门表述空间路线的定性几何学，由于拓扑学尚缺乏方向的概念，但是个体的心理活动，就其形质来说都是具有方向的。于是，勒温就采用向量学的分析，来陈述心理事件的动力关系及其方向。勒温认为："拓扑工具准许我们确定，在一定的生活空间内，哪些事件是可能的，哪些事件是不可能的。向量概念必须进一步确定，在一定的情况下，哪些事件实际上是会发生的。"②这里需要顺便指出的是，除了拓扑学和向量学，勒温还借用了化学的一些概念，如"效价"等，但并未上升到方法论的层面。

第二节　拓扑心理学

勒温试图通过实验室技术研究人的行为，并将行为描述为内在的和环境的心理动力因素交互作用的结果。他用格式塔的基本原理和物理学的场论去解释团体动力等社会心理现象，并成功地将当时数学的一个分支——拓扑学与他的心理学理论融为一体，开创了拓扑心理学这样一门新学科。

一、心理场

勒温的场论是拓扑心理学的重要基础之一。心理场（psychological field）或心理生活空间（或生活空间）（mental life space）是勒温创建的拓扑心理学中的一个基本概念。勒温认为人就是一个场，人的心理现象具有空间的属性，人的心理活动也是在一种心理场或生活空间中发生的。也就是说人的行为是由场决定的。心理场主要由个体需要和他的心理环境相互作用的关系所构成，它包括有可能影响着个人的过去、现在和将来的一切事件，这三方面的每一方面都能决定任何一个情境下的人的行为。

---

① 勒温著，竺培梁译：《拓扑心理学原理》，浙江教育出版社 1997 年版，第 33 页。
② 勒温著，竺培梁译：《拓扑心理学原理》，浙江教育出版社 1997 年版，第 33 页。

在勒温的心理学中，因个体需要、意志等具有重要的动力作用，故心理场也称为心理动力场，并且还常用心理生活空间这个基本概念加以陈述。勒温认为，凡属科学的心理学都须讨论整个人的情境，即人和环境的状态，这就需要有一个共同的名词将人和环境表述为同一情境的部分。但是，心理学还没有一个能涵盖二者的名词，而情境（situation）一词通常指环境而言，所以勒温提出心理生活空间一词，以此表示决定一个人在某一时间内行为的全部事实。其实一个人的生活空间，也就是一个人的心理世界或心理场。

心理生活空间是勒温拓扑心理学中最重要的和最有影响的概念。勒温按照拓扑学的原理，把人的心理生活空间划成不同的区域（region），这些区域没有数量和大小的区别，也没有质的规定。生活空间中的每一个"区域"之间都有一个"疆界"，从一个区域到达另一区域称为"移动"，对生活空间中心理移动具有抗拒作用的疆界，可称之为"阻碍"。它们之间的关系可通过图 4-1 加以说明。由于勒温解释他的假设时使用椭圆比较多，柏林的学生将这些椭圆称为"勒温蛋"，麻省理工的学生称之为"勒温澡盆"，爱荷华的学生则干脆把它们叫做"勒温土豆"。①

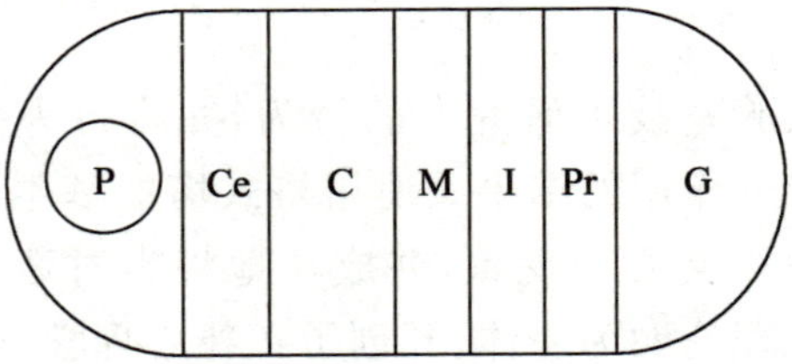

图 4-1　一个要当医生的青年所处情境的拓扑分析

P＝人；G＝目标；Ce＝大学入学考试；C＝大学；

M＝医学专业；I＝毕业；Pr＝行医

成为医生这一目标（G）对青年（P）具有吸引力（正引拒值）。要实现这个目标，就要经过大学入学考试 Ce、上大学 C、学习医学专业 M、大学毕业 I 和行医 Pr 这几个区域，通过从前一区域到后一区域一步步地移动，最后才能达到目标。而中间的任何一个疆界都可能成为阻碍，如入学考试不及格、上不了大学或不能学习医学专业等都可能抗拒移动，致使目标不能实现。

勒温心理场的意义充分体现在生活空间中，勒温及其弟子也把生活空

① 墨顿·亨特著，李斯译：《心理学的故事》，海南出版社 1994 年版，第 525 页。

间看做人的心理动力场。从以上分析不难看出，勒温借助于拓扑学来阐述其中的动力结构；借助于向量学来分析生活中动力的相互作用和行为的方向，所以勒温的心理学有时又被称为"拓扑心理学"或"向量心理学"。而拓扑心理学与向量心理学的结合，或动力与整体研究的结合，即在生活空间或动力场中来研究人的行为和心理活动，便形成了勒温的心理场论。

二、行为公式

勒温也认为行为是心理学的研究对象。但是他所说的行为是和心理事件并提的，他的行为公式是：

$$B=f(PE)$$

B：代表行为　P：代表人　E：代表环境

此一公式中认为行为(B)等于个人(P)和环境(E)的函数(f)，亦即行为随着人与环境这两个因素而发生改变。这就是说，不同的人对同一环境可产生不同的行为，同一个人对不同的环境亦可产生不同的行为，甚至同一个人在不同的情境下，对同样的环境也可产生不同的行为。

勒温的行为观既否定了行为主义 S—R 公式，也不同于考夫卡的"双重环境"理论。考夫卡认为，个体总是在地理环境和行为环境中行为。对个体来说，虽然觉知的行为环境直接制约着他的行为，但觉知的行为环境并不时刻等同于现实的地理环境。勒温所说的环境，并不是指客观的地理环境和社会环境，而是指心理环境(mental environment)，这与考夫卡的行为环境也有区别。行为环境是指一个人当时所意识到的环境，而心理环境则是指对人的心理事件发生实际影响的环境。它虽然也是个体可以看到和了解到的环境，但它又不限于个体当时所意识到的，凡属"有影响的"事实，即使一个人当时没有意识到，也包括在勒温的心理环境之中。如一个小孩子知道他的母亲在家或不知道他的母亲在家，他在花园里的游戏行为会随之不同，可我们不能假定(母亲在家与否)这个事实常存于儿童的意识之内。所谓的"实在的是有影响的"，意思就是存在于生活空间中的事物或因素，都必然对个体当时的行为有着实际的影响。以此为原则，勒温界定了生活空间中的三种事实：准物理的、准社会的和准概念的事实，即虽然生活空间可以包容诸多方面的事实和因素，如物理的、社会的、思想上的等，但是都须以对行为主体实际发生影响为存在标准，这样勒温便将主体与客体融为一个共同的整体，并表现出整体所具有的格式塔性质。

三、行为动力

勒温反对"联想主义",认为联想只是火车车厢之间的挂钩,联想本身除了传递火车头供给的动力外,别无其他作用,需求才是联想的火车头,才是行为的动力。由此,需求和紧张等行为动力系统的研究是勒温场心理学的重要内容之一。

1. **需求**(need)

勒温认为,需求可引起活动,以便使需求得到满足。他认为需求有两种:一是需求,指客观的生理需要,如饥者易为食,渴者易为饮;二是准需求,指在心理环境中对心理事件起实际影响的需求,如写好了信要投邮筒。勒温所说的需求一般是指对心理事件起实际影响的准需求。

2. **紧张(或张力)**(tension)

勒温假定,在个人与其环境之间有一种平衡状态,平衡被破坏,就会引起一种紧张,从而导致力图恢复平衡的移力。勒温认为,当一个人具有一定的动机或需要时,在人的身体内部就会出现一个紧张系统,这个系统随着需要的满足或目标的实现就会趋于松弛,或解除紧张;反之,如果需要得不到满足或动机受阻遏,这个紧张系统就会继续保持下去,并且促使人具有努力满足需要或重新实现目标的意向。勒温的动力观与新行为主义的代表人物之一赫尔迥然不同。在赫尔看来,动机的基本形态是驱力,驱力乃因个体生理或生物性的需要而产生,而勒温则把动机看做是个体心理生活空间失去平衡的结果,也就是个体对某一特定情境的认知结构发生变化所致。

勒温的上述观点以动力学说解释个体行为变化,引发了一系列实证研究。其中著名的实验包括蔡加尼克的回忆实验(1927)和奥芙散金娜的代替满足实验(1928)等。[①] 蔡加尼克的实验来自于一次偶然性事件。一次勒温和其弟子在咖啡馆聊天,买完单他们坐了一段时间之后,勒温又把给他们结账的服务员找来,询问他们刚才都点了什么,结果那个服务员什么都记不起来了。这一事件促使勒温提出了"需求—紧张"假设,他认为当需求引起的紧张解除时,服务员记忆的内容也急速地消退了。勒温的学生蔡加尼克后来用实验证实了他的假设,这种效应遂被命名为"蔡加尼克效应"(Zeigarnik effect)。奥芙散金娜通过实验进一步发现,在进行某一任务时,如中途被阻止,有百分之百的被试在自由活动中有重做的趋势;中途受到阻止而改做其他事情的,则有82%有重做的趋势,这表明另做其他工作对原来的工作起到

① 杨鑫辉主编:《心理学通史》第五卷,山东教育出版社2000年版,第67页。

一定的代替满足的作用。在此基础上，勒温的弟子利斯纳发现，代替工作与原来的工作愈相似，则愈能取得代替满足；考普克对正常儿童和低能儿童进行了对比，发现前者不易产生替代满足，后者有两极分化的趋势，要么完全可以代替，要么完全不能代替。

3. **引拒值（或价、化合价、诱发力）**（valence）

勒温认为，在心理环境的事实被人感知之后，他希望达到或离于某些地方，希望获得或躲避某些东西，这样就产生一定的引拒值。引拒值有正负之分。正引拒值具有吸引力，负引拒值具有排斥力。凡能满足人的需求与愿望的，或活动被阻止而引起心理的紧张系统的，就呈现正引拒值；凡不符合本人的需求与愿望的，或甚至对人有损害的，则呈现负引拒值。这些力都是有方向的，并随着人的需求而具有不同的力量。吸引力使人朝向这个事物，而排斥力使人背向这个事物。所以这些力是一种向量，它表现了人用某种价值取向来解释个体在其生活空间内与一切事物互动的关系。

4. **向量和移动**

勒温认为，某种已发生的需要，最初只能在人的内部引起一种并无确切方向的紧张状态，可是当它和一定的对象发生联系之后，就形成一种推动行为走向目标的向量。在他看来，向量（vector）是一种有方向的吸引力或排斥力。引力的向量使个人趋向目标，斥力的向量使个人背离目标。①

向量常使个体产生朝某方向的移动（locomotion）。由于常有两个以上的向量同时作用于个体，所以移动经常是由某种合力（resultant）的作用所驱使。但是，双向量形成的平行四边形的合力通常是不易找到的。譬如，北向和东向各有一个使个体同样所欲的目标，个体并不向东北方向前进，他会有所选择，可能重新建构他的知觉场，将两个向量视为不再相等的力。可见，在心理动力场内向量的合力作用只是描述身体的可能运动方向，而不能表示心理的实在移动方向。

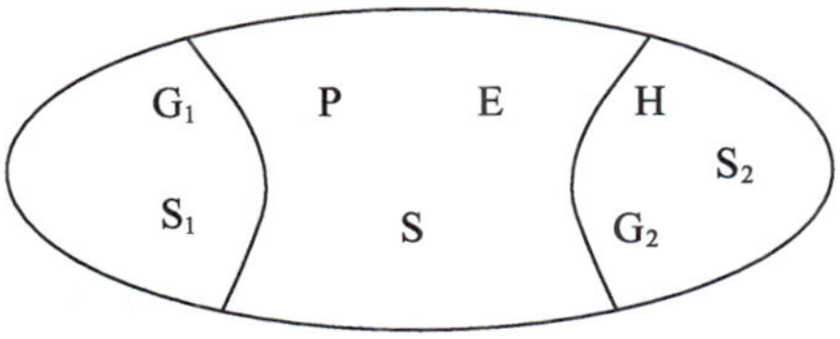

图 4-2　对心理紧张系统的向量分析

H＝外壳，表示非心理的因素；P＝人；E＝环境

G＝行为目标；S＝行为系统或区域

① 车文博著：《西方心理学史》，浙江教育出版社 2003 年版，第 437 页。

人(P)与其环境(E)共同组成了他的生活空间,如图 4-2,而紧张便使区域 S 与周围的区域失去了平衡,并企图达到新的平衡的一种状态。当 S 处于紧张状态时,S_1 或 S_2 中的某一“适当”的区域,便具有了相应的引拒值,亦即成为紧张趋向的目标(G)。勒温曾用公式 Va(G)=f(PTG)来表示这种关系,即目标 G(一种客观目标或一种心理活动)所具有的引拒值 Va(G),依赖于个体(P)所处的紧张状态(T),以及个体(P)与目标(G)的关系。由于在同一时间内,可能会有几个系统或区域处于不平衡即紧张状态,而且每一紧张系统又都与周围区域中的一种或几种引拒值有关,所以,行为便成为这一动力场中来自各个方向的力相互作用的结果,勒温认为这些所有来自不同方向的力是有着方向和强弱的向量。

在一个向量的作用下,个体会沿着向量所指的方向移动。而当两个或更多向量从不同方向驱动一个人时,他就会在这些力的合力的作用下,产生有效的移动。假如有两个方向相反、强弱相当的向量在起作用,那么就会使个体处于心理冲突之中。勒温曾阐述了心理动力场中的三种冲突情景:(1) 趋近—趋近冲突,结合图 4-2 可表示为“$G_1+\leftarrow P\rightarrow G_2+$”,即个体处于两个正的引拒值大小差不多的目标 G_1 和 G_2 之间;(2) 回避—回避冲突,可表示为“$G_1-\rightarrow P\leftarrow G_2-$”,即个体处于两个负的引拒值大小差不多的目标 G_1 和 G_2 之间;(3) 趋近—回避冲突,可表示为“$G+-\leftarrow\rightarrow P$”,目标 G 同时既具有吸引力又具有排斥力。这便是勒温对生活空间所作的向量心理学的分析。

可见,个体的需求、紧张系统决定着场中每个部分的动力势态。勒温用向量概念表示场或生活空间中动力作用的方向和力度,又借用拓扑学的语言描绘各动力之间的相互关系。勒温的这一复杂的需求与紧张的心理系统充满着源于数理科学的隐喻,但他的学说确实为学院气的格式塔心理学注入新的活力。

四、人格组织

人格组织是勒温心理学体系的重要组成部分之一。勒温通过大量实验,用拓扑学的严格的非数量方式表达形态属性和图形空间相互配置的内在关系,用向量学中表述空间路线距离和方向的向量分析表现心理动力的方向及其相互间的动力关系,把人格结构描绘成为一个直观的空间系统,构建了独具特色的人格结构理论。他用需求、紧张、引拒值、向量和移动等概念,依据生活空间场理论,去说明由行动引起的生活空间的不平衡和平衡;

他用图 4-3 表示人格结构各层次，并说明其功能。聚集于外圈和内圈之间的一些格子（M 区）包含认识环境变化的知觉系统和把人的内部心理状态传送到外部的运动系统；聚集于内圈的一些格子称人格的内部区（I），诸如需要、意图、要求等心理现象；内部区又可分为人格的边缘层（P）和人格的中心层（C）；前者和运动系统较接近，故在此层发生的事件容易通过运动系统表示出来，后者因离运动系统较远，故在其中发生的事件较难形之于外。

勒温还提出一系列人格组织理论，认为不同的人格结构的分化程度不同，人格特征也有差异。新生儿的人格结构几乎是一个未分化的整体，而生活经验丰富的成人的人格结构则很复杂。儿童随着年龄的增长，对周围环境认识的日益加深，于是不断分化出诸如记忆、幻想、价值、目的及内心世界等成分。低能儿的人格结构较少分化且僵化，心理弹性和可塑性都小于正常儿童。多才多艺的人比能力平平的人在区域上分化得好而且复杂，这是由个体的年龄、经验、能力和他在当前情境中所发生的事件综合的结果。对于人格组织问题，巴克、丹波和勒温进行了挫折与倒退实验（1941）。巴克等人认为，倒退就是儿童本已分化的人格区域消失而退回到婴儿时期的状态。①

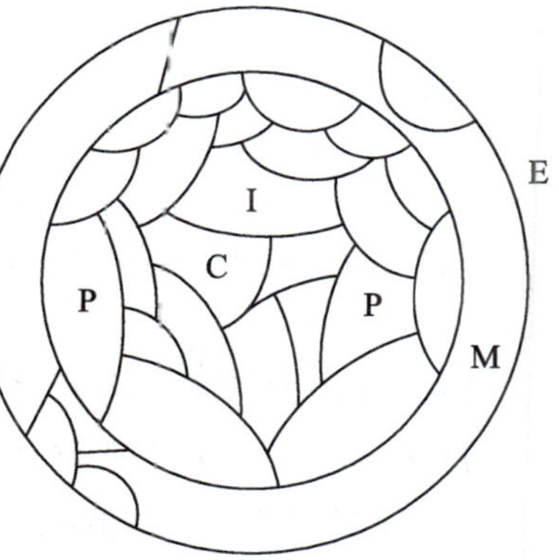

图 4-3　人格组织图

M 代表运动的知觉区域；I 代表人格的内部区域；P 代表人格内部的边缘部分；C 代表人格内部的中心部分；E 代表外部区域

① 墨菲、柯瓦奇著，林方等译：《近代心理学历史导引》，商务印书馆 1980 年版，第 363 页。

第三节 勒温的团体动力学

人类是群居的动物，需要获得团体的支持、认同，进而追求爱与归属的满足感。团体与个人的生活具有密切的关系，团体有其独特的意义与特征，并赋予成员共同的任务，以达成团体目标，与此同时，团体也能满足个人的动机与需求。勒温对心理场论进行了系统深入的研究之后，并没有将视角限制在个人的心理场和冲突中，而是很快以此为基础对团体心理现象展开探索，他将这一研究方向称为“团体动力学”。在他的天才智慧和个人魅力的感召下，海德和费斯汀格等人聚集在其周围，继承和发展了其“团体动力学”，各自提出了新的理论和学说，并在美国社会心理学界长期占据着统治地位。

一、团体动力学的兴起

20 世纪 30 年代，团体动力学在美国引起人们的关注，与当时美国的社会历史条件紧密相连。

首先，美国具有广泛应用团体动力学的社会需要。30 年代，美国的工业生产飞速发展，创造发明使物质生产水平有了明显的提高。但是，人们对这种状况并不满足。随着市场竞争的加剧，企业和组织都希望能够找到进一步提高劳动生产率的方法。人们已经感到再通过强调财物的管理等传统做法，对进一步提高劳动生产率的帮助已经不大。在组织管理上，人们开始强调人的因素对提高劳动效率的作用。与此同时，随着工业化进程，诸如移民问题、黑人问题、青少年犯罪和儿童教育等一系列社会问题也日益凸现，这些问题迫切需要人们解决。勒温从团体动力的相互作用、团体对个体行为的影响、团体成员间的关系出发，试图去解释和解决这样一类问题，为人们提供一种看待问题的新视角。因此，团体动力学一出现就受到了学术界和社会的广泛欢迎。[1]

其次，20 世纪 30 年代美国出现了众多的专业团体，如社会福利工作团体、团体心理治疗等，如何认识这些团体的性质和作用也是人们迫切想知道的。

第三，从团体出发研究个体已有一定的理论和技术基础。长期以来，心理学研究的对象主要限于个体和个体心理，研究者普遍认为团体心理只是个体心理的组合，团体心理并不存在什么新东西。到 20 世纪 30 年代，在团体中研究个体，研究团体对个体的社会影响开始被人们所接受。在这个发展过程中所形成的一些技术方法和理论，如社会计量方法、社会互动的观察技术、奥尔波特和谢里夫的社会心理学理论等，都为团体动力学的兴起提供了必要的条件。

当然，勒温本人的经历也是促使他研究团体心理的基石。他亲身体验到了纳粹独裁和美国民主的巨大反差，加上他的母亲死于二战炮火，这些都对他的研究取向产生了重要影响。

二、走进团体动力学

1. 团体凝聚力及领导方式研究

团体凝聚力(group cohesion)，又叫团体内聚力，指团体中成员彼此接近及相互吸引的程度。[2] 团体凝聚力是勒温团体动力学重视的指标，也是影响团队精神、团队士气的重要因素。凝聚力源于对团体目标的认同，表现为团体成员间相互吸引、接纳和信任等互动过程。

经勒温及其追随者研究发现，影响团体凝聚力的因素有团体情感、成员间的相似性、团体目标、个人需要的满足、领导者参与的程度及领导的类型、团体的气氛、团体的规模和过去成功的经验等。[3] 在这些研究中，往往凝聚力的指标包括成员的出勤率、成员与会是否准时、成员之间所显示出来的信任和支持度，在团体中成员个人特质被接纳的程度等。如果能发展良好的互动关系、维持高度的信任感、制定正向的团体规范、建立相互依存的目标、制定近期目标、举办各种类型的会议或联谊活动、满足成员的需求、提高成

---

① 杨鑫辉主编：《新编心理学史》，暨南大学出版社 2003 年版，第 273 页。

② Ellis, D. G. & Fisher, B. A. (1994). *Small group decision making-communication and the group process* (4th ed). New York: McGrawHill.

③ Cartwright, D., & Zander, A. (1968). *Group dynamics: Research and theory* (3nd ed.). New York: Harper & Row.

员的声望、鼓励成员积极参与、感受外在的竞争压力，一定能较有效地提升团体的凝聚力。

勒温对各种社会情境中的团体行为进行了考察。其中，一个经典的实验经常被引用。这个实验是勒温和利皮特、怀特共同实施的，实验者对几组男孩分别使用了专制型、民主型和放任型三种领导方式。研究结果表明，专制组中的男孩变得非常富有攻击性；而民主组的男孩之间相当友好，比另外两组完成的任务更多。勒温与其助手设计的这个实验，很巧妙地考察了不同领导方式所产生的效果，以及团体凝聚力和领导方式的关系，在当时的社会心理学研究领域，类似的实验并不多见。[①]

2. 团体变革的方式及行动研究

（1）团体变革的方式。

在第二次世界大战期间，勒温根据当时的需要，开始从事改变人们饮食习惯的研究。例如有一个实验，就是给一些年轻妈妈指导，说明婴儿用餐最好加一些橘子汁。一组对年青妈妈进行个别指导，另一些则以六人为一组，让她们讨论改善孩子食谱的好处，最后达成婴儿用餐最好加些橘子汁的共同决定。结果表明：团体决定组的妈妈比个别指导组更乐意接受新食谱。根据这个实验，勒温得出结论：无论是训练领导、改变行为习惯，如果首先使个体所属的社会团体发生相应的变化，然后通过团体来改变个体的行为，这样做的效果远比直接去改变一个个体来得更好。[②]

通过对系列实验的总结，勒温认为组织是开放体系，因环境的变化而改变，因此组织变革须采用循序渐进的方式，以分化变革“阻抗”的力量，他提出“解冻——变革——重冻”三阶段组织变革模型。首先尽可能减少或消除与团体过去标准的关联；然后引进或制定一个新标准；最后“重冻”，就是在新标准之上的重新建构。

图 4-4　勒温组织变革三阶段示意图

勒温的这一思想不仅在社会心理学领域影响深远，而且对管理学、经济学等学科的理论和实践起到了令人瞩目的推动作用。后来不断有学者就组

① Lewin, K., Lippitt, R., White, R. (1939). Patterns of aggressive behavior in experimentally created social climates. *Journal of Social Psychology*, 10, pp. 271～299.

② 叶浩生主编：《心理学史》，高等教育出版社 2005 年版，第 167 页。

织变革问题进行探讨，比如有学者提出较新的组织变革方法有四种：① 建立完整的训练规划(个体变革策略)；② 组织结构与工作流程的调整(技术结构策略)；③ 调查评定现存与期望的组织文化资料(组织气氛策略)；④ 调查汇总组织成员的变革需求(组织发展策略)，最后结合上述两种以上的方法执行。[①] 还有学者认为，策略与组织须由四种材料构成，分别是关键任务与工作流程、正式组织安排、人员以及文化。[②]

事实上，一个企业要着手变革工作，通常遭遇到最大而且最直接的阻力，是源于员工内部的阻抗。变革过程必须经过一连串阶段，一般需要一段很长的时间，若要跳过一些步骤，只会造成一种速度幻觉，永远不会产生令人满意的效果。而勒温的三阶段模型理念能解决变革阻抗的问题，所以仍然广泛地得到学者们的肯定和商业部门的采用。

(2) 行动研究。

2004 年，著名心理学史家舒尔兹(国内又译“舒尔茨”)夫妇出版了《现代心理学史》第八版，此时勒温已经去世半个多世纪了，舒尔兹夫妇对勒温的研究方法还是大加赞赏：“勒温强调了社会行动研究……他的研究使用的是严格的实验方法，但是又不像实验室实验那样具有人为性，因此他的工作把这些富有争论的问题转变成了控制性的实验探讨……勒温倡导对教育者和商业领袖进行敏感性训练，以便降低群体内部冲突，促进个人潜能的发挥。他的敏感性训练组(T-group)是 20 世纪 60 年代和 70 年代流行的交朋友小组(encounter groups)的先驱。”[③]这里舒尔兹夫妇谈到的“社会行动研究”，就是国内读者所熟悉的“行动研究”(action research)。勒温最初进行行动研究的尝试，是为了帮助自己的同胞——巴勒斯坦的新移民适应新环境并能进一步过上幸福的生活。勒温自己曾这样说过：“团体动力学研究中心是应两种需要产生的，一是科学研究，一是具体实践。”[④]团体动力学集二者于一身，这种研究与实践的结合与统一，也就是影响广泛的行动研究法的本质内涵。[⑤]

下面的史实说明了勒温对于行动研究的重视。1945 年，勒温在建立兹

---

① Goodstein, L. D., & Burke, W. W. (1991). Creating successful organizational change. *Organizational Dynamics*, 19(4), pp. 5～17.

② M. L. Tushman & C. A. O'Reilly. (1996). *The ambidextrous organization: Managing evolutionary and revolutionary*.

③ 舒尔兹等著，叶浩生等译：《现代心理学史》(第八版)，江苏教育出版社 2005 年版，第 321～322 页。

④ 勒温：《麻省理工学院团体动力学研究中心》，载《社会统计学》1946 年英文版第 2 期，第 126 页。

⑤ 车文博主编：《西方心理学思想史》，湖南教育出版社 2007 年版，第 671 页。

后闻名于世的团体动力学研究中心的同时，又在旅美犹太人协会之下创立了一个社区关系研究会。他借用了一句犹太人的格言表述该会的宗旨和他的迫切心情：①

如果我不为自己，那么谁又为我？
如果我只为自己，那我又成了什么？
如果不即刻动手，那又更待何时？

行动研究成了勒温心理场论的一种基本观点和指导思想。然而除此之外，在具体的应用和实践中，行动研究也不失为一种有效的研究技术。正如利皮特所指出的，就对行动研究的理解而言，其"本身就是一种研究手段"②，其具体的内容可以概括为如下程序：从社会实践以及社会实践的参与者中获取信息，经过理论分析和实验研究后，再将结果反馈到实践中去，以达到对实践过程的影响。在这一程序中，反馈是一个关键环节，我们可以把它看做是研究与行动的中介，它保证了发现事实和利用事实之间的有效联系。概括起来，行动研究的过程就是观察——计划——行动——反馈的循环往复。

勒温的学生库克(Cook，S.)和塞尔梯兹(Selltiz，C.)等人所做的关于如何改变公众态度的著名研究，就非常典型地运用了这种行动研究技术。他们把研究结果及时反馈给被试，并与他们讨论这些结果的意义和改进行为的方法，以信息反馈来影响被试的态度改变。③ 勒温与利皮特和怀特关于领导方式的实验研究，也属于"行动研究"，因为他们研究的目的是要用实验的团体动力学来促进现实的民主过程。勒温与玛格丽特·米德的"食物习惯研究"也是一种"行动研究"，它把理论、研究和实践结合了起来，使人们食用动物内脏以代替原来习惯食用的牛肉、牛排等，解决了现实的社会需要。勒温说："社会实践所需要的研究，是一种行动研究，一种关于社会行动(各项形式)的条件和效果的比较研究，一种可以导致社会行动的研究。"④也就是说，行动研究是以真正的现实生活为背景，以解决实际问题为方向的心理学研究。勒温对此有一句名言："没有离开研究的行动，也没有离开行动的研究。"⑤

勒温及其追随者根据多年的研究经验，针对各种研究内容、程序、方法

① 转引自周晓虹著：《现代社会心理学史》，中国人民大学出版社 1993 年版，第 207 页。
② 利皮特：《行动研究》，见考西尼主编《心理学百科》，1984 年英文版第 I 卷，第 11 页。
③ 车文博主编：《西方心理学思想史》，湖南教育出版社 2007 年版，第 672 页。
④ 马洛：《实际的理论家：库尔特·勒温的生活与工作》，1984 年英文版，第 213～214 页。
⑤ 马洛：《实际的理论家：库尔特·勒温的生活与工作》，1984 年英文版，第 213～214 页。

与目标的差异，将行动研究分为四种类型：[①]

① 诊断式行动研究。诊断式行动研究为设计一个解决问题、符合需求的计划，使相关人员参与到已经存在的特殊情境中，诊断问题、提出改善的方案。

② 参与式行动研究。假设社区居民愿意协助改善计划，他们必须从研究的开始就共同参与，这种行动研究的方式并非为了得到一般化的共同原则，但是对某些具有特殊性、地域性的研究相当有效。

③ 经验式行动研究。主要是记录日复一日的工作中持续积累的经验。

④ 实验式行动研究。在某些社会状况下进行的一个行之有效的控制性研究，虽然这种研究很难成功，但是在科学知识的建构方面有其优势存在。

艾略特（1991）认为，行动研究不只是一种实践模式，它也会使研究民主化，行动研究使过去被当成研究对象的人上升到一个和研究者拥有同等权力和责任的位置。[②] 行动研究除了作为一种观点和方法、一种研究技术之外，还有另外一种意义，即勒温所说的一种社会工程。它导致了 T-group（Basic Skill Training Group）或称之为“敏感性训练”的产生：训练人们的社会敏感性，人际关系的敏感性，以及适应团体生活的基本能力。勒温把这种敏感性训练看做是改进人们社会行为和促进人际交往的一种手段，并且把有关的研究、训练和行动看做是一个相互依存的整体。这样，行动研究就对整个社会生活产生了直接和深刻的影响。[③] 阿隆森认为，如果应用得当，敏感性训练作为一种增加自我认识、改善人类关系的方法和手段，是非常有用的。卡尔·罗杰斯对此曾有过这样的评论：“敏感性训练或许是本世纪最有意义的社会发明。人们对它的需要越来越广，它是在美国发展最为迅速的社会现象之一。它已经渗透进工业、教育、家庭和职业训练等许多领域。”[④] 我国著名心理学家陈立先生就曾结合组织改革和我国现实，探讨了行动研究所包含的积极因素，他强调了开放系统的正反馈作用在行动研究中的意义，指出“目标管理和民主参与的结合，应该是行动研究的理想”。即使在今天，行动研究（尽管它本身已有了补充与发展）仍然具有积极的影响力。[⑤]

---

① Rubin, H. J. & Rubin, I. S. (1992). *Community Organizing and Development*. Massachusetts: Ally and Bacon Press.

② Elliot, J. (Ed.). (1991). *Action research for educational change*. Philadelphia: Open University Press.

③ 车文博主编：《西方心理学思想史》，湖南教育出版社 2007 年版 第 672 页。

④ 马洛：《实际的理论家：库尔特·勒温的生活与工作》，1984 年英文版，第 213～214 页。

⑤ 转引自勒温著，竺培梁译：《拓扑心理学原理》，浙江教育出版社 1997 年版，中文版序第 9 页。

三、近年来团体动力学的相关研究

团体动力学诞生以后，在勒温及其同道者的努力下，不断向许多领域渗透，充分体现了勒温模式的强大辐射力量。现就近年来该领域研究的发展情况，作一概要梳理。

1. 团体凝聚力的相关研究

布里顿(Britton，2000)以个案研究的方法探讨了团队建立过程中的团体动力状态，研究发现：团体动力可帮助团队的建立和运转，促进成员间纵向及横向沟通，使团体成员形成一种人际间的信任感和支持感。①

多数相关研究指出，团体凝聚力对团体效能的影响呈正相关(Chang & Bordia，2001②；Gammage，Carron & Estabrooks，2001③；Xie & Johns，2000④)；与之相对照的是，以往研究发现团体规模大小与团体效能的关系并不一致，研究显示有正相关(Campion，Papper & Medsker，1996⑤；Haleblian & Finkelstein，1993⑥)、负相关(Alexander，Lichtenstein & D'Aunno，1996⑦)、无相关(Sethi，Smith & Park，2001⑧)。这些研究在一定程度上证明了团体凝聚力相对于其它组织因素(如团体规模大小)对于团

---

① Britton，M. (2000). *A group dynamic interpretation of a teambuilding event：A case study*. Unpublished doctoral dissertation，University of South Africa.

② Chang，A.，& Bordia，P. (2001). A multidimensional approach to the group cohesion-group performance relationship. *Small Group Research*，32(4)，pp. 379～405.

③ Gammage，K. L.，Carron，A. V.，& Estabrooks，P. A. (2001). Team cohesion and individual productivity：the influence of the norm for productivity and the identifiability of individual effort. *Small Group Research*，32(1)，pp. 3～18.

④ Xie，J. L.，& Johns，G. (2000). Interactive effects of absence culture salience and group cohesiveness：A multi-level and cross-level analysis of work absenteeism in the Chinese context. *Journal of Occupational and Organizational Psychology*，73，pp. 31～52.

⑤ Campion，M. A.，Papper，E. M.，& Medsker，G. J. (1996). Relations between team characteristics and effectiveness：A replication and extension. *Personnel Psychology*，49，pp. 429～452.

⑥ Haleblian，J.，& Findelstein，S. (1993). Top management eam size，CEO domainance，and firm performance：The moderating roles of environmental turbulence and discretion. *Academy of Management Journal*，36(4)，pp. 844～863.

⑦ Alexander，J. A.，Lichtenstein，R.，& D' Aunno，T. (1996). The effects of treatment team diversity and size on assessments of team functioning. *Hospital & Health Services Administration*，41(1)，pp. 37～53.

⑧ Sethi，R.，Smith，D. C.，& Park，C. W. (2001). Cross-functional product development teams，creativity，and the innovativeness of new consumer products. *Journal of Marketing Research*，38，pp. 73～85.

体效能的积极作用可能更密切。

2. **结构规范的相关研究**

查特曼和弗林(Chatman & Flynn, 2001)强调合作的规范，结果发现：团体合作规范与团体互动有显著的正相关，与团体成员自评的效率及效能也有显著的正相关，表明团队合作规范越强则团体互动越好，而且团体的效率及效能越好。①

邱等人(Chiu, Huang & Chang, 2000)针对36位在职教师和实习教师进行研究发现：团体的复杂合作行为与团体表现之间呈显著正相关，但团体的简单合作行为对团体表现则没有显著影响。由此可知，表现出较多复杂合作行为的团体，其表现也较好。②

卢卡斯(Lucas, 2004)也采用了个案研究的方法，在组织变革中考察组织文化、团体动力及组织学习之间的关系，其研究结果发现：团体之间的差异会影响到团体成员对于变革的反应；组织文化会影响组织的学习以及组织行为的改变。也就是说，团体的特征及运作过程会影响组织变革与组织学习及行为规范。③

3. **沟通互动的相关研究**

巴尔萨泽等人(Balthazar, Potter 和 Warren, 2002)研究发现，不论团体成员的人格特质还是团体中专家的意见并不能有效地预测团体的表现，良好的团体互动才是决定团体表现的重要关键。而团体内的沟通如果能兼顾任务的要求和成员间感情的联系，对团体的表现也会大有裨益。④

兹安(Tschan, 2002)研究也发现，团体在互动过程中的沟通质量与团体表现呈正相关，也就是说，团体成员如能与其他成员进行高质量的互动讨

---

① Chatman, J. A., & Flynn, F. J. (2001). The influence of demographic heterogeity on the emergence and consequences of cooperative norms in work teams. *Academy of Management Journal*, 44 (5), pp. 956～974.

② Chiu, C. H., Huang, C. C., & Chang, W. T. (2000). The evaluation and influence of interaction in network supported collaborative concept mapping. *Computer & Education*, 34(1), pp. 17～25.

③ Lucas, C. (2004). *Understanding the influence of organizational culture and group dynamics on organizational change and learning*. Unpublished doctoral dissertation, University of Calgary, Canada.

④ Balthazar, P. A., Potter, R. E., & Warren, J. (2002). *The effects of extraversion and expertise on virtual team interaction and performance*. Paper presented at the 35th Hawaii International Conference on System Sciences, Hawaii, HI.

论，那么团体的表现就会较好。[1]

胡珀(Hooper，2003)则指出，团体成员若能针对他人的意见给予高质量、有见地的反馈，或者是能主动与他人沟通、协商，则团体的表现会较好。[2]

由此可知，团体在沟通互动的过程中，成员互动的目的并不仅仅是完成任务，同时也是寻求感情支持。而社会情感维系的目的在于了解对方、维持社会关系、发展信任感和归属感，进而建立一个有情感的社群，当团体成员的关系越稳定时，成员将投入更多的努力，这样团体效能自然会得到提升。

综上所述，近期的团体动力学研究仍然沿着勒温开创的传统前进，许多实证研究指出，团体凝聚力、组织规范和人际互动等变量的确是促成团体动力的关键因素；同时，团体动力可以帮助团体建立和运转，建构行为规范及标准，增进组织的沟通互动。

第四节　对勒温的简评

勒温以不足花甲之龄辞世，勒温的同事、朋友和弟子无不扼腕叹息，发表了很多对勒温本人及其所开创的事业的评价，他们的字里行间流露出对勒温无尽的敬佩。其中，认知心理学的奠基人之一托尔曼对勒温的评价获得了大家的一致认同。托尔曼指出："弗洛伊德，这位临床学家；勒温，这位实验学家——两位人物的盛名在我们的心理学领域的历史中将比其他任何人都更为突出。因为正是这两位杰出人物的对比强烈、但却互补的思想第一次使得心理学成为一门可以应用于真实的人和真实的社会的科学。"[3]心理学史家波林认为，还可以将勒温与威廉·詹姆斯相比较："他们二人比任何人都更加平易近人，和蔼可亲，通情达理，不骄不躁，各自开辟了心理学的新的领域。"[4]波林接着说："我们要了解 1933—1947 年间勒温在美国心理学

① Tschan, F. (2002). Ideal cycles of communication (or cognitions) in triads, dyads, and individuals. *Small Group Research*, 33(6), pp. 615～643.

② Hopper, S. (2003). The effects of persistence and small group interaction during computer-based instruction. *Computers in Human Behavior*, 19, pp. 211～220.

③ 杨鑫辉主编：《心理学通史》第五卷，山东教育出版社 2000 年版，第 78 页。

④ 波林著，高觉敷译：《实验心理学史》，商务印书馆 1982 年版，第 835 页。

中的地位，只须知道他的慷慨、友善和一贯的热情所引致的热烈气氛，就已经够了。托尔曼以他与弗洛伊德相比，是否正确，历史自有公论。凡与勒温有深交者，都无不极端信仰他的天才。”①

毫无疑问，勒温是心理学研究特别是社会心理学研究方面的一位“战略大师”，他的思想富有远见；除了上段中托尔曼和波林的宏观评价外，我们还需注意到，勒温又是一位“战术大师”，他往往能“一叶知秋”，提出很多可操作性的方法，考察深刻的问题能从简单、巧妙的方法切入；他是一位杰出的“领导人”，他把同道者紧密地团结在一起，同心同德，这一点让弗洛伊德主义者们好生艳羡；他还是一位伟大的“人民教师”，无论是德国的、美国的学生都对“勒温土豆”念念不忘，甚至他初到美国时，蹩脚的英语也没能成为他传播思想火种的障碍。

一、勒温的贡献

1. 作为“战略大师”，勒温提出了影响深远的“方法论”

作为格式塔整体观的受益者，勒温对“心理场论”情有独钟，这一理论也可视为勒温践行并大力弘扬的方法论之一。舒尔茨曾经这样来评价勒温和勒温的工作：“19 世纪科学的发展趋势，是按照场的关系来思考问题……在心理学中，场论这个术语几乎是勒温的著作所独有的。”②之所以把心理场论这一思想称为“方法论”，是因为它贯穿着勒温及勒温团队几乎所有的研究，整体、动力等勒温研究的基本原则都体现在心理场论中。勒温既继承了完形—整体心理学的传统，又发扬了独创精神和科学作风，坚持心理学的整体动力观，提高了心理学的科学生机。③

我们还需看到，勒温极力倡导心理学的应用研究，是理论联系实际、强调解决实际问题的典范。在德国时期，勒温的研究就表现出重视心理学应用的明显倾向。1923 年到 1925 年，他参与了两项综合性的工业研究：一项在柏林的一家墙纸公司，一项在西里西亚的纺织工厂。在第一项研究中，练习效应的存在使勒温着手处理知觉心理学的问题。从工业研究中他发现了很多理论和实践联系受阻的现象。勒温详细阐述了他关于饱和、行为空间、心理动力等等一些概念。这些研究提及了早期的一些闪光点，事实上，勒温

---

① 波林著，高觉敷译：《实验心理学史》，商务印书馆 1982 年版，第 835 页。
② 舒尔茨著，杨立能等译：《现代心理学史》，人民教育出版社 1981 年版，第 3[illegible]1 页。
③ 车文博主编：《西方心理学思想史》，湖南教育出版社 2007 年版，第 695 页。

的方法与当时流行的“泰勒系统”是有区别的，勒温始终关注工人们的主观的、内部的状态。①

二战时期，由于种族的原因，勒温受到排挤、歧视，但是他来到没有战火硝烟的美国并不是安享太平，很快他便积极关注犹太人问题、以色列建国中遇到的种种社会心理问题；同时配合美国政府的战时政策，开展“饮食习惯”等课题研究。“好理论最实际”是勒温的名言，也是勒温在曾经被铁钦纳式思维笼罩下的美国心理学界发出的振聋发聩的呐喊，这也成为勒温留给后人的重要的“方法论”。勒温将社会心理学的目的理解为有计划地改造社会，这是一种理想也是一种实践。高觉敷先生曾说：“勒温的社会心理学面向社会实际问题，并试图以心理学的知识来解决实际的问题，因而，他的社会心理学在西方引起了很大的反响，目前已经形成为西方社会心理学的一个重要派别。”②舒尔茨也总结说：“勒温强调社会活动研究的重要性，亦即强调关于社会问题同引起变革的见解之间的关系的重要性。勒温关心日常生活的现实，他曾经利用实验的技术，研究许多现实世界的重要问题，如偏见和种族冲突。”③勒温的这一指导思想得到了充分的扩展，勒温及其同道者的研究广泛分布于社会心理学、工业心理学、职业心理学、心理治疗、教育心理学等领域，对促进心理学的应用发挥了举足轻重的作用。有学者很明确地提出：“勒温的一部分工作的公开目的，是建立一个更好的世界。”④

2. 作为“战术大师”，勒温使用了一系列具有创造性的“方法”

勒温方法的特色之一，就是用实验的方法研究社会心理学问题。这不是勒温的首创，谢里夫、奥尔波特等人也做过一些著名的社会心理学实验。但是，勒温的实验法有其独创的方面，勒温强调“自然实验”或曰“现场实验”，他和他的助手们既提倡传统实验心理学的“控制性”，又重视实验环境的真实性和社会性，因此大大提高了研究的生态效度，为当时的社会心理学研究注入了生机和活力。勒温把一些复杂的心理现象（如需求、欲求、欲望等）置于实验的基础上，这不仅弥补了格式塔心理学的不足，并且也为心理学的研究开辟了一条新的途径。不仅如此，这些研究能够紧密地联系实际生活，富有现实意义；同时它们的设计，从明确的目的出发，在探索中发现新

① Matthisa John, George Eckardt & Hans Hiebsch(1989). Kurt Lewin's Early Intentions, *European Journal of social psychology*, vol. 19, pp. 163～169.

② 高觉敷主编：《西方近代心理学史》，人民教育出版社 1982 年版，第 367 页。

③ 舒尔茨著，杨立能等译：《现代心理学史》，人民教育出版社 1981 年版，第 311 页。

④ Heims, S. (1978). Kurt Lewin and social change. *Journal of History of the Behavioral Aciences*. p. 14.

的问题，再进一步构思新的设计，一环扣一环，步步深入，有许多值得我们借鉴的地方。①

勒温还创造性地借用了物理学、数学等学科的概念及方法，并把这些概念和方法巧妙结合起来，应用于个体心理分析和团体动力学。勒温的拓扑心理学标新立异，对于行为的动力的研究，对于动力场的向量的分析，对于心理生活空间的拓扑陈述等，都有新颖的见解和成果，它对心理学产生了重要的影响。在团体动力学领域，主要的研究由勒温的同事或学生完成。勒温的主要贡献，也是实际上唯一属于他个人的贡献，是他把包括从其他学科借用来的拓扑和向量概念在内的研究方法带进了社会心理学。这种新的研究方法的问世使人们看到了心理学的新的远景，它导致了蔡加尼克效应的发现，并促使人们对抱负水平、替代、群体动力学、冲突、侵犯以及紧张等心理现象进行了实验研究。

行动研究法也给勒温带来了世界性的声誉。勒温在 1944 年首创行动研究法，20 世纪 50 年代就进入了美国的教育科学研究领域。20 世纪 70 年代以来，人们渐渐意识到这种研究方法的独到之处。1977 年，日本教育心理学家大桥正夫甚至预言：也许可以说，行动研究法将会构成教育心理学研究法的主流。1992 年，中国国家教委将上海市青浦县教委数学教育改革实验定为基础教育改革的重大成果，并向全国推广。青浦教育实验的方法体系中十分重要的一环，就是在勒温的行动研究法的基础上，提出了行之有效的“实践筛选法”②。除了在教育领域以外，由行动研究法派生而来的“敏感性训练”计划，对于美国社会经济、管理等领域的人际沟通训练、社会技能培养方式等都有着很大的促进。

勒温在研究方法上，还有一个重要的倾向，即他注重个案研究，不完全依赖统计分析。查普林和克拉威克写道：“用一句话概括起来，勒温的论证表明，心理学的定律不必完全依据统计平均值才能制定。应该承认，个别案例的研究价值也同样重要。”③查普林和克拉威克赞扬勒温关于民主气氛的实验研究，说：“这一社会心理学实验，对于那些关心士气，关心领导方法和政治理论的人，具有显然的重要涵义。就我们的目的而论，它说明在勒温启发下发展的实验程序，富有新意和独创性。勒温以有效的个案研究反驳了同时代心理学家对统计推断的过分倚重。”④从这个角度可以看出，勒温是一

① 高觉敷主编：《西方近代心理学史》，人民教育出版社 1982 年版，第 355 页。

② 勒温著，竺培梁译：《拓扑心理学原理》，浙江教育出版社 1997 年版，中文版序第 9 页。

③ 查普林、克拉威克著，林方等译：《心理学的体系和理论》，商务印书馆 1984 年版，第 82 页。

④ 查普林、克拉威克著，林方等译：《心理学的体系和理论》，商务印书馆 1984 年版，第 82 页。

位在研究方法上不拘一格的学者，这不禁让我们联想到他的理论最实际的论断，显然，勒温的研究是“以问题为中心”而非“以方法为中心”。

3. 作为杰出的“领导人”，勒温是相关学科的“带头人”，也是相关研究会的“创始人”

作为“实验社会心理学”的创始人，勒温的地位不可动摇。勒温与利皮特和怀特等人所作的关于团体气氛的实验研究，往往被看做是当代实验社会心理学发展中的重要里程碑。建立一种可以解决有关的社会问题，造福于人类社会的科学心理学，便是勒温最后十余年的工作中心和努力方向，这种心理学也就是团体动力学。勒温的工作还促进了“应用社会心理学”的兴起。在勒温去世以后，他的学生卡特赖特编辑了一本勒温社会心理学的论文集，名为《解决社会冲突》，运用心理学的理论与知识解决具体的社会问题，正是此书的主旨与基调。这本书中所展现的勒温的团体动力学与行动研究，以现实生活为背景，以解决实际问题为方向，是勒温社会心理学的突出特征，也是当代应用社会心理学所保持的传统。①

勒温很早就注意到研究团体的重要性，在他的积极推动下，美国成立了“社会问题心理学研究会”，并成为该研究会卓越的领导人。② “社会问题心理学研究会”成立于1936年，勒温是当时主要的创立者之一，并且曾经在1942—1943年间担任该学会的主席。“社会问题心理学研究会”的英文原名是 The Society For Psychological Study Of Social Issues，简称为SPSSI。该学会目前有几千名会员，遍布世界各地。它是美国心理学会的第9分会，是联合国关于国际事务中心理学问题以及社会和文化心理学问题的常规咨询机构。

从1980年开始，“社会问题心理学研究会”筹集资金和召集专家，编辑出版了《应用社会心理学年鉴》。出版者在每一卷年鉴的封面上，都附有这样一段说明：……继承库尔特·勒温的思想传统(包括他的同事与后继者)，社会问题心理学研究会一直致力于既具有理论意义又具有社会实际效益的研究。以此为目的，这个学会承担了这一套新年鉴的编辑工作——介绍与宣传社会心理学研究所接触到的社会问题的广泛领域。

实际上，“社会问题心理学研究会”一直致力于在社会心理学的研究中，发扬勒温的思想和传统，并有自己的专门会刊——《社会问题杂志》。《社会

① 车文博主编：《西方心理学思想史》，湖南教育出版社2007年版，第689～690页。

② 申荷永著：《充满张力的生活空间——勒温的动力心理学》，湖北教育出版社1999年版，第187～193页。

问题杂志》是当今世界范围内社会心理学的最权威的杂志之一，每年出4期，每期都有一个主题。而凡是属于当时重要的社会问题，“社会问题心理学研究会”都会组织会员进行研究并出版研究专集。

“社会问题心理学研究会”设立的“勒温奖”，是美国心理学界对于勒温影响和地位的首次确认。该奖励从勒温去世后的第一年即1948年开始设立，并且一直持续到现在，成为当代社会心理学领域中最高的奖励。

勒温的实验社会心理学传统曾在20世纪中后期一段时间一度处于低谷。1984年，以弘扬勒温及其传统为主旨的“场论发展学会”在美国成立，罗伯特·克莱纳(Robert J. Kleiner)担任该学会第一届主席。“场论发展学会”在成立的当年便召开了一次国际勒温研讨会，并且将会议收到的研究论文以《勒温的遗产》为标题出版。从那以后，“场论发展学会”每两年组织一次国际勒温研讨会，一直持续至今。

“场论发展学会”定期出版会刊，介绍国际间有关勒温心理学和心理场论研究的进展。“场论发展学会”策划出版了有关勒温和勒温心理学研究的新的论文专集，取名为《心理场论：新的领域》。在1994年“场论发展学会”组织了“第6届国际勒温研讨会”，参加者“大腕云集”，不但有当代杰出的社会心理学家阿隆森、凯利、达奥奇等人，而且还有勒温的早期学生蔡加尼克等。通过十余年的努力，“场论发展学会”在推动心理场论的发展，以及发扬勒温心理学的传统中，作出了积极而重要的贡献。

从1984年“场论发展学会”成立至今，勒温心理学和心理场论的意义正日益引起当代心理学家的关注和兴趣。实际上，1980年费斯汀格主编出版的《社会心理学的回顾》一书，已可看做是勒温心理学和心理场论复兴的信号。费斯汀格本人是“重返”社会心理学界，因为从20世纪60年代开始，他自己基本上是放弃了他原来的研究，而去从事一种新的有关视知觉方面的研究。在《社会心理学的回顾》一书的前言中，费斯汀格这样提出：就勒温和心理场论对当代心理学的影响而言，仍然有许多人认识不到或未能理解的东西。他指出：“本书的众多作者，都把他们各自的研究，寻根于勒温理论的某一方面，这使我感到惊奇。”①实际上，心理场论从其产生，经过勒温及其学生以及众多心理场论学者的共同发展，至今已经成为心理学研究的一种范式或基石。就其在心理学史上的意义，以及对当代心理学发展的影响而言，它是许多著名心理学理论的基础或思想来源，同时也是许多新一代的心理

① 转引自申荷永著：《充满张力的生活空间——勒温的动力心理学》，湖北教育出版社1999年版，第192页。

学家从事心理学研究的理论基础和方法论基础。

国内勒温研究专家申荷永认为，可以将勒温的心理学和心理场论在当代的发展分为如下三个方面：(1) 心理场论本身的理论建构，在勒温的基础上已经是得到了充实与完善；(2) 心理场论作为一种方法论影响了许多心理学家的研究，在他们各自的研究或理论中体现了心理场论的意义，发展了心理场论的思想；(3) 心理场论所涉及的研究领域得到了发展和扩大。这正如"场论发展学会"为其第三部论文集取名为《心理场论：新的领域》所表明的，当代心理学所面临的新的课题和新的研究领域，如对生活质量的研究，对健康心理学的研究，对环境心理学的研究，对战争与和平的研究，对太空心理学的研究，等等，都已经表现出心理场论的意义和价值，同时也丰富了心理场论，促进了心理场论的发展。①

4. 作为伟大的"人民教师"，勒温启发了许多优秀的学者

据说，勒温的课堂很吸引人，与此同时，勒温富有创造性的研究也启发了许多优秀的学者。在墨菲看来，勒温在进行有关注意、动机、兴趣、挫折、倒退、领导以及角色扮演等实验中，表现出了充分的创造性。墨菲认为："在社会心理学学者中，勒温的工作一直保持着突出的地位。"②他的富于创造力的思想和他的热情，启发了许多有能力的学者。但是他的影响的很大一部分，"是由于他十足的个性、魅力和超凡的感染力。他的影响现在仍然很强大，因为受到他的启发的男男女女，在研究工作中和在传达他的生动启示中，一直是非常多产的。他鉴定、描绘、编码心理社会现实的简单明了，扣人心弦而又切实可行的体系，仍然可以应用于社会重整中最难解决的问题，你可以在许多蓬勃发展的近代运动中，遇到勒温的学生：在团体动力学中，在种族关系和社群关系中，在生态心理学的发展中，在冲突解决中，在不和谐论中，在个人发展与生命全程的研究中，等等。他的许多术语(抱负水平、心理紧张系统、生活空间、障碍因素、向量等)，都已经变成心理学语言的一部分"③。舒尔茨曾说："勒温的许多影响，并未随着他的逝世而终止。他的见解和他所关心的问题，仍然由今天的心理学予以积极推广和精心地加以研究。"④查普林和克拉威克说："勒温的著述和概念，已经影响了社会、儿童和实验心理学等领域。他的强大的个人影响的佐证是，许多杰出的当代社会

① 转引自申荷永著：《充满张力的生活空间——勒温的动力心理学》，湖北教育出版社 1999 年版，第 193 页。

② 墨菲、柯瓦奇著，林方等译：《近代心理学史导引》，商务印书馆 1982 年版，第 634 页。

③ 墨菲、柯瓦奇著，林方等译：《近代心理学史导引》，商务印书馆 1982 年版，第 624 页。

④ 舒尔茨著，杨立能等译：《现代心理学史》，人民教育出版社 1981 年版，第 316 页。

心理学家，都是勒温在伊阿华和麻省理工学院执教期间追随他的圈内人物。”①

作为杰出的心理学家，勒温的遗产不仅限于著作和论文，更重要的是，他的思想、研究原则、研究方向等在后来者身上一直得以流传，这种流传不分国籍、种族、宗教，而且这种流传跨越时空，经得起历史的考验。

二、对勒温的批评

勒温如此受人尊敬，以至于很少见到对他的尖锐的批判，特别是勒温团队的成员在评价勒温时，一般使用的都是崇敬和赞扬之辞。我们在审视这一问题时也颇感困难。但至少有这样几个出发点可以考察一下，一是勒温的思想受格式塔学派的影响，有些格式塔学派的弊端也可能是勒温难以突破的瓶颈；二是勒温作为实验心理学的创始人、团体动力学的奠基者，在选择研究课题或表述思想时，有的时候可能会偏重宏观内容或者有失于片面；三是勒温试图整合物理学、数学、心理学的一些概念和理论体系，学科之间的巨大差异能否得到很好的弥合，往往让人生疑；第四，勒温的研究主要是在欧美国家完成的，其结论能否适用于多元化的文化背景，解决更广泛的世界性问题，也是值得深思和反思的。

勒温心理学体系带有明显主观唯心主义观点，他的生活空间理论中提到的区域、疆界等概念都是主观想象的。勒温还混淆了主观世界和客观世界的界限，他的心理环境、生活空间等概念有时指物理世界，有时又指纯心理世界，让人无所适从。

申荷永（2007）认为，勒温的整合思想尚未真正实现。勒温曾试图用拓扑心理学、向量心理学、心理场论等基本体系重建和整合心理学的概念和理论，事实上，勒温虽然得到了很多人的承认，但以他一己之力也无法实现心理学的统一。②

勒温的实验社会心理学研究受到当时社会和时代背景的限制，往往要考虑诸如战争时期人们的社会心理情况、美国社会政治经济对于心理学的期望等问题，所以他的研究结论要推广到其他文化背景的时候，往往会遇到一定的阻力。这一点在勒温去世之后，20 世纪六七十年代团体动力学的短暂低潮中能看出一些端倪，当时的美国社会更加强调个体和个人，而轻视团

---

① 查普林、克拉威克著，林方等译：《心理学的体系和理论》，商务印书馆 1984 年版，第 90 页。

② 车文博主编：《西方心理学思想史》，湖南教育出版社 2007 年版，第 693 页。

队和团体，在团体动力学的发源地，它甚至也受到了冷落。另外，美国的文化、政治、经济等情况与世界上其他国家有一定的差异，相比一些亚非国家而言，甚至迥然不同。因此，勒温的理论和实践方法在这些国家推广的时候，需要经历“本土化”的考验。

第五章

团体动力学薪火相传

勒温所创立的团体动力学在西方社会，尤其是在美国产生了巨大的影响。在勒温的影响下，他的追随者海德、费斯汀格等人创立了社会认知心理学理论，分别在20世纪60年代和70年代相继成为现代社会心理学的主导领域。正如舍伦伯格指出，尽管行为主义在美国心理学乃至美国文化中根深蒂固，但大多数心理学科班出身的社会心理学家首先重视的是认知理论[①]。个体在主观上如何塑造他或她在其中行动的框架是他们注意的焦点。而这种倾向深受格式塔心理学，特别是受到勒温的影响。

第一节　海德的认知平衡论

一、海德小传

弗里茨·海德(Fritz Heider，1896—1988)，美国社会心理学家，社会心理学归因理论的创始人。他生于奥地利维也纳，逝于美国堪萨斯州劳伦斯(Lawrence)。[②] 他是家里两个男孩中的次子，1920年在哲学家麦农指导下获得奥地利格拉茨大学哲学博士学位。然后受施蒂里亚省政府委托致力于

① 周晓虹著：《现代社会心理学史》，中国人民大学出版社1993年版，第318～321页。

② Heider, Fritz. (1983). *The Life of a Psychologist: An Autobiography*. Lawrence, KS, University of Kansas Press.

弗里茨·海德(Fritz Heider,1896—1988)

学徒的能力测验。曾赴德国柏林大学心理研究所学习,期间曾听过惠特海默、苛勒和勒温的讲课。1927 年应聘于汉堡大学,成为斯特恩的助手。1930 年赴美国,供职于马萨诸塞州北安普敦的史密斯学院,成为格式塔心理学家考夫卡研究实验室的成员,主要在该城的克拉克聋人学校从事研究工作。同年 12 月,他和穆尔(Grace Moore)结婚,他们共生有三个儿子。他在那里工作了 17 年,研究与耳聋有关的问题。其研究成果发表在《人际关系心理学》一书中。1947 年受聘于堪萨斯大学任古根海姆研究员。1960—1961 年受聘于奥斯陆大学担任富布赖特研究员,并任斯坦福大学、康奈尔大学和杜克大学的访问教授。1966 年从堪萨斯大学退休以后,他继续社会心理学方面的研究工作。

海德是社会心理学归因理论的奠基人。所谓归因(attribution)是指人们对已发生事件的原因的推论或知觉。1944 年他在《社会知觉与现象世界的因果关系》一文中指出,应重视行为因果关系的研究,后来在《人际关系心理学》中又发挥了这一观点,提出归因理论,但直到 20 世纪 60 年代中期才引起社会心理学界的重视,从而引发出许多关于归因理论的研究。

他指出,人的行为的原因可分为内部原因和外部原因。内部原因是指存在于行为者本身的因素,如需要、情绪、兴趣、态度、信念、努力程度等;外部原因是指行为者周围环境中的因素,如他人的期望、奖励、惩罚、指示、命令、天气的好坏、工作的难易程度等。海德认为归因过程应遵循的主要原则是共变原则。人们通常认为一定的行为可能决定于各种原因,但人们倾向于寻找一定的结果和一定的原因在不同条件下的联系。如果在许多情况下,一个原因总是与一个结果相联系,而且没有这个原因时这个结果不发生,那么就可把这个结果归于这个原因。例如,甲队总是负于乙队,而甲队总是胜丙队,乙队一般情况下总是战胜丙队,则甲队水平是中等。一定的行为结果总是同一定水平的技能相随而生,即技能与胜负共变。他发现人们常把自己的成功归因为内部因素,把别人的成功归因为外部因素;而把自己的失败归因为外部因素,把别人的失败归因为内部因素。

海德的另一主要贡献是提出了认知平衡的 P—O—X 模型,认为平衡的认知引起一种令人愉悦的满意状态;若认知不平衡则有向认知平衡转化的趋势。海德于 1959 年获得美国社会问题心理研究学会颁发的勒温纪念奖,1965 年获得美国心理学会颁发的杰出科学贡献奖。本节将对该理论作详细介绍。

二、认知平衡理论诞生的背景

社会认知理论并不像团体动力学那样是一种单一而具体的理论学说，而是所有侧重从人的内在认知过程入手来解释社会心理和社会行为的研究方法及相应学说的统称。尽管这一学派缺乏严整的统一性，但所有社会认知学家的基本观点却是一致的。他们都认为，人类的社会行为受其内在的认知过程的支配，因此，要理解和预测人类行为就必须深入到这种内在的认知体系中去，抛开人类认知而孤立地研究人的外显行为是没有出路的。

格式塔心理学是一个发轫于1912年，其后在二三十年代流行于德国的心理学派。20世纪30年代以后，通过移居美国的该学派的顶尖人物（如惠特海默、考夫卡和苛勒）开始影响美国心理学和社会心理学界，其中尤以对社会认知理论的影响为甚，以至于许多社会认知理论家都自誉为格式塔学派的传人。

格式塔心理学家认为，决定人类行为的不是客观的地理环境，而是人所感知到的“行为环境”。考夫卡曾以一骑马人飞渡冰雪掩盖的康斯坦斯湖（他以为是大草原），后闻知实情便惊骇而死的故事说明后一种环境对人的行为的决定作用。① 行为环境和地理环境并不总是相符的，因为人在与环境的相互作用中，并不是消极被动的，他经常积极地通过组织自己的知觉和观念，形成单一的、有意义的整体，并进而影响着行为方式。这一思想同样支配着社会认知理论家的研究。

格式塔心理学对社会认知理论的影响，也体现为它的若干组织原则直接为后者所接受。在这些原则中，首先是其强调知觉整体性的完形论。1947年，美国学者布伦纳在率先提出“社会知觉”的概念，说明知觉过程受社会因素所制约时，既继承又进一步发展了格式塔学派的上述原则。布伦纳所称的这种“新观点”(New look)正是20世纪50年代末以后发展起来的社会心理学中的认知理论的前寻。

社会认知理论从格式塔心理学那里继承来的第二条原则，是有关物理事件与心理事件的同型论原则。尽管社会认知理论家同勒温一样，极少关注心理过程与心理过程之间的同型，但他们在对人际关系的方方面面的描述上，同型论的痕迹却是显而易见的。由苛勒揭示的能够产生与问题情境

---

① 考夫卡著：《格式塔心理学原理》，1962年英文版，第21页。

相符合的新知觉结构的集中律，为后来的诸多社会认知理论家建立各种各样的平衡、协调模式提供了理论依据。

应该指出的是，尽管格式塔学派的诸多重要思想，普遍为社会认知学派所接受或加以改造，并且该学派的代表人物也不讳言自己与前者的思想继承关系，但我们却不能将社会认知学派看成是传统格式塔心理学的简单延续：(1) 由于社会心理学本身的特点，在社会认知学派的形成过程中，不能不对格式塔这个一般的心理学学派的诸多原则加以改造和扬弃；(2) 格式塔心理学是社会认知学派的当然来源，但显然不是它的全部来源。正因此，苏联学者安德列耶娃认为，上述两者的相似与其说是在研究对象和内容上，不如说是在方法论上，即上述两者都受现象学的影响，信奉依靠直接的生活经验。考夫卡曾直截了当地声称："现象学就意味着尽可能给予直接经验以朴素而又丰富的描述。"①此后，作为社会认知理论家的海德正是从格式塔心理学的这一基本纲领出发，提出了他的"朴素心理学"的全部设想。

同样和格式塔心理学有关的勒温的场论，也是社会认知学派的重要理论来源之一。我们所以将勒温的影响与格式塔心理学相提并论，是因为这一视野虽与格式塔有关，但又明显与格式塔有别。尽管勒温与格式塔学派的惠特海默、考夫卡和苛勒同出一门，并且受到他们的极大影响，但他却摆脱了正统格式塔心理学主要研究人的知觉过程的约束，着重研究人的需要、动机和意志，实现了从正统格式塔心理学重视主客观关系的认知到重视主客观关系的动机方面的转移。这对社会认知理论的形成是至关重要的。

和格式塔心理学一样，勒温的许多思想和概念也已成为社会认知理论的基本原则，诸如心理环境、现时原则以及"需要—紧张"心理系统说等。心理环境是指存在于我们头脑中并对心理事件实际发生影响的环境，这一概念使现代社会认知学派意识到了个体内部的主观因素的实在性及其对行为的影响作用。现时原则则使社会认知理论家重视起个体当前所获的信息对行为的制约作用，因为勒温力图通过这一原则向人们说明，过去和未来的事实只有成为当前场的组成部分时，才能对人的行为发生影响。最后，"需要—紧张"心理系统说与所谓"蔡加尼克效应"有着密切的联系。早在 20 世纪 20 年代，勒温就从结账前后侍者对账单内容识记的陡然减损这一现象中发现，未完成的任务由于未能消除紧张而对包括记忆在内的行为产生具有动力性的影响。1927 年，他的弟子蔡加尼克通过一项经典实验证实了这一假想。在勒温看来，人的行为动力源于人的需要，而个体在需要的压力下就

① 考夫卡著：《格式塔心理学原理》，1962 年英文版，第 73 页。

会引起一定的紧张心理，为满足这一需要的任务完成后，紧张的心理系统就会获得解除，并使人因紧张而失衡的心理趋向平衡。毫无疑问，这种关于心理动力及其冲突的思想是五六十年代中出现的诸种认知一致性理论的共同出发点。

在格式塔心理学、勒温的场论以及我们这里不准备细加评述的因对“中介变量”的探索而闻名的托尔曼的新行为主义、建立在现代信息加工论基础上的认知心理学等一系列学说的相互影响与作用下，社会认知理论在 20 世纪 40 年代中期开始成形(其标志是布伦纳 1947 年提出“社会知觉”的概念)，并在 20 世纪 50 年代后期因一系列认知一致性理论的提出而获得了实质性的进展。使社会认知理论获得这种进展的主要人物有两个：一个是海德，另一个是费斯汀格。

三、认知平衡理论

海德是勒温最亲密的同事。他与勒温一起，开创了社会认知研究的传统，其认知平衡理论和归因理论对社会心理学的贡献较大，至今仍然是社会心理学研究中的热点课题。1945 年，海德首次提出了关于认知平衡理论的设想，随后在其 1958 年出版的《人际关系心理学》一书中，海德对其认知平衡理论又作了较为全面的总结。其主要观点是：在日常生活中，人们总是倾向于建立和保持一种有秩序、有联系、符合逻辑的认知状态，也就是使自己的认知系统处于平衡与协调的状态；一旦出现不平衡、不协调，就会产生一种紧张和恢复平衡的力量，使其重新恢复平衡。海德还提出了体现这种思想的“P—O—X”模型。这一模型体现的是一种简单的交往关系，其中 P 是认知主体，O 是作为 P 的认知对象的另一个人，X 则是与 P 和 O 有着某种关系的客体，如情境、事件、观念或第三个人等。

海德认为，“P—O—X”模型中存在着两种关系即单元关系和情感关系。P、O、X 三者就是通过这两种关系而发生联系的。单元关系表示单元内两个或两个以上的对象由于相似、接近、归属、因果等形成的关系。单元关系中又分两种类型：接近、所有、类似为正向单元关系；分离、没有、相异为负向单元关系。情感关系为一个人对某人、某事或某物的评价，因此又可视为一种态度关系。它也可以分为两种：喜欢、赞成、尊重、认可、崇拜为正向情感关系；怨恨、讨厌、反对、排斥等为负向情感关系。

海德认为，个体的认知结构是否平衡，取决于情感关系是否一致，以及情感关系和单元关系相互之间是否一致。在“P—O—X”模型中，上述两种关系和谐一致从而使P处于认知平衡状态的情况有四种：P、O、X三者间的两种关系都是正的；P与O的情感关系为正，P与X、O与X的单元关系皆为负；P与O的情感关系为负，P与X的单元关系为负，而O与X的单元关系为正；P与O的情感关系为负，P与X的单元关系为正，而O与X的单元关系为负。在这里平衡并不是说明P、O、X三者之间的一种现实关系状态，而只是P对这种关系的特定状态的种知觉。（如图5-1）

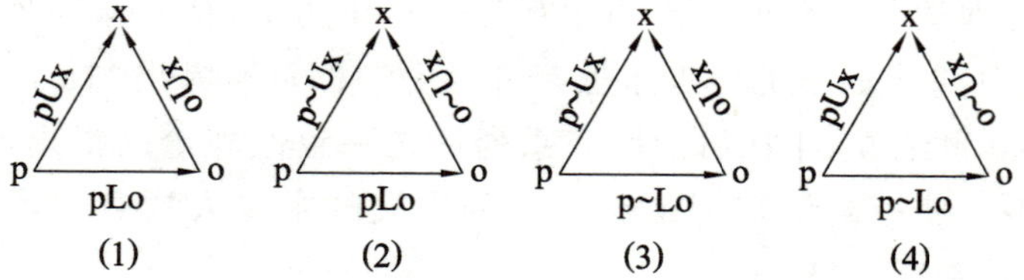

图5-1　认知平衡状态

在现实生活中，P、O、X三者之间的单元关系或情感关系并不总是平衡的，除上述四种平衡状态之外，还有四种不平衡状态：P、O、X三者的关系皆为负；P与O的情感关系为负，P与X、O与X的单元关系皆为正；P与O的情感关系为正，P与X的单元关系为负，而O与X的单元关系为正；P与O的情感关系为正，P与X的单元关系为正，而O与X的单元关系为负。在这四种情况下，P的认知系统处于不平衡状态。由于不平衡就会产生压力和痛苦，驱使人力求平衡。寻求平衡的途径只有两种：一是改变其与O的情感关系；二是改变其与X的单元关系。（如图5-2）

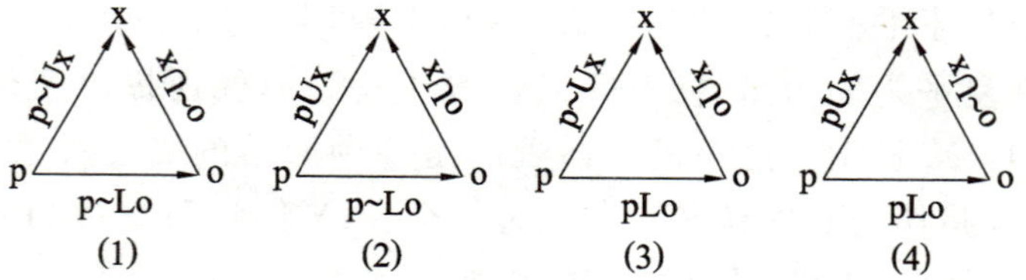

图5-2　认知不平衡状态

四、简评

海德的认知平衡理论是一种较早的社会认知理论，它借用了勒温的心理动力的概念，所关注的是对人的知觉即社会知觉，研究人们如何知觉行为的原因以致影响我们对别人的反应。这种从组织的、动力的系统方面来研究社会生活的关系，是与勒温的团体动力学的研究目标相一致的。海德突破了传统格式塔心理学家只从主体与客体关系上考察个人认知的局限，把人际关系引入认知研究的领域，以极其简便的模式从主体及客体与他人的多重关系上来研究认知，开创了20世纪五六十年代社会心理学研究的新途径。他的工作大大促进了社会心理学家对人类社会认知过程的研究兴趣。当然，海德的认知平衡理论也因存在诸多局限而遭到人们的批评。例如，作为严格的科学而言，他的“P—O—X”概念不够明确，理论体系不够严密，一些推断难于使人信服，也无法加以验证。再者“P—O—X”模型是按照“全或无”的原则来确定三因素的全部关系的，未能涉及正或负的关系的程度，而这种关系的程度通常是各种关系的极为重要的指标。

第二节　费斯汀格的认知失调理论

一、费斯汀格小传

利昂·费斯汀格（Leon Festinger，1919—1992），美国社会心理学家，是继勒温之后将格式塔心理学原理应用于社会心理学研究的学者。他出生于美国纽约市布鲁克林区，因癌症逝于美国纽约市。

利昂·费斯汀格（Leon Festinger，1919—1992）

费斯汀格的父亲为刺绣工厂厂主。他于1939年获纽约市立大学心理学士学位。后前往爱荷华大学，在勒温的指导下从事研究工作。1940年获爱荷华大学硕士学位。1942年获爱荷华大学心理学哲学博士学位，应聘为爱荷华大学副研究员，1943—1945年在罗彻斯特大学任教，1945年任罗彻斯特大学飞机驾驶员甄选训练中心统计专员。1945年进入麻省理工学院，参与勒温在该校设立的团体动力研究中心的研究工作。勒温去世后，他于1948年担任了密歇根大学团体动力学研究中心的计划主任。1951年任明尼苏达大学心理学教授，1955年到斯坦福大学任心理学教授，同年成为美国国家科学院院士。1968年起转任位于纽约市的美国社会研究新学院心理学教授直至逝世，1969年同布拉德利（Trudy Bradley）结婚。

他主要研究人的期望、抱负和决策，并用实验方法研究偏见、社会影响等社会心理学问题。早年随勒温进行关于欲求水准的研究，提出社会比较理论，促进了团体动力学的发展。从 1968 年起离开社会心理学领域而专注于对知觉问题的生理心理学研究，然而他的影响主要还是在于社会心理学中。他在心理学上的贡献，主要来自于在社会心理学上两方面的研究成果，尤其因其认知失调理论而闻名。

社会比较论(social comparison theory)是他于 1954 年《论社会比较》论文中所提出的，指出团体中的个体具有将自己与他人进行比较，以从中确定自我价值的心理倾向，受到社会情境之影响，个体时而与条件胜于自己者相比较，有时与条件劣于自己者相比较，旨在追寻自我价值。

认知失调论(cognitive dissonance theory)是他于 1957 年的《认知失调论》一书中所提出的。认知失调论的基本要义为：当个体面对新情境，必需表示自身的态度时，个体在心理上将出现新认知(新的理解)与旧认知(旧的信念)相互冲突的状况，为了消除此种因为不一致而带来紧张的不适感，个体在心理上倾向于采用两种方式进行自我调适，其一为对于新认知予以否认，其二为寻求更多新认知的信息，提升新认知的可信度，借以彻底取代旧认知，从而获得心理平衡。该理论在性质上为解释个体内在动机的主要理论，故而被广泛用以解释个体态度改变的重要依据，认知失调论是动力心理学的一种新的观点。

根据一些实验结果，他归纳出人类在处理自己信念受到挑战时，人们的认知系统会进行一些处理。简言之，认知失调理论主要用于解释当个体知觉有两个认知(包括观念、态度、行为等)彼此不能调和一致时，会感觉心理冲突，促使个体放弃或改变认知之一，迁就另一认知，以恢复调和一致的状态。

费斯汀格以认知失调理论及其它研究为社会心理学及心理学的一般理论和方法增添了新的见解，从而赢得了声誉，他于 1959 年荣获美国心理学会的杰出科学贡献奖。主要著作有：《冲突、决策和失调》(Conflict, decision, and dissonance, 1964)；《认知失调理论》(A theory of cognitive dissonance, 1957)；《社会交往的理论和实践》、《行为科学的研究方法》(与卡茨合著)；《制止和强化》(Deterrents and reinforcement: The psychology of insufficient reward)(与劳伦斯合著，1962)；《当预言失败时》(When prophesy fails, 与里根等合著，1956)；《非正式群体的社会压力》(与夏根特等合著)；《社会心理学回顾》(Retrospective on social psychology, 1980)。

二、认知失调理论

费斯汀格的认知失调理论同海德的认知平衡理论的起源相似，但就所强调的认知一致性相比，更加强调认知要素引起的矛盾冲突即失调或不协调。费斯汀格是在较为宽泛的意义上使用“认知”概念的。按照他的看法，认知或认知系统是个体对环境、他人及自身行为的看法、信念、知识和态度的总和。每一认知系统都是由基本的认知元素构成的，而认知系统的状态也就自然取决于这些基本的认知元素相互之间的关系。费斯汀格把基本的认知元素之间的关系区分为以下三种可能性：(1) 协调，此时两种元素的涵义一致，彼此不相矛盾，如“我不吸烟”和“吸烟有害”；(2) 不相干，两种认知的涵义彼此不牵连，如“巧克力是甜的”和“今天很冷”；(3) 不协调，当两种认知彼此矛盾或涵义不一致时，就会出现不协调，这是费斯汀格所着重研究的，例如“吸烟能导致肺癌”和“我吸烟”就是一种不协调关系。

费斯汀格认为，认知失调是一个人的态度和行为等认知成分的相互矛盾，从一个认知推断出另一个对立的认知而产生的不舒适感、不愉快的情绪。费斯汀格认为认知失调是人的认知系统的一种正常状态，由于不同的认知元素各有其相对独立性，所以认知矛盾或认知失调是不可避免的。但是由于认知上的失调而引起的心理上的失调体验，个体会产生一种减小失调的意向并达到协调一致的目的。也就是说认知失调会造成特定的心理压力，并促使人产生求得协调的动机，故不协调状态具有动力学的意义。

费斯汀格认为，人们通常通过三种方式来减少认知上的失调。第一种方式是改变行为本身，使主体对行为的认知符合态度的认知。比如“我吸毒”与“吸毒有害”这两种认知成分不协调，如果这个人在实际行动上做出改变——把毒瘾戒掉，那么“我吸毒”就变成“我不吸毒”，与“吸毒有害”便协调起来了。第二种方式是改变态度，使主体的态度符合他的行为。例如，认为“我很聪明”而又“我经常考试不及格”的人，若改变自我评价，转为“我学习有障碍”而与“经常不及格”就协调了。第三种方式是引进新的认知元素，使之与原有的认知成分协调一致。如一个人吸烟，而吸烟有害健康，若要使认知达到平衡，他可能会找一些借口，比如有的人吸烟身体照样很好，也很长寿等，以消除不协调感，达到认知平衡。以此理论设想为基础，费斯汀格建构了他的认知失调理论，并以该理论推动了社会心理学的整体发展。

认知失调理论建构的主要来源起先是他和他的学生隐身在一群教众之中，研究他们的认知失调。这些教众相信在某一日会有大洪水到来，他们的守护者会驾着飞船来解救他们，带他们到一个安全的地方。对此他和他的学生提出一个假设：假设有某人十分相信一件事，并假设他受到信仰的约束，因而采取不可挽回的行动。如此一来，假如在最后他有无法否认的证据显示自己信仰的错误，那么这个人不会消沉下去，反而会产生更坚定不移的信念。而费斯汀格等人的观察结果也正如之前假设一般，当预言会有大洪水的日期到来了，没有飞船也没有洪水，一些坚定不移的教众(可能辞了工作、变卖家产)反而更相信这样的信仰，以此来弥补信仰与现实之间的差异。

1959 年，费斯汀格等人在斯坦福大学进行了一项经典的实验。在实验中要求被试做一项极其枯燥乏味的工作，然后分别以 1 美元和 20 美元为报酬，分别给两个组的被试，并要求他们对后来的参加者说他们干的工作十分有趣。在实验过后一周左右，费斯汀格再去采访当时的被试，了解他们对当时的实验工作的真实态度。结果发现，较少的奖赏反倒比较多的奖赏更有效地导致了被试者的态度变化。这种结果用传统的学习理论是无法解释的。失调理论认为，与获得 1 美元的实验组相比，获得 20 美元的实验组不协调感降低了(尽管工作乏味，但收获不小)，因此后者对工作性质的态度转变也小于前者。而对仅得 1 美元的被试来说，报酬微不足道。1 美元不能成为自己说谎的充足理由，那么这时被试为了减少不协调，最简单的方法就是改变对工作的评价，改变态度。认知失调理论认为，一个人的认知因素必须协调，一旦出现不协调，就会产生内心压力，就会产生减少或消除不协调的动机。减少或消除不协调的过程就是形成与改变态度的过程。

这些实验概括起来有：诱导性的服从的研究，其中的研究对象被要求做出和其看法相背的行为(Festinger & Carlsmith，1959①)；决策后的研究，研究在决策后对反对的另一种选择的看法(Brehm，1956②；Harmon-Jones & Harmon-Jones，2002③)；研究人类如何以其自身的观点来找寻协调的信息，而不是不协调的信息，以防止认知失调的发生(Frey，1986④)；研究人类对与其坚信的信仰、看法等不协调的信息是如何反应的(Festinger，Riecken &

---

① Festinger，L.，Carlsmith，J. M. (1959). Cognitive consequences of forced compliance. *Journal of abnormal and social psychology*，58，pp. 203～210.

② Brehm，J. W. (1956). Post-decision changes in the desirability of alternatives. *Journal of abnormal and social psychology*，52，pp. 384～389.

③ Harmon-Jones，E.，& Harmon-Jones，C. (2002). Testing the action-based model of cognitive dissonance：The effect of action-orientation on post-decisional attitudes. *Personality and Social Psychology Bulletin*，28，pp. 711～723.

④ Frey，D. (1986). Recent research on selective exposure to information. In：L. Berkowitz，Editor，Advances in experimental social psychology，vol. 19，pp. 41～80.

Schachter，1956[①]；Burris，Harmon-Jones，Tarpley，1997[②]）。

20 世纪 80 年代以来人们对认知失调理论的讨论转向新的方面，其中较为引起重视的课题有两个：一是认知失调现象与人格的自我评价之间的联系，因为越来越多的研究表明，认知失调感的发生通常伴随着人的自我形象的损害；二是认知失调感作为一种负性的情绪，它的发生伴随着何种特有的生理唤醒状态。

三、简评

费斯汀格提出的认知失调理论对社会心理学的贡献很大，他提出的态度改变的概念，把态度问题纳入动态的、整体的实例研究的轨道，一改以往主要是对态度内容和态度结构的静态分析和测量的方法。这对于社会心理学从思辨走向实验，从常识转向科学，起了极大的推动作用。一般认为，认知失调理论对认知系统不协调的状态能赋予积极的意义，并能超出具体的认知过程，从宏观的角度集中研究认知系统的动力过程，将复杂的认知关系简化为认知元素之间的协调与不协调的关系，这便是优越于其他认知一致性理论之处。此外，费斯汀格还从认知失调的角度对团体动力学中的社会影响、团体内聚力等概念作了重新解释，把团体动力学纳入了认知失调理论的框架，这是对勒温思想和工作的一种继承和发展。但由于这一理论的许多概念比较模糊，甚至互相矛盾，难以把握与测量，人们普遍认为该理论问题的提出超出了对问题的解决。而且认知失调理论只是在认知水平上谈论减少失调动机，虽然他认为“社会现实”决定认知内容，但这种社会现实只不过是态度、信念、知识构成的认知世界，他没有也不可能去研究这个认知世界背后的东西，没有也不可能去揭示动机背后的社会“冲动力”。

认知失调理论在学科中也引起很多争议，其中有两种反对的观点较有影响：一是以罗森伯格等人为代表的强化观点；二是以贝姆为首的自我知觉观点。争论主要围绕着不充分合理化实验展开的。持强化观点的心理学家认为人的态度是由人所得到的酬赏数量决定的。人喜爱一事物是因为该事

① Festinger, L., Riecken, H. W., & Schachter, S. (1956). *When prophecy fails*. Minneapolis: University of Minnesota Press.

② Burris, C. T., Harmon-Jones, E., & Tarpley, W. R. (1997). "By Faith Alone": Religious agitation and cognitive dissonance. *Basic and Applied Social Psychology*, vol. 19, pp. 17～31.

物给他带来较多的酬赏。人对没有酬赏的事物自然不喜欢。这当中不存在失调感及其影响。他们批评原来的实验在方法上有问题，并且从强化原则的角度出发，重新设计实验，获取有利强化原则的证据。自我知觉论的观点是对认知失调理论的另一种批评，它接受不充分合理化实验所获得的结果，但不赞成用认知失调观点所作的解释。贝姆指出，人评价自己对某事物的态度与他评价他人对该事物的态度的方式是一样的，他作为观察者观察自己或他人的行为，以推论出自己或他人对该事物的态度。他对别人说绕线工作有趣，并得到少量的钱，这时他会从观察者的角度评价自己对绕线的态度，既然在很少好处的条件下说了此话，则自己对绕线的态度是喜爱的。反之，若是在较多好处的条件下说绕线有趣，则是自己并不喜欢绕线，只是为得到好处。这种解释也否定了失调理论。

反对意见和相应的实验证据引起了支持认知失调理论的心理学家对失调理论本身更深入、更细致的研究，这些研究丰富了支持失调理论的实验证据，并且从理论上探讨了认知失调理论适用的领域和场合。由争论引起的各种研究对社会心理学的一个突出作用是，它们极大地促进了研究方法的发展和改善。反复的争论和探索终于使心理学家认识到，人的社会心理活动是极为复杂的现象，每一种理论都是对这种复杂性的探索，它们作为对人的问题的理解，都有其合理的一面，也有其谬误之处。在此处适用的观点在彼处不一定适用，但它们相互之间不是完全不相容的，它们对人的问题的理解依赖于当时现象的特点和存在的条件。认知失调理论探讨人对自身活动的认识与外界事物发生过程之间的联系，强调人的行为对态度转变或持续的先行作用，这在理论上是对心理学科的一项贡献。在此之前，人们强调的是态度先于行为，有什么样的态度就有什么样的行动。但认知失调理论提醒人们注意另一方面的情况：人的行为也可以是态度改变或更加坚定的先行条件，已做出的行为引起人的内部失调感，从而发生态度的改变。这一看法对人的社会生活实践也有指导意义。

第三节　卡特赖特的社会权力场论

一、卡特赖特小传

道尔文·卡特赖特(Dorwin Cartwright,1915—),美国密执安大学社会心理学家,生于1915年,于1940年在哈佛大学获得博士学位。二战期间,美国为了支持战争大量发行公债,卡特赖特也曾参与公债推销活动。在战争公债推广活动中,卡特赖特总结了一整套劝服公众的技巧和方法,后人将其称为卡特赖特原则。其主要内容包括:(1)“要影响人们,你的信息必须进入他们的器官”。这就要求信息具有一定的刺激度,方能引起人们的注意。卡特赖特认为信息到达对方的感官是劝服传播的第一步。(2)“信息到达对方的感官之后,必须使之被接受,成为他认知结构的一部分”;“要一个人在群众劝服运动中采取某一行动,必须让他看到这个行动就是达到他原有某一目标的途径”。这一原则被称为有效沟通的利益原则。(3)“行动规定的越简便,时间规定的越具体,行为受控的可能性就越大”。这一原则至今在公共关系和传播领域仍有积极意义。

道尔文·卡特赖特
(Dorwin Cartwright,1915—)

卡特赖特于20世纪40年代初在依阿华大学协助勒温工作,颇得勒温赏识。1945年,当勒温建立了麻省理工学院的群体动力学研究中心后,他便随勒温来到该中心,参与了麻省理工学院群体动力学研究中心的指导工作。1947年勒温逝世后,卡特赖特成为该中心的负责人,1948年随该中心一同迁往密执安大学。在密执安大学工作期间,他与同事和继任者赞德(Alvin Zander)合作完成了《群体动力学:研究和理论》(Group Dynamics: Research and Theory)。该书第一版于1953年出版,这部著作系统介绍了群体动力学研究中心群体动力学的基本研究状况和研究成果,是相关领域的一部重要著作。

在社会心理学领域，卡特赖特最重要的贡献在于其权力场论的研究，卡特赖特的《社会权力研究》(Studies in social power)便是其执掌密执安大学群体动力研究中心以来所进行的权力研究的诸多成果的汇集。鉴于社会权力一直被拒于社会心理学研究的大门之外，因此，卡特赖特这方面的努力可算是拉开了研究社会权力这个传统社会心理学课题的序幕。

1977年，卡特赖特被社会问题心理学研究协会授予勒温奖。退休前卡特赖特发表重要著作、论文50余种。1978年他从密执安大学退休后一直居住在加利福尼亚州。

二、卡特赖特和哈拉利的结构平衡理论

卡特赖特和哈拉利(Cartwright, D. & Harary, F.)的结构平衡理论是在海德认知平衡理论的基础上引入图论及相关数学方法试图建构的平衡模型。其最突出的特点是：通过在图论的背景上界定平衡，使得平衡理论更加清晰化，并且通过运用平衡度的概念，使运用概率统计方法来解决平衡理论中的一些困难问题成为可能，也使得运用经验方法检验平衡假设更为简便。结构平衡理论中的平衡包括了各种结构的平衡，如交往网络、权力系统、社会测量结构、定向系统以及神经网络等。“这里所适用的平衡的定义与海德的平衡定义是一致的，但它可以在更加一般的理论和经验范围内得到应用。该定义可以用线性图的数学理论进行表述，并对一定关系与其反面关系之间的差异进行区别。”①

运用图论研究问题的结构平衡理论只限于研究关系的结构特性，而不是研究关系的数量特征。这一理论对于海德理论的发展表现在：(1) 非对称关系的引入，即p可能喜欢o，尽管o不喜欢p；(2) 扩大了单元，它们包括三个以上的客体；(3) 区别两种否定关系：对立否定关系和互补关系，也就是对不喜欢（喜欢的互补关系）和厌恶（喜欢的对立关系）进行区别；(4) 扩大了关系，使其包括比海德的喜欢与单元组合两种形式更多的内容；(5) 扩大了认知范围，使其包括社会测量结构、交往网络、权力行使和喜欢。卡特赖特—哈拉里模型也能解释或界定平衡度。

海德的认知平衡理论名为平衡理论，但是在海德的理论体系中，并没有

---

① Cartwright, D. &Harary, F. (1956). Structural balance: A generalization of Heider's theory. *Psychological Review*, 63, p. 277.

给出一个关于平衡的正式定义。卡特赖特和哈拉利试图使用认知元素(如人与客体)来对平衡进行表述。他们把认知元素作为几何学中的点,借用图论中的符号或有向图来研究海德所研究过的问题。在结构平衡中,认知元素彼此连接而成为线,线带有方向,这样便与海德所使用的图示区别开来。另外,为了表达正向关系(如海德所谓的"喜欢"这种情感关系或"属于"这种单元关系)和负向关系("厌恶"这种情感关系或"不属于"这种单元关系),卡特赖特和哈拉利使用了实线(表示喜欢或属于)和虚线(表示厌恶或不属于)等符号来代替海德的表示方式。为了表达情感关系和单元关系的区别,他们甚至运用了两种不同颜色。在卡特赖特和哈拉利的结构平衡图中,不仅只是肯定和否定的关系得到表达,甚至他们运用了带有方向的线形图来表达每种关系的方向。例如,A喜欢B,可用实线表示为A—B;否定的态度用虚线表示,A—B;点表示人,而箭头表示其喜欢或否定关系的方向,没有箭头时表示一种相互喜欢(实线)或彼此厌恶(虚线)的关系。这样,通过建立关系结构,卡特赖特和哈拉里已经能够表示每种关系的方向。由此图就成为"一定元素的集合"。元素用点表示,不在同一位置的两点连接成线。一些表示肯定关系的线与另一些表示否定关系的线共同组成带有符号的图。两个连接的点组成路径(path),而一条连接几个点且首尾相接的路径叫做圈(cycle),圈的符号等于"组成它的线的符号的乘积"。

卡特赖特和哈拉利的研究运用了"有向图"和"符号图"。"有向图"表示喜欢的方向,"符号图"则由在结构关系中表示二元关系的正线和负线组成。在这种结构中,一种关系往往伴随着其对立关系一起出现(同时表现喜欢和厌恶)。下图(1)是"符号图"的实例,图(2)则为"有向图"的例子。

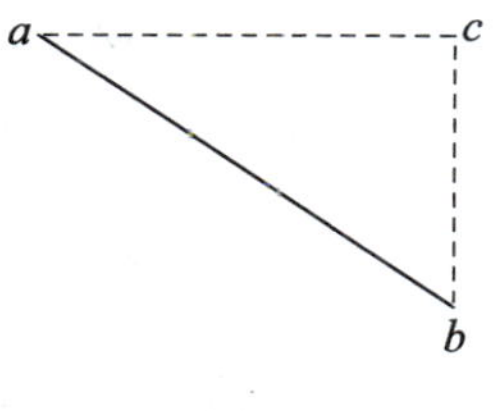

图(1)

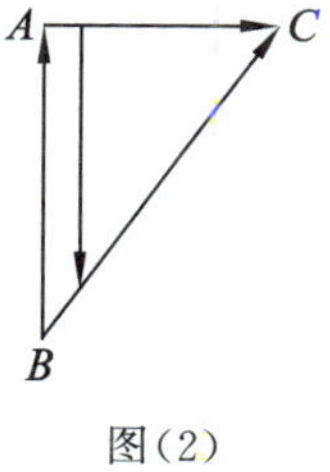

图(2)

卡特赖特和哈拉利的结构平衡理论可以表述为:"如果在一个群体中,每一个人都喜欢他的朋友的朋友,也喜欢他的敌人的敌人,并且憎恨他的朋友的敌人和他的敌人的朋友,则表示这种关系网络的'符号图'处于平衡状态;而一个图的平衡度作为社会测量的指数,它对于群体结构和行为理论的形成有着重要的意义。我们可以用几种方法对平衡度进行定义,也可以用几种方法改变群体的这种指数,例如,颠倒既成的关系或消除这些关系以及改变群体成员的数目等。”①将结构平衡理论应用于社会情境便使得所有个体两极分化为两个集团，从而形成一个平衡的群体。处于这两个具有内聚力的集团中的个体都将喜欢自己的集团成员而厌恶对立的集团中的成员。

对平衡程度的求值使得研究者不再囿于只定性地研究结构的平衡和不平衡两种状态，而是开始用统计和概率的方法来研究结构的平衡问题。结构在某一点取得平衡的局部平衡理论能抓住研究问题的关键，即研究者为了确定一个符号图的平衡性只需集中研究图中的某一定点即可达到目的。N 维平衡概念的提出使我们在确定一个结构的平衡性时不必再考察图中所有的圈，而那些圈看起来似乎都是同样重要的。在这些方面，卡特赖特和哈拉利比海德对于错综复杂的情境的解释更为详细和成功。

三、卡特赖特的社会权力场论

自从 20 世纪 50 年代早期密执安大学的社会研究所开始从事有关权力的调查研究以来，权力的社会心理学已经成为社会心理学研究的重要领域。卡特赖特在总结这些研究成果的基础上，编辑成了《社会权力研究》一书。虽然这些调查研究未能形成有关权力定义的一致意见，但研究者们在一定程度上所着重研究的现象却是相同的，并倾向于把权力定义为“一个人或群体在某些方面影响或控制另一个人或群体的能力”②。

人们已经从各个方面对权力进行了研究，包括它的决定因素、它对权力拥有者的作用、它对交往的影响、它的潜在威慑力量、它的来源以及权力转化为操作行为的条件。因此，权力在研究中既可作为因变量也可作为自变量处理。对权力的研究采用的方法包括：(1) 参与观察法；(2) 现场研究法；(3) 实验法，包括在日常生活情形下的实验法和以学生为被试的实验室实验法。

1. 权力场论

卡特赖特的权力场论，实质上是对二元关系中一个人对另一个人发生影响的社会权力的研究。在这里，可以明显地看出海德的影响。在卡特赖特的论点中，勒温对他的影响也是显而易见的，他说：“一个人(p)的行为、态度和信念，取决于在一定的时间内这个人的生活空间内心理压力的总和。”

---

① Harary, F. (1959). On the measurement of structural balance. *Behavioral Science*, 4, p. 316.

② Cartwright, D. (1959). Studies in social power. Ann Arbor, Mich.: *Research Center for Group-Dynamics*: *Institute for Social Research*, University of Michigan, p. V.

他的社会权力理论研究“作用于一个人的生活空间的心理压力,但是发生作用的是媒介动因而不是这个人”,在此基础上形成一种“O与P两个媒介动因之间的二元关系”结构。一个人发生影响的权力部分取决于以下因素:O能够表现行为;OP之间的资源分配还有其他媒介动因情况;P的动机基础;P的生活空间的认知内容,即生活空间中直接连接轨迹偶对的特殊集合。①

只要一个人实际拥有的权力不等于零,他就会利用这点权力去影响他人。进一步的研究要求弄清楚这种影响的运行机制和影响力量的大小。当一个人拥有又大又广泛的权力时,他就对他人形成了威胁力量,其伴随出现的结果是残忍、迟钝、自负或腐化。任何二元权力关系都取决于权力系统的固有特性,因为它是权力的一个要素。

卡特赖特的权力场论以勒温的理论为基础,他将权力定义为:“个体B通过一种心理的力量对另一个体A产生感应力,而A则设法抗拒这种感应。因为A的行为决定于在一定时间内作用于他的力量的总和,因此B对A的权力仅仅指那些B通过作用使A的行为发生改变的影响力量。”②勒温曾经对权力下过定义:“如果我们参考感应力……我们也许能将B对A的权力定义为B对A所能诱发的最大力量的商,而A对B所能产生的最大抗拒力也表示为一种商。”③

因此,社会权力是一个人对另一个人所产生的心理感应力与这个人对这种感应作用的抗拒力之和。勒温把他的力概念定义为通过方向大小和作用点三要素的变化而导致生活空间某些特性发生变化的一种趋向。因而可把他的力概念于他在同等意义上使用的强迫或制裁概念区别开来。因此,我们可以区别三种力:(1) 自我力,产生于人的需要或紧张系统;(2) 感应力,产生于其他个体的作用;(3) 非人格力,产生于非人格的环境。

在对“力”的原始定义中,卡特赖特的力包括:(1) 媒介动因,一个人或另一个人所能产生的作用或受影响的结果;(2) 媒介动因的行动,一种影响意图或能对媒介动因的生活空间产生影响的活动;(3) 轨迹,生活空间中媒介动因的位置;(4) 直接联结,表示一个以上轨迹的空间相互关系,类似于勒温的两个空间的共同边界;(5) 动机基础,某种能够影响行为的形象,诸如内驱力、需求、动机等;(6) 量值指示器,一定构成物强度的索引;(7) 时间指示

① Cartwright, D. (1959). Studies in social power. Ann Arbor, Mich.: *Research Center for Group—Dynamics: Institute for Social Research*, University of Michigan, p. 218.

② Cartwright, D. (1959). Studies in social power. Ann Arbor, Mich.: *Research Center for Group—Dynamics: Institute for Social Research*, University of Michigan, p. 188.

③ 转自萨哈金著,周晓虹等译:《社会心理学的历史与体系》,贵州人民出版社1991年版,第573页。

器，对所描述事件的时间阐述。因此力被定义为五个部分组成：(1) 媒介动因的行动；(2) 动机基础；(3) 轨迹偶对的直接联结；(4) 量值；(5) 时间。将此定义用公式表示为 $f_1=(a_A, M_g, ab, m, t_k)$，或者可以这样说，力于时间 K 产生在 ab 方向上，其量值为 m，动机基础为需要 g，且该力是通过其激活剂，即媒介动因 a 的行动产生的。有必要对一个人的自我力和受他人作用产生的力即感应力进行区别，因而，一个人在力的作用下产生的行动可能出于其自身的需要也可能是由别人的行动引起的。例如，一个人去酒吧，很难确定是什么力驱使他这样做，是出于自身需要或是受了别人的暗示。

行动的力量可能受其内容或受力的作用下形成的特性的影响而具有自己的特点。行动的内容通常是一个方向的指示器，另一个人(a_0)于特定的时间(t_k)对一个人的生活空间(p's)在 ab 方向上产生作用力的行动力量的大小可以用公式表示为：①$|a_0(ab)|=|f_{ab}|-|f_{\overline{ab}}|$。这个方程式表明，ab 的行动力量相当于 f_{ab} 减去 $f_{\overline{ab}}$ 的值。

另一个人对一个人的权力，即 O 能在 P 的生活空间内形成作用力的能力 POW O/P，可以用行动或力来进行定义。运用行动给 O 对 P 在一定的时间内产生的权力进行定义，其公式为 $\text{POW O/P}(ab)=|x_0(ab)|^{max}$。

此处 x_0 是 $\Delta(0, t_k)$ 的任何要素。如用感应力来代替行动的强度，则上述定义的公式应当为 $\text{POW O/P}(ab)=(|f_{ab}|-|f_{\overline{ab}}|)^{max}$。

这里 $|f_{ab}|$、$|f_{\overline{ab}}|$ 与 O 的同种潜在行动有关。此公式表示的是在变化的特定条件和时间内，O 对 P 产生权力，亦即 O 在那个时候和在那个特定的方向上对 P 产生了作用力强度最大值。

权力和控制的定义(在一个人应向另一个人这两者之间的人际关系的意义上说)为："当且仅当 O 的行动在 P 的生活空间中产生一种整合力(由此引起变化)，O 便对 P 产生了控制作用。"②

媒介动因的权力领域(或一个既定的媒介动因对个体媒介作用产生的权力)可定义为："在任何特定的时间内，相对于一个既定变化 ab 来说的 O 的权力领域是媒介动因的集合，而作用于媒介动因的与 ab 有关的 O 的权力超过一个既定的量值 K。"③

---

① Cartwright, D. (1959). Studies in social power. Ann Arbor, Mich. :*Research Center for Group-Dynamics*: *Institute for Social Research*, University of Michigan, p. 192.

② Cartwright, D. (1959). Studies in social power. Ann Arbor, Mich. :*Research Center for Group-Dynamics*: *Institute for Social Research*, University of Michigan, p. 195.

③ Cartwright, D. (1959). Studies in social power. Ann Arbor, Mich. :*Research Center for Group-Dynamics*: *Institute for Social Research*, University of Michigan, p. 199.

根据这个定义的表述可知 O 的权力领域不仅随着各种既定的 K 值而定，而且随着该项内容的特殊变化而变化。O 对 P 的权力包括一个宽阔的轨迹范围，在勒温的社会心理学中可以发现这种轨迹的许多形式：社会场、认知结构、现实水平、活动空间以及社会流动态度和外显行为。根据权力的这些特征，O 对 P 的权力范围被定义为："在任何既定的时间内，O 对 P 的权力范围是 P 的生活空间轨迹偶对直接连接的集合，就此而言，O 对 P 的权力超过一个既定的量值 K。"①与权力领域一样，权力范围也随着上述 K 值的变化而变化。

权力关系的特征包括：(1) 两个媒介之间的人际关系；(2) 一度媒介动因内有序的人际关系；(3) 作用于媒体动因的权力领域的规格；(4) 权力的实施或行动的操作；(5) 动机状态或动机基础；(6) 拥有满足需要资源的情况；(7) 作用于 P 的生活空间之上的权力轨迹范围的规格以及所发生的某些变化；(8) 权力的量值；(9) 有关行动的特殊形态、权利的领域、动机基础范围以及特殊时间期限。

2. 简评

卡特赖特的权力场论还很不完善，或者说未能形成完整的体系。他自己也知道存在很多缺陷，包括他把权力限定为一种发生在两个人之间的关系，而人们在经验生活中更感兴趣并且更有意义的权力情境问题大多涉及两个以上的媒介动因（如政治、工业、宗教领域内的成员以及其他强有力的组织）。需要解决的问题是寻求某种能使他的理论体系适合于群体权力结构的方法，包括：(1) 在上行等级制度中的多种权力水平；(2) 几个上级与一个下属；(3) 一个下属与多个上级，如此等等。

如果卡特赖特按照线性图的思路建立他的权力理论，就像他在人际关系理论中所做的那样，或者他运用方程式表示他心理力中的所有要素，他本来可以提高其理论的地位，但他的权力特性概念模糊不清而又模棱两可，定义有问题，使得人们对于他的理论兴趣索然。

尽管存在上述不足，卡特赖特的理论仍然开创了社会心理学研究的新领域，并且提出了一些值得重视的研究公式，但遗憾的是，他的理论并没有引起充分的关注，这一领域也没有更深入的发展。

---

① Cartwright, D. (1959). Studies in social power. Ann Arbor, Mich. *Research Center for Group-Dynamics*; *Institute for Social Research*, University of Michigan, p. 208.

第四节 其他重要的团体动力学家简介

团体动力学是勒温实验社会心理学的重要组成部分,团体动力学的发展也在一定程度上推动了应用社会心理学的进步,从而实现了对社会心理学研究的整合。以海德和费斯汀格为代表的社会认知学派的形成,是团体动力学体系的重要成果。除此之外,多伊奇、阿伦森[①]等人,或多或少地从团体动力学及勒温传统的实验社会心理学中找到了一些共同话题。

一、多伊奇的社会心理学研究

莫顿·多伊奇(Morton Deutsch 1920—)是美国著名社会心理学家,他对心理学的兴趣曾受到20世纪30年代纽约市立大学理性气氛的影响。在纽约市立大学,精神分析、马克思主义、勒温心理学非常活跃。由于这种影响,他决定选择心理学为自己的专业,1939年他获得纽约市立大学理学学士学位。

他最初喜欢临床心理学,于是考入宾夕法尼亚大学,1940年获得文科硕士学位,后即从事临床实习。在第二次世界大战期间加入空军,改变专业方向,重新定向于社会心理学,并于1948年在麻省理工学院团体动力研究中心获得心理学博士学位。

在那里他与勒温一起从事研究,成为麻省理工学院团体动力研究中心勒温派的嫡系成员之一。他曾研究过合作与竞争、不同种族间的住房建筑、信息和规范的社会影响、人际冲突、分配公正等问题。之后,又去心理卫生研究中心进修,被培养成为一名精神分析学家。自1957年以来,他一直从事这方面的工作。

多伊奇曾先后供职于纽约大学、贝尔电话实验室、哥伦比亚大学师范学院。他还曾任心理学社会问题研究学会主席、纽约心理学会、东部心理学协

① 申荷永著:《充满张力的生活空间——勒温的动力心理学》,湖北教育出版社1999年版,第127页。

会主席、国际政治心理学会主席，并荣获美国科学发展协会社会心理学奖、霍夫兰纪念奖、勒温纪念奖、G·W·奥尔波特奖。1987年获美国心理学会颁发的杰出科学贡献奖。①

2003年，他在接受采访的时候，当被问道"为什么从事现在的领域"这个问题的时候，他坦承受勒温影响很大，他说："当我1945年退役的时候，我犹豫不决，究竟是继续原来熟悉的临床心理学专业，还是从事一些和战争有关的专业。我最后决定学习社会心理学，因为我听说才华横溢又幽默风趣的勒温在麻省理工学院成立了叫做团体动力研究中心的结构……"②

多伊奇亲身参加了第二次世界大战，他的兴趣往往聚焦于重要的社会问题。他使人们对种族歧视、个体一致性和社会公平等问题的理解更近了一步。他对个体的正义感的研究有较大影响，他在团体关系、合作和竞争、社会遵从以及团体动力学方面的研究也卓有成效。

1949年他在勒温的团体动力学理论的基础上从目标结构角度提出了合作与竞争的理论，他认为不同的依赖决定了个体间不同的互动方式：正向的依赖（合作）导致正向的互动；负向的依赖（竞争）会导致负向的互动；无依赖（个体努力）则没有互动产生。于是他界定了三种目标结构：个体性（Individualistic）结构。在这种结构中，个体指向目标的动力对他人的目标达成无关。竞争性（Competitive）结构。在这种目标结构中，个体指向目标的努力会阻碍他人的目标达成。协作性（Cooperative）结构。在这种结构中，个体指向目标的努力有利于他人的目标达成。

研究前，他告诉合作小组，小组是一个整体，他们的表现需和其他小组比较之后来决定，每个人在小组的地位和奖励是完全相同的。但告诉竞争小组，每个人依其在小组中的贡献和表现给予不同的奖励。他的研究发现：合作小组更能积极地合作，行动分工，注意同伴的表现，小组作品和讨论的品质也较高；而竞争小组并未增加学习的投入和兴趣。从而他得出以下结论：良好表现和组织的效率来源于合作的互动关系；当为了某种外在的目标而采取竞争时，团体的和谐和效率会中断；合作与竞争相比能产生更多的人际互动。

他的合作与竞争的理论丰富了后来合作学习研究的基础，之后，多伊奇的学生约翰逊兄弟（Johnson, D. W. & Johnson, R. T）将这一理论进行整合与拓展，形成了社会互赖理论（Social Interdependence Theory）。

---

① http://deutsch.socialpsychology.org/

② http://www.beyondintractability.org/audio/morton_deutsch/?nid=2430

二、阿伦森的社会心理学研究

艾略特·阿伦森(Elliot Aronson 1932—)是美国知名社会心理学家，主要研究兴趣是社会影响和态度改变、认知失调、人际吸引等。1999 年获美国心理学会颁发的杰出科学贡献奖，他是第一个在研究、教学和写作三个方面均获得美国心理学会最高奖的心理学家。

阿伦森读大学时，曾是人本主义心理学创始人马斯洛的学生。读研究生时，阿伦森是费斯汀格的弟子，费斯汀格培养了他在实验社会心理学方面的素养，使他认同了心理场论的方法。

阿伦森在发展费斯汀格的认知失调理论及其研究方面，有自己独到的看法。他认为费斯汀格在表述"认知失调"理论的概念上有些模糊。费斯汀格认为认知失调发生在个人同时持有两种在心理上不一致的认知的时候；阿伦森认为，在一个人的自我受到威胁的时候，其认知的不协调才是最强烈的。比如，阿伦森根据实验的结果曾提出，对于自尊心弱的人来说，表现不道德的行为或做某种不道德的事情，与其自我认知是相对协调的；而对于自尊心强的人来说，他可能会尽力拒绝做不道德的事情，因为不道德行为会给他带来许多认知的不协调。据此，阿伦森提出，假如较弱的自尊心真是不道德或犯罪的前提，那么，我们就应该尽一切可能来帮助个人学会自重和自爱，提高其自尊水平。

在教育上，阿伦森也根据团体动力的原则创造了一些新的教学方法。阿伦森及其同事 1978 年开创了拼图法(Jigsaw)。这种教学方法的根本目的在于通过拼图过程中的相互合作培育学生之间的亲近性，减少在校儿童之间的种族冲突，以提高学生的学习动机，让他们更好地享受学习、体验学习。一些实验证明，在同样的任务中，使用了拼图法的人更自信，更善于表达自己的看法。此法是由教师先将全部教材内容分成数部分，接着将三至六位不同能力的学生分为一组，小组中的每一成员被分配一部分教材并负责研读该部分教材；之后，各组研读相同部分教材的成员集合成为专家小组(expert group)进行讨论，而后每位专家小组成员返回原所属小组并教导其它成员其所精通的部分；最后，教师将一份内容涵盖全部教材的测验施测于全班每一位学生。拼图模式常被用于阅读和学习叙述性的材料。最初拼图是由阿伦森发展用来增强学生们的互助。他把学生分为小组的形式，并且给每一个小组成员一页资料。为了要拥有整个课文的完整内容，学生们被强迫将他们个人的每页拼凑起来，就好像他们正在做拼图玩具。每一个小组成员如果没有分享他或她的部分，那拼图就不可能是完整的。

我们注意到，以场论和团体动力学为代表的拓扑心理学思想引起了心理学界特别是社会心理学界的密切关注，许多人在读了相关著作之后，慕名而来，或投入勒温门下学习，或开展合作研究。近年，由美国知名的心理学期刊——《普通心理学评论》刊登的一项“二十世纪一百位最著名的心理学家”调查结果表明，在勒温去世半个多世纪后，他仍然列在入围的心理学家中的第十八位，他的学生、主要继承人之一费斯汀格则赫然名列第五位。[①]由此也可以看出勒温及其团体动力学在心理学史上占有的重要地位。

① 孙晓敏、张厚粲：《二十世纪一百位最著名的心理学家》，《心理科学》，2003 年第 2 期，第 343～345 页。

第六章

格式塔心理学在各国的传播

格式塔心理学自 1912 年诞生至 20 世纪 30 年代中期，已经在德国、美国、日本等国家成为一个势力强劲的学派，其理论和原理被广泛地应用于发展心理、精神病学、临床诊断、教育应用、伦理道德、社会心理和应用效能等领域。著名心理学史家墨菲曾指出：完形心理学已经变成一个完善的体系，心理学的一切重要领域和问题都要根据完形论概念重下定义。

第一节　格式塔心理学在德国：一波三折

德国的心理学事业在第二次世界大战中遭到重创，昨日的辉煌已成过眼烟云，呈现出一派萧条景象。此时，世界心理学的中心已移至美国。与德国的工业、文化和社会紧步美国后尘相适应，战后德国的心理学也效仿美国，注重实验和统计技术，定性分析与人文取向的研究相对减少了。

值得注意的是，自 20 世纪 50 年代以来，德国由于有了较为适宜的政治、文化氛围，格式塔心理学又有了复兴的迹象和活力，德国心理学界对格式塔心理学的三个主要代表人物重新给予了很高的评价。梅茨格、拉斯契在西德，戈士海尔德在东德利用格式塔原理对一些心理学问题进行了探索，取得了一定的成果。

一、梅茨格

沃尔夫冈·梅茨格(Wolfgang Metzger)于 1926 年在柏林取得博士学位,后与惠特海默(Max Wertheimer,1880—1943)同在法兰克福任教,并于 1933 年继任他的职位。他以撰写视知觉的著作而闻名。战后他在明斯特大学建立了西德最大的心理学研究机构。尽管他具有较高的生理学、化学素养,但他仍坚持心理学的哲学和人文科学的取向,在他看来格式塔理论是建立在实验科学基础上的人文科学体系,他将心理学界定为研究经验和行为的科学,以之与当时只研究行为的美国心理学相对抗。他认为现象学和实验并非水火不容,它们都是心理学不可或缺的基础,在进行个性与人格研究时,他也不排斥行为观察、诊断检测、定量分析和统计处理。他成为战后德国心理学界坚持格式塔立场的代表人物,并于 1962 年当选德国心理学会主席,至 1964 年离职。梅茨格于 1948 年与其老师苛勒(Wolfgang Köhler,1887—1967)取得了联系,1957 年翻译出版了惠特海默的《创造性思维》。虽然苛勒经常回西德讲学,但直到 1967 年 4 月(苛勒两个月后去世),他在来明斯特接受荣誉博士称号时,师徒二人才得以相见。

二、拉斯契

艾德温·拉斯契(Edwin Braschi)于 1937 年在法兰克福获博士学位。二战后又回到法兰克福大学任教。他与梅茨格一样,是德国心理学界旗帜鲜明地拥护格式塔观点的心理学家。他出版的几乎所有的著作都信守现象学方法论,遵守格式塔的理论准则。他认为格式塔概念和理论应坚持定性的和描述的科学性质。他对现象学方法论基础的强调无疑延续了格式塔理论研究自 30 年代便开始的传统。

三、戈士海尔德

库尔特·戈士海尔德(Kurt Gottschaldt)于 1946 年成为重建的东德柏林大学的心理学教授,并很快在东德心理学会占据重要位置。在他的领导下,创建了在欧洲位居前茅的心理学研究中心,成为德国境内唯一能与美国最好的研究机构相比肩的机构。当时东德心理学界信奉马克思主义和巴甫洛夫学说,但他还是利用格式塔理论研究了人格发展、社会心理和青少年犯罪等问题。他认为人的高级心理机能在很大程度上取决于个人的生活经历、成长历史、教育状况和抚养情境，一个人的心智活动和能力水平往往取决于其生活条件。他与勒温不谋而合，将格式塔概念和理论由认识过程的探讨拓展到了人格与社会心理研究之中。

梅茨格、拉斯契、戈士海尔德等德国心理学家继承并发展了格式塔理论与研究的一些主要的概念和方法，并顺应德国战后的政治、社会需要及实际情况，开拓了诸多理论研究和实际应用课题。他们在战后德国心理学界的地位和影响与惠特海默、考夫卡和苛勒当时的境遇相比并不逊色多少。

第二节　格式塔心理学在美国：击水中流

自1933年纳粹上台后，格式塔心理学的三位创设者为免遭纳粹迫害相继移居美国。格式塔心理学在其诞生地德国已无立足之地，而在美国得以正式传播，有了发展的良机。随着行为主义势力日趋式微，格式塔心理学之影响逐步扩大，终于在美国心理学界拥有一席之地。格式塔心理学在美国的发展大致可分为三个时期。

一、第一为初步接纳期(1921—1930)

在此期间，格式塔心理学家及其理论观点初步为美国心理学界所接受。早在1921年考夫卡和苛勒就先后前往美国的许多大学授课，考夫卡还在1922年发表专文向美国同行阐述格式塔理论。此外，完形派英文版著作的出版对美国格式塔心理学的发展也有很大的作用，早在1922年，格登就把考夫卡的一篇论文《知觉，格式塔理论导言》翻译成英文刊登在美国《心理学通报》上。奥尔波特、托尔曼、朗格菲尔也在这期间用英文介绍格式塔的原理与发展。考夫卡的著作《心之发展》(1924)被翻译成英文，大大增加了美国学者对格式塔心理学的了解，[①]而苛勒的《格式塔心理学》(1929)用英文出

① 车文博主编：《西方心理学思想史》，湖南教育出版社2007年版，第658页。

版之后更进一步扩大了声势。同时，格式塔心理学作为与行为主义相对立的观点，对行为主义的批驳也得到了不少美国同行的认可。在1929年举行的第九届国际心理学会议上，巴甫洛夫和勒温分别做了大会发言，在当时行为主义和机能主义占主导地位的心理学界，勒温的发言以及出席会议的格式塔心理学家们彼此间的交流，使格式塔思想引起了美国心理学家们的普遍兴趣。

二、第二为迁移时期(1930—1945)

在此时期，三位格式塔心理学的主要领导人及其弟子先后移民美国，在美国一些大学担任教职并从事科研工作，继续发展和传播格式塔理论。其中惠特海默对美国心理学的影响是最深刻的，就连人本主义心理学的创始人马斯洛也直言不讳地宣称自己受到惠特海默的影响和启迪，考夫卡和苛勒也先后在美国的几所大学任教，而且他们还培养了哈洛、吉布森、亨勒、阿希等出色的心理学家，此外勒温的到来也对美国心理学的发展产生了根深蒂固的影响。1931年，勒温发表《儿童行为及其发展中的环境力量》一文。在这篇文章中，勒温分析儿童发展中的冲突情境。这篇文章引起了美国心理学家的注意。1932年，勒温应邀赴美国斯坦福大学做访问教授。1933年，勒温永远地离开德国，前往美国定居。勒温研究问题的独特角度、设计精巧的实验很快就赢得同事的好感和赞誉。1945年他到麻省理工学院任动力学研究中心主任，兼任哈佛大学和加利福尼亚大学伯克利分校客座教授。在此期间，勒温考察了技术、经济、法律和政治对群体的社会约束，研究了工业组织中的冲突和群体之间的偏见与敌对行为等方面的问题。勒温的场论和团体动力学，其弟子海德和费斯汀格关于社会认知的学说，卡特莱特有关权力结构的研究等，都反映了美国社会心理学的格式塔心理学的传统。30年代末40年代初，出现了刊载格式塔学说和具有格式塔倾向的研究成果的杂志，格式塔心理学也最终成为美国心理学中一个活跃的部分。

三、第三为艰难综合期(1945年至今)

虽然美国心理学界对格式塔学派的接纳是缓慢和艰难的，不过，最终格式塔心理学还是吸引了不少志同道合者，他们发展着这一理论并把它运用到一些新领域，表明这一理论具有旺盛的生命力。在美国完形—整体心理学的发展中，学派的意义逐渐淡化，或者说，学派性发展和整合性发展的结合，也是美国完形—整体心理学的一个突出特点，勒温经常组织举行“拓扑心理学会议”，与会者不但有考夫卡和苛勒，还有行为主义取向的托尔曼和精神分析取向的艾里克森等，这促进了美国心理学的融合。

在美国，除了几位格式塔心理学代表人物以外，其他心理学家也作出了自己的贡献，谢里夫在1935年发表了由美国心理学家运用格式塔观点和方法撰写的第一篇重要的研究报告，探究了游动现象，开了从众研究的先河。阿希继承了谢里夫的思路，设计出了更为精细的实验来研究从众心理和首因效应问题。赫尔森则通过一系列实验支持和验证了格式塔理论的正确性。考夫卡的学生哈洛关于母爱与同伴对婴猴影响的研究和吉布森关于视知觉生态学的研究也很有影响。另外，阿恩海姆有关美学心理的探讨，鲍尔等人关于学习问题的研究等都在一定意义上发展了格式塔理论。总之，格式塔在美国取得很大的成就，在一段时间内大大地促进了美国乃至世界心理学的发展。

第三节　格式塔心理学在日本：与时俱进

总的说来，日本的知觉研究主要遵循着格式塔心理学的路线。[①] 他们强调在知觉中整体结构、集聚和扩散力量、图形因素的吸引与诱导的重要性。本川弘一提出了“视觉场”学说；在关于视觉的著作方面，横濑善正写了一本《视觉心理学》；小保内虎夫的“视知觉—诱导学说研究”在日本获得较高评价，它除了总结日本的知觉研究理论外，还采纳了德国梅兹格和美国吉布森的观点。

在学习理论方面，日本动物心理学界争论的问题是学习的机制问题，一派从行为论的观点出发，认为学习主要是通过强化形成的；另一派从格式塔的场的理论出发，主张学习是对客观情境关系的顿悟，由此可见苛勒的“顿悟说”在日本心理学界的影响。

日本采用美国社会心理学的理论和方法对战后出现的大量社会问题进

① 感谢王小英、张明二位学者相关研究及论文的支持。

行了研究。最初是对社会和文化现象进行分析，很快重点转向“团体动力学”的研究。佐藤辛治领导的京都大学研究组受联合国教科文组织的委托，研究“国际了解”和“民族定型”的问题。三隅二不二领导九州大学的一个小组成立“日本团体动力学会”，研究“社会知觉”和态度测量等问题。日本的团体动力学家还研究了课题气氛、团体决策和领导行为等。①

一、格式塔心理学传入日本的历史轨迹

1921 年，从美国康乃尔大学留学归国的高木贞二将惠特海默关于似动现象的研究介绍到日本。高木贞二是通过铁钦纳间接接触到格式塔心理学的。1922 年，城户幡太郎（1893—1975）赴德国莱比锡大学学习，他在 1923 年给家乡朋友的信中也提到了惠特海默关于似动现象的研究，但是，城户幡太郎仅是将似动现象的研究视为错觉研究的一种而已。增田惟茂在论文中虽然曾经提及惠特海默、苛勒和考夫卡的名字，然而，却把他们纳入到了机能心理学派的队伍中。可见，在 20 年代初期，日本学者并没有把格式塔心理学视作为一个独立的学派。②

1923 年，九州帝国大学的佐久间鼎（1888—1970）和东京高等师范学校的小野岛右左雄赴德国柏林大学学习。1925 年，佐久间鼎从德国留学归来，将格式塔心理学引入了日本。从此，知觉日益成为日本心理学的主要研究领域和课题。

1925 年以后，日本学者对知觉恒常性、几何图形错觉、图形后效等进行了规模较大、内容较广的研究，提出了“视觉场”、“视知觉—诱导”等学说。如黑田亮在京城帝国大学开展了丰富多彩的研究，他在 1926 年创刊的《心理学研究》第 1 卷第 1 号上发表了《二岁儿童的距离知觉》一文。黑田亮还在世界上首次开展了猿的声源定位研究。③

第一次世界大战结束后，冯特以外的德国心理学的影响日益增强。特别是以苛勒、惠特海默和勒温为代表的格式塔心理学，在日本产生了十分重要影响。这一现象的背后隐藏着日本心理学者对日渐流行的过于实用主义的美国心理学的抵触与抗拒运动。当时，德国心理学有许多美国心理学所没有的新视点和富于挑战性的观念，它们深深地吸引着一批年轻的日本心

① 孙晔：《日本心理学概况》，《心理学报》，1981 年第 2 期，第 212～216 页。

② 佐藤达哉、沟口元：《通史——日本的心理学》，京都：北大路书房 1997 年版，第 244 页。

③ 佐藤达哉、高砂美树：《心理学史的源流——世界和日本的心理学》，东京：有斐阁アルス2003 年版，第 148 页。

理学工作者。其中,典型的代表人物有刚从德国留学归来的千叶胤成、佐久间鼎、城户幡太郎、小野岛右左雄等,高木贞二(1893—1975)和矢田部达郎(1893—1958)等人是这场运动的热心支持者。当时,虽然条件反射学说与行为主义心理学也被介绍到日本,可是并没有引起人们的关注。①

二、格式塔心理学在日本的发展

20 世纪 30 年代至第二次世界大战前,是日本心理学发展的高峰时期。继日本心理学会成立(1927)之后,又先后成立了日本应用心理学会(1931)和日本动物心理学会(1933)。出版了 10 余种学术刊物。

佐久间鼎和小野岛右左雄(1894—1941)在德国柏林大学留学期间,很幸运地由勒温单独给他们两人上课。回国后,他们积极向日本学界介绍格式塔心理学。尤其是佐久间鼎,他在柏林大学留学期间还接触过苛勒,对格式塔心理学情有独钟,是格式塔心理学在日本的主要代表。佐久间鼎的主要著作有《格式塔心理学》(译著)(1930)、《格式塔心理学的立场》(1932)、《运动的知觉》(1932)、《空间行动与知觉的发展》(1937)、《音声与言语:心理学的研究》(1933)、《格式塔的问题和学说》(1933—1940)。

1933 年,勒温到日本讲学。勒温进行了多场格式塔心理学的演讲,吸引了一大批年轻的心理学者,当时东京帝国大学的一些学生还成立了勒温研究会。佐久间鼎、小野岛右左雄的归国与勒温的访日,使格式塔心理学得以迅速传播,并在日本心理学中占据主导地位。

格式塔心理学在日本的影响一直持续到第二次世界大战结束之后。随着众多的德国心理学家为了逃避希特勒的政治迫害而先后逃到美国,心理学的研究中心便逐渐从德国移到美国。二次世界大战后,日本心理学又按照美国心理学的方式发展起来。认知心理学和新行为主义在日本的影响很大。在社会心理学方面,主要研究了日本人心理与日本文化、环境心理学、群体与组织行动、社会的认知过程、边远地区和侨民的人格等问题。

1. 知觉

知觉领域的研究在日本具有较长的历史。在第二次世界大战前,日本心理学主要以知觉为核心开展了大量的实验研究,其内容包括感觉属性、刺激阈、辨别阈、视错觉等,关于视觉方面的研究占了一多半。

---

① 佐藤达哉、高砂美树:《心理学史的源流——世界和日本的心理学》,东京:有斐阁アルス2003 年版,第 304 页。

日本心理学杂志《心理学研究》从1912年创刊到二战前的1944年，共发刊19卷，发表论文与资料510篇，其中，“感觉、知觉”方面的论文共计187篇，占总数的36.7%，排在第一位；“学习、记忆、言语、思考”方面的论文共计86篇，占总数的16.9%，排在第二位。从1927年到1937年，德国有关心理学方面的杂志合计23种，共发表论文508篇，其中，“美学、知觉、精神物理学”方面的论文共计146篇，占总数的28.7%，排在第一位；“能力评价、职业适应”方面的论文共计86篇，占总数的16.9%，排在第二位[①]。可见，日本心理学的研究与发展深受德国的影响，其研究内容与热点十分类似。

另外，从日本心理学大会论文集（1927—1951）收录的论文来看，“感觉、知觉”方面的论文占总数的20%以上，仍然排在首位。尤其是在1935年，关于“感觉、知觉”方面的论文空前绝后地急剧增加，这意味着格式塔心理学对日本心理学的影响在20世纪30年代达到了顶峰。[②]

格式塔心理学体系的影响在战后仍然延续着。例如，1952年日本心理学会第16届大会的研究主题就是以苛勒为代表的关于图形后效问题的研究。进入60年代以后，受认知心理学的影响，在知觉研究领域引入了信息加工理论，人们开始关注模式认知与视觉探索等问题。从70年代起，研究重心向视觉空间转变，视知觉的产生与残障者的知觉等问题引起学者们的兴趣。80年代以后，变换视域感觉代偿等知觉现象成为新的研究热点。[③]

2. 团体动力学

1949年，以勒温的心理学理论为依据，以三隅二不二为核心，在日本成立了团体动力学会。团体动力学会最初的事务所设置在九州大学教育学部心理学研究室。1950年团体动力学会召开了第一次大会，从1959年起，每年召开一次年会。1970年的第18届大会，是由团体动力学会联合日本社会心理学会与日本犯罪心理学会共同举办的。团体动力学会推动了日本教育心理学和社会心理学的发展。勒温的理论不仅倡导民主的人际关系，而且对班集体的理解与指导也具有重要的启示作用，因此很受欢迎。二战结束后，团体动力学在日本兴盛了近10年。

1951年，由团体动力学会编辑的《团体动力学研究》第一集出版。之后不定期地出版。三隅二不二撰写的《团体动力学在日本》(1973)一文，在国内外同时发表，引起欧美学者的关注。

---

① 佐藤达哉、沟口元：《通史——日本的心理学》，京都：北大路书房1997年版，第243页。
② 佐藤达哉、沟口元：《通史——日本的心理学》，京都：北大路书房1997年版，第242页。
③ 佐藤达哉、沟口元：《通史——日本的心理学》，京都：北大路书房1997年版，第391页。

3. 社会心理学

在日本较早开展社会心理学研究的是桑田芳藏。他是东京帝国大学心理学专业早期的毕业生。他撰写的《内地儿童与台湾儿童的心性比较调查报告》发表在1926年创刊的《心理学研究》第1卷第1号上。当时在日本，心理学主要有两个派系：一是以松本亦太郎为首的心理学（以实验为中心），二是以桑田芳藏为首的民族心理学。①

二战结束后，在美国心理学的影响下，社会心理学成为了日本心理学的活跃领域。伴随着民主化进程的推进，以新型的人际关系为对象开展人际交往方面的研究，成为日本社会心理学在40年代后期的核心主题。20世纪50年代后期，认知的平衡理论备受关注。60年代末期至70年代，归属理论受到推崇。80年代，关于"自我"方面的研究开始兴起。可见，日本社会心理学是沿着欧美社会心理学发展的轨迹前行的，体现出从关注群体心理到关注个体心理的转变。② 需要指出的是，虽然在理论界出现了关注认知失调理论与归属理论的倾向，但是，从实际开展的研究来看，却主要集中在对人的知觉与态度方面。

20世纪50年代，日本在开展社会心理学研究的同时，也在加强实证性的社会心理学即实验社会心理学的研究。特别是在60年代末至70年代，关于社会心理学方法论（主要是实验的妥当性）方面的研究激增。而且，为了使社会心理学自成体系，在这一时期还出版了大量的理论书籍。③

1955年7月，在立教大学召开日本心理学会大会之际，社会心理学研究所的一些学者决定成立"社会心理学恳谈会"。1960年10月，社会心理学恳谈会在关西学院大学召开第一次大会。心理学、社会学、政治学、经济学、文化人类学、宗教学和语言学等多学科的学者们济济一堂，从纯理论研究到实证性研究、应用性研究，多姿多彩，堪称一次盛会。会议结束后，召开了临时总会，决定将"社会心理学恳谈会"改为"日本社会心理学"。④ 1963年，在庆应义塾大学召开了日本心理学会大会，在这次会议上日本社会心理学正式宣告成立，其事务所设置在东京大学东洋文化研究所。

---

① 佐藤达哉、高砂美树：《心理学史的源流——世界和日本的心理学》，东京：有斐阁アルス2003年版，第147页。

② 佐藤达哉、沟口元：《通史——日本的心理学》，京都：北大路书房1997年版，第534页。

③ 佐藤达哉、沟口元：《通史——日本的心理学》，京都：北大路书房1997年版，第533页。

④ 佐藤达哉、沟口元：《通史——日本的心理学》，京都：北大路书房1997年版，第378页。

三、日本对格式塔心理学的贡献与存在的问题

关于知觉方面的研究是日本心理学中具有较长历史且独具特色的一个研究领域，第二次世界大战结束后，日本的知觉心理学走向繁荣。如小保内虎夫（1899—1968）开展了感应理论的研究，①秋重义治（1904—1979）、盛永四郎（1908—1964）等人开展了几何学的错觉、恒常现象、图形后效、深度知觉、网膜诱导等方面的研究。② 现在日本的心理学者还仍然在不断地挑战新的课题，③研究者们过去曾一度偏重视觉的研究，现在则开始关注听觉、触觉、嗅觉等方面的研究，并且，对感觉的代偿功能也开展了有意义的探索。

值得一提的是，在视觉心理学方面，日本学者提出了三个独具特色的视觉场理论：④一是小保内虎夫的感应理论，二是横濑善正和内山道明的电位场理论，三是本川弘一的网膜诱导场理论。

日本在知觉方面开展的具有独自特色的研究，是与日本心理学的发展与成熟紧密相连的。因为，日本心理学的研究重心主要在知觉领域。如果说大正时代（1911—1924）是日本心理学走向自立的准备期的话，那么，昭和时代（1925—1987）则是日本心理学宣告自立的时期。日本心理学走向自立的影响因素主要有以下三点：

（1）进入昭和时代后，日本许多大学先后设置了心理学实验室，并开设了心理学讲座或专业课程。

（2）以“日本心理学会”为首的全国性学术团体的成立，推动了心理学学术的交流与发展。

（3）应时代的呼唤，心理学的应用范围日益广泛。⑤

日本开展的社会心理学研究，大多是以从欧美引进的理论框架来解释日本的社会问题，且具有明显的追随欧美研究走势的倾向，如在“新型（New-Look）心理学”与“认知失调理论”方面，日本几乎与欧美同步；从60年代开始，日本社会心理学的研究主题也深受海外理论的影响。因此，日本学者开

---

① 佐藤达哉、高砂美树：《心理学史的源流——世界和日本的心理学》，东京：有斐阁アルス2003年版，第155页。

② 梅本尧夫、大山正：《心理学引论——现代心理学的背景》，东京：サイエンス社2003年版，第306页。

③ 佐藤达哉、沟口元：《通史——日本的心理学》，京都：北大路书房1997年版，第530页。

④ 肥田野直：《现代心理学的动向》，东京：川岛书店1980年版，第8页。

⑤ 佐藤达哉、沟口元：《通史——日本的心理学》，京都：北大路书房1997年版，第257页。

始反思他们走过的历程，追问“什么是具有日本特色的社会心理学”①。

第四节　格式塔心理学在苏联：情有独钟

一、格式塔心理学与苏联心理学的渊源

格式塔心理学对苏联的影响集中体现在1931年以前，柏林格式塔学派对苏联的影响。② 那时苏联心理学家能够比较容易地得到格式塔心理学的信息，维果斯基派的成员是格式塔思想在苏联传播的主要推动者。当时苏联正在推进马克思主义心理学的建设，其中格式塔心理学可以作为一个潜在的来源。在苛勒提出了系统的概念之后，苏联心理学家对格式塔心理学的热情便与日俱增。鲁利亚试图证明苛勒的思想与辩证唯物主义的某些方法论主张具有兼容性，之后苏联心理学家又把兴趣转移到苛勒对大猩猩做的智力行为方面的研究上，并且这也成了“心理发展的历史—文化理论”的一部分实证基础。格式塔心理学在反对苏联心理学那个时期占统治地位的行为机械说的活动中扮演了很重要的角色。

格式塔心理学对当时苏联心理学思想的解放有很大影响，并且这个时期也恰好是鲁利亚学术生涯开始的那几年。苏联和西方学者一般同意把苏联心理学的发展划为以下几个时期：(1) 对唯心主义的斗争时期。这一时期一直到1923年才结束，当时支持古典经验心理学也就是以冯特的观点进行意识现象的实验研究的是切尔班诺夫(Celpanov)，当柯尔尼洛夫(Kornilov)接任了他的莫斯科大学心理学系主任的职位以后，这场斗争才宣告结束。作为年轻一代心理学家的领导者，柯尔尼洛夫和包括鲁利亚等人在内的一批心理学家开始了以辩证唯物主义思想为基础的心理学重塑工作。(2) 行为取向观点的主导地位时期，如别赫切列夫(Bechterev)的反射学和柯尔尼洛夫的反映学被苏联的心理学家所重视，与此同时维果斯基开始了他的“对

① 佐藤达哉、沟口元：《通史——日本的心理学》，京都：北大路书房1997年版，第536页。

② 本节内容主要编译自：Eckart Scheerer，(1980). Gestalt psychology in the soviet union *Psychological Research*, 41, pp. 113～132.

意识的斗争”。(3) 方法论的讨论时期，即心理学认识论的建立时期。以发展适合社会主义建设需要的马克思心理学的观点，批判地审视心理学的具体研究方法、具体应用及其认识论。这一时期在1936年苏联共产党中央委员会通过“人类教育给养系统中儿童异常”的决议而宣告结束。尽管还不确定是否在儿童学中占据中心位置，维果斯基的研究成了儿童伪科学的一个例子。(4) 这一阶段被形容为“再生成阶段”。在理论水平上，建立以反射理论为基础的苏联心理学系统；在实践方面，心理学家做了大量有价值的工作，但对比前一时期来讲这些工作都局限在有限的几个问题上。(5) 心理学的巴甫洛夫(Pavlov)时代。开始于1950年，至今仍影响着苏联心理学在西方的形象，实际上是发生在1956年末的一个重要插曲，即维果斯基的心理学研究选集的出版(包括他的《思想与言语》)。

考虑本书的内容取舍，这些时期中第二个时期是最令人感兴趣的，因为格式塔心理学对苏联心理学思想的积极影响主要作用于这一时期。从表面上看这好像是自相矛盾的，因为在上文形容这一时期为行为取向占统治地位的时期。实际上，在这一时期所有苏联心理学方面的著作都把人和其他动物行为看做是心理学的研究对象。这一事实，明显的证据就是华生曾被指派为苏联大百科的第一版写一篇“行为主义”的文章。但是行为主义不是唯一吸引苏联心理学家注意的学派，在20世纪20年代后半期，在对心理学机械取向的不断反省和试图建立真正的马克思主义心理学的目标指引下，许多心理学家试图在西方心理学中寻找“同盟”。任何读过维果斯基的《思想与言语》一书的读者都会确信，应该认真地对待西方的心理学思想，并且应该在细节上详尽地讨论它们。同精神分析和皮亚杰的早期著作一样，格式塔心理学也是反对机械取向心理学的潜在“同盟”。另外，格式塔心理学看起来并不反对将自己定义为一门行为的科学。

那么，苏联心理学家是怎么在个人和思想上与格式塔运动保持接触的呢？实际上沟通渠道在双方思想的交流上起着重要作用。

二、格式塔心理学与苏联心理学的沟通渠道

20世纪20年代末和30年代早期是一个苏美心理学家接触活跃的时期。

1. 个人接触

国际会议为个人的接触提供了重要的机会。苏联心理学与西方心理学最广泛的个人接触可能发生在第九次国际心理学大会上(1929)，苏方代表

团包括维果斯基和鲁利亚在内共有20名成员参会。因为大部分重要的格式塔心理学家也出席了这次会议（卡茨、考夫卡、苛勒、勒温、惠特海默），有理由推测下面将要介绍的一些合作是在这次会议中确定的。

另一种个人接触的机会是一些西方心理学家对苏联的访问，在此时期内，苏联学者鼓励一些西方的科学家、作家和其他公众人物到苏联访问，其中曾有两位格式塔心理学家先后访问过苏联。

首先要提及的是，参加鲁利亚第二次对中亚“心理学远征”（Psychological Expedition）的考夫卡（1932）。尽管在第一次远征的报告中鲁利亚就声明外国心理学家可以被邀请参加，但考夫卡是唯一一个在第二次探险中被邀请的外国心理学家。在远征的准备期，心理学家们在莫斯科和撒马尔罕举行了研讨会，在会上考夫卡用德文作了两篇报告，分别是《现代心理学中机械主义和生物主义取向的终结》与《格式塔心理学的行为观念》。但是这次远征对考夫卡来说无疑是一场灾难，他本来能够在乌兹别克斯坦搜集一些关于典型错觉的资料，但却染上了疟疾。考夫卡从来没有完整地发表过他这次调查的结果。鲁利亚也是在30年后才在公开出版物上提及考夫卡的参与。考夫卡在这次远征中的活动仍有待在细节上进一步充实。

勒温在1933年也访问过苏联，唯一有关这次访问的可用信息是马洛（Marrow，1977）所著的《勒温传记》中的一段简短的文字。据马洛介绍，1933年的前几个月，勒温从斯坦福返回柏林的途中经过日本、西伯利亚铁路和莫斯科。很明显他也被邀请到莫斯科做报告，但马洛没有说明这些报告是否真正举行过，至少没有出版这些报告的证据，但此时苏联唯一的专业心理学期刊已经停止发行。并且马洛提到勒温曾在莫斯科会见过鲁利亚和蔡加尼克，他们告诉勒温在他离开日本前很短时间里发生的希特勒掌权的全部事情。从马洛一些不清晰的描述中可以推断勒温从1933年4月到5月一直呆在莫斯科，然后他返回柏林并在两个月后移居美国。也许勒温的访问激起了苏联心理学家对其理论的浓厚兴趣，有关的证据可以在维果斯基去世后出版的有关智障方面的文章中找到。但总体来讲，他的访问和考夫卡的访问一样到来的太晚了——因为那时有关格式塔心理学起初的热情已经被部分苏联心理学家对其批判所取代。

2. 翻译格式塔文献

第一部被翻译成俄文的柏林学派的著作是考夫卡的题为《内省和心理学方法》的文章。该文章作为《现代心理学的问题》论文集中的一篇在1926出版。由维果斯基最先翻译成俄文的格式塔心理学专著是苛勒的《人猿的智慧》，在1930年由共产学术出版社出版，该著作由维果斯基翻译并写了一个很长的序言。维果斯基的序言和简介都是译者的自我见解文章，因此它是了解苏联心理学家对外国心理学思想的看法的重要文献资料。

毫无疑问的是，对翻译成俄文的著作的选择反映了苏联心理学在1924年到1934年之间的特殊的兴趣，更值得强调的是格式塔学派有关心理发展的观点符合历史文化学派的理论，对维果斯基及其同事的思想形成有重要作用。第二个要注意的焦点就是一般的方法论问题，这方面以考夫卡的两篇文章为代表。大量的格式塔学派在知觉和动机上的研究并没有被翻译。根据翻译的数量判断，格式塔心理学在苏联的知名度要远低于在美国的知名度。

3. 评论文章

在美国，格式塔运动的信息最先通过评论文章得以传播，例如考夫卡著作和《心理学学派》一书中的一些章节。在苏联也是如此，对格式塔心理学产生强烈兴趣的标志是一篇发表在一本教育性杂志上的文章。1930年《现代心理学的基本取向》出版，里面含有维果斯基写的《结构心理学》一章，这些文章使苏联读者有机会了解一些新的运动，并且除了维果斯基作了一些谨慎的评价之外，一般没有多少人对它们进行评价。不管怎么说，40年后维果斯基的评价就显得很有价值了。

总体来讲，格式塔心理学作为德国最新的心理学流派，在20世纪20年代和30年代早期的苏联是很著名的并得到充分展现的。不管是在个人接触还是在信息交流方面，这些影响都是单方面的，苏联心理学思想对格式塔心理学几乎没有产生任何影响。

三、格式塔心理学对苏联心理学的具体影响

1. 对鲁利亚等人的影响

除认同格式塔心理学的整体观以外，鲁利亚把格式塔取向描述成了一门一般的系统理论。苛勒理论观点从以下三个方面对鲁利亚等人产生了重要影响。

第一，自我调节系统理论躲开了机械主义世界观的陷阱，偶然性作为一个可解释的因素被引入。

第二，“有机体—环境”系统要求部分之间维持平衡并且有机体内的每个结构都是对现存或先前环境适应的结果。从这一点讲，鲁利亚很谨慎地维护格式塔取向并用它来反对朴素唯物主义的观点：即平衡地维持是一个

客观要求，同样一个被感知图形的闭合倾向是客观地受其特征所影响的。

第三，格式塔取向符合辩证法的要义。根据鲁利亚的观点，苛勒对系统的分析为辩证哲学引申出的深奥原则提供了一个具体的例子：当一个过程的复杂性增加，一个新水平上的新的闭合系统和一个新的质的单元有可能产生。同时，辩证法表明新的质变是由量变引起的。然而鲁利亚指出格式塔心理学一直没注意到这一点，他提出人类行为的科学研究应该揭示出这一原理。

格式塔心理学不仅在哲学思辨的概括水平上被苏联心理学家使用，而且也影响到"维—列—鲁"具体的心理学研究。由格式塔心理学家介绍的实验方法受到了很高的尊重，苛勒的换位问题被频繁使用，并且鲁利亚提倡使用勒温的自然实验法，另外实验资料也经常根据格式塔的原则来解释，比如声明词语联想实验对刺激的反应受到表语和补语的影响，这个结论是根据惠特海默的闭合性原则做出的。或许对格式塔思想最广泛的使用存在于鲁利亚运用"综合运动方法"的研究中，这种方法是指对某个刺激做出的言语和运动反应的综合，心理学家认为该方法能够引发在一个整体功能系统中运动和言语部分的融合。应该指出的是，鲁利亚早期著作中的许多术语和概念大都来自著名的神经学格式塔理论专家戈尔德斯坦(Kurt Goldstein)。他的实验结果用勒温的理论来解释，只是把现象学领域的"生活空间"转换成心理学空间。

2. 对历史文化理论的影响

不论是在《在马克思主义旗帜下》的俄文版、德文版文章中，还是在鲁利亚早期的词语联想和情绪反应的实验中，鲁利亚都没有提到在那个时期由他和维果斯基等人坚持的历史—文化理论的立场。或许指出维列鲁学派每人对这一理论的贡献大小并不具有什么积极意义。但该理论基本的要义的提出应该归功于维果斯基。另外维果斯基提出了马克思主义心理学与"资产阶级心理学"之间关系的新看法，在1925年他仍然把马克思主义心理学当做是众多客观心理学中的一个学派，但在1926年的一篇未出版的手稿中，维果斯基已经改变了他的观点，这个观点是他通过对"心理学的分裂"的分析得出的。他认为，马克思主义心理学不是众多学派中的一种，而是唯一正确的科学心理学，根本没有其他科学的心理学。从这些前提中产生的对"资产阶级心理学"的理解不同于鲁利亚文章所体现的，后者强调的是马克思主义方法论方面，而维果斯基虽然也对方法论感兴趣，但他正在从马克思的原著中寻找关于心理学的见解。

马克思和恩格斯在言语的社会性和活动的作用以及人类合作方面的观

点为维果斯基思想的形成提供了坚实的基础，维果斯基对马克思主义的特别重视的证据可以在他对现行心理学理论的评价中找到：对这些理论的哲学背景讨论不重要，而是把这些理论当做是马克思主义心理学建设中的具体证据和思想的来源，也就是说，非苏联心理学家搜集的资料是可以接受的，但却由维果斯基选择性地理解了，同样，被吸收进发展中的马克思主义心理学的这些资料之所以被选择，是因为其能够填补维列鲁学派的研究计划中尚未占据的“空间”。

这种态度更明确的表达可以在维果斯基和鲁利亚合著的《行为历史研究》中找到。这本书在历史上首次提出了历史—文化理论，一共分为三部分：类人猿，原始人，儿童。前两章由维果斯基执笔，第三章由鲁利亚执笔，并且只有第三章包含他们自己的研究成果。第二章的材料主要来自法国和德国的人类学，第一章主要是对苛勒大猩猩研究所做的评论。

很容易看出这些研究对历史文化理论如此重要的原因，该理论的中心概念是工具——控制自然的物质工具、“内化”工具等，工具作为人类调节自身行为方式的标志。虽然格式塔理论很少谈及内化过程，但苛勒的研究能够为恩格斯人类学理论的一些方面提供科学证据，同时，苛勒证明类人猿能够使用和发明简单工具，这和恩格斯的观点基本一致。另外，当类人猿制造和使用工具时，它们是根据实际情况的结构并受限于特定生长环境的进化适应情况，因此它们不能形成人类特有的活动：它们利用自然，但不能通过文字交流掌握它。总之，工具的使用、文字的缺失这一状况使得同一时期的类人猿与人类的行为既相似又有所不同。

维果斯基对待苛勒理论的态度是基本赞同的，他接受苛勒的一些重要的观点和解释，包括苛勒对术语“顿悟”的使用和大猩猩的想法主要来自视觉等，甚至包括那些巴甫洛夫后来并不同意的观点。

有另外一种观点认为维果斯基在《人类历史行为》一书中对苛勒研究的赞同是因为受了某些马克思主义哲学家的影响，他把苛勒的研究作为恩格斯人类学思想的具体证据，他在同一水平对待两者，马克思主义中的科学假说应该被研究讨论并接受检验。因此，可以说维果斯基是在对马克思主义哲学和各种“资产阶级心理学”理论进行一种“兼容并包”的结合。

可以肯定，维果斯基、鲁利亚和其他苏联心理学家对格式塔心理学的钟情不是一种对流行趋势的跟风，并且格式塔心理学的确为这些心理学家提供了许多有价值的知识：解决了他们发展自己理论中遇到的一些哲学和心理学问题，并且这些知识根本无法从同时代的苏联资源中得到。对格式塔心理学的钟情是否能或者已经帮助他们战胜了势力强大的主客观唯心主义哲学体系，现在不得而知。假如没起到应有的作用，可以说这并不是维果斯基和鲁利亚愿意看到的，因为他们忠诚地为唯物主义心理学的发展而努力着。另外，他们是“官方”哲学的坚强后盾，在1925年到1930年间他们都投入到反对机械唯物主义的斗争中，对格式塔心理学的钟情也是与这场“哲学前沿的斗争”相呼应的。

第五节　格式塔心理学在意大利：生生不息

一、格式塔心理学在意大利依然强劲

2004年2月中旬，意大利的帕多瓦(Padua)召开了一次十分平常的学术会议，这次会议的主题却相当吸引人，大家讨论的是“格式塔理论在意大利的新进展”。会议的组织者赞甫琳(Mario Zanforlin)将与会者的报告整理成一篇学术论文，发表在当年第4期《格式塔理论》(Gestalt Theory)杂志上，让全世界的学者们得以知晓意大利格式塔研究的昨天和今天。这也是这一段文字出现在本书中的一个重要原因。

对于意大利心理学里的格式塔传统，还要从厄棱费尔的老师和朋友麦农的影响说起。麦农持有与厄棱费尔相似的“格式塔质”思想，他的思想传到意大利之后，1918年在意大利的帕瓦多最终形成了一个学派，史称奥国—意大利格式塔传统，[①]这一传统影响了意大利的心理学研究数十年之久。这一学派当初形成之时与格式塔柏林学派遥相呼应，但最终还是不敌柏林学派，因此惠特海默等人在意大利的影响也相当大。

20世纪50年代和60年代，意大利有四位最著名的格式塔学者，他们分别是帕多瓦大学的迈特雷(Metelli, F.)、的里雅斯特(Trieste)大学的堪尼萨(Kanizsa, G.)、博洛尼亚(Bologna)大学的克奈斯特里(Canestrari, R.)和米兰(Milan)大学的穆萨蒂(Musatti, C.)。尽管穆萨蒂不是很赞成格式塔理论对于以往经验的解释，但他还是接受了现象学的方法和惠特海默的组织

① Smith, B. (ed). (1988). *Foundations of gestalt theory*. München Wien: Philosophia Verlag. p12.

原则。当时格式塔学者对“格式塔原则”是否是先验的这一问题还与其他心理学家特别是“概率论者”进行过论辩。

20世纪70年代到80年代，意大利的格式塔心理学研究者们的观点已得到充分的承认。“概率论者”提出事情发生的概率随着个体的进化也会“内化”，这是一个重要的让步。在格式塔的传统观点方面，当时的格式塔学者波斯(Bozzi,P.)(1985)坚持认为，实验现象学应该被认为是一门“独立的科学”，他所进行的实验研究也带有强烈的“格式塔色彩”。维卡尼奥(G. B. Vicario)(1993)也持有相似的观点，但他更客观地分析了现象学，他认为现象学方法并不能涵盖所有的心理学研究目标，它不是心理科学的唯一方法。

一直到今天，意大利的学者们没有停止过格式塔心理学指导下的研究。他们的研究兴趣大多集中在视觉方面，也有人研究记忆、语言，还有人热衷于格式塔思想本身的理论建构和逻辑分析。

在意大利，格式塔心理学的发展与柏林学派和格拉茨学派的张力作用有很密切的关系，下面将沿着这一线索，结合国内学者郭本禹等人的研究展开讨论。①

二、从贝努西到穆萨蒂：两种异质性张力的初现

费斯特根在其文章的前面，题引了意大利格式塔心理学家卢乔(Luccio, R.)在1985年说过的一句话：“格式塔心理学在我们国家的心理学研究中出现这样一种情况，即表现为异质性的角色。”②但费斯特根又认为，整个意大利的格式塔心理学倾向于柏林学派，前两代的心理学家甚至成为正统的柏林学派传人，这就与他所引述的观点相矛盾。我们后面将会看到，意大利的格式塔心理学在发展过程中，一直处于柏林学派和格拉茨学派的张力之中，并时时尝试将二者加以统合。这种异质性历程要从穆萨蒂开始，而其根源要追溯到贝努西。

维多利奥·贝努西是意大利的一位实干家。他的实干表现在他强烈的实验倾向上，他也由此在麦农弟子中位居第二。他因意大利国籍而在奥地

① 郭本禹:《意大利格式塔心理学源流考》,《南京师范大学学报》(社会科学版),2005年第6期,第97～102页。

② Verstegen, I. (2000). Gestalt psychology in Italy. *Journal of the History of the Behavioral Sciences*, 36(1), pp. 31～42.

利受到过数次考验:升任为正教授还是保留自己的国籍。[①] 他最终选择了后者,于 1917 年回到意大利的帕多瓦大学。当时的意大利心理学较为突出的是由德萨洛(De Sarlo)和博纳文图拉(Bonaventura)等形成的佛罗伦萨学派。该学派受到布伦塔诺意动心理学的影响较大,但有着较强的理论旨趣。

贝努西在帕多瓦艰难地进行实验研究并培养学生。1923 年,他率弟子参加意大利心理学会的国际会议,引起了较大的反响,并由此成为意大利实验心理学的前卫人士,与佛罗伦萨学派的理论倾向形成较大反差。[②]

贝努西继续他在格拉茨的工作,对视错觉、立体知觉、视觉运动、触觉运动、时间视觉和重量知觉等进行了大量的研究。但其思想的核心,仍然是格拉茨学派的创造理论。对于这位钟爱的弟子,麦农说:“贝努西……甚至在威塔塞克逝世前就已有助于推进格拉茨心理学研究所的研究工作。他因形式知觉问题而被引入实验工作中。其创造的非充分性(productive inadequacy)概念是表象创造的重要的发展,贝努西后来绝大部分的研究工作都是在高级对象的把握这个领域进行的。”[③]贝努西把创造理论带到意大利,而创造理论融入意大利的格式塔心理学却是从他的学生穆萨蒂开始的。

切萨雷·穆萨蒂通过贝努西接受了创造理论,后来又接受柏林学派的思想,使得意大利格式塔心理学开始了异质性的历程。穆萨蒂在贝努西回到意大利最为困难的时候,听从帕多瓦大学守门人(porter)的建议,求学于贝努西。他长期追随贝努西,后来成为其助手。在贝努西逝世后,他接过其在帕多瓦的教职。在贝努西因抑郁而服毒自杀时,穆萨蒂消除当时的痕迹,以保护导师的英名。他的早期理论与贝努西保持高度的一致。在 1926 年出版的《经验现实概念的分析》一书中,他将自己看做“贝努西主义者”。他在 1964 年的再版序言中又说:“著此书时,我已通过贝努西的讲授,吸收了格拉茨学派论形式结构问题的学说(麦农的对象理论)。格拉茨学派尤其是贝努西,处于与柏林学派格式塔理论的论争之中。因此,出于对导师的忠诚,也由于梅泰利的逻辑思维与我在早期研究中所形成的思想更为接近,我拥护格拉茨学派的理论,而几乎完全忽略了格式塔理论。”[④]穆萨蒂也受到贝

① Albertazz, i L. (2001). Vittorio Benuss, in *The School of Alexiu Meinong*. (ed.) by Albertazz, i A. etal., Ashgate, p. 102.

② Albertazz, i L. (2001). Vittorio Benuss, in *The School of Alexiu Meinong*. (ed.) by Albertazz, i A. etal., Ashgate, p. 103.

③ Albertazz, i L. (2001). Vittorio Benuss, in *The School of Alexiu Meinong*. (ed.) by Albertazz, i A. etal., Ashgate, p. 101.

④ Albertazz, i A. (2001). The Legacy of Graz Psychologists, in *The school of Alexius Meinong*. by Albertazz, i A. etal., (ed.) Open Court Publishing Company, p. 325.

努西的实验倾向的强烈影响，在对象知觉、运动知觉和颜色知觉等领域进行了大量的研究，并使这种重实验的倾向得到流传。他曾做过立体运动现象的研究，旋转着的圆盘看起来像投在三维空间中的圆锥体。他认为，这是由于过去经验与当前知觉相同化，从而产生了立体运动的知觉。这显然是对创造理论的发展，同时也是对柏林学派有关似动现象解释的反对。

在贝努西去世后，穆萨蒂的思想发生了一定的变化。他开始注意柏林学派的理论，并加以吸收。他“感到自己更加独立，在很大程度上坚持[柏林学派]这一无疑更完善的学说的原理”①。例如，他吸收了格式塔学派的知觉组织观点，将惠特海默的知觉组织原则归结为唯一的最大同质定律（law of maximal homogeneity）。他也曾验证柏林学派的知觉实验研究，例如对瓦拉赫（Wallach，H.）实验中的并列斜线变换为方向相反的斜线，在小孔后移动，得到了向下运动的错觉。但在借鉴柏林学派观点的同时，穆萨蒂始终坚持贝努西的同化理论。在吸收柏林学派知觉组织的观点时，他关注现象，反对归因于生理因素的做法，这对意大利的格式塔心理学的实验现象学倾向产生了重要影响。穆萨蒂注意到两种学派间的差异，但对其中的张力却并没有较深入地体味。他认为，贝努西的思想和柏林学派的思想仅有术语上的差别。在1931出版的《形式与同化》中，他甚至指出，柏林学派的理论与贝努西成熟思想间的任何差异都“可以通过术语上的变化得到解决”②。尽管穆萨蒂未能把握这种差异，但他对两个学派加以弥合的做法，却影响了后来人并持续到今天。由此也可以看出，费斯特根关于穆萨蒂后来成为柏林学派信徒的看法是有问题的。

三、梅泰利和考尼饶：两种异质性张力的统合

正如布伦塔诺幸运地教导出几位著名的学生③一样，穆萨蒂也幸运地培养出几位出色的学生。在他们当中梅泰利和考尼饶是最杰出的，他们沿着穆萨蒂的方向，进行了大量的实验研究，并尝试将柏林学派和格拉茨学派的观点加以统合。费比奥·梅泰利在1929年从帕多瓦大学穆萨蒂那里毕业后，追随穆萨蒂自愿成为其助手至1940年，在穆萨蒂离开帕多瓦大学后，他

① Verstegen, I. (2000). Gestalt psychology in Italy. *Journal of the History of the Behavioral Sciences*, 36(1), p. 35.

② Verstegen, I. (2000). Gestalt psychology in Italy. *Journal of the History of the Behavioral Sciences*, 36(1), p. 36.

③ 高觉敷主编：《西方心理学史论》，安徽教育出版社1995年版，第40页。

短暂地执教于的里亚斯特大学，后来一直在帕多瓦大学任教。他早期延续了穆萨蒂尤其是贝努西的思路，考察运动知觉、图形知觉和法庭证据等。马哈巴（Marhaba，S.）指出："在很多方面，梅泰利是贝努西的理想继承人，甚于穆萨蒂。正如人们所说，'祖孙相似，胜于父子。'"①但是梅泰利也受柏林学派的影响。他的早期研究主要集中于整体化（totalization）、似静现象（对应于惠特海默的似动现象）和分层现象（stratification）。② 将半圆缚于黑色矩形，整个装置以半圆直径为轴旋转，看起来半圆成为整个圆（整体化）并保持静止（似静）状态，而矩形与半圆明显分开（分层）。这可用格拉茨学派的创造理论加以解释，但却更近于柏林学派的观点，他在研究颜色透明度（color transparency）时，尤其关注颜色透明度的组织原则。不过梅泰利仍延续穆萨蒂的方法，在吸收柏林学派的观点时，对现象加以描述，而不回溯到相关的生理因素。梅泰利的颜色透明度的研究曾发表在著名杂志《科学美国人》上，梅泰利的名字几乎可以成为颜色透明度的代名词。③ 总的来看，梅泰利在应对两个学派间的张力时，如同穆萨蒂一样，并未做出较大突破。

与梅泰利相比，加埃塔诺·考尼饶却做出了某些重要突破，使得超越这种对立成为可能。他从穆萨蒂那里毕业，并在穆萨蒂离开帕多瓦后追随穆萨蒂成为其助手，后长期任教于的里亚斯特大学。他也延续了贝努西强烈的实验倾向，他甚至将自己称作"物学家"（thingologist）。与此一致，他身上鲜明地体现了格拉茨学派的传统。正如史密斯所指出的："这种当代意大利—奥地利传统的工作，可以通过考察加埃特诺·考尼饶在视觉上进行的研究得到最好的判定。"④

最为关键的是考尼饶重新考察了格拉茨学派所继承的布伦塔诺遗产，即意向性。他对意动进行考察，区分出了两类意动：看（seeing）与思（thinking）。二者的区别在于，在"看"中，更多起作用的是对象的特性；而在"思"中，更多起作用的是意动尤其是内在过程。由此我们看到，考尼饶给出了另一个角度，使得格拉茨学派和柏林学派间的对立得到统合。在"看"这类意动中，更多起作用的是柏林学派的知觉组织原理，可以直接完成；而在"思"

---

① Albertazz，i A.（2001）．The Legacy of Graz Psychologists，in *The school of Alexius Meinong*. by Albertazz，i A. etal.，（ed.）Open Court Publishing Company，p. 327.

② Verstegen，I.（2000）．Gestalt psychology in Italy. *Journal of the History of the Behavioral Sciences*，36(1)，p. 38.

③ Verstegen，I.（2000）．Gestalt psychology in Italy. *Journal of the History of the Behavioral Sciences*，36(1)，p. 38.

④ Smith，B.（1988）．Gestalt theory：An essay in philosophy. In *Foundations of Gestalt theory*. by Smith，B.，（ed.），PhilosophiaVerlag，1988，p. 29.

中，更多起作用的是主观的心理过程，如创造过程。这样我们可以理解艾伯塔齐的观点："简言之，看（知觉表象）是一种类型的意动，它根植于呈现的时间中，这种呈现根据输入信息的自身结构支配着对输入信息的精致（elaboration）加工，这种情况一直持续到思（心理表象）开始为止。"①考尼饶由此出发，对意动进行了更详尽的区分，他区分出模式知觉（modal perception）、心理表征（mental representation）和非模式知觉。在模式知觉中，对象的自身结构起到较大的作用。考尼饶在考察主观轮廓时，以完形倾向加以解释，并且与柏林学派轮廓影响图形特征的观点一致，他发现轮廓可以影响该领域的明度。他在1993年仍怀宏大的目标："重要的是，更多地了解这些内置（wired-in）的规律和限制因素。这项任务是由惠特海默开始的，对组织因素进行了初步的区分和系统化。这项工作必须继续下去。"②在心理表征中，被表征的内容至少有部分是对象所没有的，而是在表征中加上的。

这里可以体现格拉茨的创造观点。处于二者之间的是非模式知觉，尽管被表征的内容是加上的，但却如模式知觉一样得到呈现。这反映出考尼饶在提出统合的思路后，加以落实的尝试。由此也证明，费斯特根所称的梅泰利和考尼饶为正统柏林学派的理论是靠不住的。

考尼饶还将穆萨蒂重视现象本身的方法加以理论化。在运用格式塔的组织规律时，并不将生理或物理的因素视作原因，他对柏林学派的同型论不感兴趣。对于这种方法，他明确指出："我将视觉现象看作一种'突现'的现实领域，它不能还原到其他现实领域，因此，对它的研究必须使用实验现象学方法，以独立地把握其特殊性。"③考尼饶的这种实验现象学观点得到了后来帕多瓦—的里亚斯特学派的阐发，并成为后者所发扬的发展方向。

四、帕多瓦—的里亚斯特学派：转向实验现象学

梅泰利和考尼饶自20世纪50年代后，分别执教于帕多瓦大学和的里亚斯特大学。在他们的努力下，意大利的格式塔心理学群英辈出。在考尼饶之后，有坦皮耶里（Tampieri，G.）研究由立体动觉引起的对象三维知觉、非模式知觉现象和垂直的评价等；彼得（Petter，G.）研究透明度现象、静态场

① Albertazzi，L.（2003）. From Kanizsa Back to Benussi：Varieties of Intentional Reference. *Axiomathes*，p. 53.

② Luccio，R.（2003）. The Emergence of Prgnanz：Gaetano Kanizsas Legacies. *Axiomathes*，p. 365.

③ Albertazzi，A.（2001）. The Legacy of Graz Psychologists，in *The school of Alexius Meinong*. by Albertazzi，A. etal.，（ed.）Open Court Publishing Company，p. 331.

中的知觉整体化和创造思维等；桑宾(Sambin，M.)致力于边缘和异常图形的分析；达波斯(Da Pos，O.)致力于颜色的分析；马辛(Masin，S. C.)致力于知觉分析；马西罗(Massiron，i M.)致力于绘画分析和知觉中的交迭与表述等；维卡里奥(Vicario，G.)致力于时间知觉等；博齐(Bozz，i P.)致力于声音知觉等。在梅泰利之后，有赞福林(Zanforlin，M.)研究动物与比较心理学，特别是视知觉过程和认知过程的进化等。此外，还有明古齐(Minguzz，I. G. F.)、法内(Farnà，M.)、卡内斯特拉里(Canestrar，i R.)和卢乔等。他们在前两代意大利格式塔心理学家基础上，习惯于党徒式(partisan)的科学，①持相近的原则，对格式塔问题进行了严谨而精细的研究。他们以帕多瓦大学和的里亚斯特大学为中心，形成了帕多瓦—的里亚斯特学派。

这个学派与当时格式塔心理学在美国的发展形成了鲜明的对照。由于德国纳粹的迫害，柏林学派的主要成员先后来到美国避难，惠特海默执教于纽约社会研究新学院，考夫卡执教于斯密士学院，苛勒执教斯瓦斯摩尔学院，这种分散的局面以及当时行为主义盛行的学术氛围，使得格式塔心理学难以融入主流的美国心理学之中。苛勒在 1959 年就任美国心理学会主席时发表演说，首先就对朗菲尔德(Langfeld，H.)所称的格式塔心理学已进入美国心理学家的“心理装备”(mental equipment)的观点表示异议：“我并非这么乐观。”②格式塔心理学在美国始终未取得较突出的发展，甚至在某种程度上消弭于美国心理学之中。在帕多瓦—的里亚斯特学派中，最为杰出的学者是维卡里奥和博齐。乔瓦尼·维卡里奥(Giovan-niVicario，1932—)执教于帕多瓦大学普通心理学系。艾伯塔齐说：“我们要将时间把握心理学中的大量进展归功于他……”③需要指出的是，时间把握领域也是贝努西研究的一部分，而维卡里奥在研究中运用了贝努西的典型方法。在 1999 年进行的研究中，他多次引用到这位先辈学人的研究。④ 另一位学者保罗·博齐(Paolo Bozz，i，1930—2003)执教于的里雅斯特大学心理系，他在声音知觉和因果知觉等领域取得了突出的贡献。⑤ 这两位学者最引人注目的，是他们近

① Verstegen，I. (2000). Gestalt psychology in Italy. *Journal of the History of the Behavioral Sciences*，36(1)，p. 39.

② Kohler，W. (1959). Gestalt Psychology Today. *American Psychologist*，14，p. 727.

③ Albertazz，i A. (2001). The Legacy of Graz Psychologists，in *The school of Alexius Meinong*. by Albertazz，i A. etal.，(ed.) Open Court Publishing Company，p. 335.

④ Albertazz，i A. (2001). The Legacy of Graz Psychologists，in *The school of Alexius Meinong*. by Albertazz，i A. etal.，(ed.) Open Court Publishing Company，p. 336.

⑤ Vicario，G. (1993). On Experimental Phenomenology，in *Foundations of Perceptual Theory*. by Masin，S. C.，(ed.)，North-Holland，pp. 197～219.

年来多次对实验现象学的呼吁。①

如果说在前两代学者那里，实验现象学表现为一种研究原则或一种研究方法，那么，在第三代意大利格式塔心理学学者看来，实验现象学应被视作一种研究取向或一种研究范式。博齐在 1989 年的《实验现象学》一书中提出，应将格式塔重新界定为实验现象学。② 这里的现象学并不限于现象学宗师胡塞尔所开创的现象学运动。心理学中的实验现象学有着悠久的传统。维卡里奥侧重研究方法，追溯到布伦塔诺的实验法的描述观点，认为其后沿两条路线发展，一条经斯顿夫至柏林学派，另一条经麦农、贝努西至穆萨蒂、梅泰利和考尼饶。③ 自然地他忽视了后三位学者对柏林学派的吸收与借鉴。而博齐则从理论根基出发，追溯到柏拉图在《蒂迈欧篇》中关于整体和部分的论述。④

我们可从研究方法和理论根基两方面进行考察。在研究方法上，维卡里奥认为，实验现象学首先要坚持现象学"面向实事本身"的原则，将研究对象限定在经验范围内，生理等其他有关方面可存而不论。研究的变量因而是心理内容或直接经验。在具体研究中，考尼饶举视觉为例："视觉中的实验现象学与心理学中其他领域的研究并无差异：发现并分析视觉现象中必要的机能关联，发现支持或妨碍现象呈现和明证性程度的条件；换句话说，建立支配现象场的规律。"⑤格拉茨学派和柏林学派都进行大量的此类研究，因而可以提供资源。但在理论基础上，柏林学派将心理现象回溯到生理领域，因存在生理还原论倾向上受到一些学者如梅洛·庞蒂的批评。⑥ 而格拉茨学派从对象的角度进行考察，避免了生理还原的倾向，具有较大的优势，能够提供更加丰富的资源。意大利的格式塔心理学近来对贝努西等有关该

---

① Bozz，i P.（1999）．Experimental Phenomenology：A Historical Profile，in *Shapes of Forms：From Gestalt Psychology and Phenomenology to Ontology and Mathematics*，by Albertazz，i L.，（ed.），Kluwer Academic Publishers，pp. 19～51.

② Verstegen，I.（2000）．Gestalt psychology in Italy. *Journal of the History of the Behavioral Sciences*，36（1），p. 40.

③ Vicario，G.（1993）．On Experimental Phenomenology，in *Foundations of Perceptual Theory* by Masin，S. C.，（ed.），North-Holland，pp. 201～202.

④ Bozz，i P.（1999）．Experimental Phenomenology：A Historical Profile，in *Shapes of Forms：From Gestalt Psychology and Phenomenology to Ontology and Mathematics*，by Albertazz，i L.，（ed.），Kluwer Academic Publishers，pp. 19～51.

⑤ Vicario，G.（1993）．On Experimental Phenomenology，in *Foundations of Perceptual Theory* by Masin，S. C.，（ed.），North-Holland，pp. 204～205.

⑥ Embree，L.，Merleau Pontys Examination of Gestalt Psychology. http://www. lesterembree. net/essays/mp% 20and% 20gestalt. Htm，p. 47.

方面研究的重视也证明了这一点。①

对于格拉茨学派的理论缺陷，实验现象学如果从胡塞尔的现象学观点中汲取资源，是能够完成对该学派的超越的。② 因此，实验现象学给意大利格式塔心理学解决内在的张力提供了一条可能的途径。

格式塔心理学并没有在意大利销声匿迹，但是为什么今天年轻的研究者们好像不愿意自称"格式塔主义者"？原因主要有两个：其一是成果发表方面的原因，"影响因子"比较高的刊物的编辑希望看到内容更"新"的、方法更"高明"的文章，谁若自称是"格式塔学派"，则只能遭到拒绝发表的厄运；其二是持格式塔观点的学者内部存在争执，大部分人更愿意称自己在从事"实验现象学"研究，而否认自己是格式塔心理学家。所以意大利的格式塔学者们更接近"惠特海默风格"，而远离"苛勒风格"。他们将生理学和现象学视为两门完全独立的科学，而且对前者并不感兴趣。但还是有人认为心物同型有一定的可能性。不管怎样，我们抛开个人间的差异，所有的年轻学者们都在使用格式塔概念和现象学的研究方法。通过汇总相关的研究，赞甫琳指出："在意大利，格式塔理论仍然是重要的参考依据，这一点在国外的人看来并不明显，仅仅是因为他们在讨论实验研究结果的时候并不去联系普遍的理论价值。"③

格式塔心理学在意大利的命运似乎具有一定的普遍性，一种富有解释力的理论却被大家以一种"隐晦"的方式在使用，确实值得史家们反思这一现象。在心理学随着"信息科学"和"神经科学"登上研究者所认为的巅峰的时候，经典的理论解释被大家所忽视，而我们看到的辉煌却也可能是美丽的肥皂泡。

---

① Verstegen, I. (2000). Gestalt psychology in Italy. *Journal of the History of the Behavioral Sciences*, 36(1), p. 40.

② 崔光辉：《高级对象的意向性把握——麦农的形质心理学思想研究》，南京师范大学硕士论文，2005年，第50～52页。

③ Zanforlin, M. (2004). Gestalt theory in Italy-is it still alive? *Gestalt Theory*, 26(4), pp. 293～305.

第六节　格式塔心理学在中国：步步为营

一、建国前的研究

格式塔学派在初步建立和发展时期受到了当时中国心理学界的高度重视。肖孝嵘、朱希亮、高觉敷、章颐年、郭一岑和陈立等人以各种方式研究了当时的格式塔学派。1928年，肖孝嵘率先把该学派介绍到国内，“格式塔”一词首先由他译出，并在国内沿用至今，他于1931年出版《格式塔心理学原理》一书，是国内较早涉足格式塔理论和研究的学术著作；1933年12月，陈立到德国柏林大学心理研究所，在格式塔心理学大师苛勒的指导下开展“个体声调高低的差异”研究；郭一岑在德国留学时是苛勒的及门弟子，以知觉专家闻名国内；朱希亮在美国威斯康丁大学学习时，师从考夫卡教授，受其影响对格式塔也有一定研究。20世纪40年代以前，该学派即为中国心理学界所熟悉并反映于教学之中。

肖孝嵘(1897—1963)

(1) 关于这个学派的译著主要有：高觉敷译《儿童心理学新论》(考夫卡著，1933)、《格式塔心理学的片面观》(苛勒等著，1935)、《形势心理学原理》(勒温著，1945)；傅统先译《格式塔心理学原理》(考夫卡著，1936)等。朱希亮在美国威斯康丁大学学习研究时，正值考夫卡在该校任访问教授，对格式塔学派进行过较为深入的研究，曾写有《逆联想学习之量的研究》(1929)、《完形心理学及条件反应》(1932)等文章。(2) 此外，高觉敷、肖孝嵘、章颐年等都曾撰文研究格式塔理论。如高觉敷著《“格式”学派的教育心理》(《教育杂志》，二十六卷六号，1936)。作者首先叙述该学派和中心概念及其在教育心理学上的特征，提倡全体学习法，反对部分学习法，反对练习律和效果律，主张能迁移的训练是整个情境的反应。最后作者述及桑代克的学习学说是属于联结主义的，而苛勒的“格式”派学说是动的分配说，研究教育心理学者宜参照格式塔学说的观点。作者还译有与此文有关内容的一篇《一个联接的效果对于此联接的影响的学说》(《教育杂志》,二十六卷八号,1936)。该文是作者对上文涉及的效果律及桑代克关于效果影响所做的解释。(3) 另外,杨同芳在《心理季刊》发表《完形心理学派对于学习之贡献》(第 2 期,1936)和《完形心理学派之理论根据及其批判》(第 3 期,1936)。前一文作者认为完形心理学派之主要理论,为全部不等于部分之总和,全体另有其特殊意义。其方法乃采用整体的观察,且认为人格非特性加积的总和,乃是一种有组织的完整个体。完形学派深信脑的活动并非连接彼此神经通路的活动,而是有组织地弥补缺陷之活动。它对学习问题的特殊贡献,作者综合为三点:① 学习乃一种需要的反应;② 学习系一种创造的历程;③ 学习与生活发生关系始有意义。后一文旨在将完形心理学派的一贯的理论给予系统的叙说,尤其着重这派理论的根据的探讨,并将其和原子派的冲突以及否认感觉元素说的原由与完形的概念作了申述。全文分五部分:① 前言。② 完形心理是学派之理论基础,自其导源至学派成立,论述学派的理论基础建筑在"自然的完整单位"上。③ 完形心理学派与原子派之冲突。作者从两派的对立述及冲突的原因,完形学派否认机械的原子学说,排斥意识为单纯感觉所组成,行为为反射动作所组成,视知觉为整体,研究心理必以机能所应付的全境为对象是不能分析的。④ 完形心理学的"完形"概念。作者总括"完形"概念,不外为研究人类的一切行为必须注重组织的整体,不能以部分推知全体,并举基于此概念的教育实验研究为例来说明。⑤ 对于完形心理学的批判。作者主要认为完形学派提出一种具体学说,揭破了原子派的谬说,在知觉方面,固有许多值得采纳,而于感情意志诸问题甚少论及,是美中不足。完形派完全蔑视分析,太着重全体,也是过激的论调。(4) 再有,高荣滋著《统整的功用与完形心理学》(《中华教育界》,二十四卷三期,1936)介绍德可乐利(Decroly,O.)所谓的统整功用应用到心智上和教育上的新理论。(5) 此外还有陆志韦的《介绍考夫卡:完形心理学原理》(《中国心理学报》,一卷一期,1936)。[1]

二、建国后的研究

建国后我国心理学界有关格式塔学派的专门研究不多,但对格式塔学派研究的重视并没有减弱。

---

① 赵莉如:《中国现代心理学的起源和发展》,《心理学动态》专集,1992 年,第 82 页。

在格式塔的理论分析和探讨方面，高觉敷主编的《西方近代心理学史》（人民教育出版社，1982）、高觉敷主编的《西方心理学史论》（安徽教育出版社，1995）、高觉敷主编的《西方社会心理学发展史》（人民教育出版社，1991）、车文博撰写的《西方心理学史》（浙江教育出版社，1998）、杨鑫辉主编的《心理学通史》（山东教育出版社，1999）、杨清编著的《现代西方心理学的主要派别》（辽宁人民出版社，1982）、叶浩生主编的《西方心理学的历史与体系》（人民教育出版社，1998）、周晓虹编著的《现代社会心理学史》（中国人民大学出版社，1993）等著作都设专章介绍和评析格式塔理论。与此同时，申荷永还对勒温及其理论和实践进行了专门研究，通过数年的学术积累，他出版了几本产生较大影响的学术专著，其中包括《团体动力学——理论与实践》（湖南出版社，1996）、《心理场论》（中国和平出版社，1996）、《充满张力的生活空间——勒温的团体动力学》（湖北教育出版社，1999）等，为国内学者全面了解社会心理学界的风云人物创造了条件。更值得一提的是，申荷永的团体动力学课题组与当代美国知名团体动力学家保持着密切的合作关系，阿尔文·赞德（Alvin Zander）更亲自为《团体动力学——理论与实践》一书作序，他特别提到："中国在变化，在发展。不管是作为领导和学者，还是作为工人和农民，都应该理解这种变化和发展对于人们的生活和工作带来的影响。作为心理学家和团体动力学家，我相信，勒温的心理学思想和团体动力学，都应该能够帮助人们增加对于生活和变化的理解。"①

近年来，重译或新译格式塔经典原著的工作也在顺利进行。其中有竺培梁译的《拓扑心理学原理》（勒温著，1936；浙江教育出版社，1997）、黎炜译的《格式塔心理学原理》（考夫卡著，1935；浙江教育出版社，1997）、郑全全译的《认知失调论》（费斯汀格著，1957；浙江教育出版社，1999）等，这些译者本着以史为鉴的原则，在序言中阐述了相关理论的进展情况，比如行动研究对中国教育界的积极影响等，引导读者重视经典理论的现实意义。

建国后关于格式塔的学术论文也相当丰富，由于历史的原因，目前检索到的论文大多是 20 世纪 90 年代以来发表的，但格式塔学派的理论建设在作者们看来却历久弥新：有学者对格式塔理论继续进行深入剖析，还有学者将格式塔理论与广泛的社会实践紧密结合起来，也获得了一些十分有价值的发现。

在理论探讨方面，《皮亚杰学派与格式塔学派的整体观比较》（倪宁、于萍，《云南师范大学学报》，2002 年第 3 期，第 1～4 页）一文从方法论的角度

① 申荷永著：《团体动力学——理论与实践》，湖南出版社 1996 年版，序。

比较了两种整体观,认为格式塔的整体观尚是静态的,而皮亚杰的整体观以动态性见长。另外,《对格式塔学派几点新思考——一种新的评价和定位》(高峰强,《长白学刊》,1997年第4期,第47～50页)则评析了格式塔学派对心理学发展的贡献,认为格式塔学派的整体论、学习论和认知倾向等影响深远。理论探讨方面的论文还有一个明显的特点,即对勒温的研究明显占了较大比重,其中代表性的文章有《论勒温心理学中的动力》(申荷永,《心理学报》,1991年第3期,第306～312页)、《学校团体气氛的综合研究》(申荷永,《南京师范大学学报》,1991年第2期)、《团体内聚力研究的意义和价值》(申荷永,《华南师范大学学报》,1994年第1期,第83～86页)、《浅析赫尔和勒温的动机理论》(陈文心,《海南师范学报》,1994年第1期,第7～9页)、《勒温"心理生活空间"述评》(郭子仪,《贵州民族学院学报》,1995年第3期,第62～66页)、《勒温儿童心理学评介》(赵恒泰,《天津师范大学学报》,1997年第2期,第22～27页)等,分别从不同的角度对勒温的思想和观点进行了阐释。

在格式塔心理学思想的应用拓展方面,相关论文显示了格式塔心理学强大的辐射力。概括起来有两类文章,第一类文章主要探讨格式塔心理学的艺术内涵,比如着眼于美学的《格式塔心理学在报纸版面设计中的应用初探》(金永辉,《沧州师范专科学校学报》,2004年第3期,第57～58页)、《格式塔——旅游地形象宣传口号的原型分析》(马梅,《城市规划汇刊》,2004年第3期,第61～73页)、《格式塔理论在网络教学页面设计中的应用》(周静等,《中国电化教育》,2005年第7期,第75～77页)等文章,还有着眼于文学品评的《格式塔质与意境》(赵德鸿,《佳木斯大学社会科学学报》,2003年第6期,第75～76页)等;第二类是尝试使用格式塔社会心理学理论解释一些社会焦点问题的,像《个人建构论与认知失调论的对比研究》(高峰强,《山东社会科学》,1997年第5期)、《认知失调理论及其在证券市场中应用》(敖卿、唐元虎,《科技进步与对策》,2004年第3期,第43～45页)、《压力及其化解——对农村大学生认知失调的一种可能解释》(代堂平,《中国青年研究》,2005年第6期,第14～16页)等文章就体现了费斯汀格等人的社会认知学说的现实意义。

但是,在我国格式塔研究相对"繁荣"的背后,我们也发现一些问题:长期性专题研究目前还比较少见,学者们之间的兴趣点相当分散,理论探讨多于实证检验,这势必降低我国格式塔学派研究产生突破的可能性。在发掘格式塔心理学"宝藏"的进程中,我们尚需科学规划、培育合力。

第七章

格式塔心理学与认知心理学

格式塔心理学对认知心理学的诞生和发展起了奠基性的作用，它的一些实验及其研究成果成为现代认知心理学的基本观点和重要组成部分。可以说，现代认知心理学继承了格式塔心理学在记忆、思维和问题解决等领域的研究思路，并对其进行了深化和发展。同时格式塔心理学对认知联结主义、认知神经科学也具有一定的影响。

第一节　格式塔心理学与认知心理学关系概述

格式塔心理学作为西方现代心理学的主要流派之一，以其独特的理论探索和实验研究对众多心理学派的发展产生了强劲而持久的影响，认知心理学更是首当其冲。认知心理学（本章特指信息加工的认知心理学）于 20 世纪 50 年代中期兴起，它的产生和发展给行为主义心理学以强大的震撼和冲击，成为很长一段时间内占主导地位的一种心理学范式。认知心理学作为心理学研究的一个新取向，重新将心理概念引入心理学，它用信息加工的观点来说明人的心理和行为，在知觉、注意、记忆、语言和思维等领域的研究中做出了重要的贡献。

心理学史界在探究推动认知心理学兴起及发展因素时，众多学者一致认为认知心理学既继承了行为主义的经验主义和操作主义的方法论，又借鉴了格式塔心理学对内部心理过程的研究。如西蒙在《人类的认知》一书中就写道："认知心理学是用信息加工过程来解释人的复杂行为的，它吸收了行为主义和格式塔心理学的有益成果……"[①]高觉敷主编的《西方心理学的新发展》一书在论述信息加工的认知心理学的历史背景时指出:"格式塔心理学强调认知上的整体性和认知结构的观点也对它有直接的影响。"[②]朱新明等著的《架设人与计算机的桥梁:西蒙的认知与管理心理学》中说过:"认知心理学接受了格式塔心理学对内部心理过程的研究。"[③]高峰强曾就格式塔学派对现代认知心理学的产生所起的推动作用作出过具体研究和论述。[④]

格式塔心理学主张研究直接经验和行为,声称心理学为"意识的科学,心的科学、行为的科学"[⑤],强调行为和直接经验的整体性,主张用整体的动力观来研究心理现象。与只注重研究外显行为的行为主义相比,格式塔心理学不仅强调研究行为而且强调研究产生并支配行为的内部心理机制。它以研究知觉为始端,进而将研究拓展到记忆、思维、问题解决等认知领域。在想象、短时记忆、无意识、问题解决、思维等领域中,从1929年苛勒的《格式塔心理学》到1945年惠特海默的《创造性思维》,格式塔心理学家提出了许多重要的思想和观点。如他们认为思维包含了想象的因素;他们做了关于短时记忆的许多探索性、原创性的实验研究;他们还研究了知觉在多大程度上依赖于无意识过程;研究了问题解决中的顿悟是否是无意识过程的结果;他们将"大声思维"作为研究问题解决的一种手段,并且指出,在决策、问题解决、提取、记忆、知觉中个体能运用策略、计划、反馈等对信息进行积极主动的加工。所有这些都成了后来的认知心理学重点研究的领域,并且在这些领域里取得了重大的突破。

格式塔心理学在这些领域内所做的一些实验及其研究成果已经成为心理学理论不可或缺的组成部分,其理论观点和实验设计引发了很多后续研究。特别是认知心理学家,在格式塔心理学家某些研究的基础上展开了自己的实验探索,尤其在知觉、问题解决、记忆和学习等方面的研究上,对格式塔心理学家的某些实验及理论主张进行验证。总而言之,格式塔心理学在认知研究、问题解决方面所做出的贡献巨大而影响深远,对认知心理学的一些思想和理论的建构有直接或间接的影响。鲍尔等人曾明确指出:"一般说

① 司马贺著,荆其诚、张厚粲译:《人类的认知:思维的信息加工理论》,科学出版社1986年版,第5页。

② 高觉敷主编:《西方心理学的新发展》,人民教育出版社1987年版,第49页。

③ 朱新明、李亦菲著:《架设人与计算机的桥梁:西蒙的认知与管理心理学》,湖北教育出版社1999年版,第52页。

④ 高峰强:《对格式塔学派的几点思考:一种新的评价和定位》,《长白学刊》,1997年第4期,第50页。

⑤ 考夫卡著,傅统先译:《格式塔心理学原理》,商务印书馆1936年版,第26页。

来，格式塔心理学对学习和记忆的研究起了刺激和有益的影响。它关于人类的学习的观点，在七十年代初逐渐得到了赞赏和发掘。同样，格式塔关于思维和问题解决的研究，特别是邓克尔（K. Duncker）和惠特海默（1945，1959）的工作，再次（1972）受到计算机模拟人类解决问题的科学家纽厄尔（A. Newell）和 H·西蒙的赞赏。因此，一小批德国格式塔心理学家的影响在他们去世后还长期存在。实际上，他们是当今认知心理学的先祖。"①由此可见，格式塔心理学对认知心理学的诞生和发展起了奠基性的作用。

格式塔心理学的自然科学基础是物理学中的场论，它用场论来解释心理现象及其机制问题时，不加分析地采用了一些物理学的概念和数理术语，给人的感觉是理论观点过于晦涩难懂，神秘莫测，因而时常遭到许多心理学工作者的非议和误解。许多学者能够认识到认知心理学的一些观点和实验受到格式塔理论的影响，但是由于对格式塔心理学的某些模糊认识，对于认知心理学是如何吸取前人研究成果，特别是从格式塔心理学的理论研究中汲取了哪些有益的成果，格式塔心理学在认知心理学的兴起及发展中具体做出了哪些贡献，国外研究者对此进行的系统研究很少，国内至今还没有对其进行系统的综合的梳理和研究。因而我们试图通过探讨格式塔心理学对认知心理学诞生和发展所起的促进作用，以期能使更多的国内心理学工作者对格式塔心理学有更深刻的把握，重新审视格式塔心理学在认知心理学产生和发展中的重要地位，更全面地审视记忆、思维、知觉和问题解决的理论，并在进行实践研究时从中汲取有益的借鉴和启示。

我们在探讨格式塔心理学对认知心理学所产生的促进作用时，着重从记忆和思维方面入手。因为知觉是格式塔心理学最重要而又最有特点的领域，在这一领域格式塔学派的贡献比任何一学派都大，其研究成果为我们所熟悉。再者，他们以研究知觉起家，将知觉的研究成果拓展到记忆、思维和问题解决等方面，记忆、思维等领域的研究一般都是以知觉的组织原则为研究出发点，认为知觉组织原则同样适用于记忆、思维过程，记忆、思维的理论也体现了知觉的规律。

① 鲍尔、希尔加德著，邵瑞珍等译：《学习论：学习活动的规律探索》，上海教育出版社 1987 年版，第 518 页。

第二节 格式塔心理学与认知心理学基本要义

一、格式塔心理学

所谓格式塔(德文为 Gestalt)有两种意义:一种是指事物所具有的性质的一种,在这种意义上,格式塔作形式解释;另一种是指事物的现象,即具有形式和个性的现象,这是格式塔心理学派所采用的。[①] 对于格式塔的内涵,萧孝嵘在《格式塔心理学原理》中是这样界定的:格式塔既不是相加而成的事物,也不是混沌的现象;格式塔的现象不是含在部分里面的;格式塔各部分具有功用上的联络;不是一切的格式塔皆有移位不变的特性;格式塔为其周围事物所影响;格式塔的意义与形式的意义不是相等的,格式塔乃是指具体的事物,而非事物的抽象性质;格式塔一名词在心理学中的应用不仅仅限于知觉范围;凡心理学中所研究的情境与进程皆包含在内。[②] 由此可见,格式塔心理学强调的是以整体观来研究心理现象。

但是他们的这一思想并非新的创造,在他们之前的一些哲学家和心理学家已在各自的理论中孕育了这种观点。就哲学家来讲,德国古典哲学家康德对格式塔心理学的影响最大。格式塔心理学坚持"经验的原始组织"并认为这一组织是先天就有的,决定着人们如何知觉外部世界。显然这个观点受到康德"先验论"的影响。另一位对其影响较大的哲学家即胡塞尔,胡塞尔现象学方法论的意义主要表现在它强调对直接经验进行描述性的研究,主张尽可能地排除科学的偏见。波林在《实验心理学史》中,把现象学的方法总结为叙述的、分类的和归纳的方法,这种方法注重研究直接经验和研究结论的简洁明了,而不主张采用烦琐的测量和统计。这种现象学的心理学思想和方法在格式塔心理学中得到了充分的发展。

无论是格式塔心理学的首创者还是格式塔心理学的发展和应用者,他们的理论建构及实验假设大都体现了格式塔心理学以下思想。

---

① 萧孝嵘著:《格式塔心理学原理》,国立编译馆 1931 年版,第 12 页。

② 萧孝嵘著:《格式塔心理学原理》,国立编译馆 1931 年版,第 18 页。

1. **整体性思想**

格式塔心理学最鲜明的特点就是它的整体性内涵。格式塔心理学认为整体并不是部分的简单相加。每个整体都具有其自身的独特意义，整体的性质决定部分的性质，部分的性质则有赖于它在整体中的关系、位置和作用。在这样一个整体心理观中体现了三个特点，即关系、结构性和系统性。首先，部分与部分之间的关系是很重要的。正如惠特海默所讲："当其部分之间获得一种具体的相互依存时，整体便具有了意义。"[①]再次，整体性质之所以决定部分的特征以及部分的性质由其在整体中的关系、位置和作用所决定，是因为整体具有结构性。如考夫卡所述："事实和其结构是同一的，事实离开结构便不能够存在。"[②]最后，关于整体的系统性，勒温的"过程格式塔"从一种格式塔的动力系统中来探讨心理事件，表明格式塔所包含的系统性特征。

格式塔心理学倾向于研究整体因而非常关注场和场论。他们认为一个场乃是一个动力的整体，即一个系统，其中任何一部分会影响所有其他各部分。考夫卡认为应该根据行为场来理解人的行为，这种行为场包括的不是刺激物和物理环境，而是个体所感知和想到的外部世界及其对象。勒温在发展和引申格式塔心理学思想时，以心理场来标示自己的心理学体系。苛勒也较为充分地讨论了场心理学的意义，援引物理学中的实验和场理论来说明心理学研究所面临的问题。[③]

2. **蕴含性原则**(Pragnanz Law)

惠特海默早在解释"似动现象"时，便已经注意到格式塔所包含的一种蕴含性。惠特海默认为，整体的一个部分会发生什么情况，总是由该整体中固有的内在定律所决定的，这是蕴含性原则的基本含义。换句话说，蕴含性即格式塔的完形倾向，是整体组织自我完成的一种动态属性，同时也是一切有结构的整体所固有的特性。因此，蕴含性具有两种意义：其一，在格式塔组织未完成的时候，已经包含了一种完形的倾向；其二，格式塔组织已经完成，也就成为简单而具有意义的整体。[④] 格式塔心理学家沃尔夫在对视觉图形的记忆研究中，验证记忆痕迹随时间朝较好的格式塔方向变化，就体现了这种蕴含性原则。勒温的稳态论动力模式也是对蕴含性原则的最好注解，

① 转引自申荷永等著：《理解心理学》，暨南大学出版社 2002 年版，第 106 页。
② 转引自申荷永等著：《理解心理学》，暨南大学出版社 2002 年版，第 107 页。
③ 转引自申荷永等著：《理解心理学》，暨南大学出版社 2002 年版，第 109 页。
④ 转引自申荷永等著：《理解心理学》，暨南大学出版社 2002 年版，第 111 页。

从由需求打破平衡到实现目标和重新获得平衡，便是一种“过程—格式塔”。蔡加尼克效应和奥芙散金娜的“重作趋势”等实验均表明，心理紧张系统本身即具有整体属性，具有格式塔的完形倾向。这正如吴伟士对蕴含性原则所做的解释：(图形)缺口的存在产生(脑，心理上的)张力的不平衡状态，但完结恢复平衡。蕴含性原则本身已构成了一种心理学的稳态模式，它在勒温的动力理论中得到了进一步的发展。①

蕴含性可以说是格式塔思想的重要内涵，人们之所以将格式塔又称为完形心理学，因为其中的“完形”就涉及到蕴含性。

3. 同型论思想

这涉及到格式塔心理学关于心理的机制以及内在的生理过程和心身关系等问题的看法和主张。惠特海默提出了格式塔的同型论思想，苛勒和考夫卡也大力支持。

格式塔心理学认为，经验到的空间秩序在结构上总是与作为基础的大脑过程分布的机能秩序同型或相同一，或者说知觉的空间模型与大脑的潜在兴奋是同型的，这便是格式塔同型论的主要思想。根据同型论的观点，在刺激和知觉之间并不存在联想主义心理学家所描述的一对一的对应性，而是知觉经验的形式和刺激的形式相对应。三个主要的格式塔心理学家都支持同型论。惠特海默在阐述似动现象的生理机制时首先应用了这一学说。他认为：“当一个人胆怯、害怕或精神饱满、高兴或悲伤时，时常表示出他身体过程的进程和这些心理过程所进行的进程是完全相同的格式塔。”②考夫卡在《格式塔心理学原理》一书中指出：“生理历程是意识的关联物，我们就是从意识的方面了解生理的历程。”③苛勒也对同型论进行了详尽的论述，他认为脑中发生的生理事件与由它引发的主观事件在形式上是相互对应的。

二、认知心理学

1. 认知心理学的兴起

认知心理学兴起于 20 世纪 50 年代中期，作为一种新的心理学思潮到 20 世纪 70 年代成为西方心理学的一个重要的研究范式。它研究人的高级心理过程，主要是认知过程，如注意、知觉、表象、记忆和思维等。本章所说

---

① 申荷永：《论勒温心理学中的动力》，《心理学报》，1991 年第 3 期，第 301～311 页。

② 舒尔茨著，杨立能等译：《现代心理学史》，人民教育出版社 1981 年版，第 301 页。

③ 考夫卡著，傅统先译：《格式塔心理学原理》，商务印书馆 1936 年版，第 71 页。

的认知心理学主要是指信息加工的认知心理学。

认知心理学的产生有极深的渊源。就心理学而言,行为主义的失败可以说是认知心理学产生的直接原因,20世纪初行为主义兴起,S—R公式被奉为普遍原则,注重研究人的外显行为。它在美国和西方心理学中占据统治地位约半个世纪之久。随着心理学的发展,行为主义的弊端日益显露,它只研究行为而忽视意识的做法受到一些心理学家的批评。行为主义学派内部也出现了折中主义的观点,托尔曼是其中影响最大的一个学者。他于20世纪初曾在德国跟随考夫卡进行研究,不免受到格式塔心理学强调研究认知过程的影响。在托尔曼看来,刺激和反应之间有一个中介活动,在这些中介过程中起着特殊重要作用的是个体的认知过程,只有这种认知活动才是决定行为的机制。在托尔曼的体系中,行为的认知方面是特别突出的,托尔曼称得上是认知心理学的始祖。行为主义在美国兴起的同时,在德国出现了格式塔心理学。格式塔心理学先是反对冯特和铁钦纳,后来又对行为主义进行批判。它强调研究行为和心理的整体性,将心理活动看做是有组织的整体,认为心理活动本身具有组织作用,这成为认知心理学的一个重要的思想来源。

除心理学本身的因素外,认知心理学的产生还受其他学科的影响。首先是通讯工程和信息论,它们为信息加工心理学家使用抽象的符号操纵系统的术语去研究人的认知过程提供了依据。再者,计算机科学是产生信息加工认知心理学的最为重要的外部条件,奈塞尔在《认知心理学》中指出,计算机出现后,对内部心理过程和状态的分析,便突然不再是某种可疑的或矛盾的事情了。[①] 此外,语言学研究的新发展也加速了信息加工的认知心理学的产生。

信息加工的认知心理学是心理学本身的历史发展以及心理学与邻近一些学科交叉渗透的产物。心理学的内部发展是产生信息加工的认知心理学的最直接原因;心理学发展的外部条件,如语言学研究的新发展,信息论、计算机科学的出现和迅速发展,以及社会实际应用的需要决定了心理学朝着用信息加工的原则、术语说明人的内部心理活动的方向发展,从而使得信息加工认知心理学在20世纪60年代初正式登上了心理学的历史舞台。[②]

一些心理学家认为,认知心理学的主要特点是将心理概念重新引入心理学,用信息加工的观点来解释心理现象。但它并不是一个统一的学派,只

① 高觉敷主编:《西方心理学的新发展》,人民教育出版社1987年版,第52页。

② 希尔加德:《现代心理学中的意识问题》,《心理学年鉴》(英文版),1980年第31期,第1～6页。

是代表了心理学发展的一个新方向和一种新范式。与格式塔心理学比较而言，认知心理学还没有形成一个统一的体系。

2. 认知心理学的主要思想

认知心理学涉及的领域很多，主要包括知觉、注意、表象、记忆、思维和语言等。在不同具体领域中进行研究的认知心理学家都试图用信息加工的观点来研究人的认知过程，虽然对同一过程的理解有所不同，但也体现了一些共同的思想。

(1) 人是一种信息加工系统。

信息加工认知心理学家的基本指导思想是把人看做计算机式的信息加工系统。人的认知过程和计算机的工作原理是相同的，即都是信息加工的过程。这种信息加工系统把所处理的信息看做是符号信息，所有的记号、标志、语言、文字以及他们所描述的事物、现象、规律和理论等，都被看做是符号结构。它主要由四个部分组成：感觉、记忆、控制以及反应系统，这四种结构成分以各种形式相互作用，各具体领域的心理现象都可以用信息加工的观点来解释。

(2) 强调知识对行为和认知活动的重要影响作用。

认知心理学强调对人的内部机制的研究，心理过程可被理解成信息的获得、贮存、加工和使用的过程。有关刺激的信号进入感觉系统后被登记，再将从长时记忆中提取出来的信息与之相匹配，根据原有的知识经验对此做出决定，其中的知识经验发挥了重要的作用。米勒在研究短时记忆的容量时，提出组块是短时记忆的一个重要计量单位。他认为人的知识经验不同，对同一材料的组块也可能不同。

(3) 强调认知过程的整体性。

信息加工的认知心理学将各种认知活动看成是一个统一的整体，认为它们之间是相互作用、有机联系在一起的。在研究一种心理过程时，要联系到其它的认知过程。他们在研究问题解决时，将问题解决过程看成是对问题空间(Problem Space)的搜索过程。个体在这一过程中不仅需要各感觉器官的活动，而且需要对信息进行中枢加工。许多认知心理学家认为问题解决过程与知觉、注意、记忆、表象及推理过程关系密切。

第三节　格式塔理论对认知心理学的促进

格式塔心理学作为20世纪初一个有影响的心理学派别，其理论和实验以独特的视角对心理现象进行了详尽的论述和研究，为认知心理学的兴起奠定了一定的基础。认知心理学继承了格式塔心理学在记忆、思维和问题解决等领域的研究思路，并对其进行了深化和发展。

一、记忆研究方面

在记忆研究的历史长河中，格式塔心理学有关记忆的研究往往被轻描淡写，众多学者最关注的还是格式塔心理学对于知觉和问题解决研究的突出贡献。的确，格式塔心理学家非常重视对知觉和问题解决的研究，对记忆的研究可以说是次要的和派生的。但“这并不意味着他们不多的实验没有意义，只意味着他们认为学习问题次于知觉问题”①。他们关于记忆的许多实验及观点构成了认知心理学记忆研究的基础和组成部分。

1. 格式塔记忆理论的基本观点

格式塔心理学家研究记忆的逻辑出发点是：知觉组织原则同样适用于学习和记忆。因而往往倾向于用知觉方面的术语来描述、解释记忆现象，在记忆实验中尽量体现这些规律性原则。他们提出记忆痕迹理论：记忆是知觉的继续，人们知觉到的物体消失后，在大脑神经系统内会留下知觉物体的痕迹，即记忆痕迹。这些痕迹不是孤立的要素，而是会组合成相互联系、相互作用的痕迹系统，它们支配着个别的记忆痕迹，使未来的记忆过程朝着与痕迹系统相一致的方向转变。这些记忆痕迹系统的内容也不是静态的、一成不变的，而是会遵循完形趋向原则随时间朝“较好的格式塔”方向发展。格式塔心理学的记忆痕迹理论具体体现在格式塔记忆的组织观、遗忘观和

① 鲍尔、希尔加德著，邵瑞珍等译：《学习论：学习活动的规律探索》，上海教育出版社1987年版，第482页。

自我观中。有关格式塔记忆的组织观、遗忘观和自我观的基本思想和实验研究在本书的第三章中已经详细论述,在此不再赘述。

2. 认知心理学对格式塔记忆研究的承接

西蒙在《人类的认知》一书中指出:"从信息加工理论来看,人脑神经系统的组织结构包括三个部分:输入、记忆和输出装置。了解了记忆的组成(短时记忆和长时记忆)及其工作原理,我们就可以预测人在一定情境下的活动。"①以信息加工观点来研究认知活动的认知心理学把记忆研究放在一个至关重要的位置。随着认知心理学的兴起,短时记忆研究在20世纪50年代中期蓬勃发展起来,成为记忆研究的一个中心课题。70年代长时记忆又成为研究的重点,并形成了各种各样的理论模型。考察认知心理学对记忆的研究可以发现,许多理论及研究虽未明确地说明受格式塔心理学记忆理论的影响,但其研究成果及理论假设和格式塔心理学许多观点有很多相似或相通之处。

(1) 短时记忆中的遗忘。

短时记忆是认知心理学在20世纪五六十年代研究的一个热点领域。通过对短时记忆进行的大量研究,在短时记忆的容量、编码、提取等方面取得了许多有意义的结果。彼得森(Peterson,1959)的一个实验证明:短时记忆保持信息短暂,如果未得到及时的复述,将会迅速遗忘。② 但遗忘发生的主要原因是什么呢?在心理学的历史发展中,早就有学者认为痕迹消退和干扰可能是遗忘的原因,这两个因素哪个作用更大一些呢?沃(Waugh)和诺曼(Norman,1965)设计了一个非常巧妙的实验,结果证明短时记忆遗忘的主要原因是干扰而不是记忆痕迹消退。③

默里(Murray,1975)设计了一个关于识别记忆的实验,接触(touch)被试皮肤上有一定距离的两个点,在间隔16秒后要求他们说出正确的接触点。但在此间隔内对被试进行接触干扰,结果发现,在间隔期间内接受接触干扰的被试无法说出正确的接触点。④ 沃克(Walk)和约翰斯(Johns,1984)、

---

① 司马贺著,荆其诚、张厚粲译:《人类的认知:思维的信息加工理论》,科学出版社1986年版,第187页。

② Peterson L. R., & Peterson M. J. (1959). Short term retention of individual verbal items. *Journal of Experimental Psychology*, No. 58, pp. 193～198.

③ Waugh N. C., & Norman D. A. (1965). Primary memory. *Psychological Review*, No72, pp. 89～104.

④ Murray D. J. (1975). Graphemically cued retrieval of words from long-term memory. *Journal of Experimental Psychology*, No78, pp. 679～684.

布罗德本特(Broadbent,1981)等也进行了类似的实验。这三个试验研究一致证明了"通道特异性干扰"理论,即在识别非言语材料时,如果在保持时间内,在相同通道下没有类似刺激的干扰,那么保持的时间较长,反之则保持的时间较短。

从事这些研究的认知心理学家还发现,记忆目标材料受干扰的程度还受插入材料的时间变量的影响。例如,威克格伦(Wickelgren,1966)进行了一项实验,要求被试记忆一个有特定频率的目标声音,然后观察被试在其他声音干扰下对目标声音的记忆状况。他发现,记忆痕迹力量的大小不仅仅取决于目标声音的持续时间,而且还依赖于干扰声音的持续时间。① 拉明(Laming)和斯格威勒(Scheiwiller,1985)在威克格伦研究的基础上做了一个识别线段长度的实验,他们注意到随时间间隔变长,被试往往倾向于判断线段"更长"。②

实验还证明,被试在一定程度上受呈现材料的感觉通道影响。彭尼(Penney)(1989)所做的一个实验是:把字母、数字材料以听觉形式和视觉形式两种方式呈现,要求被试即时提取,结果表明在呈现后不久,视觉和听觉输入可在不同系统中并存一段时间,但相对于视觉信息来讲,听觉信息更易提取。③

认知心理学家对短时记忆的遗忘研究表明了遗忘的干扰因素的作用,即在记忆目标材料后,在相同通道内由记忆类似材料造成干扰而导致遗忘。这与冯·雷斯托夫和苛勒的观点相类似,他们认为记忆痕迹可能会因大量相类似痕迹的相互作用而产生歪曲,从而发生提取困难而导致遗忘。

(2) 组织在记忆中的作用。

格式塔心理学特别强调组织在记忆中的重要作用,认为个体在记忆材料时会运用一些组织策略对材料进行组织加工。认知心理学家也很重视记忆中的组织因素,他们的研究主要涉及短时记忆和长时记忆中的记忆广度问题。大量研究表明,记忆广度既取决于短时记忆的听觉和视觉保持的效率,还取决于被试运用长时记忆的经验对材料进行重新编码的技巧。这就涉及短时记忆的容量和长时记忆的习得问题。

---

① Wickelgren, W. A. and Norman, D. A. (1966). Strength models and serial position in short-term memory. *Journal of Mathematical Psychology*. No9, pp. 63～65.

② Laming, D. and Scheiwiller P. (1985). Retention in perceptual memory: A review of models and date. *Perception and Psychophysics*. No37, pp. 189～197.

③ Penney, C. G. (1989). Modality effects and the structure of short-term verbal memory. *Memory and Cognition*, No17, pp. 398～422.

关于短时记忆的容量，在20世纪50年代以后，认知心理学家用字母、音节、字词等各种识记材料进行了大量的实验，证明无论是什么识记内容，短时记忆的容量都在7个左右。美国心理学家米勒(Miller,1956)发表了题为《神奇数字7±2:我们加工信息的能力的某些限制》的著名论文，用实验证实了短时记忆的容量为7±2个组块(chunk)。

所谓组块，就是由较小单位(如字母、数字等)按一定关系联合并组成较大单位(如词组、习惯用语)的信息单元，它是短时记忆容量的计量单位。一个组块可以由一个字母组成，也可以由几个字母组成，还可以是由几个词组成，因此不同的组块本身的容量大小也各不相同。但由于材料性质和个体知识经验的不同，对同一材料的组块也各不相同。

信息在短时记忆中的主要加工方式除了复述外，便是组块化。组块化即根据个人经验将隔离的项目联结成更大单元的过程。每个人都可以根据自己的经验对输入的信息组块化，这样就可以扩大短时记忆的容量。由此可见，组块化实际上是对信息的组织和再编码。与组块化相似的是格式塔心理学家卡托纳和苛勒所提出的分组(grouping)，他们认为对记忆材料进行合理的分组可以提高记忆效果。组块化和分组很相似，不过前者更偏重于信息的意义关系，后者更偏重于信息的时空关系。

短时记忆的信息若得到复述，便进入长时记忆系统，认知心理学家对组织策略进行了探索研究。他们研究发现，如果学习的材料有意义时记忆广度会增加。如记忆一个句子，能记住的单词可达20个，而记忆一组无关联的单词则大约能记5个。这与考夫卡的观点极为类似:记忆一组有意义的相互关联的单词比记忆一组无意义音节效果要好得多，因为前者能较好地组织成一串有意义的整体;苛勒也强调单词对更易于保持，原因在于它们可以形成有趣的想象。

20世纪六七十年代的许多研究表明:想象组织可易化对无关联材料的记忆。苛勒认为相对于单词串来讲，对两个相互联系的物体进行想象更易于保持。也就是说，在长时记忆中对信息进行视觉编码更易保持。爱泼斯坦(Epstein,1960)所做的实验是对此观点的一个极好的论证。呈现给被试单词对BOTTLE-ROCK，线索BOTTLE使被试回忆出ROCK会有些困难;但若出示一幅图画，在石头上有一个瓶子，被试的回忆正确率则很高。[①]这是因为后者比前者更易形成一个较好的"格式塔"。

---

① Epstein,W.(1988). Has the time come to rehabilitate Gestalt theory? *Psychological Research*. No50, pp. 2～6.

格式塔心理学家卡托纳曾强调过分组是组织一系列材料的工具，认知心理学家对此进行了验证。当被试需要记忆一系列无关联的项目时，他们通常按照自己分组的方式进行回忆，如默里（Murray，1966）要求被试按固定顺序回忆8个陆地名称，回忆时对第五个项目回忆成绩最好，原因在于被试在编码时，将之分成4/4两组。

当学习无关联的材料时，既没有分类也没有联想意义上的联系，这时被试倾向于主观性组织加工。在图尔文（1962）的一个实验中，以很短的时间向被试呈现16个无关联的单词（如帽子、照片、羊、祖父……），并让其回忆，然后令其再次学习相同的词表并再次回忆，如此反复多次。结果发现随重复次数增加被试成绩逐渐上升，并且还发现被试在连续各个实验中有以相同顺序回忆单词的倾向。这种以相同顺序回忆单词的倾向是被试在头脑中把词表中的单词进行主观组织（subjective organization）的结果。[①] 例如在实验开始时，把祖父和照片联系在一起，随实验的进程他不断地向这个基本组合加进其他的单词，将它们构成一个有联系的整体来记忆，从而提高了记忆效率。

他们还发现在记忆一系列项目时，若按类别将这些项目组成一个层次系统（hierarchical schema）则较好记忆。鲍尔（Bower，1969）要求被试学习112个单词，然后自由回忆。第一次测试中回忆正确率平均为20.6个单词，在第四次测试中则为70.1个单词。但当这些单词被分成四个层次系统呈现时，在第一次测试中被试就能回忆起73个单词，而在第四次测试中则为112个。研究发现，专家对学习的材料进行主观组织后会形成自己的体系。巴德利（Baddeley，1990）在《人类记忆》这本书的“组织与记忆”一章中，讨论了这方面的证据：侍者能记住复杂的菜单顺序。埃里克松（Ericsson）和波尔森（Polson）（1988）发现，这主要是因为侍者对菜单已经形成了记忆体系（分类结构），如果这个体系被破坏掉，那么对菜单顺序的记忆将会下降。[②]

除了分组、想象、主观性组织以及分类这些策略以外，将无意义材料赋予一定的意义也是组织的策略之一。例如，识记MER这个无意义音节，如果想到它与MARE（一种马）有些相似并联系这个词来记忆，就容易记住。这些组织策略在格式塔心理学家的相关著作中都有所涉及，如苛勒、考夫卡、卡托纳强调记忆单词对和记忆一组有关联的单词的效果要明显好于记

① 黄希庭著：《心理学导论》，人民教育出版社1996年版，第145页。

② Ericsson，K. A. and Polson，P. G. (1988). An experimental analysis of the mechanisms of a memory skill. *Journal of Experimental Psychology*：*Learning*，*memory and cognition*，No14，pp. 305～316.

忆无意义音节(对),强调合理的分组、丰富的想象会提高记忆效果等。在记忆研究中,格式塔心理学是最早强调组织加工在记忆中的重要作用的一个学派,有关的实验研究表明了这样的一个观点:运用一定的组织策略会提高记忆效果。可以说认知心理学关于组织策略的相关研究与格式塔心理学的研究思路不谋而合。

(3) 情境在记忆中的作用。

格式塔心理学家认为,一个刺激很少被作为一个独立的实体被感知,每个刺激都是和它的背景一起被知觉到,在记忆中也是这样。认知心理学也很重视记忆中情境(背景)对提取的重要作用。情境(context)一词,取其最广泛的意义就是,指个体在学习、记忆材料时可能出现的一切环境或内部刺激。① 根据这一定义,如果个体在学习英语时开着录音机,那么音乐就是背景变量,甚至歌曲的内容在背景中也是很重要的。个体学习时所在的房间、室内温度等都可能是对记忆类型、内容以及记忆的可提取性造成影响的背景变量。

对于情境在记忆中的重要作用,20 世纪 60 年代后认知心理学家进行了探索研究。莱特(Light)和卡特-索贝尔 (Carter-Sobell,1970)进行了一项再认实验。在实验中,他们给被试看一些句子(如,"The boy earned a GOOD GRADE on the test."),告诉他们在看完所有的句子之后要进行一项对所强调的名词进行再认的记忆测验。再认任务有以下几种:对于一些被试,将所强调的名词和同一个形容词一起呈现(如 good grade);对于另外一些被试,则将名词和一个不同但有意义的形容词一起呈现(如 steep grade)。在这两种情况下被试的任务都是报告句子中是否呈现了单词"grade"。这种实验控制结果产生了明显的效应。被试在第一种情况下再认名词的正确率是 64%,但在第二种条件下的正确率下降到 27%。他们还发现,即使与名词一起呈现的形容词和第一次呈现的有所不同,但只要其所造成的情境与原来的词相同,再认正确率也比较高。如当名词呈现在 bad grade 这样的情境中时,正确率并没有显著地降低。

戈登(D. R . Godden)和巴德利(A. D . Baddeley,1975)做了一项回忆实验。他们让潜水员学习一个由 40 个互不相干的词组成的单词,或者在岸上学习,或者在深及 20 英尺的海水中学。然后让这些潜水员在与学习时相同的环境中回忆所学的单词,或者在与学习时相异的环境中来回忆。结果表

① John B. Best 著,黄希庭译:《认知心理学》,中国轻工业出版社 2000 年版,第 111～112 页。

明，被试在与学习情境相同的情境里回忆的成绩较好。[①]

史密斯（S. M. Smith）、格兰伯格（A. Glenberg）和比约克（R. A. Bjork，1978）进行的一项实验表明了物理情境的重要性。在他们的实验中，被试在不同物理环境里分别学习配对联想词表。第一种条件下，被试是在校外一间很大但没有窗户的屋子里学习词表，主试衣着整洁，词表以视觉形式（用幻灯机放映）呈现。在第二种条件下，被试在校内一间有窗户的小屋里学习词表，主试衣着邋遢，词表以听觉形式（用录音机播放）呈现。第二天，被试接受记忆测验，给他们提供配对联想单词中的一个词，让其回忆与其配对的另一个词。一组被试在他们学习过词表的那个房间里接受测验，另一半被试则在另一种情境中进行回忆。在原情境中测验时，被试能回忆原来所学的 59%；而在另一种情境下测试，被试只能回忆原来所学的 46%。[②] 可见，如果测验时的情境与学习时的情境相同，回忆成绩水平较好。

从这些实验结果可以发现，个体在学习、记忆时，记忆系统开始转换和加工新材料，这时个体会对目标刺激以及所在情境进行编码，目标刺激所在的情境对于提取目标刺激是非常重要的。即使个体没有对背景变量进行组织加工，但是这些背景变量也会影响个体对刺激变量的提取。

对于再认和回忆对情境的依赖性，可用图尔文（1973）提出的编码特异性原则来进行解释。他认为，最好的提取线索就是和学习时与刺激一起编码的那些项目。[③] 该原则认为：“什么样的信息得到存储取决于所知觉到的信息以及这些信息怎样被编码加工，而已存储的信息又决定了什么样的提取线索是有效的，可以通过它来提取已存储的信息。”[④]编码时所处的情境和提取时所处的情境是否一致决定了刺激是否能够被有效地提取。

（4）刺激的特异性。

在记忆研究中，心理学家早就对刺激的特异性（distinctiveness）予以关注，最早可追溯到格式塔心理学家冯·雷斯托夫提出的隔离效应，即在同质项目中，对独特的项目记忆最好。许多心理学家［杨和素帕（Young & Supa，1941）；斯蒂姆斯（Steams，1949）；索尔和奥斯古德（Saul & Osgood，1950）；科亚纳奇（Koyanagi，1957）］对此做了更深入的探讨，格式塔心理学

---

① 安德森著，杨清、张述祖译：《认知心理学》，吉林教育出版社 1989 年版，第 266 页。

② 安德森著，杨清、张述祖译：《认知心理学》，吉林教育出版社 1989 年版，第 267 页。

③ E. Tulving & D. M. Thomson（1973）. Encoding specificity and retrieval processes in episodic memory. *Psychological Review*, No. 80. pp. 352～373.

④ R. L. Klatzky(1980). *Human Memory: Structures and Processes*. W. H. Freeman and Company. p. 112.

家 Wallace(1965)对这方面的研究进行了总结性评述。[①] 如果说 20 世纪 80 年代前关于此方面的研究是若隐若现的,但 80 年代后认知心理学家关于刺激特异性的研究日趋明朗化。克里斯蒂安松(Christiarson)和洛夫斯特(Loftus,1987)发现,放映一些有创伤经验的录像比较好记忆。麦克丹尼尔(McDaniel)和爱因斯坦(Einstein,1986)要求被试回忆传统的句子,或回忆一些奇异的句子,结果发现在自由回忆中奇异的句子能较好回忆。

默多克(Murdock,1960)是第一个对刺激特异性进行量化研究的认知心理学家,并且还研究了它与系列位置效应的关系,提出了"系列位置特异性假设",并且认为首因效应和近因效应的产生就是因为边缘的项目比较特殊。[②] 首因效应即对一列中第一个项目记忆较好;近因效应即对一列中最后一个项目记忆较好。弗里克(Frick,1988a)研究了纯听觉记忆,把首因效应和近因效应叫做"边缘效应",明确了"靠近边缘的项目更易识别"。[③] 尼斯(Neath,1993,1996)继续对此进行研究,他引用了赖特(Wright,1985)的成果,在呈现一系列图画后立即进行识别测验,个体表现了特别强的近因效应;而停顿一段时间后再进行识别,则表现出较强的首因效应。这表明项目的特异性具时间性,停留时间越短,目标系列中的末项表现出较强的特异性。[④]

(5) 自我的作用。

考夫卡认为,自我是一个特殊的记忆系统,它包括很多子体系。现代记忆理论也将记忆分成各种分体系,最著名的就是图尔文(1983)的记忆分类,他将长时记忆分成语义记忆(semantic memory)和情节记忆(episodic memory)。前者是对词语、概念、规则和定律等抽象事物的记忆,它保持的信息是词语的意义、语法的规则、化学公式、物理定律、乘法规则以及各种科学概念等;后者是个体对特定时间的情景或事件以及对这些事件时空联系的信息的记忆,它保持的信息总与个人生活中特定的时间和地点相联系,具有自传体的性质。情节记忆一般是以个体经历为参照,以时间空间为框架;语义记忆则以一般知识为参照,可有形式结构,如语法结构。

---

① W. P. Wallace(1965). Review of the historical, empirical and theoretical status of the Von Restorff phenomenon. *Psychological Bulletin*, No. 63, pp. 410～424.

② B. B. Jr. Murdock(1960). The distinctiveness of stimuli. *Psychological Review*. No. 67, pp. 16～31.

③ R. W. Frick(1988). Issues of representation and limited capacity in the auditory short-term store. *British Journal of Psychology*, No. 29, pp. 213～240.

④ I. Neath & R. G. Crowder(1996). Distinctiveness and very short-term serial position effects. *Memory*, No. 4(3), pp. 225～242.

工作记忆概念的提出主要源于对短时记忆系统特性的研究。短时记忆现象早在艾宾浩斯(1885)的记忆实验中有所涉及。后来,詹姆斯(1890)根据某些内省资料和意识经验提出了记忆的二分说,认为记忆包括初级记忆和次级记忆,实际上,前者即短时记忆,后者即长时记忆。随着认知心理学研究的深入,阿特金森(Atkinson)和施弗林(Shiffrin)又提出了一个很有影响的记忆三级加工模型。在此模型中短时记忆系统被认为有多种功能,它不仅可以在一段较短的时间内保存信息,还可以作为加工信息、控制流程和做出决策的工作空间。此模型虽得到了许多实验的支持,但到了70年代早期受到质疑。基于此,巴德利(Baddeley)等人(1974)提出了工作记忆模型。工作记忆模型分成视觉空间模板(visual-spatial sketchpad)、语音环(phonogical or articulary loop)和中央执行系统(central excutive system)。其中视觉空间模板负责视觉信息的保持和控制;语音环负责操作以语音为基础的信息;中央执行系统负责协调各子系统之间的活动,且与长时记忆保持联系。它们分别拥有各自的结构和功能,中央执行系统是工作记忆模型的核心,它是一个能量有限的系统,负责注意资源的协调和策略的选择与计划。它像一个指导机构一样运作,选择策略并整合多方面的信息。

在这里也许会产生两个疑问:一是情节记忆和考夫卡的自我相同吗?二是巴德利的中央执行器和考夫卡的执行者有差异吗?研究表明,考夫卡的自我包括情节记忆,只是强调的重点不同。图尔文的情节记忆强调时间空间,而考夫卡的自我则是强调"与我有关",强调动力。再者,巴德利的中央执行器看起来像工作记忆的控制者,它决定该说什么或者想象什么;考夫卡的自我则是一套记忆,目的是为了适应环境。行动通过执行者来表现,在考夫卡的体系中执行者是自我执行命令的工具,相对于巴德利的中央执行器,它扮演的是仆人的角色。而考夫卡的自我则类似于巴德利的中央执行器,考夫卡的执行者可以说是巴德利工作记忆的先驱。

总而言之,格式塔心理学从一个新的角度展开了对记忆的研究,其涉及的某些方面、提出的一些观点开了认知心理学对记忆研究的先河。格式塔心理学将知觉原则运用到记忆领域,强调组织在记忆中的重要作用,这在认知心理学中也是极为重要的研究热点之一;格式塔心理学对遗忘的探索研究、强调情境在提取中的重要作用、重视刺激的特异性以及考夫卡对自我的解释,都与现代认知心理学中记忆的有关研究存在千丝万缕的联系。认知心理学的许多研究成果和格式塔心理学的研究极为类似,有些观点甚至是在格式塔心理学研究的基础上进行拓展和深化的。

二、问题解决研究方面

1. 格式塔心理学关于问题解决的理论

格式塔心理学不仅将知觉领域取得的重大成果迁移到有关记忆的研究中,而且还延伸到问题解决之探讨中。格式塔心理学强调个体构造或领会问题情境的方式,因此问题解决的难易本质上讲主要是知觉问题,个体若能知觉到问题情境中的关系或结构,问题就容易解决。对问题解决和思维论述最多的是苛勒和惠特海默,邓克尔、陆钦斯(Luchins)以及梅耶等在苛勒和惠特海默观点的基础上继续深入研究。考夫卡对思维的分析不同于他们,考夫卡将思维看做是记忆提取,甚至"重新建构"中也包括了记忆的应用,记忆包含着功能固着,因为这个原因他将思维讨论归入记忆探讨中。

(1) 格式塔心理学关于问题解决的主要观点。

苛勒于1913—1917年在西班牙特纳里夫群岛上研究人猿的学习。他用小鸡和黑猩猩为实验对象进行视觉辨别和其他实验,于1917年出版《人猿智慧》,指明顿悟和理解对于问题解决至关重要。

苛勒在书中指出,格式塔中突现出来的是关系,也就是说,个体如果理解了问题情境中各部分之间的关系,那么问题就好解决。在视觉辨别实验中,苛勒在两种不同深浅的灰色纸上撒上食物,训练小鸡只从较深灰色的纸上取食,然后将这个较深灰色和一灰色纸同时出现,结果发现小鸡更多的是从较深灰色纸上取食。在描述这个结果时,苛勒引用了"格式塔"来解释这个现象。他认为小鸡知觉到的是刺激物之间的关系,是格式塔或整个情境而不是孤立的刺激物。① 因此苛勒将关系知觉看做是智慧的一种标志,各种动物知觉关系的能力高低不同,反映了其智力的高低。他又将此应用到黑猩猩上,以黑猩猩为研究对象。发现黑猩猩能看出箱子与香蕉之间的关系,懂得把箱子叠起来站在上面获取香蕉;它还能把两个竹竿套在一起连成一根长竹竿,使之能获取远在栅栏外的香蕉;并且懂得为了取得香蕉,不必从笼子的栅栏中挤出来,而是绕笼而行获取香蕉。苛勒把黑猩猩对有用的或适当的关系的突然知觉称为顿悟。顿悟行为是个体对整个情境的一种综合反应,将情境视为一个有组织的整体,是对整个情境完全概览后产生的。弗罗格尔和韦斯特对顿悟是这样分析的:一些问题的解决,看来是突然来到的,俨如包含着能达到预期目的的整个错综复杂的手段在内的一个新"完

---

① 张肖松著:《心理学史》,巨流图书公司1976版,第282页。

形”,在动物的意识中突然出现,它确实好像“顿悟一闪”而引起的适宜动作。[①] 从这里我们可以看出,通过顿悟解决问题的过程,不是一个渐变的过程而是一种突发性的质变过程。通过对整个问题情境的重新建构,能够引起一系列行为操作,这种行为操作是一个系统的过程。苛勒坚决反对桑代克的试误说,认为在试误学习中动物不能完全观察到整个问题情境,以至于它们只能进行盲目的尝试。因此必须使有机体在引起顿悟之前看到问题情境中各部分之间的关系。

惠特海默将顿悟学习理论运用到人类创造性思维的探讨中,并建议通过把握问题的整体来进行这种思维。他(1945)在论文《创造性思维中的推论过程》中强调,若以一种新的角度来观察问题情境就会获取顿悟,顿悟有助于问题的解决。《创造性思维》是惠特海默付出七年心血撰著而成、在其去世后出版的一部遗著。在书中他以独特的方式总结了自己的许多实验研究,关于创造性思维他开创性地提出了很多有价值的理论。

惠特海默根据格式塔学说研究了从儿童解决简单几何问题的过程一直到爱因斯坦发明相对论的思维过程,以各个不同的年龄段和难度不同的问题为依据,发现在各个问题解决的水平上都有创造性的思维过程,其基本观点可以综合如下:全部创造性过程常常是激动人心的戏剧性场面,其中包括对整个问题情境的熟悉、对结构的了解,进而发现问题,转变情境中心,从不完整的、不合适的结构转化为完整的、前后一致的,有时是熟悉的或简单的结构,最后实现问题的解决。在这一过程中,惠特海默着重强调个体对问题组成元素的结构重组,其中决定结构重组的关键性因素是重定中心,即问题结构中心的转变,从片面的观点转变为从情境的客观结构所要求的中心出发(如两个孩子 A 和 B 打羽毛球的故事),这样就形成了一个新的结构,各个部分根据在新的结构中的位置、作用、功能来改变各部分的含义。由此可见,结构中中心的转变带来了根本性的变化,各要素被看成新的、清晰的结构的一部分,其作用和功能不同,获得了新的含义。[②]

在惠特海默看来,许多问题的解决需要对问题元素进行重新改造、重新分组、重定中心,以一种新的视角来重新审视问题情境就会获取顿悟。重新改造、重新分组和重定中心综合而言,即对问题元素的重新建构。但是,在问题解决过程中,个体往往会发生固着现象,阻碍了对问题元素的重新建

① 转引自舒尔茨著,杨立能等译:《现代心理学史》,人民教育出版社 1981 年版,第 306 页。

② 阎平:《格式塔心理学派关于创造性思维的研究:方法论原则和认识论基础分析》,《自然辩证法研究》,1992 年第 1 期,第 35~43 页。

构。陆钦斯(1939)在他的博士论文中对问题解决中的固着现象着重进行了研究。在他的水罐实验中,假设被试有 3 个空水罐,A 罐能盛 4 夸脱水(盛满),B 罐能盛 12 夸脱水,C 罐能盛 5 夸脱水。被试的任务就是怎样使一个水罐(这三个中的任何一个)只盛 3 夸脱水。解决方法就是先盛满 B 罐(能装 12 夸脱水),然后将 B 罐中的水倒进 A 罐(能盛 4 夸脱水),这时 B 罐还剩 8 夸脱水,再将 B 罐中的水装满 C 罐(能盛 5 夸脱水),这时 B 罐仅剩 3 夸脱水。用一个简单的图来表示这种策略就是:B→A→C。然后让被试重复解决用类似方法来解决此问题。再呈现这样的问题:A 罐能盛 2 夸脱,B 罐能盛 12 夸脱,C 罐能盛 8 夸脱,任务就是要求被试使一个水罐中只盛 2 夸脱水。大多数被试还是运用了以上策略来解决,忽视了 A 罐只能盛 2 夸脱水。被试在问题解决过程中受先前成功经验的影响表现出了这种固着现象。

梅耶(Maier)着重对功能固着进行了实验研究。功能固着即指个体由于受某一物体特定功能的影响,而对它的其它可能功能视而不见。① 1931 年,他设计了一个两根绳问题的经典实验。这个实验就是在一间房子的天花板上悬下来两根绳子,要求被试把两根绳子的下端接在一起。但这两根绳子相距较远,被试拿到其中一根就拿不到另一根。在房子里还摆放着一些有重量的物体,如钳子、锤子或锯等。被试在很长一段时间内都无法解决这个问题,对放在一边的钳子等视而不见。当主试很"偶然地"碰了一下其中一根绳子,绳子就左右摇摆,被试看到后受到了启发,钳子等可以作为摆锤使绳子固定,可使问题得以解决。在这个实验中,个体开始时由于受钳子等特定功能(夹物体等)的影响,忽视了它在这种情况下可以作为摆锤的功用,找不到解决问题的方法。在受到暗示后才得以顿悟。由此梅耶认为在问题解决过程中,个体需要"指导"(direction),单纯依靠"经验"是不能解决问题的。

苛勒和惠特海默指出了像顿悟和重新建构这样的现象,但是却没有提出一种问题解决的理论,真正与建立在"先前经验"和"试误学习"基础上的联想主义和行为主义理论相抗衡。而苛勒和惠特海默的学生邓克尔(Karl Duncker)(1938),在所著的一本书中通过分析个体问题解决过程的口头报告,建立了一种包括重新建构在内的较为正式的问题解决理论。

邓克尔指出,问题解决的过程包括几个阶段,最初阶段就是对问题进行重新建构,建立一个目标,然后把它分成一系列分目标,通过这些"中间阶

① D. J. Murray(1995). *Gestalt psychology and the cognitive revolution*. London: Prentice-Hall/Harvester Wheatsheaf. p. 136.

段”获得最后的方法。他设计了一个肿瘤问题（tumor problem）：要给一个胃里长有肿瘤但不适合做手术的病人进行放射治疗 但高强度的射线在去除肿瘤的同时也会伤害健康组织。要求被试找出一种最可行的方法既能除去肿瘤又能避免伤害健康组织。他通过对被试的口头报告分析发现，被试在解决问题过程中会不断地寻找解决问题的方法，如果一种方法受到自己和主试的否定，那么他就会转向另一种方法的尝试中。无论哪一种方法，被试都首先把握住问题的关键所在（避免伤害健康组织），然后根据此建立起一个分目标，随着分目标的解决，逐渐达到最终目标。由此他总结了使问题得以解决的几种方法：一种是利用先前经验获取方法；另一种是通过别人的帮助（aids），如在两根绳实验中主试“偶然地”碰了一下绳子。这几种方法的获得都来源于对初始问题的重新建构。

邓克尔认为一个问题代表了一个特定的情境，因此其方法必须是：首先要根据所设定的问题领悟到的；其次取决于对设置问题的综合判断。在进行综合判断受到阻碍时，被试就会尝试一系列的“搜寻”，设置一些分目标，不断地产生一些解决问题的证据，这样直到最后问题得以解决。不过被试通常由于受过去经验的束缚而不能找到正确的方法。邓克尔设计了一个有关盒子问题的实验。在这个实验中，充分证明了功能固着对被试解决问题的阻碍，以及“指导”对解决问题的作用。实验材料有三支小蜡烛、一张桌子、三个盒子、大头钉以及其他的一些物体。被试分成两组：A组被试所在实验室的三个盒子是空的；B组被试所在实验室的三个盒子里装满了实验材料，如大头钉、三支小蜡烛等等。要求被试将蜡烛固定在门上。结果发现，A组85%的被试解决了问题；B组58.2%的被试解决了问题。邓克尔认为，因为在A组中，盒子是空的，这就暗示可以将其作为托住蜡烛的平台；在B组，由于受“盒子是用来装东西”思维定势的影响，大多被试因此看不见盒子的其他功用。邓克尔还作了一些有关数学问题（特别是几何问题）的实验，结果大体一致：功能固着对被试解决问题有阻碍作用。但是他同时指出，功能固着是可以克服的。如果将问题的某些部分设置得较为突出，那么在个体对问题的重新建构中就容易成为“情境中心”，其功能、含义等得以重新定位，问题就容易解决。个体不能重新建构问题并不在于材料本身，而在于个体是否将其看做是一个特定的知觉结构。

格式塔心理学关于问题解决的观点大都集中在以下几个方面。① 强调顿悟。苛勒的黑猩猩的实验研究、惠特海默的创造性思维研究以及邓克尔、梅耶等人所做的一些实验研究，都强调了顿悟有利于解决问题，并且依据格式塔理论探讨了如何才能产生顿悟。这与行为主义所强调的试误形成鲜明的对比，产生了关于思维和问题解决的独特观点。② 重视对问题的重新建构。特别是在惠特海默创造性思维研究中，他特别强调在问题解决中进行重新建构才容易解决问题，但是旧的思维和习惯可能会束缚人们的创造性思维。③ 普遍认为定势和固着会阻碍顿悟的产生。对此研究较深入的有陆钦斯、梅耶以及邓克尔等。实际上是强调过去经验对问题解决的消极作用。④ 注重目标的设置和对问题情境的整体把握及了解。苛勒认为，如果问题的元素中涉及目标，那么这个问题就容易解决。邓克尔对此讨论也比较多，认为个体在整体把握问题情境后，就会设置一个总目标和一些分目标直至问题解决。⑤ 强调个体在解决问题中的主动性。无论是在苛勒所描述的黑猩猩、惠特海默各年龄段的儿童，还是邓克尔的盒子问题和梅耶的两根绳问题中的被试，他们在解决问题过程中都占积极主动的地位，而非像行为主义的试误中的个体那样只能由刺激引起盲目行为。然而，格式塔关于问题解决的观点却没有形成一个真正的理论系统，对问题解决过程缺乏一个基本的分析。对问题解决的研究基本局限在顿悟、重新建构等这样一些现象上以及如何更好地解决问题等问题上。鉴于此，塞尔兹（Otto Selz）（1881—1944）作为一位与惠特海默同时代的格式塔心理学家，没有延续其他格式塔心理学家关于问题解决和思维的路线，而是踏上了一条与现代认知心理学关于问题解决模型更为相近的道路。

（2）塞尔兹的问题解决理论。

塞尔兹认为，在问题解决过程中，当前情境（设置的问题）和问题的方法之间有一间隙（gap），即认知，他将之称为图式预期（schematic anticipation）。

在一项实验中他要求被试找出与目标单词有特殊联系的单词，有的很简单，如 life-opposite，答案是 death；有的较难，如 harbor-opposite。对于后一个单词，有些被试是这样报告的："一看到这个单词，我就联想到水乃至大海……顺着这个思路，最后找到了答案。"还有一些任务是给出一个单词，要求被试说出这个单词所在整体，或者给出一个整体单词，说出它是由哪些部分构成的，如 painting-whole。通过对被试的口头报告分析，塞尔兹总结到：呈现目标单词后就会使被试形成关于方法的图式预期。例如，给出目标单词 painting，被试报告说："尽力发现一个更大的地方贴上。"塞尔兹认为，对整体的图式预期很明显是一个目标意识，也就是说，在问题初始，被试对问题情境和问题方法就有一个认知或目标意识，作为图式的这个认知在一定意义上是有一定细节并期望要完成的一个大纲。由此可见，图式预期是一个关于问题的内部表征，它具有指向性，从呈现问题情境开始，就指引被试朝方法的方向考虑。

塞尔兹将图式预期用到苛勒的黑猩猩上，黑猩猩苏丹的目标是将香蕉从房顶上拿下来，如果香蕉可以被敲下来，那么大部分任务就完成了，而棍子具有此功能。这就是对方法的一种图式预期。塞尔兹认为，相对于联结主义来讲，这是个进步，因为它强调方法并不是对刺激的简单反应，而是对问题情境和方法的一种认知或内部表征，即图式预期。

塞尔兹对问题解决方法进行了分类。一种是常规手段实现(routine means actualization)，指当手段能将设置的问题和问题解决方法相联系时，那么手段就是方法。这一般体现在处理日常问题上，利用以前的经验就能解决问题。另一种是手段抽象(means abstraction operations)操作，指不能用常规方法来解决问题时，只能寻找一种新方法。例如利用风筝将雷电从天上引下来。还有一种是直接手段抽象(immediate means abstractions)，指的是方法可以直接从任务本身获得，单词任务实验大多都属于这一类。

塞尔兹的理论并不被其他格式塔心理学家所欣赏。考夫卡认为，他的理论没有逃脱机械联想主义的路线，在许多地方塞尔兹将方法看做是问题本身就固有的，并且其所设置的问题为顿悟留下的空间较小，没有强调对问题元素之间关系的把握。

但是塞尔兹的理论却为现代认知心理学家所接受。纽厄尔(1958)和西蒙(1981)强调，塞尔兹的理论对于他们的计算机程序模拟思维过程有很大影响。

首先，塞尔兹的图式预期与逻辑理论家程序极为相似。1956年，纽厄尔和西蒙设计了逻辑理论家(logic Theorist，LT)。这一程序成功地证明了怀特海和罗素《数学原理》中的大部分定理，从而首次成功地模拟了人类解决复杂问题的思维活动。符号逻辑的证明有一系列的陈述，这些陈述是公理或者是以前证明过的定理，后面的陈述可以根据前面的一条或者是数条陈述按照一定的逻辑规则推算出来。逻辑理论家对符号逻辑的证明一般是运用一些特殊的方法(替换、分离、顺向连接和逆向连接)，通过四条逻辑规则(替换、取代、分离和演绎)来推理的。① 在利用LT解决逻辑证明题时，首先给它输入一些逻辑表达式，这些表达式是公理和已经证明的定理。然后给出另一些表达式，要求根据逻辑规则和已有的公理或定理证明这些表达式。LT通过尝试各种方法，试图找到证明这些问题的方法。如果一种方法不行，它就尝试用别的方法，直到找到证明的正确方法为止。这类似塞尔兹的

① A. Newell& H. A. Simon(1956). The logic theory machine. IRE Transactions on Information Theory，IT－2－(3)，pp. 61～79.

图式预期，在没有达到预期的目标前，个体会不断地试用一些方法，直到达到预期的目标。

其次，西蒙(1980a)认为，塞尔兹的手段抽象包括了现代所谓的手段—目的分析。手段—目的分析是人类解决问题的一个很重要的方法。概括地讲，即先有一个目标，它与人们当前的状态之间存在差异，人们认识到这个差异，就要找出某种活动来减少这个差异。换句话讲，就是将需要达到的问题的目标状态或总目标分成若干子目标，通过实现一系列的子目标最终达到总目标。纽厄尔、肖(Shaw)和西蒙(1958，1959)研究出的模拟人类解决问题的计算机程序——通用问题解决者(General Problem Solver，简称 GPS)，主要是依据手段—目的分析策略编写的。① GPS 程序能够比较现在的情况和目标情况，看到它们之间的不同点；从记忆中提取和不同点相联系的一个操作者；应用操作者，若在当前情境中不能应用，可建立新目标，创设条件使它可以利用。GPS 通过对问题空间的搜索来工作，利用手段—目的分析策略来一步步缩短当前状态与目标状态之间的距离，并最终达到目标状态。

一般来讲，西蒙、邓克尔以及塞尔兹是关于问题解决研究的奠基者，特别是塞尔兹的图式预期理论对西蒙和纽厄尔的计算机模拟的影响最为直接。西蒙认为，许多类似的理论在苛勒和其他格式塔心理学家著作中也能看见，不过，格式塔心理学家可能偏离了这个方向，因为他们信守顿悟是解决问题的方法。

2. 认知心理学对格式塔问题解决现象的解释

纽厄尔和西蒙是认知心理学建立问题解决理论的先驱。认知心理学家大多数是在他们所设定的框架下进行实验研究和理论建构的。纽厄尔和西蒙等对格式塔心理学的问题解决理论及其现象涉及较多，故本章在论述这一部分时着重探讨西蒙和纽厄尔等认知心理学先驱的主要观点。

(1) 西蒙对顿悟的解释。

格式塔心理学家塞尔兹对认知心理学的影响很大，但是像重新建构、顿悟等概念是否也能为认知心理学所接纳？格式塔心理学家米切尔·惠特海默对此提出异议，西蒙等对此作出了解释。

1985 年，米切尔·惠特海默批评西蒙等人的研究，指出他们用来解决逻辑、密码数学、棋盘及迷津问题的程序没有模拟重新建构的过程以及格式塔

① A. Newell, J. C. Shaw & H. A. Simon(1959). Report on a general problem solving program. In *Proceedings of the International Conference on Information Processing*. Unesco House, Paris. p. 23.

心理学所强调的顿悟。[1] 西蒙(1987)对此作出了回答,他认为像顿悟这样的词很难确定,但是为了建立一个完善的问题解决理论,必须阐明这种顿悟现象的心理机制。对于这个问题西蒙提出了三个重要观点:① 规划是顿悟的源泉;② 从一个新的角度来观察问题是导致顿悟的直接原因;③ 顿悟的本质是再认。西蒙认为,顿悟发生于我们很突然地得到一个解决问题的方法,而又不能解释这个方法是如何得到的时候。在这种情况下,"顿悟"实际上就是"再认"的同义词,这种再认的过程可以被计算机程序 EPAM(Elementary Perceiver and Memorizer)成功地模拟。[2] 惠特海默(1945)在《创造性思维》一书中讨论儿童求平行四边形面积时,通过重新建构平行四边形,然后从其一边砍去一个三角形粘到另一边,从而计算出平行四边形的面积。西蒙认为,儿童的顿悟涉及到再认一个三角形的能力,而这样的再认是可以由 EPAM-III 来模拟的。当一个刺激模式输入这一程序时,EPAM 程序就对它进行一系列的检验,最后将它纳入一个与其他刺激相匹配的辨别网络中,并用一个符号来表示这一模式,将识别的结果存在短时记忆中。这一识别过程与人的再认速度相当。既然顿悟可以理解为再认,而再认只能对人们十分熟悉的事物才能产生,因此顿悟必须依赖于记忆中存储的大量知识——既包括再认熟悉模式的知识,也包括再认线索的知识。例如,通过对国际象棋大师再认棋子结构能力的分析,西蒙等人认为至少有 50 000 个熟悉的棋子模式,当这些模式在棋盘上出现时,他们立刻就会注意到它们,并将他们准确地再认出来。由此,西蒙(1983)提出了创造性思维具有三个特点:① 愿意接受定义模糊的问题陈述;② 持续对某个问题作全神贯注的思考;③ 在相关的或潜在相关的领域具有广泛的知识。

此外米切尔·惠特海默还提出,格式塔心理学认为被试在解决问题时会产生一个关于问题元素的心理表征,或者是以视觉想象的形式在心理上类似地解决问题,特别在几何问题或邓克尔和梅耶等人需要用工具来解决的问题上表现尤为突出。西蒙对此指出,已经发展了一个 UNDERSTAND 程序,它首先对问题进行自然一语言(natural-language)解析,然后把这个解析转化成内部表征,这个内部表征可用 GPS 来解决,如,河内塔问题可以用此程序来进行解决。还有一些其他程序可以将言语表述转化成视觉画面,通过记忆中的图式来解决物理问题,如诺瓦克(Novak,1977)设计的 ISAAC

① M. Wertherimer(1985). A Gestalt perspective on computer simulations of cognitive processes. *Computers in Human Behavior*. No. 1, pp. 29~33.

② 朱新明、李亦菲著:《架设人与计算机的桥梁:西蒙的认知与管理心理学》,湖北教育出版社 1999 年版,第 197 页。

程序。

一般来讲，西蒙认为，许多与他们的问题解决理论有关的格式塔术语，如顿悟、重新建构、通过理解学习等都可以用计算机来模拟，他称它们是“非操作性构想”，是思维过程进行分析的副产品。不过，在1987年的一个学术会议上，他一再重申塞尔兹的研究及观点对自己影响较大。

（2）目标在问题解决中的作用。

在问题解决中，格式塔心理学家对于目标（goal）设置在问题解决中的作用都有探讨。苛勒在《人猿智慧》中所描述的黑猩猩在解决问题时有一定的目标确定性。无论在迂回实验还是在建筑实验中，黑猩猩首先确立的就是把香蕉拿到（当然我们不知道黑猩猩是如何想的），在概览了当前问题情境状态与目标状态后，在一阵踌躇后就会产生顿悟。惠特海默在《创造性思维》中指出，儿童在解决几何问题时，目标都是很明确的，如“求平行四边形的面积、证明对顶角相等”等，若内化为内部语言，则成为个体解决问题时所要达到的目标。邓克尔对问题的阐述更为明确，在肿瘤问题的口头报告分析中，发现被试总是根据问题设置总目标和分目标，随着分目标的解决最后达到总目标。塞尔兹提出的图式预期与现代认知心理学对问题的理解更为接近，在呈现目标刺激后，就会让被试形成关于方法的“图式预期”，从本质上来讲，它是一个关于此问题的目标意识，是对某问题总的认知或内部表征，它确立了寻求方法的方向。简而言之，塞尔兹强调根据目标分析问题，他直接提到了目标对于问题解决的重要意义。现代认知心理学中的问题解决理论更加强调目标的作用。

大多数认知心理学家认为，所有的问题都包含了三个基本成分：给定、目标和障碍。雷塔姆（Reitman，1964）从另一个角度将问题分为两大类：一类是清楚规定的问题，此类问题对给定的条件和目标均有清楚的说明；另一类是含糊规定的问题，此类问题对给定的条件和目标没有清楚的说明。对于这一类问题，一般就转化为具体说明目标的确切性质。安德森（Anderson，1980）指出了关于问题解决的三个基本特征：目的指向性、操作序列和认知操作等，认为问题解决是目的指向性的认知操作序列。[①] 纽厄尔（Newell）在1990的一本书中指出，目标被看做是统一的因素，有利于易化理论结构，无论是人类记忆还是问题解决，引进目标这个概念在理论上还是合理的。由此可见，信息加工的认知心理学已将目标纳入他们的问题解决理论

① J. R. Anderson（1980）. *Cognitive psychology and it's implication*. San Francisco: Freeman, p. 45.

中了。

(3) 口头报告法的应用。

口头报告法(verbal reports)作为一种研究思维过程的方法,受到格式塔心理学家的重视。口头报告法是指让被试在解决问题时说出自己头脑中所进行的一切活动,并予以记录和分析。惠特海默(1945)在他的遗著《创造性思维》中,主张用口头报告法来研究儿童的思维过程。他通过分析儿童解决平行四边形、对顶角等问题的口头报告分析,得出个体在问题解决中如何对问题元素进行重新建构才能产生顿悟,对问题解决的过程作了极为详尽的描述和解释。邓克尔在研究中也多次应用了这个方法,他通过对个体口头报告的资料进行分析后,得出解决这个问题需要13步,每一步设定的分目标以及总目标在口头报告中一览无余。

口头报告法作为研究思维过程的一种重要方法,与内省法较为类似,所以遭到行为主义者的批判。行为主义者认为,应该对个体在一系列思维过程中所表现出来的行为进行研究,而非口头报告出来的资料,因为这种资料是不可靠的,并且它不能提供量化的数据,缺乏客观性。苛勒(1929)在《格式塔心理学》中对内省法曾提出批评,①但是对于思维研究和问题解决中所采用的口头报告法没有提出异议。口头报告法和传统的内省法还是有所不同的,虽然都是报告自己头脑中的活动、形象或心理状态,但口头报告法关注的是要求被试说出他正在想什么或做什么,而不是要他来解释情境或思维过程,被试所报告的东西是当时他所注意的,并且是保持在短时记忆中的,因而也是可靠的。

现代认知心理学认为在研究思维和问题解决时,口头报告法(也称为出声思考法)仍是一个重要的方法。如要求被试把一系列数字加起来,传统的方法通常是要求被试给出什么答案,在多少时间内得到结果。但是这种传统的方法只能得到很少的信息——结果和时间。事实上,在被试的演算过程中所发生的不仅仅是这两件事,机体的状态会发生很多变化。如果我们想了解被试在这段时间内更多的情况,如他们进行了哪些活动、过程如何等,可以用口头报告法得到较为丰富的信息。认知心理学家从新的角度利用口头报告法,使心理学的研究水平大大提高,能够研究人类的初级信息加工过程、思维策略以及它们之间的关系。纽厄尔和西蒙在研究思维过程时也以口头报告法为手段,在他们的著作《人类问题解决》(1972)中,他们仔细描述了在解决逻辑、棋盘、密码数字问题时的思维过程。研究还发现,被试

① 苛勒著,李媚媚译:《完形心理学》,桂冠图书股份有限公司1998年版,第45~67页。

在口头报告时并不影响思维的正常进行。埃里克松(Ericsson)和西蒙(1980)在文章《口头报告资料》中指出,在特定时间内简单地报告"正在想什么"不会干扰问题解决本身,但是与那些不出声思考的被试相比,出声思考的被试成绩在一定程度上会明显下降。如果被试被迫描述一般不会注意到的信息,就会干扰问题解决的过程;而且,当要求被试不去回忆思维过程,而去回忆影响思维过程的因素时,被试不能精确地解决问题。由此可见,在收集口头报告资料时,主要的一点是要收集特定时间内被试在短时记忆中的数据。

西蒙在 1986 年《人类的认知》一书中指出,对口头报告的资料进行分析时要尽量客观化。在书中他详细地指出了口语记录的几种分析技术,[①]并且指出,分析口语报告可以借助于计算机的帮助,甚至可以完全依靠计算机来进行。沃特曼(D. A. Waterman)和纽厄尔已经编制了一个半自动化的口语分析程序 SAPA(Semi-Automatic Protocol Analysis),它是计算机和人的分析相互补充的一个程序。通过这样客观性的分析,从而保证口语报告法的客观性。西蒙认为,口语记录尚未被心理学家普遍接受,但是它可能是获得关于人的复杂心理活动知识的非常重要的方法。

通过探讨格式塔心理学关于问题解决的观点与认知心理学的问题解决理论的内在联系,我们发现,关于问题解决的研究,格式塔心理学是向认知道路上发展的,通过探讨目标、图式以及对寻找目标或图式的重新建构,应用口头报告法来研究这些认知实体,预示了现代认知心理学所要走上的道路。

第四节　格式塔心理学与认知心理学关系的进一步论证

不少学者认为,现代认知心理学的产生和发展受到了格式塔心理学的影响。里柏(Rieber)在《心理学:理论和历史观》中指出:"格式塔心理学所做

① 司马贺著,荆其诚、张厚粲译:《人类的认知:思维的信息加工理论》,科学出版社 1986 年版,第 84～89 页。

出的贡献，认知心理学不应该忽视……”[①]巴克斯顿(Buxton)在《现代心理学史的主要观点》中也指出：“格式塔心理学对认知心理学的影响很大，特别是邓克尔和塞尔兹的理论……”[②]在本章中我们也从知觉、记忆和问题解决方面进行了综述和剖析。鉴于格式塔心理学对现代认知心理学的重要作用，许多学者将格式塔学派看做是现代认知心理学的先驱。如维蒂格(Wittig)在《心理学导论》中指出：“格式塔心理学关于知觉、思维、问题解决等方面的观点在认知心理学那里获得了发展……可以认为它是认知心理学产生和发展的先驱……”[③]鲍尔等人在《学习论：学习活动的规律探索》中明确指出，格式塔心理学家是认知心理学家的元祖。格式塔学派对认知心理学的产生和发展有很大的促进作用，我们认为主要表现在以下几个方面。

一、一些实验成为认知心理学的重要组成部分

格式塔学派的一些实验及其思想观点构成了现代认知心理产生与发展的基础，有些已经成为现代认知心理学的基本观点和重要组成部分。

第一，知觉方面。知觉领域是格式塔学派最重要而又最有贡献的部分。格式塔学派对于知觉领域发展所产生的影响要比其他任何学派更大。传统心理学认为知觉是点与点之间的对应，即特定刺激和感觉之间的对应。格式塔心理学对此提出质疑和批评，认为传统的心理学过多地强调过去经验的作用，并陷入了原子主义和机械论的误区，重元素分析而忽视整体。因而他们提出了自己关于知觉的观点。认为人们采用直接而统一的方式把事物知觉为统一的整体，而非知觉为一群个别的物体。随后他们又总结为图形—背景关系、接近、相似、闭合、完形趋向等多项组织原则。他们的知觉观体现了整体观以及知觉过程是主动的、积极的观点。格式塔学派关于知觉的深入而又卓有成效的研究成为知觉心理学理论中最为重要的部分，深深地影响着现代认知心理学关于知觉理论的建构。

现代认知心理学认为，知觉是个体对刺激信息的组织和解释，也是获得感觉信息意义的过程，这个过程是积极的、主动的、有选择的。知觉活动不仅依赖于刺激物的物理性质，而且依赖于知觉者本身的特点，这与格式塔心理学的知觉观是十分相近的。在涉及知觉过程的整体、局部加工问题上，格

① R. W. Rieber(1980). *Psychology: Theoreticaland historical perspectives*. Academic Press. pp. 178～189.

② C. E. Buxton(1985). *Points of view in the modern history of psychology*. pp. 281～284.

③ A. F. Wittig(1977). *Introduction to psychology*. McGram-Hill, Inc. p. 15.

式塔心理学认为，整体大于部分之和，整体决定部分的知觉，整体是在部分之前被知觉的。认知心理学家纳冯(Navon，1977，1981)对此进行了一系列验证性的实验。1977 年他进行的一项实验结果表明，个体对总体特征的知觉快于对局部特征的知觉，而且当个体有意识地去注意总体特征时，知觉加工不受局部特征的影响。但当人注意看局部特征时，他不能不先知觉总体特征。这意味着总体特征是先于局部特征被知觉的，总体加工是处于局部分析之前的一个必要的知觉阶段。纳冯将这种知觉加工的顺序称为总体特征优先。在他看来，知觉过程始于总体的组织，然后才是对局部特征的分析。也就是说知觉总是从整体到部分的，后来纳冯(1985)指出，总体优先效应的存在乃至大小是依赖一定因素的，其中最重要的因素是刺激的视角大小和图像的位置。纳冯的研究引起了人们的关注，心理学家金奇洛、沃尔费和霍夫曼(Kinchla and Wolfe，1979；Hoffman，1980)做了类似的实验，提出了不同的解释。从这里可以看出，由格式塔心理学提出的整体与部分的知觉问题，仍然是当前知觉研究的核心之一。

认知心理学在知觉问题中研究最多的是模式识别问题。模式识别是指将感觉信息与长时记忆中的有关信息进行比较，再决定它与长时记忆中的哪个项目有着最佳匹配。模式识别与情境有密切关系，即一个模式常常不是孤立地出现，而是处于与其他模式或刺激的相互联系之中，因此情境的作用也是至关重要的。研究表明，识别一个字词中字母的正确率要高于识别一个单独的同一字母；识别一个"客体"图形中的线段要优于识别结构不严的图形中的同一线段或单独的该线段；识别一个完整的图形要优于识别图形的一个部分。这些都表明情境(整体的结构)在模式识别中所起的有利作用。这些方面的研究，格式塔心理学早在 20 世纪三四十年代已经有所涉及。

第二，记忆方面。格式塔心理学家以研究知觉起家，记忆方面的研究几乎无一例外地体现了知觉研究的一些规律性原则。格式塔心理学家关于记忆方面所做的实验及其观点尽管不多，但是预见了现代认知心理学关于记忆领域的主要研究思路和方向。格式塔心理学强调刺激所在的情境对回忆的影响；他们首次进行记忆中组织因素的研究，强调组织因素的作用并提出了组织策略；他们研究了刺激特异性对识记的作用；冯·雷斯托夫提出了著名的隔离效应，并做出一系列精巧的实验来进行验证；考夫卡强调自我的作用；他们对前摄抑制、后摄抑制、近因效应和首因效应等加以探索和解释。这些方面在现代认知心理学中也是十分注重并着力研究的。

记忆是认知心理学十分感兴趣的一个研究领域。20 世纪 50 年代以前的记忆研究大多是沿着艾宾浩斯的方向进行的，主要研究的是长时记忆。50年代到70年代左右，短时记忆成为记忆研究的一个中心课题。认知心理学家对它进行了大量的探索，关于短时记忆的容量、编码和遗忘等方面取得了许多有意义的成果。70年代后，长时记忆重新成为研究的重点，与传统的思维相比，认知心理学对长时记忆的研究有两个鲜明的特点：一是他们不再将长时记忆看做单一的而是对它采取分析的观点，认为长时记忆可分为不同的类型或系统，如情景记忆和语义记忆等；二是他们着眼于长时记忆的内部加工过程、重点信息的内部表征和组织，而不局限于研究各种外部因素的作用，并且提出各种各样的模型。在这些记忆研究中，认知心理学家所做的一些实验研究及观点与格式塔心理学记忆观点极为类似，甚至有些观点是在格式塔心理学研究的基础上进行的深化和拓展。如，认知心理学对场合的强调，可以说是格式塔心理学重视情境作用的进一步细化；认知心理学家重视组织在记忆中的重要作用并提出了各种组织策略，这与格式塔心理学的观点极为相似；关于刺激的特异性，认知心理学家也进行了不少研究；对于遗忘，认知心理学家探讨了短时记忆的遗忘、前摄抑制、后摄抑制、近因效应、首因效应等，这些方面在格式塔心理学中也有充分的体现；考夫卡关于自我的论述对当前认知心理学所研究的内隐记忆有一定的解释。

第三，问题解决和思维研究方面。这一领域的开创性探索是格式塔心理学一个引人注目的地方。他们提出的顿悟理论与行为主义的试误说针锋相对，成为问题解决和学习理论的重要组成部分。他们有关问题解决的基本观点成为现代认知心理学研究的基础和热点。如格式塔心理学对重新建构、重新组织的重视，实质上强调对呈现的问题进行心理表征，用信息加工认知心理学术语来解释，就是问题解决者将该问题的有关特征进行编码加工以构建问题空间。人的知识经验、问题本身的提法等都影响到问题解决者对所呈现问题的内部表征。问题解决者对此问题形式的表征适宜与否对问题解决有重大的直接影响。塞尔兹的“图式预期”实际上也是对问题的一种心理表征。

对于格式塔心理学中的顿悟、重新建构现象，西蒙认为都可以用计算机程序来加以模拟。纽厄尔甚至认为，“GPS程序是邓克尔问题解决理论的一个实例……邓克尔的问题解决理论是信息加工问题解决理论的先驱……”①纽厄尔和西蒙的计算机信息加工模型把问题解决当成了一个特定问题空间

① A. Newell& H. A. Simon(1956). The logic theory machine. IEE Transactions on Information Theory, IT-2-(3), p. 12. pp. 61~79.

内在可能的解决方法中的一种目标驱动的搜索。这项研究通过把所给的问题分解成子目标来解决密码数学问题的人工智能方案,这正是邓克尔著作中的思想。尽管有了这些成就,但认知心理学的计算机刺激仍然不能完全说明问题解决中理解和顿悟的作用。正如埃里克松(Ericsson Poison)等指出的那样:惠特海默清晰描述的许多例子仍然只能被部分地理解,那些希望了解潜藏在人类高级智能成就下的心理机器的认知学家仍然面临巨大的挑战。

二、促进了行为主义向认知方面的转化

格式塔学派重视对个体的内部高级心理过程的研究,促进了行为主义向认知方面的转化,为认知心理学重新将内部认知过程恢复为心理学对象创造了有利条件。

自 19 世纪末叶冯特建立科学心理学开始,心理学曾在一段较长时期内将意识作为研究对象。冯特和铁钦纳的观点产生过广泛的影响,他们主张研究意识,心理学的任务是用实验内省法对心理内容或直接经验作元素分析。到 20 世纪初期,出现了格式塔学派,反对冯特的元素主义和铁钦纳的构造主义,强调心理活动的整体性。与此同时,在美国出现了行为主义学派,声势浩大,一度统治了美国心理学界,以华生为代表的行为主义者否定意识和心理活动,主张研究人的外显行为,完全把"认知"排除在心理学之外。随着心理学的发展,行为主义者这种否定意识的倾向越来越受到众多学者特别是格式塔学派的强烈批判。因此许多新行为主义者设法改良行为主义,在意识问题上作出不同程度的退让,其中最先企图解决早期行为主义理论所存在问题的是托尔曼。

托尔曼在建立他的理论体系时,受到了多种心理学思想的影响,除华生的行为主义,他还吸收了格式塔心理学(曾跟随考夫卡学习)、勒温的场理论等思想观点。格式塔学派在承认外在环境的同时,强调意识心理等中介作用和整体研究,这一观点为托尔曼所继承。他综合行为主义和格式塔心理学的观点,形成了一种符号—格式塔模式的学习理论,强调研究整体的行为,重视刺激—反应间的中介变量,即认知的重要作用。他提出了期待、认知地图等概念。他认为,有机体为了达到未来的目标,会表现出有所期待的内部状态。只有对即将到来的目标建立起"认知上的期待",有机体对不同的目标才会显示出不同强度的要求。各种不同的期待会形成个体的全部经验,构成了某种互相联系着的关于周围世界的知识系统,托尔曼称之为认知

地图。托尔曼是将认知和行为主义联系起来的第一人，使得其他行为主义者能够客观地面对人的内部认识过程，从而推动了行为主义向认知方向的发展，由此他被认为是认知心理学的开山始祖。可以说，格式塔心理学的传播在心理学内部削弱了行为主义，为把意识重新作为研究对象创造了内部条件。

三、两者都强调对认知过程进行综合整体研究

冯特作为科学心理学的创立者，一开始就将心理学的研究对象——“直接经验”分解为各种感觉元素，他认为分解得越精细就越接近科学研究的目标。在他看来，心理（意识）是可以也是必须进行分析的。心理被分析到最终的、不可分解的部分，便是构成心理的元素。作为构造主义的继承人，铁钦纳将元素分析发挥到了极致。他认为应该将意识经验分析为三个基本元素，即感觉、情感和意向，并对意识元素进行了频繁的分析，最终成为一个元素主义者。此后，以华生和斯金纳为代表的行为主义兴起，倡导心理学家应该从对意识转向对行为的研究，将心理现象统统还原为刺激—反应模式或物理的术语，认为个体行为的差异来源于刺激—反应之间的联结。

几乎与行为主义同时诞生的格式塔心理学，强烈反对冯特元素主义和铁钦纳构造主义将心理现象进行机械的分割，也反对行为主义对行为刺激—反应的机械联结。格式塔心理学强调经验和行为的整体性，认为整体大于部分之和，主张从整体的动力结构观来研究心理现象。现代认知心理学受格式塔心理学整体观的影响，强调对人的认知过程进行整体的综合分析。

现代认知心理学家认为，各种认知活动之间是相互作用有机地联系在一起的，是一个统一的整体。要理解一种心理过程，必须对所有传统的认知过程——感觉、知觉、记忆和思维进行全面的描述。也就是说，要将认知过程当做一种连续系统来对待。如哈伯所说：“必须把感觉、知觉、记忆和思维置于认知活动连续系统中加以研究。它们相互依存而不可分割……思维过程的阐明必须从知觉行为开始。”①

现代认知心理学强调认知过程整体性的另一含义是：在研究人的认知过程时，特别突出情境的重要作用。这也是格式塔心理学强调的。这种情

① R. N. Haber(Ed.)(1969). *Information-processing approaches to visual perception*. New York: Holt, Rinehart and Winston, Inc., p. 1.

境包括人脑中原有的知识之间、原有知识与当前的认知对象之间的关系。例如在研究记忆时，不仅考虑到记忆材料本身对记忆的影响，而且还要考虑到各种前后关系对记忆的影响；在知觉研究中，结构优势效应强调了整体结构在模式识别中所起的重要作用。

四、两者都强调个体认知活动的积极性和主动性

盛行于美国的行为主义把意识排除在研究之外，强调刺激—反应的机械联结，人处于被动的地位，成为环境支配的奴隶。对此格式塔心理学大加反对，它强调人行为内部机制的重要作用，提出了各种知觉组织原则来解释知觉、学习、记忆和思维等认识过程，注重人们对感觉信息输入组织和解释的主动性，强调认知活动的积极性和能动性，重视大脑内的知觉和思维等主观心理因素对当前认知任务的影响作用，这些都成为现代认知心理学的基本观点。现代认知心理学考虑到信息的获得、加工和已有的经验的联系，强调策略因素，认为在与环境的相互作用中，人总是利用过去的经验，使用一定的策略来获得和加工信息。这体现了人类智慧的重要特征——主观能动性。这与格式塔学派的观点不谋而合。在知觉研究中，认知心理学家认为知觉是一种主动的和富有选择性的过程；在研究记忆时，认知心理学家认为组块化是一个很重要的概念，组块是个体利用贮存在长时记忆中的知识对进入短时记忆的信息加以组织加工，使之成为个体熟悉的有意义的较大单位。组块化是个体对刺激进行主动加工的过程。在问题解决中，当呈现问题时，个体会对初始问题进行理解和表征，形成问题空间，然后通过对问题空间的搜索找到一条从问题的初始状态达到目标状态的通路。

五、两者都强调既要定量研究同时也要定性研究

自心理学成为一门独立的科学以来，在研究方法上就一直存在定量与定性研究之争。所谓定量研究是指通过对事物可以量化部分的测量、分析来把握事物，结果以数字方式呈现；定性研究是指通过深入的体验、调查和分析而获得对事物的认识。很长一段时间内，在实证主义影响下，心理学研究中存在着客观主义思想倾向，它采用物理学的模式、自然科学的方法来研究心理现象，着重用定量或实验的研究。定量研究在心理学研究中处于统治地位。这种研究曾给心理学的发展带来生机，无疑是历史的进步。然而面对纷繁复杂的心理世界，极端的客观主义倾向、传统单一的定量研究又使

心理研究捉襟见肘。其主要不足在于:一是脱离实际。从事定量研究的心理学家大都沉溺于一个狭小的领域,只单纯地考察个别心理现象的某一方面,完整的心理现象被分割成互不相连的“碎片”,不能从整体上把握人的心理。二是缩小了研究范围。对情绪、意志、人格等一些心理现象的研究显得力不从心。20 世纪 70 年代以后,一直受到压制的定性研究重新得以发掘和充实。它以解释学、现象学为方法论基础,强调对心理现象进行整体分析,提出以整体观为前提来理解心理活动有关组成部分之间的关系。格式塔心理学的研究就充分体现了这种思路。

格式塔心理学家以现象学方法论为基础,在心理学的研究方法问题上既不反对构造主义所强调的内省法,也不反对行为主义所倚重的客观观察法,认为这两种方法都是心理学的基本研究方法。格式塔心理学家在研究时贯彻现象学的方法要求,强调对在特定时间内主体所观察到的直接经验材料不加任何粉饰,力求如实而详尽地进行描述;强调对经验材料进行质的分析,反对盲目地照搬自然科学的量的方法;强调经验和行为的整体性,反对元素分析和刺激—反应模式,并将整体性原则应用到实际的心理学研究中去。在研究知觉、记忆时,他们设计了不少实验对知觉、记忆现象进行客观实验研究,但同时对直接经验进行丰富而朴素的现象学分析。

认知心理学既继承了实验心理学定量研究的传统,吸收了计算机科学的研究成果,又充分吸收了格式塔心理学以现象学为基础的研究范式,由此形成了一套比较完整的研究方法——实验、模拟、理论分析相结合的研究方法。在实际的研究过程中,研究者根据课题和设备条件的不同灵活掌握和运用这些方法。例如可以将口头报告所得到的资料编成计算机程序进行模拟比较。这种研究充分反映了定性研究与定量研究、宏观研究与微观研究相结合的特点。然而,格式塔心理学和信息加工的认知心理学毕竟是取向不同的两种心理学派别,两者在很多观点上是有分歧的,主要体现在以下几个方面:

第一,强调的重点、体现的特点不同。格式塔心理学更多地是体现了一种整体的动力观,它强调经验和行为的整体性,并在知觉、记忆和思维研究中贯穿这一点。而信息加工的认知心理学实际上还是元素分析的研究思路,他们认为复杂的心理现象总要分解成最基本的部分才能进行研究。

第二,两者都强调过去经验对行为和认知活动的重要作用,但强调的侧重点不同。格式塔心理学承认过去经验的作用,但更多的是看重过去经验对行为和认知活动的消极作用。沃尔夫在研究记忆痕迹时,一再强调记忆痕迹对新近记忆痕迹的干扰;冯·雷斯托夫关于后摄抑制、前摄抑制的研究也体现了过去经验的干扰作用。在问题解决研究中，格式塔心理学家一再强调定势和功能固着是问题解决的障碍，定势和功能固着主要是被试受过去经验的影响，而不能找到解决问题的正确方法造成的。他们一致认为，在问题解决过程中，如果对问题情境进行重新组织，就会产生顿悟，进行创造性思维并不依赖于过去经验。惠特海默强调解决问题的方法需要"结构的重新组织"，他也贬低过去经验的积极作用。他指出："我强调……孩子对问题进行合理思考——不需要先前的经验。"

而现代认知心理学则是强调过去经验的积极作用。他们认为，已有的经验和结构对人的行为和当前的认知活动具有重要作用。例如，在知觉研究中，他们认为知觉不仅依赖于来自环境的信息，而且也取决于知觉者自身的信息，后者主要是指人们已具有的知识。记忆中的组块实际上是一种对信息的组织和再编码，人利用贮存在长时记忆中的知识对进入短时记忆的信息加以组织，使之构成人熟悉的有意义的较大单位。在问题解决中对问题进行表征时，要利用问题包含的信息和已贮存的信息主动地来构成它，人的知识经验影响问题空间的构成。

第三，在研究方法上，信息加工的认知心理学更为注重客观实验方法。格式塔心理学家由于过分依赖现象学方法，他们所进行的实验人为的因素较多，缺乏严格的控制条件，没有作出定量分析和统计处理，别人很难进行重复验证。他们往往从某些相当抽象的、涉及知觉和思维的性质以及心理经验的结构开始，然后依据这些新颖的概念着力于解释观察资料，进行引人注目的演示，以表明他们的理论所涉及的所谓组织力的作用，他们最欣赏的还是定性研究方法。而现代认知心理学一方面承袭行为主义客观主义的研究方法，成为现代实验心理学的主流；另一方面受到格式塔心理学整体观、现象学研究原则的影响，并与计算机模拟有机结合，开辟了心理学研究的新途径。

库博维和波梅兰茨在他们编著的《知觉组织化》一书中用拟人手法对格式塔作了如下评价："在行为主义的全盛时代，有少数认知心理学家在倾慕格式塔现象。但如今，认知心理学已与信息处理学结下良缘(有人说是政治婚姻)。婚后，认知心理学家在理论上马上变为老态龙钟的行为主义。认知心理学的主流很少接触格式塔现象。在这种情况下，认知心理学的初恋对象格式塔，又重新燃起强烈的欲望，另觅豆蔻年华的新欢。"[①]20 世纪三四十

① 野口薰著，曲翰章译：《格式塔心理学的知觉研究》，《国外社会科学》，1986 年第 3 期，第 30～33 页。

年代对行为主义造成强大冲击的格式塔心理学已经完成了它的历史使命，渐渐退出当代的心理学舞台，但其对其它心理学流派的影响却是深远而持久的。格式塔心理学最大的贡献在于行为主义盛行之时坚持研究个体的知觉、记忆和思维等认知过程，在认知心理学产生之前开创了认知研究的方向，为认知心理学的兴起和发展作了有力的铺垫，它对现代认知心理学的产生和发展的潜在影响是巨大而毋庸置疑的。

第五节　认知联结主义、认知神经科学与格式塔心理学

一、认知联结主义与格式塔心理学

随着心理学的深入发展，认知心理学的研究模式发生了巨大变化，以符号定向为信息加工模式的认知心理学渐渐受到联结主义模式的冲击。1981年，欣顿（G. Hindon）和安德森（J. A. Anderson）主编出版的《联想记忆的并行模型》一书，是认知心理学联结主义取向兴起的标志。

联结主义也被称作是网络的研究范式，它的指导性隐喻和灵感主要来自大脑和神经系统。它的目标不是建立脑活动的模型，而是以类似于脑的神经网络的系统建立认知活动的模型。联结主义不是把认知解释成为符号运算，而是将其看成网络的整体活动。网络是个动态的系统，它由类似于神经元的基本单元或结点所构成。单元相互联结在一起，联结是加权的联结，权值为正时是兴奋性联结，权值为负时是抑制性联结。每个单元都有不同的活性，它既可以兴奋和抑制其他单元，又可以受到其他单元的兴奋和抑制。当网络一有初始的输入，其兴奋和抑制便在其单元之间扩散，直到形成一个稳定的状态。在联结主义看来，心理表征就在于网络突现的整体状态和对象世界的特征相一致。网络的信息加工不同于符号的串行加工，而是网络的并行加工。

由此可见，联结主义认知心理学赋予网络以核心地位，采用分布表征和并行加工的理论，注重网络加工的数学基础。它强调神经网络的整体活动，把神经网络看成是一个动态的系统，实际上就是强调认知系统的整体活动，

是整体特征的突现,突现的整体状态表征着世界的特征。这和格式塔心理学所强调的整体思想有异曲同工之处,因此,“格式塔心理学对联结主义理论的形成也有一定的影响,联结主义从格式塔心理学中接受了整体性的思想,因而在其主张中明确强调神经元的整体活动”①。

二、认知神经科学与格式塔心理学

认知神经科学(Cognitive Neuroscience)这一学科名称诞生于20世纪70年代后期,该学科是认知科学与神经科学相互结合,于90年代得到国际学术界公认的一门新兴学科,被认为是21世纪最有发展前景的自然科学前沿研究领域。它的基本研究命题是人类意识和智能的脑机制,研究人类大脑如何调用各个层次上的组件,包括分子、细胞、脑组织区和全脑去实现自己的认知活动。其研究范围包括知觉、注意、记忆、动作、语言、推理和思考乃至意识在内的各个层次和方面的人类的认知和智力活动。

当代认知神经科学的研究主要包括三个层面:一是个体行为或心理活动神经机制的研究,包括动物行为模型的神经生理学或神经生物学研究,人体行为缺陷或心理机能障碍的临床观察、神经病学或神经心理学研究,以及正常人认知行为的无创性脑成像研究等;二是关于认知行为的心理学原理或理论寻求其生理机制或生物学基础方面佐证的研究,此类研究在已有心理学理论框架下进行,其研究结果或支持、或辩驳、或修正某些心理学理论,或为解决某些理论争议提供实验证据;三是基于神经系统活动机理或大脑功能神经机制的研究,从中获得启示继而构建认知行为机制心理学模型的理论创新型研究。

综上所述,从认知神经科学的发展过程和研究内容上看,有些研究和思想与格式塔心理学很相近,主要表现在以下几个方面:

(1)从研究命题上看两者都涉及到认知活动的脑机制。认知神经科学主要是利用已有的和新发现的各种多学科的高新技术,如微电子学和计算机技术,以及断层摄影(CT)、核磁共振(NMR)和正电子发射断层摄影(PET)等计算机辅助的无伤性脑成像技术等,从分子、细胞、突触、回路、系统、行为多层次水平上进一步揭示脑的工作原理和工作方式,了解人类认知、思维、感觉、运动、情感、情绪等行为的细胞和分子机制,从而为揭示人类的智能、控制人类的情感和深入人类意识活动本质提供策略和措施。而格

① 贾林祥:《新联结主义产生的心理学背景》,《心理科学》,2004年27卷第1期,第142页。

式塔心理学家在研究直接经验和行为的同时，也重视探讨心理现象的生理机制，在这方面格式塔心理学家试图证实一个总的假设：即大脑皮质区也是按照类似于完形原理而进行活动的。也就是说，人的每一个知觉过程中，人脑内都会产生一种与物理刺激构造精确对应的皮质“图画”，这就是同型论。绝大部分格式塔心理学家都信奉“同型论”，他们认为人的生理历程与人的心理历程在结构的形式方面是完全等同的。知觉经验的空间秩序在结构或形式上与大脑生理过程分布的机能秩序是同一的，具有对应的整体性（格式塔性）。如人知觉灰色背景上的白色圆形，是由于人脑中也存在一个具有圆形的相应区域，一些强有力的电荷沿着这个圆形的轮廓不断运动，与灰色的背景相适应的是环绕这个轮廓区域的一个电荷较弱的场。总而言之，格式塔心理学倡导一种现象上的实在论，支持现象经验和心理存在功能上的可比性。这种观点与认知神经学现在的研究趋势相一致，认知神经领域研究认知功能与神经过程的联系，这种方式与经典的格式塔心物同型的知觉研究相同。

（2）认知神经科学采纳了格式塔心理学所坚持的整体论思想。斯佩欧曼（Spillman）和埃伦施泰因（Ehrenstein）指出，神经网络中分布加工和整体信息交换的研究使一些学者对整体取向（如格式塔心理学）产生兴趣。在这一点上认知神经科学受格式塔心理学的影响很大，如在知觉研究中，一些认知神经科学家接纳了格式塔心理学者的观点，认为看视觉现场时所得到的知觉表象，不应仅仅被分解为知觉的诸元素，例如大小、颜色、光亮、运动和形状等。相反知觉的全部超过部分之和，人所觉察到的映像的其一个方面，例如它的形状或颜色，决定于相关环境中的那种图像。“格式塔心理学家使我们懂得，重要的是不仅需要了解所觉察到的各种元素的物理特征，而是要了解脑如何重建外部世界，以便创建一个与外部世界高度符合的内在代理。”①

（3）认知神经科学在探究“精神与大脑的关系”时，力求采取“自上而下”的分析途径，而不是“自下而上”的还原论方法，这和格式塔心理学的研究思路不谋而合。格式塔心理学家认为是有组织的脑活动支配我们的知觉而非进入脑活动的刺激，因此整体比部分更重要，所以分析应该从整体到部分而非从部分到整体。认知神经科学力争研究思想和研究范式的创新，认识到通过脑认知成像技术所观察到的乃是伴随心理现象而发生的脑神经生理活动。仅凭这些生理活动难以区分复杂而丰富的精神活动的特异性，因此现

① 陈宜张：《21世纪的神经科学》，《同济大学学报》（医学版），2007年第28卷第[illegible]期，第2页。

今认知神经科学的研究尚不能用来寻求心理现象的因果解释，众多研究只是揭示心理现象与脑神经活动的相关关系。在认知神经科学的研究热潮中，认知神经心理学研究者力求采取“自上而下”的研究方法，以免丧失心理学研究的主体性，避免进入将心理现象还原为生理现象的盲区。

第八章

格式塔心理学的历史功过

格式塔心理学的产生以康德的先验论、胡塞尔的现象学等理论为其哲学基础，试图用场论解释心理现象及其机制问题，认为一切心理现象中整体都不可分析为元素，整体先于部分且大于部分之和，并决定着部分的性质。在心物和心身关系问题上，他们提出了同型论，认为心身是可以相互作用的，心理、生理、物理现象之间是同型的。对知觉的研究是格式塔心理学的起点和早期研究的重点，也是比较成功和有特色的部分。格式塔知觉组织原则描述了我们如何组织某些刺激，以及如何以一定的方式构造或解释视野中的某些刺激变量。学习理论也是格式塔心理学重要的组成部分，苛勒通过对黑猩猩的学习进行的实验研究指出，学习是一种体现智慧的顿悟过程，需要有理解、领会与思维等认识活动的参与，并非是一种尝试错误的过程。顿悟可促进迁移，而且这种迁移是结构、关系、整体格式塔的迁移，而非像桑代克所说的是特殊因素的迁移。惠特海默在对创造性思维进行长期研究的基础上提出，对情境、目的和解决问题的途径等各方面的相互关系产生新的理解是创造性地解决问题的根本要素，创造性思维就是打破旧的格式塔而发现新的格式塔的过程。勒温的拓扑心理学就其本质而言体现了格式塔心理学的整体论原则，但他更偏重对人格和需要系统的研究，关注行为的动力系统。他吸收了物理学中场论的思想，对心理紧张系统、人的生活空间等进行了拓扑学和向量学的分析，形成了心理场论的思想。这些对个体论述的概念和原理，为团体动力学的研究提供了理论基础。从整体论的观点出发，勒温对团体的价值、团体内聚力、领导方式、团体气氛等诸多问题进行了实验研究，对实验社会心理学的发展产生了广泛而深远的影响。海德的认知平衡理论、费斯汀格的认知失调理论和卡特莱特的社会权力场论，都是在勒温的影响下发展出的认知社会心理学理论。诚如已故心理学史家杨清所言："格式塔学派是一个内容较为复杂，体系较为严整，立论较为严密，影响较为广阔，极富迷惑力的心理学派别。”①

第一节　格式塔心理学的贡献与影响

吉尔根曾指出：“从欧洲移居美国的心理学家中，对美国心理学贡献最大的是苛勒和惠特海默，他们是格式塔心理学的两位重要奠基人。”②这一评价中肯而恰当。惠特海默被认为是 1910 年—1915 年间世界上最有影响力的心理学家之一，值得一提的是，直到 20 世纪 40 年代最起码还有一位主要的格式塔心理学家处于前五位最有影响力的人物之列，只是到了 50 年代，他们的位次才有所下降。尽管如此，苛勒本人还在 1959 年当选为美国心理学会主席。美国心理学家维利认为格式塔心理学的理论研究、争论对心理学的发展表现出了强劲持久的影响，主要表现在：(1) 在格式塔理论影响下，心理学工作者开始有条不紊地、系统地研究动机、人格和社会心理学问题；(2) 格式塔心理学的一些概念及研究成果已成为当今心理学体系中极富生命力的组成部分；(3) 格式塔学派的理论探索也成为其他学派前进中强有力的刺激，经常促使其对已有理论进行一些必要的修正。③

格式塔心理学对心理学发展的贡献及其影响大致可归纳为以下几大方面。

一、开辟整体研究之先河

冯特的元素分析论在科学心理学诞生的初期产生了很大的影响。冯特坚持对心理现象进行分解，探究其结构和组成，冯特的弟子铁钦纳更将这一研究思路推向了极致。冯特的元素论或曰“心理化学”为哲学心理学采取当时生理学、物理学等自然科学的研究原则和研究手段扫清了一些障碍，为心

① 杨清著：《现代西方心理主要流派》，辽宁人民出版社 1980 年版，第 329 页。

② 吉尔根著，刘力译：《当代美国心理学》，社会科学文献出版社 1992 年版，第 556 页。

③ Viney, A. W. (1993). *A history of psychology: ideas and context*. Boston: Allyn & Bacon. p. 364.

理学的科学化进程做出了卓越的贡献。然而,这种“以方法为中心”的研究倾向从一开始就受到许多学者的批判。

德国哲学家、心理学家狄尔泰反对各种原子论心理学,倡导以整体性的视角来研究各种心理现象。在他看来,作为认识论基础的心理学,不是立足于心理生命的某些元素,而是立足于心理生命之整体。他认为心理生命是一个统一体:“心理生命不是其组成部分的汇集”,它不是若干元素构成的,“它本来是而且始终是综合的统一体”。① 现象学的创立者胡塞尔对狄尔泰的整体观及其对心理学自然科学研究模式的非难深表赞同。现象学注重整体分析的方法,高举整体主义的大旗,“整体主义探讨的是整体的人、人的整体人格、人的心理与行为的整体性,反对将其分割或分析为一些碎片。整体论排斥元素分析式的研究,强调有机的整体和整体的结构”。② 美国机能主义心理学也极力反对冯特和铁钦纳等人的元素分析,主张在经验的前后关系(context)中研究意识的内容。詹姆斯对意识的整体性的强调及杜威将反射弧和心理活动看成是一个连续整体的观点便是例证。受胡塞尔现象学影响至深的格式塔心理学更是义无反顾地以整体主义反对原子论立场。格式塔心理学家强调经验与行为的整体性,主张以整体的动力结构观来研究心理现象,认为整体先于且不等于并大于部分之和。他们视冯特等人的心理学是“砖块与灰泥的心理学”,意即用联想过程的灰泥把心理元素之砖块粘合起来。他们对元素主义的“捆束假设”和“恒定假设”进行了反击:“捆束假设”即把经验人为地分析成不真实的感觉、情感、意象等元素,然后将其捆绑在一起,粘合成不真实的捆束物或混合物。他们认为将整体分解为元素不仅是人为的,而且是无意义的,并且即使有所谓元素的存在,也并不意味着将它们勉强捆绑起来就成为整体的经验。“恒定假设”是指刺激和反应之间具有固定的一对一的关系,格式塔心理学常以知觉的恒常性来批驳这一学说,认为此学说过于机械且与事实不符。他们指出冯特等人的原子论将意识人为地分析为支离破碎的元素,并无视价值在意识中的作用等,是过于机械绝对和难以自圆其说的。

格式塔理论作为心理学中为数不多的理性主义的范式之一,其哲学的方法论基础是胡塞尔等人的现象学,整体观便成了其最基本的原则和理论前提。惠特海默曾明确指出,格式塔理论的基本公式可表示如下:整体的行为不是由个体的元素所决定的,相反,部分过程本身倒是由整体的固有本质

① 李超杰著:《理解生命——狄尔泰哲学引论》,中央编译出版社 1994 年版,第 79 页。

② 葛鲁嘉著:《心理文化论要》,辽宁师范大学出版社 1995 年版,第 62 页。

所决定。[①] 格式塔心理学认为整体并不是部分的相加。每个整体都具有自身的独特的意义，整体的性质决定部分的性质，部分的性质则有赖于它在整体中的关系、位置和作用。这个整体心理观中体现了三个特点，即关系、结构性和系统性。

格式塔心理学倾向于研究整体因而非常关注场和场论。他们认为一个场乃是一个动力的整体，也便是一个系统，其中任何一部分会影响所有其他各部分。[②] 考夫卡认为应该根据行为场来理解人的行为，这种行为场包括的不是刺激物和物理环境，而是个体所感知和想到的外部世界及其对象。勒温在发展格式塔心理学思想时，以心理场来表示自己的心理学体系。苛勒也较为充分地讨论了场心理学的意义，援引物理学中的实验和场理论来说明心理学研究所面临的问题。[③]

格式塔学派虽不反对元素主义将直接经验（意识）作为心理学的研究对象，但认为行为也应成为研究的中心点，这是对元素主义的超越，也成为心理学界的共识。格式塔学派运用现象学的方法来研究心理现象，反对元素主义只强调对心理事实进行元素分析，主张"竭力予直接经验以朴素而丰富的描写"[④]。格式塔学派大胆地冲破元素主义的束缚和禁区，取得了一系列引人注目的成果，这对促进心理学的发展是大有裨益的。格式塔心理学家的努力，很快得到了心理学界的较多支持，以至于苛勒 1922 年登上了德国心理学的顶峰——就任柏林大学心理所主任，这同时也宣告了冯特传统在德国的终结，随着惠特海默、考夫卡、苛勒和勒温等人移居北美，他们的思想得到更广泛的认同，主观原子（元素）主义心理学在世界范围内也受到重创。

二、彰显人的智慧和创造性

格式塔心理学家将知觉的组织原则应用于学习与记忆等问题的研究之中。尽管时间较晚，然而，由于他们是从一种全新的角度来研究智慧行为、顿悟、创造性思维、记忆、遗忘和迁移等问题，与桑代克的尝试错误说和华生等人的行为主义学习理论形成鲜明对比，所以，创立了一种颇具特色和建设性的学习理论。格式塔心理学家主张由顿悟而获得的解决问题的方法，既

---

① Kvale, S. (1992). Postmodern Psychology: A Contradictionin Term? In Kvale, S. (ed). *Psychology and Postmodernism*. SAGE Publications: London. p. 47.

② 波林著，高觉敷译：《实验心理学史》，商务印书馆 1981 年版，第 674 页。

③ 申荷永等著：《理解心理学》，暨南大学出版社 2002 年版，第 109 页。

④ 葛鲁嘉著：《心理文化论要》，辽宁师范大学出版社 1995 年版，第 62 页。

能长期保存，又利于适应新情境，解决新问题，即顿悟可促进学习迁移。在他们看来，顿悟的结果使个体形成新的认知结构，从这一点上看，格式塔学派的学习观又同现代认知心理学的学习观是一致的。他们主张要想创造性地学习和解决问题，必须让整体支配部分。即在关注问题的细节时，也决不能忽视问题的整体。必须把细节放在问题的整体中，把它们与整体结构联系起来加以考察。他们认为要使人们更好地学习、顺利地解决问题，就必须把问题的整个情境呈现出来，使之对问题有个完全概观，而不应像桑代克那样，有意地把解决问题的方法和途径隐藏起来，迫使学习者不得不盲目试误。

格式塔学习理论作为西方学习理论中最重要的学说之一，在很大程度上弥补了行为主义和联结主义学习理论的不足与缺陷，并且其关于人类学习的观点，在 20 世纪 70 年代逐渐得到学术界的认同，特别是惠特海默关于创造性思维的研究，在 1972 年得到计算机模拟人类解决问题的科学家们的赞赏。相对格式塔的创造性思维研究而言，吉尔福特等人的研究视野只是集中在创造性思维的特征上，他认为创造性思维的主要表现是发散思维，于是他和他的助手们（托伦斯等人）着重对发散思维作了较深入的分析，在此基础上提出了关于发散思维的四个主要特征：① 流畅性（fluency）：在短时间内能连续地表达出的观念和设想的数量；② 灵活性（flexibility）：能从不同角度、不同方向灵活地思考问题；③ 独创性（originality）：具有与众不同的想法和别出心裁的解决问题思路；④ 精致性（elaboration）：能想象与描述事物或事件的具体细节。在此基础上，吉尔福特等人还开发了可操作性的创造性思维测验，并积极推动创造性思维的教育和培养。格式塔心理学家们对创造性思维的研究更早一些，而且从实践的积累、理论的深度方面比较，格式塔心理学的研究比吉尔福特等人的研究似乎更胜一筹。

三、为人本主义心理学之师

格式塔心理学的整体论思想和现象学的研究方法对人本主义心理学的兴起产生了很大的影响。格式塔心理学开创了心理学中整体论的研究传统，主张从整体上把握和研究心理事件。格式塔一词从本质上讲就是一种认识的内部心理结构，格式塔心理学对学习问题的研究就是强调认知组织过程，强调经验的组织。考夫卡的行为环境、苛勒的顿悟和惠特海默的创造性思维等概念突出了人的心理活动的主体性和能动性。人本主义心理学将这些思想贯彻到了人格、动机的探讨之中，从整体动力论和主体性的视角来解释人格的形成及其变化发展。同时，人本主义心理学也主张采用现象学的方法来研究意识经验，对意识经验进行完整的现象学的描述，反对心理学中的原子论和还原论倾向。

与惠特海默、考夫卡和苛勒在1921年创办《心理学研究》的人本主义心理学先驱戈尔德斯坦采用整体观，坚决反对原子心理学。戈尔德斯坦机体主义心理学属于整体论心理学的范畴，它旨在打破行为主义S—R模式，强调有机体的整体行为。他主张从内外两个方面考察有机体行为的原因，从自己的研究和实践中建构了其机体动力学，即均势原则、自我实现、顺应。所谓均势原则（或均等原则）是机体动力学的基本概念之一。他假设有机体内部有一种经久不变的、均等分布的、有效的能量供应，能量在这种状态下代表着有机体的一种“平均”紧张状态。当有机体受到刺激后，其紧张状态便会发生改变。正是由于均等原则的作用，才使有机体在受到刺激而紧张状态发生改变之后，总能重新恢复原状，使有机体保持一种平衡状态。他指出，正常的、健康人的目标不仅仅是释放或缓解紧张，而且要使紧张处于均等状态。戈尔德斯坦从机体主义的角度把自我实现和心理健康结合起来，他把达到最高境界的成就的倾向称为自我实现。他把它看做是一个整体，同时又是分化的，各自能够统一地发展。戈尔德斯坦强调有机体与环境的协调一致，也就是与环境的顺应过程。在戈尔德斯坦看来，整个社会就是一个场的存在，作为一个完整的有机体，也是一种以场的形式而存在着的，因此也具有场的性质。戈尔德斯坦关于人格结构思想的核心是把有机体看做一个统一的整体，是由结合在一起的不同部分组成的。从以上论述中我们可以清楚地发现，戈尔德斯坦在研究和阐析这些问题时吸收和借鉴了格式塔心理学的某些思想和概念。

人本主义心理学另一位先驱奥尔波特在德国直接接触过格式塔心理学大师。人本主义心理学精神之父马斯洛曾在他两位最尊敬的老师之一惠特海默的指导下，形成了自己整体分析的方法，由此人本主义心理学再次提出以整体分析和经验描述取代元素分析和实验说明，马斯洛在几乎所有主要的著作的前言，都表达了他对格式塔心理学，特别是惠特海默的感激之情。马斯洛明确指出，他的健康与成长心理学是完形心理学的整体论、精神分析的动力论以及机能心理学的整合。罗杰斯也竭力主张对人的心理事件或直接经验进行现象学描述和整体研究；罗洛·梅强调对主观经验的整体体验和描述，主张存在分析的心理学，这一切都表明了格式塔理论对他们的深刻影响。

四、孕育认知心理学

在认知心理学领域，格式塔理论的声望一直非常突出。惠特海默和他的同事——一些认知心理学家反对行为主义对人的内部心理活动的悬置，注重研究内在心理过程。惠特海默从整体论出发，研究创造性思维以及其他的认知过程。一些格式塔的主题就是关于学习和记忆的研究，特别是学习中组织的功能。曾有人说，在当今被称为"平行分布式加工"的联结主义风潮中，格式塔理论将大有作为。然而，在问题解决和思维领域的认知研究上，格式塔留给我们的遗产也许最值得珍惜。

在研读了惠特海默的1926年的论文之后，1935年卡尔·邓克尔（Karl Duncker）出版了一本问题解决方面的著作《创造性思想的心理学》，这本书被视为认知心理学的经典之作。在吸取惠特海默的研究成果的基础上，邓克尔区分了两种问题解决的类型：有机型和机械型。他认为，创造性思维取决于对于问题情境的再组织和对其结构的理解，这是一个有机的过程。邓克尔将本书分为三部分：问题解决过程的结构和动态特征；眼界、学识、简单发现；对思维素材的固着。其中，第三部分"功能固着"尤其受到心理学家的关注。纽厄尔（Allen Newell）评论说："与其他两部分比较起来，在整本著作中这不过是最小的一部分，只占了26页，但是它的影响力最大。在1950年的信息加工转型之前，功能固着一直引领问题解决研究领域的主流。"①另一位心理学家陆钦斯加入惠特海默在纽约新学院的研究会，受到其鼓舞开始从事问题解决的研究。1936年陆钦斯着手研究一种问题解决的心理机制。像邓克尔一样，陆钦斯考察了机制上潜存的盲目和刻板问题，但偶然间他也发现了这一机制的积极一面。②

在格式塔传统的感召下，邓克尔、陆钦斯和其他一些认知心理学家探讨了思维、推理以及问题解决中的结构化程序。赞同格式塔取向的认知心理学家开始研究那些复杂而抽象的知识结构。现在我们把那些知识结构标示为计划、材料和框架。惠特海默对于思维中洞察力和理解力的强调在认知的计算机模拟中仍旧是十分重要的问题。艾伦·纽厄尔和赫伯特·西蒙（Herbert Simon）的计算机信息加工模型将问题解决描绘成：在特定的问题

① Newell and Allen(1985). Duncker on Thinking: An Inquiry into Progress in Cognition, in Sigmund Koch and David Leary(eds.), *A Century of Psychology as Science*. New York: McGraw-Hill.

② Luchins and Abraham S. (1942). Mechanization in Problem Solving: The Effect of Einstellung. *Psychological Monographs*, 54(6), p. 248.

空间内，从若干可能的路径中，寻求能够到达目标的路径。他们的前期工作是“一般问题解决者”——一种人工智能程序，它能将算术智力题通过分解为若干小问题而加以解决——这显然受到邓克尔的影响。最近，一种基于格式塔理念的程序被开发出来，以克服问题解决中的洞察力匮乏和功能固着等问题。无论现在取得多大的成果，认知的计算机模拟还不能够全面地阐明问题解决中的洞察力和理解力的机制。正如埃里克松等人所言：对于那些被惠特海默描述得如此清晰的例子，后人却不能完全理解。让那些有志于探讨心理机制的认知科学家们去接受这些挑战——正是那些机制推动人类摘得了最崇高的智慧之果。

我们还应该注意到，在知觉甚至神经科学这一领域，惠特海默的成果和格式塔心理学仍独领风骚，格式塔有关组织的特性和法则继续启发着当代的知觉研究，这些课题包括知觉组织、图形—背景、基于特征的知觉组合等。有关知觉组织和环境知觉的自主运动的文献同样受到格式塔的影响。尽管亨勒曾指出，并不是所有的当代知觉心理学家都完全同意或者完全理解格式塔心理学。①

格式塔心理学倡导现象的现实主义，争取在现象的实验和生理学上找到功能上的匹配。知觉经验与脑神经有着直接而动态的联系。这一观点在目前认知神经科学的潮流中得到认同。现在，认知神经科学的领域正在考察认知功能及其与神经过程的之间的关系，研究采用的方式延续着经典格式塔概念“同型论”（主观经验的形式与组织这些经验的脑活动所产生的事件的形式相同）的理念。而当前的知觉神经科学同时也能为传统的格式塔理论增光添彩。

当代有关视知觉神经基础的研究拓展着格式塔的发现。第一，单神经元理论不能解释复杂的视觉现象。虽然 20 世纪大部分视知觉研究都受这一理论的指引，但是单神经的学说对于格式塔理论家所研究的复杂的视知觉现象显得过于简单，而无法合理解释像图形—背景的关系、组织、依赖背景的知觉等问题。第二，几十年来视觉的研究解释的神经机制和早先格式塔心理学家所描绘的能够相互对应。结果在过去 20 年，对单个细胞功能的研究转变为将这些功能整合为整体的研究。在这样的传统下，关于感受区、神经网络以及新近证实其存在的脑中的连接组织的发现，就为人们解释单纯的刺激如何被大脑加工成富于意义的整体提供了可能。

---

① Henle and Mary(1989). Some New Gestalt Psychologies. *Psychological Research* 51, pp. 81～85.

因此，现在的神经科学家正在检验格式塔心理学的文献中描述的神经活动。例如人们认为视觉的连贯效应在图形—背景现象中扮演重要角色。这是一种被神经生理学家称为“联结”的过程，而更早讨论此问题的格式塔心理学家则称之为“共同命运”。格式塔研究者也曾提出知觉到的凹度和凸度取决于光线明暗的梯度，而现在的研究者使用“形状—阴影”和“深度—阴影”等名词来描述同一现象。此外，最近的有关“立体动态效应”的研究也很好地揭示出格式塔的“共同命运”的原理（视觉领域内某一部分的运动能引发一种知觉，原因是这一领域的这个部分结为了整体）。

对于复杂的视觉系统中相互作用的单个细胞的工作模式的研究，使我们对问题产生了更为深刻的理解。格式塔理论使单细胞模式的缺陷暴露无遗——它很难揭示大脑如何将视觉刺激加工成富于意义的整体以及复杂的视知觉的本质。根据最新的斯比尔曼和伊斯滕的手稿显示：“有关神经网络中分布式的信息加工和整体性的信息交换的研究昭示出对于整体取向的兴趣的复苏，比如格式塔心理学。”伴随着更为深入而且在技术上也更加先进的研究，神经生理学家正在重新审视那些格式塔心理学不能回答的命题。①

鉴于格式塔心理学对现代认知心理学的重要作用，许多学者将格式塔学派看做是现代认知心理学的先驱。如维特根（Wittig）在《心理学导论》中指出：“格式塔心理学关于知觉、思维、问题解决等方面的观点在认知心理学那里获得了发展……可以认为它是认知心理学产生和发展的先驱……”②鲍尔等人在《学习论：学习活动的规律探索》中明确指出，格式塔心理学家是认知心理学家的先祖。格式塔学派对认知心理学的产生和发展的促进作用主要表现在以下几个方面：

第一，格式塔学派的一些实验及其思想观点构成了现代认知心理学产生与发展的基础，有些已经成为现代认知心理学的基本观点和重要组成部分，比如格式塔学派经典的知觉研究、在知觉组织原则指导下的记忆研究、富有开创性的问题解决领域等等。第二，格式塔学派重视对人的内部高级心理过程的研究，强调认知活动的积极性和能动性，促进了行为主义向认知方面的转化，为现代认知心理学打破行为主义“环境决定论”的牢笼提供了有力武器。在托尔曼等人的努力下，格式塔心理学的传播在心理学内部削弱了行为主义的势力，为把意识重新作为研究对象创造了条件。第三，格式

① Spillman, Lothar and Ehrenstein, Walter H. From Neuron to Gestalt: Mechanisms of Visual Perception. *Unpublished*. p. 4.

② Wittig, A. F. (1977). *Introduction to psychology*. McGram-Hill, Inc., p. 15.

塔心理学强调经验和行为的整体性，主张从整体的动力结构观来研究心理现象。现代认知心理学受格式塔心理学整体观的影响，也强调对人的认知过程进行整体的综合分析。最后，在研究方法上，认知心理学也受到格式塔心理学的影响。认知心理学既继承了实验心理学定量研究的传统，吸收了计算机科学的研究成果，又充分吸收了格式塔心理学以现象学为基础的研究，由此形成了一套比较完整的研究方法——实验、模拟、理论分析相结合的研究方法。

五、创立实验社会心理学

威廉·萨哈金(William Sahakian)在他1982年出版的《社会心理学的历史与体系》一书中用三个章节专门评价格式塔心理学在社会心理学发展中的地位。根据萨哈金的说法："格式塔心理学以整体和群体为特征，这本质上属于社会心理学的范畴。它不仅关注人类的群体，也包括非人类团体。在以社会视角的研究中，这些群体规则相当中肯、适合。"[①]惠特海默抵达美国时，一些学者已经意识到格式塔理论在社会学和人类学研究中的潜在价值。在纽约市社会研究新学院执教期间，惠特海默讲授社会心理学，他本人也对政治自由和民主方面的政治论题展开过广泛深入的讨论。他的一些学生和同事受到影响，继续将格式塔理论向社会心理学领域推进。

惠特海默的继承者所罗门·阿希(Solomon Asch)在他的团体压力的研究中进一步加强了格式塔与社会心理学的联系。尽管其关于服从(从众)的研究经常被引用，阿希的研究重点其实放在个体意志和集体意志的协调以及这些意愿产生分歧而造成的烦恼上。对阿希而言，社会心理学家必须依据更为广阔的社会背景来考察个人：为了理解人类，我们必须把他们放到他们的背景中，他们所处的氛围中，以及他们面临的问题中。如果我们试图了解某个人的特定品质，我们不能割裂地看待它，而应依据此人的其他品质。正因如此，两个人身上的"相同"品质在心理意义上经常并不相同……当观察到的现象具有秩序和结构，仅仅关注那些要点而忽视它们之间的关联的做法是危险的。[②]

植根于格式塔学派的基本理论和观点，勒温的场论对社会心理学造成

① Sahakian and William(1982). *History and Systems of Social Psychology*, 2/e. Washington, D.C.: Hemisphere. p. 96.

② Asch, Solomon E. (1952). *Social Psychology*. Englewood Cliffs, NJ: Prentice Hall. p. 600.

深远影响，特别是在团体动力学和领导能力等研究领域。很难评价勒温的成果对于社会心理学的巨大影响：刘易斯·科塞(Lewis Coser)注意到，在爱荷华大学不到十年的时间里，勒温“培养了整整一代社会心理学家，在之后的几十年里这些人统治着这一领域”①。格式塔传统是勒温心理学思想的来源，也是勒温心理学的基础。在一些心理学史专著中，勒温被归入格式塔心理学体系，或称其为“新格式塔学派”。在他创造性地建立自己理论体系的同时，也永远地超出了正统格式塔心理学的框架，发展了格式塔心理学的思想。勒温几乎完全接受和使用了当时物理学中流行的场论术语和概念，并创造性地运用在他的心理学研究中。他的心理学并不侧重于格式塔学派的研究传统——知觉，而侧重在整个物理和社会的关系中来研究人类行为，并在心理学中应用一种特殊的“拓扑学”的概念和方法来加以陈述，成为格式塔心理学的一个支派。在此基础上，勒温注重用实验的方法研究社会心理现象，他和他的追随者们考察了领导方式、团体内聚力、权力等问题，创立了一门独具特色的实验社会心理学，统治了社会心理学研究相当长的时间，并自20世纪80年代以来，有强势复兴的迹象。由于勒温在实验社会心理学的重要的贡献，他的学说也辐射到了其他学科，比如他被誉为传播学的四大先驱之一，与社会学家扎斯菲尔德、政治学家拉斯韦尔、社会心理学家霍夫兰比肩并立。

六、推动了系统论的诞生

现代系统论、控制论和信息论作为三大重要的科学哲学，其发展皆受到诸多学科的交叉影响。其中系统论的产生和发展与格式塔心理学有着密切的联系。

人们习惯上认为，心理学中的一般系统(General Systems in Psychology)的概念源自美籍奥地利生物学家贝塔朗菲的系统论思想。1937年，贝塔朗菲在美国芝加哥大学的一次哲学问题讨论会上，首次提出“一般系统”的概念；贝塔朗菲曾把系统定义为“处于自身相互关系中以及与环境的相互关系中的要素集合”。② 他明确指出：“一般系统论就是对‘整体’和‘整体性’的科学探索。”③他为一般系统论规定了三个基本原则：整体性、动力性和结

① Coser, Lewis A. (1984). *Refugee Scholars in America: Their Impact and Their Experiences*. New Haven, CT: Yale University Press. p. 25.

② 贝塔朗菲著，林康义等译：《一般系统论》，清华大学出版社1987年版，第240页。

③ 拉兹洛著，闵家育译：《用系统论的观点看世界》，中国社会科学出版社1985年版，第3页。

构性。

其实，一般系统论的思想在心理学领域早有雏形。20世纪20年代以来，最早涉及心理学中一般系统论思想的是斯马茨的整体论和格式塔的完形说。但是，斯马茨的整体论只指出了突生事物与它们的元素有所不同，而未能详细说明这些突生事物为什么或怎样与它们的元素不同。格式塔心理学家则前进了一步，提出各部分的结构或模式便是新的元素。对格式塔心理学家来说，事件的结构或模式比事件的元素本身更重要。事件的元素通过它们之间的关系获得意义，用一般系统论的话来说，研究系统比研究元素更重要。贝塔朗菲的系统论曾吸收了许多共同的东西，其中主要的就是格式塔心理学的整体论和生物科学中的稳态动力论。贝塔朗菲本人曾多次提到他接受了格式塔动力说的影响，整体动力观奠定了贝塔朗菲系统论的基本原则。美国著名哲学家拉兹洛是当代美国系统哲学流派的领袖人物，由于他沿着贝塔朗菲所指出的方向建立了系统哲学的理论体系，所以备受贝塔朗菲的赞赏。拉兹洛就提出："系统哲学应当成为我们用以发展对于人、经验和普遍世界的理解的最适当的工具。"这是因为，它能把系统的四种基本因素与性质（即他所指的有序整体性、自稳定、自组织和等级性）组成"概念的格式塔"。勒温用"场论"来表示他的心理学概念，亦是心理学中一般系统的思想。格雷戈里认为，根据勒温的场论，心理现象中凡涉及整体或完形的理论都具有场的特征。因此，当一个人把事件放在其心理场中加以考虑时，在某种意义上说他便把事件放在"系统中"加以处理了。由此能看出格式塔思想与系统论之间深厚的渊源。

七、重塑了美学理论

德裔美国著名美学家阿恩海姆（Rudolf Arnheim）是格式塔心理美学最杰出的代表人物，曾任美国美学学会主席。

他一生都在致力于运用格式塔心理学的实验方法与理论来研究美学。他对视知觉与艺术两者之间关系的研究尤为精深，受到人们广泛的关注。阿恩海姆出版过不少著作，其中初版于1954年、修订再版于1974年的《艺术与视知觉》一书，可以说是他多年来研究成果的总结，被公认为是格式塔心理学美学的代表之作。这本书不仅把格式塔心理美学系统化了，而且也把西方审美心理研究推向一个前所未有的广度与深度。

格式塔心理美学是承继西方现代美学的先驱之一费希纳形而下美学（实验心理美学）的路子发展起来的，与费希纳一样，他们反对"空头理论"而注重“经验、实验”。20 世纪初，德国心理学家惠特海默、苛勒、考夫卡等人在研究“似动现象”时提出了格式塔心理学的基本观点，即“整体大于部分之和”的整体性原则与物理现象和心理现象的“异质同构(同型论)”原则。这些在阿恩海姆那里都得到了很好的继承与发展。

阿恩海姆与前辈一样反对冯特等人所主张的人的知觉是各种感觉相加而成的见解，他强调人的知觉并非先感知到部分，然后才注意到整体，而是先感知到整体，然后才注意到构成这个整体的各个部分的。人们在进行知觉活动时，客体的主要样式并没有被主体的神经系统原原本本地复制出来，而是在他的神经系统中唤起了一种与它的力的结构相同形的力的结构。因此，格式塔本身就是一种“完形”，它不能再人为地分割为简单的要素，它的特征和性质不包含在任何要素之中，但却对各种要素产生着重要的影响。完形的整体性思想的意义在于，它启示了一种新的艺术整体观。古典美学也讲整体性，但那是古典科学的原子论式的整体性，即把整体理解为部分与部分之间的总和，着眼于部分与整体之间的关系；完形的整体性却是现代系统论式的整体性，它不能被理解为部分与部分的相加，也不能理解为部分与部分相加的总和，完形的每个部分都是不能抽取出来的，完形远远地超出了部分与部分的总和，它是一种从形式中突显出来的特别的、从原有成分中找不出的一种特别的整体。所以，阿恩海姆才特别强调，“一个艺术的实体，就是它的视觉外观形式”①。

格式塔心理学还认为视觉活动中物质的现象与心理的现象之间在结构上是存在着一种相似性的，他们借用现代物理学中的“力”与“场”的概念来说明这种相似性。在他们看来，格式塔质也就是一种力的“完形”。阿恩海姆对此也十分赞同，他认为完形的整体性特征决定了完形所具有的经验性。完形的整体性不仅是指客体本身的一种性质，而且更是指经由知觉活动构成的经验的整体性，这可以说是完形更为重要的特征。这样，完形就不能理解成是纯粹主体的，也不能理解为是纯粹客体的，而应该理解为是主客相互作用而呈现出的产物，是审美客体在审美主体知觉中的呈现，并在知觉活动中形成的整体。完形的特点就在于把审美主体与审美客体紧密地联结起来了，这样也就超越了古典美学由客体(美)刺激而主体起反应(美感)的心理模式，而认为美感与美就是一回事，这也就为人们提供了关于审美理论的新的心理模式。阿恩海姆强调，格式塔心理学美学的任务就是致力于对知觉的完形研究，主张以人的大脑“天然的组织作用”即完形机能，去阐明事物的

---

① 阿恩海姆著，滕守尧、朱疆源译：《艺术与视知觉》，中国社会科学出版社 1984 出版，第 623 页。

形象结构与人的知觉心理结构的“同构”原理。在阿恩海姆看来，正是在这种“异质同构”的完形作用下，人们才能在外部事物与艺术作品中，直接感受到某种“活力”、“生命”、“运动”和“动态平衡”等审美性质的。也正是在上述完形思想的基础上，阿恩海姆提出了诸如简化、张力、表现等一系列的美学原则，并对之作了独到而又新颖的探讨。

八、扩展了人格和心理治疗领域

虽然惠特海默在人格和心理治疗方面没有专门论述，但他的思想却经常被用于这些领域。勒温的场论在人格动力学的研究中也颇具影响。

惠特海默的一个学生完成了格式塔人格理论的尝试性研究。这个学生叫维尔纳·沃尔夫(Werner Wolff)，他借用导师的思想以研究从手势、步幅和体态等方面表露出来的人格特征。沃尔夫的一个同事亚伯拉罕·马斯洛——人本主义心理学的创始人之一，不仅崇拜惠特海默的成就，而更为其桀骜不驯的个性所震撼。马斯洛悄悄记录下了表现惠特海默人格特征的一言一行。尽管一开始这些纪录是粗略的、不正规的，当马斯洛经过努力确认了惠特海默和文化人类学家本尼迪克特的生活、思想和人格作风所具有的主题和格调时，马斯洛的记录演变成有条不紊的一项工作。自 1949 年到 1973 年，他在《美好的人类》书稿中的记录虽然还略显稚嫩冲动，但已经较为系统。由于受到惠特海默与本尼迪克特的人格魅力和崇高动机的吸引，马斯洛进而阅读了历史上杰出的男人和女人的传记，寻找这些“心理健康”者的共同品质。基于对惠特海默与本尼迪克特的研究以及对某些人物传记的阅读，他确认了这些“优质样本”的特质。后来，他建立了人本主义心理学。尽管，在内容和方法上，这一学派与惠特海默的取向有很多不同，但它实际上保留了格式塔理论的整体观。

格式塔理论还用于研究人的自我意识，甚至幽默感。虽然惠特海默认为弗洛伊德的理论过于牵强也并不科学，但是有些理论家还是试图将格式塔理论和精神分析联系起来以研究原型(人类对于一般简单符号的认知和情感反应模式)、潜意识知觉和无意识。有人指出，对于惠特海默，特别是对于勒温，弗洛伊德是其思想的重要源泉。

至于人格理论，格式塔取向有时呈现在精神疗法和精神病理学的研究中，但并不总是以一种直白的方式。毫无疑问，弗里茨·皮尔斯(Fritz Perls)的格式塔心理疗法在临床界颇引人注目。这一疗法广受欢迎，亨勒也毫不置疑其治疗效果，并指出皮尔斯的成果差不多就是惠特海默、苛勒和考夫卡的格式塔理论的翻版。阿恩海姆阐发了类似的观点，他说："如果惠特海默还活着，看到宣称信仰他的理论的那些可疑的治疗队伍所开辟的颇具影响力的领域的一角，他恐怕会恼怒不已，虽然他就是这一切的鼻祖。"①对于格式塔学派与格式塔疗法的关系，相当多学者见仁见智 本书也尝试在最后一节对这个问题进行探讨，与各位读者商榷。

实际上，在弗里茨·皮尔斯的阵营外，与皮尔斯比起来，很多临床治疗家认同完形观点还要早得多。惠特海默有几个学生就专门从事格式塔理论的临床应用。在与尊师惠特海默合作寻求偏执狂的格式塔理论解释的基础上，1924 年海恩瑞敕·斯古特（Heinrich Schulte）发表了相关论文，他的阐述与传统的弗洛伊德的理论非常不同。根据其观点，一个人不仅是一个单独的个体，而且也是共同体的一分子。虽然斯古特是唯一署名的作者，埃文·列维（Erwin Levy）指出：斯古特在莱比锡的心理学会议上请教过惠特海默，求他的这位导师帮忙。从那以后，惠特海默就指导他的论文写作。按照列维的看法，这些逸事非比寻常："柏林和法兰克福的心理学机构的很多工作都受到惠特海默的鼓舞和密切督导。只要工作完成了，署谁的名是次要的。"②惠特海默还鼓励列维从格式塔的角度研究精神病理学。莫利·哈洛维尔（Molly Harrower），考夫卡的得意门生之一，在此领域也发表过相关论著。③

20 世纪 30 年代和 60 年代早期，在德国和美国的著作中出现若干文章，它们试图以精神病学、神经学、临床心理学来整合格式塔心理理论。同时，在儿童病理学、言语困难、惊恐治疗、犯罪行为等领域，格式塔心理学也找到了用武之地。

20 世纪 30 年代早期，心理治疗家劳列塔·本德（Lauretta Bender）致力于一种测验。这种测验要求被试再现简单图形，然后用格式塔原理解释为什么脑部受损的人的成绩不佳。这个本德—格式塔测验很受欢迎。格式塔的概念还能为经典的罗夏（墨迹）测验的诊断结果提供最好的解释。④

---

① Arnheim and Rudolf(1974b). Gestalt' Misapplied. *Contemporary Psychology*, 19, p. 570.

② Levy and Erwin(1936). A Gestalt Theory of Paranoia. *Gestalt Theory*, p. 8.

③ Harrower, Molly R. (1939). Changes in Figure-Ground Perception in Patients with Cortical Lesions. *British Journal of Psychology*, 30, pp. 47～51.

④ Brosin, H. W. and Fromm, E. (1942). Some Principles of Gestalt Psychology in the Rorschach Experiment. *Rorschach Research Exchange*, 6, pp. 1～15.

第二节　格式塔心理学的局限与不足

格式塔心理学尽管理论体系比较严谨，立论也比较严密，然而也存在明显的局限与不足。

一、陷入主观唯心主义境地

格式塔心理学的哲学基础是康德的先验论和胡塞尔的现象学。康德认为人们只能认识“现象”而不能认识“物自体”，而要认识现象，必须通过先验的范畴；胡塞尔则主张用自然观察法去研究纯粹的意识，他认为现象学在谈论感觉、判断、感情等时，只是谈及它们所属的先验的、无条件的普遍性。格式塔心理学吸收了上述观点，因此，它关于主客观世界的划分、组织原则的阐析以及场论和同型论思想都带有明显的主观唯心论倾向和强烈的先验论色彩。比如其同型论，就是认为生理历程与意识历程在结构的形式方面完全等同，也即扩张的生理历程与思想感触是同一的，这一带有浓厚的思辨与推理意味的关于心身关系的理论，是一种地地道道的唯心主义二元论或机械的身心平行论。格式塔心理学在探讨学习问题时，忽略了人与动物的本质区别，没有充分考虑到人的心理的社会性一面。同时，这一学派在强调整体特性尤其是这种特性对部分的决定作用时，忽视或者根本无视部分对整体的影响与作用。

二、理论观点和术语不甚明确

格式塔心理学家试图用场论来解释心理现象及其机制问题，提出了许多新的术语，但由于他们不加分析地采用了一些物理学概念和数理术语，给人的感觉是理论观点和所用术语过于深奥晦涩、神秘莫测，故常遭到心理学工作者的非议。他们试图把心理学完全物理学化的做法，表明了他们的心理学理论体系的非科学的实质。新行为主义者赫尔就指出：“诸如闭合原则、完形原则、顿悟之类的概念，不是过于含糊，就是过于笼统，是不能从这些概念推演出任何有意义的东西的。”①这一看法不无道理，有人甚至断言：这可能是由于格式塔心理学家无法清楚地表达自己的思想而故弄玄虚。

三、对其他学派的批评有失公允

格式塔心理学对元素主义、联结主义和行为主义的抨击有的切中要害、恰到好处，有的则过于武断、持之无据。可能是为了达到不破不立的目的，格式塔心理学不太关注其他学派的长处和正确的看法。马科斯曾指出：“格式塔心理学对其他学派的批评只是指出了其缺陷所在，却未提出更好的改进措施，其批评或许是正确的，但却没有做得更好一些。事实上，它只会批评，并没有提供什么新东西。”②或许是对其他理论指责过多，格式塔心理学家们竟没有足够的时间和精力来构建更令人信服的理论，显得勇猛有余，底气不足。

四、实验研究不够严谨

格式塔心理学由于太倚重现象学的方法，采用自然观察法来进行研究，因此，所设计和进行的实验不太符合科学规范，缺乏严格的控制条件和科学的依据，很难做出定量分析和统计处理，其他人很难进行重复性实验以对其结论加以验证，实验的效度和信度不高。不少实验缺乏足够的证据，影响了其实现学科建设和整合的梦想。有批评者指出，格式塔心理学建构理论太多，以致牺牲适当的实验研究和有经验支持的资料。平心而论，格式塔心理学家所做的实验是比较初步和带有尝试性的，就水平而言，并不比他们所批评的其他学派的实验高明多少。

五、整体观不够彻底

格式塔虽反对构造主义式的原子论，是第一个真正从整体论意义上研究个体心理发展规律的理论流派，但从先验论和现象学的角度出发，他们认为在知觉领域，整体是先于部分涌现的方式产生的，并只局限于知觉和思维

① 章益译：《新行为主义学习论》，山东教育出版社 1983 年版，第 316 页。

② 转引自叶浩生主编：《西方心理学的历史与体系》，人民教育出版社 1988 年版，第 450 页。

领域，其本身就陷入了另外一种原子论。与此相对应，皮亚杰也受康德影响，提出了发生认识论的研究目标为知识的普遍形式及其构造——逻辑数学结构对应于康德的知性范畴，但与格式塔的整体性结构完全接受康德先验论思想不同，皮亚杰不是一个真正的先验论或预成论者。尽管婴儿最初的图式是一些本能动作，即“遗传性的图式”，如吸吮图式，范畴的产生源头是儿童活动中的动作，不是主体，也不是客体，而是主客体间相互作用的活动，范畴本身也是一个逐渐建构的过程，是有发生的历史的过程，带有辩证法的性质。可见，是皮亚杰从一个侧面向我们呈现了动态的、相互作用的、建构的、辩证的整体观，这是格式塔的整体观所未能达到的。①

第三节　格式塔心理学与格式塔疗法

格式塔心理学自诞生后不久，就由肖孝嵘、高觉敷等人通过翻译格式塔经典文献等方式把该学派的主要思想传入中国，并引起中国心理学工作者的重视。格式塔心理学派的产生、发展及演变也一直是国内理论心理学界十分关注的课题，在诸位学者的努力下，国内对格式塔心理学派的认识也日趋全面和客观。而对于同样冠以“格式塔”之名的一个心理治疗学派，即格式塔疗法，其概念体系、理论学说却不被研究者所熟悉。有的学者认为，格式塔疗法是格式塔心理学派生出来的；有的学者认为，格式塔疗法与格式塔学派没有很直接的关系。为对这个问题进行初步考察，我们在本书的最后专列一节，以求辨明二者的关系。

一、格式塔疗法简介

格式塔疗法，港台多译“完形疗法”，由皮尔斯（Perls，F.，1893—1970）等人创立于1940年前后，其理论体系于20世纪60年代左右趋于成熟。格式塔疗法的创始人皮尔斯早年在柏林深受精神分析学派的影响，1924年到1936年间，他学习并在临床应用精神分析。1926年皮尔斯跟随古德斯滕（Goldstein）学习时首次接触格式塔心理学，并对古德斯滕关于“图形—背

① 倪宁、于萍：《皮亚杰学派与格式塔学派的整体观比较》，《云南师范大学学报》，2002年第3期，第1～4页。

景”的理论印象深刻。1933 年皮尔斯和家人去了南非，1934 年至 1942 年间在南非从事精神分析师的训练工作。1947 年，皮尔斯去了美国，一直到 1970 年离开人世。事实上，皮尔斯在美国的治疗实践仍然以经典精神分析的方法为主。1963 年，皮尔斯与在伊萨伦（Esalen）学院的同事共同发明了“空椅”技术，有力地推动了格式塔疗法的发展。①

随着皮尔斯的不断迁徙，他遇到很多不同学派的学者，在思想火花不断碰撞之后，他也不断更新着自己对心理治疗的看法。所以，他所创立的格式塔疗法，实际上综合了很多学派的观点。一般认为，格式塔疗法受到经典精神分析、新精神分析、语义学、存在主义、格式塔心理学、心理场论以及人本主义心理学的影响，弗洛伊德、霍妮（Horny，K.）、沙利文（Sullivan，S.）、勒温、理查德（Richard，I. A.）等人的声音经常能在皮尔斯的疗法中听到，心理剧疗法也给了皮尔斯非常重要的启迪。

事实上，皮尔斯是现象学方法的忠实践行者。现象学的心理学重视研究知觉的过程，认为环境应被看做人们所体验到的一种存在。根据现象学的观点，皮尔斯不仅关注病人的个体意识，而且关注整个现象场。个人的意向性与存在的现实性，二者的整体是格式塔疗法的重要出发点。关于格式塔治疗的理论基础和哲学观点，可以用下图概要表示。

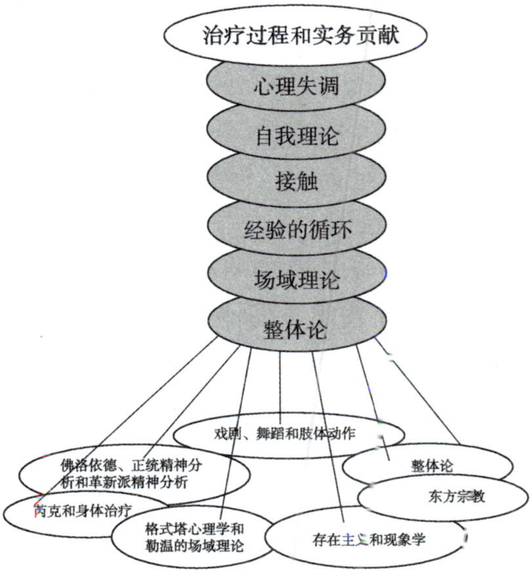

图 8-1　格式塔治疗的理论基础和哲学观点（Clarkson，2000）②

① 杨广学著：《心理治疗体系研究》，吉林人民出版社 2003 年版，第 328 页～329 页。

② 克拉克森著，卓纹君等译：《完形治疗的实践》，台北心理出版社 2002 年版，第 31 页。

为便于对格式塔疗法和格式塔心理学进行对比，下面简要介绍一下格式塔疗法的基本概念和理论体系。

1. 格式塔疗法的核心概念

(1) 此时此地。格式塔疗法强调"此时此地"的概念，强调充分认识与感受"现在"这一时刻的当下意识活动。皮尔斯认为，如果排除了当下，过去或者将来都是不可体验的。过度关注过去的经历实际就是对当下体验的回避。

(2) 未竟事务。未竟事务是格式塔疗法中的一个重要概念，它是指埋藏在过去经历中未得到充分表达的强烈的情感，尤其是愤怒、遗憾、愧疚、焦虑、悲伤等负性情感。

(3) 逃避。与未竟事务有关的一个概念就是逃避。逃避是指人们用来避免面对未竟事务，避免去体验未竟情境所造成的不愉快的情绪。

(4) 责任。完形疗法把存在的意义——责任作为一个基本的概念。责任就是拥有自己的付出，责任就是做出反应的能力，当一个人行动、决定或选择时，他或她就是在实践自己的反应能力。①

(5) 两极化。当机体的自我调节系统受到干扰时，个体就可能产生内部的或人际的冲突，这些冲突表现在思想、行动、价值观等方面，且呈现出两极对立的状态。

(6) 接触。在格式塔疗法中，接触是个人改变与成长的必要条件。通过接触，人的分化和整合需要得到满足。个人与环境接触，吸收或拒绝他所接触的对象，从而使人格发生改变。

(7) 图形—背景。知觉者眼睛看到的图画、耳朵听到的歌声是图形，处于意识的中心；而周围的"无关刺激"被当做背景，处于意识的边缘。

2. 格式塔疗法的主要理论体系

(1) 平衡态。格式塔疗法认为对平衡态的不断追求是人格发展的动力，这种追求是一种本能：它是机体在平衡与失衡之间自我调节的节律性自然流露。

(2) 整体性。这里指的是，格式塔疗法认为身体与精神是相互依存、不可分割的整体；人与环境之间也是相互依存的关系。

(3) 扩张。个人要与周围的环境和他人以不断成长的、创造性的方式进行交往，必须充分地发展自己的扩张能力。

---

① Perls, F. (1973). *The gestalt approach and eyewitness to therapy*. New York: Bantam, p. 68.

（4）心理失调。皮尔斯认为神经症是心理失调或变态的主要表现形式，它的形成和发展与扩张力的发展、平衡的维持以及人与环境的相互作用有关。① 皮尔斯认为，抑制人与环境的联系并导致神经症的心理变态机制主要有四种：内投、外投、内转和人格连体。所谓内投就是全盘接受别人的观点而不能反思；而外投则是个人将自身的问题归咎于外部环境中的某人某物，而否认自己的情感和信念是这种知觉产生的根源；转向内投则指以自己代替环境，作为自己行为的对象；自我和环境之间缺乏清晰边界的时候便出现“人格连体”现象。

3. 格式塔疗法的过程和目标

寇伯等人（1989）认为成熟的格式塔治疗需经历五个步骤：（1）聚焦于现在的行为；（2）聚焦于未完成事件；（3）聚焦于核心的自我概念；（4）聚焦于为生活事件做决定；（5）聚焦于新行为。② 通过这些步骤达到格式塔疗法的目标，即激发当事人从环境支持进入自我支持，获得自我觉察，协助当事人达成个人的人格整合，从而帮助当事人找到自我。

由此看来，格式塔治疗的目标就是增加当事人的觉察与接触，获得自我支持的能力，在个人需求和社会的要求之间能做到平衡，实现人格的整合，使生活充实丰富，生命更有意义。

二、格式塔疗法与格式塔心理学的关联

皮尔斯曾经与惠特海默、考夫卡和苛勒等格式塔心理学家一起工作，精通格式塔心理学的理论与方法。我们发现，二者的最大联系并不是一些具体的技术，而是一些更加宏观的哲学前提。

1. 二者均以现象学为哲学基础

格式塔疗法的目的，主要在于用现象学的方法解释来访者的整体知觉或顿悟，使来访者意识到自己正在做什么，自己怎么去做的，也即强调一种即时即刻的体悟。作为现象学传统的心理治疗，不但要研究个人的意识，还要关注意识过程本身，亦即如何意识到意识的存在与作用。

格式塔心理学家所采用的现象学方法秉承于布伦塔诺、斯顿夫和胡塞尔。现象学为格式塔心理学提供了方法论基础，格式塔心理学家主张用直

① Perls, F. (1969). *Gestalt therapy verbatim*. New York: Bantam, pp. 59～61.

② Korb, M. P., Gorrel, J. & Riet, V. V. D. (1989). *Gestalt Therapy Practice and Theory*. New York: Pergamon Press. p. 121.

观的方法去研究直接经验，他们认定心理学的首要任务便是对这些经验进行如实的描述。

2. 二者均视整体论为重要原则

格式塔心理学对整体观的推崇读者已知其详，格式塔疗法也重视人各方面属性的整体性，尤其关注个人处于环境中的整体性，认为人和环境形成一个互动关系的整体。这一点也是格式塔疗法得名的主要依据。

在格式塔疗法的人性观和治疗目标中，整体论的地位也十分突出。格式塔疗法认为人是一个整体，他的身体、情绪、思想、感觉和知觉——所有功能都是相互关联的；人是其所在环境的一部分，不能分离于环境来加以解释。格式塔疗法的目标在于清除自我印象的影响，提高当事人的自觉能力，协调自身内部两极的冲突，使未完成的事件不再干扰现在，从而获得统一、完整的人格。

3. 二者都强调场的概念

场论和整体论有着密切的关联，但并不是所有的整体论者都使用场论作为工具，这一点是显而易见的。格式塔心理学既笃信整体论原则，又以场论或心理场论为研究框架和常用的解释手段。

格式塔疗法对场的理解与格式塔心理学类似，认为场是指一个人和他所处的环境中所有共同存在、相互依赖的因素。场中的所有现象都有潜在的同等关联，人或环境的任何一部分小的改变，都会透过整体而显露。

4. 格式塔疗法赋予图形—背景关系以心理治疗意义

图形—背景关系主要体现了知觉选择性的规律，是格式塔心理学引以为荣的经典研究，目前世界上多数普通心理学教科书将其作为成熟知识进行介绍。格式塔疗法巧妙地赋予图形—背景关系以心理治疗意义。根据格式塔的知觉原则，人们之所以能够意识到每件事或过程的存在，总是要有一个可区分的、可识别的以及引起兴趣的指标，并且总是要与区分度低的、相同的、不感兴趣的背景加以对比。通常，人们所遇到的心理问题的关键，总是存在于其生活背景中相互联系但又意识不到的部分，通过类似于“图形—背景”的转换关系，可能将这些部分呈现出来。当人们表现沮丧或失望的时候，其背景中的期望或愿望便会隐退；但是，通过格式塔心理治疗，就能够将隐退于背景之中的期望或希望呈现出来。

三、格式塔疗法与格式塔心理学的区别

从上文中可以看出，格式塔疗法不纯粹是格式塔心理学基本原理在心理治疗领域中的应用，格式塔疗法还借鉴了许多学派的观点，格式塔心理学只是其中一种对其产生过影响的学说。卡根（Kogan，J.）曾探讨过格式塔心理学对格式塔治疗的影响，但是，像许多学者一样，他也没有尝试着在学院派格式塔理论和格式塔疗法间建立直接的联系，相反他注重其它的传统和思想体系，如精神分析戏剧、犹太教和存在主义对格式塔治疗的有利影响。①

1. 格式塔疗法和格式塔心理学的性质有很大差异

格式塔疗法是人本主义心理治疗的一种形式，其创始人皮尔斯以精神分析行业起家，接触现象学、存在主义后，他的观点开始向人本主义转化。因此，皮尔斯从来不是格式塔心理学派的一员，格式塔心理学派也不能将格式塔疗法的疆域纳入自己的版图。而反观格式塔心理学，系早期的心理学流派，以知觉、学习论、创造思维、团体动力等研究闻名于世，学派中直接与心理异常矫治有关的成员寥寥无几。

2. 格式塔疗法主要从个人的角度关注整体，格式塔心理学则同时关注个人和团体的整体性

格式塔疗法对于个人的整合，甚至谈到个人与环境的统一问题，实际上还是受到治疗目标很大的制约，因为格式塔疗法的目标在于找到真实的自我、发展自我，所以它的出发点和归结点都是注重个体的整体性。格式塔心理学在这方面的视野更加宏大，除了对个体心理的整体性进行深入考察之外，还对团体气氛、士气、团体凝聚力、团体冲突等问题进行了深入探讨，以整体观研究团体，取得了丰硕的成果。

3. 格式塔心理学更偏重认知方面的研究，格式塔疗法则侧重人格方面的探索

格式塔心理学作为认知心理学的前奏，极大地推动了现代认知心理学的诞生；格式塔心理学理论在学习、记忆、智慧等问题的考察上独树一帜，丰富了学习心理学、教学心理学等学科的内容；同时，作为实验社会心理学的

---

① Kogan, J. (1976). The genesis of Gestalt therapy, In C. Hatcher & P. Himelstein (Eds.), *The handbook of Gestalt therapy*. New York: Jason Aronson, Inc.

代表人物费斯汀格等人，由于他们关注社会环境、人际互动中的观念变化及其机制，也被归为社会认知学派。对于认知过程的考察，可以说是格式塔心理学的研究重心。从一定意义上讲，格式塔疗法也关注来访者的感觉、知觉等表现，但是格式塔疗法更注重由于心理失调导致的自我变异，以及怎样重建心理平衡以达到人格整合的问题。

参考文献

中文文献

阿恩海姆著，滕守尧、朱疆源译：《艺术与视知觉》，中国社会科学出版社1984年版。

安德森著，杨清、张述祖译：《认知心理学》，吉林教育出版社1989年版。

巴特莱特著，黎炜译：《记忆：一个实验的与社会的心理学研究》，浙江教育出版社1998年版。

鲍尔、希尔加德著，邵瑞珍等译：《学习论：学习活动的规律探索》，上海教育出版社1987年版。

贝塔朗菲著，林康义等译：《一般系统论》，清华大学出版社1987年版。

贝斯特著，黄希庭译：《认知心理学》，中国轻工业出版社2000年版。

波林著，高觉敷译：《实验心理学史》，商务印书馆1982年版。

查普林、克拉威克著，林方等译：《心理学的体系和理论》，商务印书馆1983年版。

车文博：《西方心理学史》，浙江教育出版社1998年版。

车文博主编：《西方心理学思想史》，湖南教育出版社2007年版。

陈宜张：《21世纪的神经科学》，《同济大学学报》（医学版），2007年第1期。

崔光辉：《高级对象的意向性把握——麦农的形质心理学思想研究》，《南京师范大学学报》（社科版），2005年第4期。

肥田野直：《现代心理学的动向》，川岛书店1980年版。

冯特等著，张述祖等审校：《西方心理学家文选》，人民教育出版社 1983 年版。

高觉敷：《高觉敷心理学文选》，江苏教育出版社 1986 年版。

高觉敷主编：《西方心理学史论》，安徽教育出版社 1995 年版。

高觉敷主编：《西方近代心理学史》，人民教育出版社 1982 年版。

高峰强：《对格式塔学派的几点思考：一种新的评价和定位》，《长白学刊》，1997 年第 1 期。

葛鲁嘉：《心理文化论要》，辽宁师范大学出版社 1995 年版。

郭本禹：《意大利格式塔心理学源流考》，《南京师范大学学报》（社科版），2005 年第 6 期。

赫根汉著，郭本禹等译：《心理学史导论》（第四版），华东师范大学出版社 2004 年版。

惠特海默著，林宗基译：《创造性思维》，教育科学出版社 1988 年版。

黄希庭：《心理学导论》，人民教育出版社 1996 年版。

吉尔根著，刘力等译：《当代美国心理学》，社会科学文献出版社 1992 年版。

贾林祥：《新联主义产生的心理学背景》，《心理科学》，2004 年第 1 期。

考夫卡著，黎炜译：《格式塔心理学原理》，浙江教育出版社 1997 年版。

考夫卡著，高觉敷译：《儿童心理学新论》，人民教育出版社 1957 年版。

考夫卡著，傅统先译：《格式塔心理学原理》，商务印书馆 1936 年版。

克拉克森著，卓纹君等译：《完形治疗的实践》，台北心理出版社 2002 年版。

苛勒著，李媚媚译：《完形心理学》，桂冠图书股份有限公司 1998 年版。

拉兹洛著，闵家育译：《用系统论的观点看世界》，中国社会科学出版社 1985 年版。

李汉松编著：《西方心理学史》，北京师范大学出版社 1988 年版。

李超杰著：《理解生命——狄尔泰哲学引论》，中央编译出版社 1994 年版。

卢卡奇著，王玖兴等译：《理性的毁灭》，山东人民出版社 1997 年版。

勒温著，竺培梁译：《拓扑心理学原理》，浙江教育出版社 1997 年版。

梅本尧夫、大山正：《心理学引论——现代心理学的背景》，东京：サイエンス社 2003 年版。

墨顿·亨特著，李斯译：《心理学的故事》，海南出版社 1994 年版。

墨菲、柯瓦奇著，林方等译：《近代心理学历史导引》，商务印书馆 1980

年版。

南博编，刘焜辉译：《心理学名著12选》，台湾天马出版社1967年版。

倪宁、于萍：《皮亚杰学派与格式塔学派的整体观比较》，《云南师范大学学报》（社科版），2002年第3期。

萨哈金著，周晓虹译：《社会心理学的历史与体系》，贵州人民出版社1991年版。

塞蒙斯著，王靖华译：《德语系哲学中的奥地利传统及其对中欧和东欧的意义》，《现代外国哲学社会科学文摘》，1996年第9期。

申荷永著：《充满张力的生活空间——勒温的动力心理学》，湖北教育出版社1999年版。

申荷永著：《团体动力学——理论与实践》，湖南出版社1996年版。

申荷永：《论勒温心理学中的动力》，《心理学报》，1991年第3期。

申荷永等著：《理解心理学》，暨南大学出版社2002年版。

舒尔茨著，杨立能等译：《现代心理学史》，人民教育出版社1981年版。

舒尔兹等著，叶浩生等译：《现代心理学史》（第八版），凤凰出版传媒集团 & 江苏教育出版社2005年版。

司马贺著，荆其诚、张厚粲译：《人类的认知：思维的信息加工理论》，科学出版社1986年版。

孙晓敏、张厚粲：《二十世纪一百位最著名的心理学家》，《心理科学》，2003年第2期。

孙晔：《日本心理学概况》，《心理学报》，1981年第2期。

唐钺译：《西方心理学家文选》，科学出版社1959年版。

唐钺编：《西方心理学史大纲》，北京大学出版社1982年版。

梯利著，伍德增补（葛力译）：《西方哲学史》，商务印书馆2004年版。

王立志：《怀特海与康德》，《哲学研究》，2007年第6期。

萧孝嵘著：《格式塔心理学原理》，国立编译馆1931年版。

雅罗舍夫斯基著，陆嘉玉等译：《心理学史》，上海译文出版社1997年版。

阎平：《格式塔心理学派关于创造性思维的研究：方法论原则和认识论基础分析》，《自然辩证法研究》，1992年第1期。

杨广学著：《心理治疗体系研究》，吉林人民出版社2003年版。

杨清著：《现代西方心理主要流派》，辽宁人民出版社1980年版。

杨鑫辉主编：《心理学通史》，山东教育出版社2000年版。

杨鑫辉主编：《新编心理学史》，暨南大学出版社2003年版。

叶浩生主编:《西方心理学的历史与体系》,人民教育出版社 1988 年版。

叶浩生主编:《心理学理论精粹》,福建教育出版社 2000 年版。

叶浩生主编:《心理学史》,高等教育出版社 2005 年版。

野口薰著,曲翰章译:《格式塔心理学的知觉研究》,《国外社会科学》,1986 年第 3 期。

章益辑译:《新行为主义学习论》,山东教育出版社 1983 年版。

张肖松著:《心理学史》,巨流图书公司 1976 年版。

张春兴著:《心理学思想的流变:心理学名人传》,台湾东华书局 2000 年版。

赵莉如:《中国现代心理学的起源和发展》,《心理学动态》专集,1992 年版。

赵敦华著:《西方哲学简史》,北京大学出版社 2001 年版。

周晓虹著:《现代社会心理学史》,中国人民大学出版社 1993 年版。

朱新明、李亦菲著:《架设人与计算机的桥梁:西蒙的认知与管理心理学》,湖北教育出版社 1999 年版。

佐藤达哉、沟口元:《通史——日本的心理学》,北大路书房 1997 年版。

佐藤达哉、高砂美树:《心理学史的源流——世界和日本的心理学》,有斐阁アルス2003 年版。

外文文献

Albertazz, I. L. (2001). Vittorio Benuss. In: Albertazz, iA. etal. (ed.) *The School of Alexiu Meinong*. Ashgate.

Albertazz, I. L. (2003). *From Kanizsa Back to Benuss: Varieties of Intentional Reference*. Axiomathes.

Albertazz, I. A. (2001). The Legacy of Graz Psychologists. In: Albertazz, i. A. etal. (ed.) *The school of Alexius Meinong*. Open Court Publishing Company.

Alexander, J. A. and Lichtenstein, R. and Aunno, T. (1996). The effects of treatment team diversity and size on assessments of team functioning. *Hospital & Health Services Administration*, vol. 41, No. 1.

Allen and Newell. (1985). Duncker on Thinking: An Inquiry into Progress in Cognition In: Sigmund Koch and David Leary(eds.). *A Century of Psychology as Science*. New York: McGraw-Hill.

Anderson, J. R. (1980). *Cognitive psychology and it's implication*. San Francisco: Freeman.

Arnheim and Rudolf. (1974b). 'Gestalt' Misapplied. *Contemporary Psychology*, Vol. 19.

Arnheim, R. (1998). Wolfgang Kohler and Gestalt Theory: an English translation of Kohler's introduction to Die physischen Gestalten for philosophers and biologists, *History of Psychology*, vol. 1 No. 1.

Asch, E. (1952). *Social Psychology*. Englewood Cliffs, NJ: Prentice Hall.

Ash, M. (1995). *Gestalt Psychology in German Culture, 1890—1967: Holism and the quest for objectivity*. New York: Cambridge University Press.

Balthazar, P. A. and Potter, R. E. and Warren, J. (2002). *The effects of extraversion and expertise on virtual team interaction and performance*. Paper presented at the 35th Hawaii International Conference on System Sciences. Hawaii, HI.

Boudewijnse, A. (1999). The Rise and Fall of The Graz School. *Gestalt Theory*, vol. 2.

Bozz, I. P. (1999). Experimental Phenomenology: A Historical Profile, in *Shapes of Forms*. In: Albertazz, i L. (ed.). *From Gestalt Psychology and Phenomenology to Ontology and Mathematics*. Kluwer Academic Publishers.

Britton, M. (2000). *A group dynamic interpretation of a teambuilding event: A case study*. Unpublished doctoral dissertation, University of South Africa.

Brosin, H. W. and Fromm, E. (1942). Some Principles of Gestalt Psychology in the Rorschach Experiment. *Rorschach Research Exchange*, vol. 6.

Buxton, C. E. (1985). *Points of view in the modern history of psy-*

chology.

Campion, M. A. and Papper, E. M. and Medsker, G. J. (1996). Relations between team characteristics and effectiveness: A replication and extension. *Personnel Psychology*, vol. 49.

Cartwright, D. and Zander, A. (1968). *Group dynamics: Research and theory* (3rd ed.). New York: Harper & Row.

Chang, A. and Bordia, P. (2001). A multidimensional approach to the group cohesion-group performance relationship. *Small Group Research*, vol. 32, No. 4.

Chatman, J. A. and Flynn, F. J. (2001). The influence of demographic heterogeity on the emergence and consequences of cooperative norms in work teams. *Academy of Management Journal*, vol. 44, No. 5.

Chiu, C. H. and Huang, C. C. and Chang, W. T. (2000). The evaluation and influence of interaction in network supported collaborative concept mapping. *Computer & Education*, vol. 34, No. 1.

Coser, A. (1984). *Refugee Scholars in America: Their Impact and Their Experiences*. New Haven, CT: Yale University Press.

Elliot, J. (1991). *Action research for educational change*. Philadelphia: Open University Press.

Ellis, D. G. & Fisher, B. A. (1994). *Small group decision making-communication and the group process* (4th ed). New York: McGrawHill.

Embree, L. *Merleau Pontys Examination of Gestalt Psychology*. http:/www. lesterembree. net/essays/mp%20and% 20gestalt. htm.

Epstein, W. (1988). Has the time come to rehabilitate Gestalt theory? *Psychological Research*, vol. 50.

Ericsson, K. A. and Polson, P. G. (1988). An experimental analysis of the mechanisms of a memory skill. *Journal of Experimental Psychology: Learning, memory and cognition*, vol. 14.

Frick, R. W. (1988). Issues of representation and limited capacity in the auditory short-term store. *British Journal of Psychology*, vol. 29.

Gammage, K. L. and Carron, A. V. and Estabrooks, P. A. (2001). Team cohesion and individual productivity: the influence of the norm for productivity and the identifiability of individual effort. *Small Group Research*, vol. 32, No. 1.

Goodstein, L. D. and Burke, W. W. (1991). Creating successful organizational change. *Organizational Dynamics*, vol. 19, No. 4.

Gregory, A. K. (1985). *Topics in the History of Psychology*. London: Hillsdale, New Jersey.

Haber, R. N. (1969). *Information-processing approaches to visual perception*. New York: Holt, Rinehart and Winston, Inc.

Haleblian, J. and Findelstein, S. (1993). Top management eam size, CEO domainance and firm performance: The moderating roles of environmental turbulence and discretion. *Academy of Management Journal*, vol. 36, No. 4.

Harmon, E. and Harmon, C. (2002). Testing the action-based model of cognitive dissonance: The effect of action-orientation on post-decisional attitudes. *Personality and Social Psychology Bulletin*, vol. 28.

Harrower, R. (1939). Changes in Figure-Ground Perception in Patients with Cortical Lessions. *British Journal of Psychology*, vol. 30.

Heider, F. (1983). *The Life of a Psychologist: An Autobiography*. Lawrence, KS. University of Kansas Press.

Heims, S. (1978). Kurt Lewin and social change. *Journal of History of the Behavioral Aciences*, vol. 14.

Heims, S. (1978). Kurt Lewin and social change. *Journal of History of the Behavioral. Aciences*, vol. 16.

Henle and Mary. (1989). Some New Gestalt Psychologies. *Psychological Reearch*, vol. 51.

Hopper, S. (2003). The effects of persistence and small group interaction during computer-based instruction. *Computers in Human Behavior*, vol. 19.

Kiney, A. W. (1993). *A history of psychology: ideas and context*. Boston: Allyn & Bacon.

John, M. and Eckardt, G. and Hiebsch, H. (1989). Kurt Lewin's Early Intentions. *European Journal of social psychology*, vol. 19.

Klatzky, R. L. (1980). *Human Memory: Structures and Processes*. W. H. Freeman and Company.

Kohler, W. (1959). Gestalt PsychologyToday. *American Psychologist*, vol. 14.

Korb, M. P. and Gorrel, J. and Riet, V. D. (1989). *Gestalt Therapy Practice and Theory*. New York:Pergamon Press.

Kvale, S. (1992). Postmodern Psychology: A Contradiction in Term? In:Kvale, S. (ed.). *Psychology and Postmodernism*. London:SAGE Publications.

Laming, D. and Scheiwiller, P. (1985). Retention in perceptual memory: A review of models and date. *Perception and Psychophysics*, vol. 37.

Levy and Erwin. (1986). A Gestalt Theory of Paranoia. *Gestalt Theory*, vol. 8.

Lewin, K. and Lippitt, R. and White, R. (1939). Patterns of aggressive behavior in experimentally created social climates. *Journal of Social Psychology*, vol. 10.

Lewin, K. (1920). '*Die Sozialisierung der Taylorsystems Schriftenreihe'Praktischer Sozialismus*. H. 4. Berlin.

Lindenfeld, D. F. (1980). *The Transformation of Positivism Alexius Meinong and European Thought, 1880—1920*. University of California Press.

Lucas, C. (2004). *Understanding the influence of organizational culture and group dynamics on organizational change and learning*. Unpublished doctoral dissertation, University of Calgary, Canda.

Luccio, R. (2003). *The Emergence of Prgnanz: Gaetano Kanizsas Legacies*. Axiomathes.

Luchins and Abraham, S. (1942). Mechanization in Problem Solving: The Effect of Einstellung. *Psychological Monographs*, vol. 54, No. 6.

Lunchins, A. S. and Lunchins, E. H. (1970). *Werthermer's Seminars Revisited: Problem Solving and Thingking* (3 vols). Albany, NY: Faculty Student Association, State University of New York at Albany, Inc.

Metzger, W. (1928). Certain Implications in the Concept of Gestalt. *American Journal of Psychology*, vol. 40.

Murdock, B. (1960). The distinctiveness of stimuli. *Psychological Review*, vol. 67.

Murray, D. J. (1975). Graphemically cued retrieval of words from long-term memory. *Journal of Experimental Psychology*.

Murray, D. J. (1995). *Gestalt psychology and the cognitive revolu-*

tion. London: Prentice-Hall/Harvester Wheatsheaf.

Neath, I. and Crowder, R. G. (1996). Distinctiveness and very short-term serial position effects. *Memory*, No. 4.

Newell, A. and Shaw, J. C and Simon, H. A. (1959). *Report on a general problem solving program*. In Proceedings of the International Conference on Information Processing, Unesco House, Paris.

Newell, A. and Simon, H. A. (1956). The logic theory machine. *IRE Transactions on Information Theory*, IT-2-(3).

Penney, C. G. (1989). Modality effects and the structure of short-term verbal memory. *Memory and Cognition*, vol. 17.

Perls, F. (1973). *The gestalt approach and eyewitness to therapy*. New York: Bantam.

Perls, F. (1969). *Gestalt therapy verbatim*. New York: Bantam.

Peterson, L. R. and Peterson, M. J. (1959). Short term retention of individual verbal items. *Journal of Experimental Psychology*, vol. 58.

Rieber, R. W. (1980). *Psychology: Theoretical historical perspectives*. Academic Press.

Rubin, H. J. and Rubin, I. S. (1992). *Community Organizing and Development*. Massachusetts: Ally and Bacon Press.

Sahakian and William. (1982). *History and Systems of Social Psychology*, 2/e. Washington, D. C.: Hemisphere.

Sethi, R. and Smith, D. C. and Park, C. W. (2001). Cross-functional product development teams, creativity, and the innovativeness of new consumer products. *Journal of Marketing Research*, vol. 38.

Smith, B. (1988). *Foundations of gestalt theory*. München, W. (ed): Philosophia Verlag.

Smith, B. (1988). Gestalt theory: An essay in philosophy. In Smith, B. (ed.). *Foundations of Gestalt theory*. Philosophia Verlag.

Smith, B. (1994). *Austrian Philosophy: The Legacy of Franz Brentano*, Open Court Publishing Company.

Spiegelberg, H. (1982). *The Phenomenological Movement*. Martinus Nijhoff.

Spillman, L. and Ehrenstein, H. *From Neuron to Gestalt: Mechanisms of Visual Perception*. Unpublished.

Tschan, F. (2002). Ideal cycles of communication (or cognitions) in triads, dyads, and individuals. *Small Group Research*, vol. 33, No. 6.

Tulving, E. and Thomson, D. M. (1973). Encoding specificity and retrieval processes in episodic memory. *Psychological Review*, vol. 80.

Tushman, M. L. and Reilly, C. (1996). *The ambidextrous organization: Managing evolutionary and revolutionary*.

Verstegen, I. (2000). Gestalt psychology in Italy. *Journal of the History of the Behavioral Sciences*, vol. 36, No. 1.

Vicario, G. (1993). On Experimental Phenomenology. In: Masin, s. c. (ed.). *Foundations of Perceptual Theory*. North-Holland.

Wallace, W. P. (1965). Review of the historical, empirical and theoretical status of the Von Restorff phenomenon. *Psychological Bulletin*, vol. 63.

Waugh, N. C. and Norman, D. A. (1965). Primary memory. *Psychological Review*, vol. 72.

Wertherimer, M. (1985). A Gestalt perspective on computer simulations of cognitive processes. *Computers in Human Behavior*, vol. 1.

Wickelgren, W. A. and Norman, D. A. (1966). Strength models and serial position in short-term memory. *Journal of Mathematical Psychology*, vol. 9.

Wittig, A. F. (1977). *Introduction to psychology*. McGram-Hill, Inc.

Wolman, B. (1981). *Contemporary. Theories and Systems in Psychology*. Plenum Press.

Xie, J. L. and Johns, G. (2000). Interactive effects of absence culture salience and group cohesiveness: A multi-level and cross-level analysis of work absenteeism in the Chinese context. *Journal of Occupational and Organizational Psychology*, vol. 73.

Zanforlin, M. (2004). Gestalt theory in Italy-is it still alive? *Gestalt Theory*, vol. 26, No. 4.

后　记

格式塔心理学，就其在心理学史上的影响而言，可以与行为主义、精神分析和人本主义——所谓心理学“三大势力”相媲美。尽管格式塔心理学作为一个学派，现在已经消亡了，但是它的灵魂和精神在许多学科中得到了重生。在认知心理学中，人们经常考证当年格式塔心理学提出的课题；在人本主义心理学中，许多学者念念不忘格式塔心理学的恩赐；在文学、音乐、建筑学、绘画等与“美学”有关的学科中，大家时时温习格式塔心理学的经典著述，将其作为必备参考文献……在人类的知识殿堂中，格式塔心理学依旧是点燃激情的火种……

惠特海默、苛勒和考夫卡在狭小的房间里进行“似动”实验时，由于被试不够，甚至请苛勒和考夫卡的夫人也参与了进来。因为，“三剑客”在斯宾诺莎、康德、布伦塔诺、斯顿夫、马赫、麦克斯韦等大功率“探照灯”照射下，真的看得很远。

格式塔心理学家冲破构造主义的封锁，在德国、在欧洲获得了广泛的承认。他们独特的视角、富有解释力的发现也迅速得到美国同行的青睐。格式塔学说并没有受到意识形态的束缚，在苏联、在中国、在日本等国家，也很快吸引了人们关注的目光。一时间，在世界各地，心理学工作者们、心理学专业的学生们，读到了“图形背景”，开始知道“顿悟与试误”，认识了“心理场论”，更热衷于“团体动力”……

勒温及其弟子们也没有想到，发现侍者忘记所点的菜和菜单竟然和美国人吃“动物内脏”有关联；昔日咖啡馆聊天小组竟然成就了后来的“实验社会心理学”运动。

也有人说，格式塔心理学陷于主观主义、唯心主义，术语庞杂、晦涩难懂；然而，“三剑客”和勒温们之所以能够成功，在于他们有着“现象学”的“直觉”，在于他们有着“整体论”的“知觉”，在于他们曾和物理学家、数学家们

“煮酒论英雄”，在于他们没有远离校园，没有远离战场，没有远离商场，没有远离心灵，没有远离人性。

仓促之间，感觉这本书写了很多，也还有很多没写，我们只是希望中国的心理学工作者并没有远离格式塔心理学。

新中国成立之前，格式塔心理学及其理论主张几乎在第一时间就受到国内心理学界的关注。肖孝嵘、朱希亮、高觉敷、章颐年、郭一岑和陈立等先生都以各种方式研究了当时的格式塔学派。在这本书酝酿、构思的阶段，我们对前辈心理学家的有关成果充分地研读、消化和吸收。他们早期的努力和探索，也是本书弥足珍贵的积淀，所以首先对诸位前辈表示由衷的敬意。正是由于他们开拓性的工作，中国心理学界才对当时的格式塔心理学有了较为系统、全面且及时的了解和认识。

格式塔心理学像一位青春常在而又内涵丰富的宫廷玉女，她的魅力依然吸引着现时中国的心理学工作者们。车文博、杨鑫辉、杨清、叶浩生、周晓虹等先生主编的心理学史或社会心理学史著述，均以专章讨论格式塔心理学的经典理论和应用进展；申荷永、郭本禹、王小英、张明、崔光辉等学者们也对格式塔心理学的起源、勒温及其传统、格式塔心理学在各国的传播等问题进行了深入细致的探讨。还有很多学者对格式塔心理学相关课题有着浓厚的兴趣，这里限于篇幅就不一一罗列了，本书在搜集材料的过程中，也从他们那里吸取了丰富的营养，在此也一并表示深深的谢意。

写作本书的“三人小组”也一直对格式塔心理学派有着特殊的感情。我们曾尝试着对格式塔学派进行新思考，以寻找对格式塔心理学派的新的评价和定位；我们还以专题的形式，对格式塔心理学与认知心理学的关系等宏观问题进行了研究，取得了一些新认识；在团体心理学方面，我们也曾经以勒温的思想为部分理论基础，进行过一些初步的实验和应用研究。

为扩大对外文资料的占有量，我们查阅并翻译了大量相关文献，国外学者的真知灼见给我们许多重要启示。本书对于有些问题的探讨，比如格式塔心理学在苏联、在意大利的发展演变情况，主要得益于国外学者的几篇专题论文。由于格式塔心理学家遍布欧美，而他们也多有迁徙，所以他们在写作的时候不一定完全按照某一种语言的纯粹模式，比如英语里有德语式、俄语式的表达，还有不少论著从德文、俄文、意大利文翻译成英文，这使得翻译工作具有极强的难度和挑战性。在我们力有未逮之际，多位研究生和我们一起攻克了难关，他们是于华林、焦亭、宫瑞莹、韩利群、孙源泉、范一鸣和李莉等同学，正是他们夜以继日的翻译工作，使得本书增色颇多。

三位作者的具体分工如下：王鹏负责第一章、第四章、第五章和第六章，潘光花负责第二章、第三章和第七章，高峰强负责第八章，孙源泉对参考文献进行了整理，最后由高峰强对全书进行统稿和定稿。在本书写作过程中，得到了山东教育出版社李广军先生等人的大力支持，非常感谢李编辑在编写提纲、写作进度、稿件审阅等事务上的细心与耐心。

一块美玉的诞生需要石匠们精雕细琢，同样要编写出一本高质量的学术著作也是一项永无止境的工作。尽管我们已经尽心尽力，但书中定然还存在着某些瑕疵和纰漏，殷切希望专家同行以及广大读者赐教并斧正。

作　者

2008 年 10 月

于泉城济南